# 气体动力学基础(第3版)
## Fundamentals of Gas Dynamics (3rd Edition)

［美］罗伯特・D・扎克(Robert D. Zucker)
［美］奥斯卡・比布拉兹(Oscar Biblarz)　　著

朱呈祥　　邱若凡　　尤延铖　　译

北京航空航天大学出版社

# 内 容 简 介

本书从热力学概念、控制体分析方法等基本知识出发，循序渐进地介绍了变截面绝热流动、激波、Prandtl-Meyer流、Fanno流、Rayleigh流、真实气体效应、推进系统等内容。全书采用通俗易懂的语言进行介绍，其中每一章都通过典型例题使晦涩难懂的专业知识变得易于理解。本书涵盖了气体动力学所涉及的基础概念与知识，接触过热力学与流体力学会有助于对本书的学习。

本书可作为航空航天、力学、能源等相关专业的本科生或研究生的教材，也可作为相关领域科研与工程技术人员的参考书。

**图书在版编目(CIP)数据**

气体动力学基础：第3版 /（美）罗伯特·D. 扎克
(Robert D. Zucker)，（美）奥斯卡·比布拉兹
(Oscar Biblarz)著；朱呈祥，邱若凡，尤延铖译. --
北京：北京航空航天大学出版社，2021.5

书名原文：Fundamentals of Gas Dynamics　3rd
Edition

ISBN 978 - 7 - 5124 - 3502 - 5

Ⅰ. ① 气… Ⅱ. ①罗… ②奥… ③朱… ④邱… ⑤尤
… Ⅲ. ①气体动力学 Ⅳ. ①O354

中国版本图书馆 CIP 数据核字(2021)第 073729 号

**气体动力学基础(第 3 版)**

Fundamentals of Gas Dynamics (3rd Edition)

［美］罗伯特·D·扎克(Robert D. Zucker)　　著
［美］奥斯卡·比布拉兹(Oscar Biblarz)

朱呈祥　邱若凡　尤延铖　译

策划编辑　周世婷　　责任编辑　孙兴芳　蔡 喆

\*

北京航空航天大学出版社出版发行

北京市海淀区学院路 37 号(邮编 100191)　http://www.buaapress.com.cn
发行部电话：(010)82317024　传真：(010)82328026
读者信箱：goodtextbook@126.com　邮购电话：(010)82316936
北京建宏印刷有限公司印装　各地书店经销

\*

开本:787×1 092　1/16　印张:23.25　字数:595 千字
2022 年 1 月第 3 版　2022 年 1 月第 1 次印刷　印数:500 册
ISBN 978 - 7 - 5124 - 3502 - 5　定价:119.00 元

---

北京市版权局著作权合同登记号 图字：01 - 2020 - 4528 号。

# 译者序

气体动力学是流体力学的一个重要分支,是航空航天专业教学的一门重要专业基础课。目前,国内外有不少关于气体动力学的经典教材,译者结合自身教学实践,向大家推荐 Robert D. Zucker 教授和 Oscar Biblarz 教授所编写的《气体动力学基础》一书。本书语言严谨、规范、逻辑性强,同时又以深入浅出的论述把一些深奥、不易让人接受的理论表达得生动形象,着实难能可贵。

Robert D. Zucker 教授和 Oscar Biblarz 教授是国际上著名的航空航天专家,具有丰富的气体动力学基础教学经验。他们所编写的这本书首先介绍了热力学和气体动力学的基本概念与基础知识;随后,系统讲解了气体动力学的控制体分析方法,并在此基础上循序渐进地介绍了激波、Prandtl - Meyer 流、Fanno 流、Rayleigh 流、真实气体效应、推进系统等内容。本书的特色是在每一章中都穿插着典型例题,在每一个例题的解答中都给出了所需的方程、表格和图表。将气体动力学理论以实例形式进行展现和复述,有效地指导读者深入体会理论的作用。这种易于理解和掌握的撰写方式,可使具备热力学基础知识的初学者也能对全书内容进行自学。本书可作为航空航天专业的本科生、研究生的教材,也可作为从事相关研究的工程技术人员的参考书。

本书是原版的翻译版本,希望通过本书,使广大的国内读者更容易理解和掌握气体动力学的内容,从而达到推广与普及气体动力学知识的效果。本书由朱呈祥、邱若凡和尤延铖翻译,研究生程剑锐、张涛、汤祎麒、鲍越、周康,本科生胡杰辉、周函玉、张勐飞参与了部分翻译工作,在此表示由衷的感谢!

由于译者水平有限,书中难免有不足之处,请读者多提宝贵意见。

译　者
2021.9.18

# 第 3 版序言

本书是《气体动力学基础》一书的第 3 版,书中尽量保留了之前版本通俗易懂与面向应用方法的特点,除了增加的习题和例子之外,还包括了以下新的应用:激波管、气尖喷管和高能气体激光器;同时,介绍了量纲分析和跨声速流动的概念,但只做简单的讨论。本书将所有应用限制在高超声速范围以内,以符合常数 $\gamma$ 公式,这也意味着燃烧室区域外的流动没有分子解离或化学反应。最后,除了一些特例之外,本书针对的都是一维定常流动。

第 3 版保留了包括附录 G~J 在内的第 2 版所有附录,因为虽然许多学生熟悉计算机(台式、笔记本电脑),但仍有可能在某时某刻无法使用它们,而附录中的表格可以很好地解决此类问题;此外,在课堂或习题课中,难以做到让每个人都使用相同类型的计算器。同时,与图表不同的是,表格显示了足够的有效数字,以便在某些类型的问题中给出有意义的答案,并且表格可能有助于给出整体性的概括。此版同样保留了第 2 版中的所有示意图和图表,以作为重要的学习工具(特别是 $T-s$ 图)。

此外,第 3 版还保留了 EE 和 SI 单位制的物理描述,前者在美国仍广泛使用,工业和实验室的许多用户已经对参数的大小和/或现有设备的特征尺寸有了直观的认识;而且,重力单位制已与欧洲用于气体压力测量的千克力(kgf)单位嵌入国际单位制中(其相关 $g_c$ 见 1.2 节)。在第 1 章中,之前的 1.3 节被替换为新的一节,该节给出了所有单位制背后的相关基本原理以及无量纲量在气体动力学中如此普遍存在的原因。虽然真实的问题求解必须处理一个或另一个单位系统,但本书中几乎所有的图形和表格都涉及无量纲量,相对来说更加实用。书中的许多例子都给出了这两套单位制的最终答案,因为似乎有许多读者偏爱其中的一种。本书后的习题答案采用的是 SI 或 EE 单位制。附录 K 和 L 为 EE 单位制,不过也适用于 SI 单位制(Keenan J H, Chao J, Kaye J. Gas Tables International Version [M]. 2nd Ed. New York: Wiley, 1983),或发布在适当的网站上。

对于本书的第 3 版,作者由衷地感谢 Garth Hobson 教授和 A. I. Biblarz 先生,他们提出了许多有用的建议,开发了气体动力学计算器(可在 https://www.oscarbiblarz. com/gascalculator 上获取),该计算器可以在任何具有 Web 浏览器的电子设备上运行;对于理想气体,该计算器复制了附录 G~J,并包含了无需借助附录 D 中的图表即可计算斜激波的软件,还内置了正激波公式。使用气体动力学计算器,读者可以避免任何插值或外推的需要,并且使用任何标准计算器都可以轻松完成获得所需最终答案的进一步操作。除了方便之外,该计算器还可输出一些附录中未列出的函数,使用户能够方便地解决许多需要更实际 $\gamma$ 值的问题(默认值为 1.40)。

　　第 3 版由 Robert D. Zucker 和 Oscar Biblarz 编写,其保留了前几版中介绍的框架和教学目标。Bob Zucker 于 2011 年去世,他坚信将气体动力学等工程学科的逻辑与教育技术的相关方面相结合,会吸引初学的学生及其他对此领域感兴趣的人。时间证明他是对的!

Oscar Biblarz

美国加利福尼亚州蒙特利

# 第 2 版序言

这本书是为那些想学习气体动力学基础知识的工程学和物理学的学生而写的,针对的是高年级本科水平的读者,因此需要一定的基础。同时,由于本书的写作风格是非正式的,并融入了教育技术的理念,如行为目标、有意义的总结和检查测试,使得该书非常适合自学以及传统的课程教学。此外,根据学生的背景,该书可供 1/4 或一个学期的学习。

本书中的方法是在方程基础上严格推导所有的基本关系,这些关系适用于任意非定常三维流动的最一般情况,然后将其简化为表征有意义工程问题的一维和二维定常流动。全书所有基本的内流和外流都包含了实际应用。本书侧重点放在分析的每一步所做的假设上,并且着重强调 $T-s$ 图的作用和任何相关损失项的重要性。

例子和习题使用的都是 EE 和 SI 单位制。此外,本书还给出了由常规到复杂的课后习题,附录中也包括解决这些问题所需的所有图表。

读者的目标不仅要掌握基本概念,还要培养良好的解决问题的能力。学完本书后,学生应能够阅读许多更高级课题的参考资料。

第 2 版由 Oscar Biblarz 教授与 Robert D. Zucker 教授一起合著。我们从这本书的第 1 版开始教气体动力学很多年了,并且都参与了新版本的准备和校对工作。第 2 版已经扩展到包括一些关于锥形激波的材料、几个展示计算机计算如何有用的章节以及关于真实气体的整个章节,包括处理这些问题的简单方法。这些主题使本书在保留原目的和风格的同时,更加完整。

非常感谢海军研究生院涡轮推进实验室的 Raymond P. Shreeve 和 Garth V. Hobson 教授的帮助,特别是在推进领域。同时,许多学生多年来为准备这一材料也提供了灵感和动力。特别地,在第 1 版中,感谢 Ernest Lewis、Allen Roessig 和 Joseph Strada 在课堂之外的贡献,以及感谢 Lockheed-Martin Aeronautics Company、General Electric Aircraft Engines、Pratt & Whitney Aircraft、Boeing Company 和 National Physical Laboratory 为本书的各个部分提供的照片。感谢 John Wiley 和 Sons 接受本书刻意采用的非正式风格,使其成为一种更有效的教学工具。

  Zucker 教授很感谢 Newman Hall 和 Ascher Shapiro,是他们的书引领他进入可压缩流领域。同时,他还感谢他的妻子 Polly,第二次与他分享这一努力。

Robert D. Zucker

美国加利福尼亚州圆石滩

Oscar Biblarz

美国加利福尼亚州蒙特利

# 致学生

你不需要太多的背景来进入气体动力学的迷人世界。这里假设你已经接触过大学水平的微积分和热力学课程。具体来说,需要了解以下内容:

① 简单微积分、对数和级数展开;

② 偏导数的意义;

③ 向量与点积的意义;

④ 如何绘制和解释自由体图;

⑤ 如何将力或其他矢量分解为其分量;

⑥ 牛顿第二运动定律,与力和质量有关的单位;

⑦ 关于流体,特别是理想气体的性质;

⑧ 热力学第零、第一和第二定律。

前6个先决条件非常具体,最后2个涵盖了相当多的领域。事实上,热力学背景对气体动力学的研究非常重要,因此第1章中包含对控制质量分析必要概念的回顾。如果你最近完成了热力学课程,则可以跳过1.4节的大部分内容,但仍需阅读本章末尾的问题。如果你能回答这些问题,便可以继续;如果出现任何困难,请参阅本章中的材料。这其中的许多方程将在本书其余部分中用到。你甚至可以通过解决第1章中的复习问题来获得更多的自信。在第3版中,1.3节是新的,它介绍了为什么在气体动力学中常用无量纲量。

在第2和3章中,将基本定律转化为控制体积分析所需的形式。如果你的流体力学课程学得不错,那应该很熟悉这些内容。恒定密度流体的部分展示了在该领域的普遍适用性,并与你之前的相关知识相结合。当然,如果你没有学过流体力学,那也不用担心。本书包括你在这个领域需要知道的所有内容。因为介绍了在许多热力学和流体力学课程都没有涉及的一些特殊概念,所以即使你有相关的背景知识,也要阅读这些章节。同时这两章还介绍了所使用的符号,形成了气体动力学的核心,并在后面的章节中经常提到。

在第4章及接下来的章节中,将介绍可压缩流体的特性,同时逐一分析了各种基本流动现象:变面积、正激波和斜激波、超声速膨胀和压缩、管道摩擦和传热。使用这些概念可以解决各种各样的实际工程问题,其中许多问题都是贯穿全书的。这些例子包括超声速喷管的非设计点、超声速风洞、爆炸波和激波管、超声速翼型、一些流量测量方法以及摩擦或热效应引起的阻塞。你会发现超声速流存在着一些不符合直觉认识的特殊问题。

在第 11 章中,你会接触到分子层面上的现象,以及纯粹基于气体动力学关于激光的讨论。你将看到高温下的分子结构影响真实气体的行为,并学习一些相对简单的技术来处理这些情况。

飞机推进系统(带有进气口、加力燃烧室和出口喷管)涵盖了几乎所有基本气体动力学流动问题。因此,在第 12 章中,本书描述并分析了常见的吸气式推进系统,包括涡喷发动机、涡扇发动机和涡桨发动机,以及如火箭、冲压喷气发动机和脉冲喷气发动机等推进系统。

本书中的许多章节都展示了如何在某些计算中使用计算机软件,以便说明这些软件是如何实现原本利用表格或手动计算求解同样方程得到结果的。计算机软件采用 MAPLE,如果你没有学习过它,也不要担心。所有的气体动力学都在这些软件部分之前的章节中介绍了,因此你可以忽略所有的计算机相关章节。对于能够访问"Word - Wide - Web"的学生,我们已经开发了一个气体动力学计算器,其复制了附录 D、G、H、I 和 J 中所有适用的 $\gamma$ 值。通过访问网络浏览器可查看本书呈现的补充图形和照片。

本书是特别针对学生撰写的。希望本书的非正式风格能让你放松,激励你继续阅读下去。学生对先前版本的评价说明这一目标已经实现。读完第 1 章后,其余章节将采用类似的格式。以下建议可以帮助优化你的学习时间。当你开始学习每一章时,请阅读引言,因为这会让你大致了解这一章的内容。下一节包含一组学习目标(从第 2 章开始),会准确地告诉你完成本章内容需要做的事情。有些目标是可选的,因为它们仅针对有较高要求的学生。在还没进行本章内容学习之前,可以先大致看看学习目标,它们代表本章需要注意的重要内容。在学习本书时,你可能偶尔会被要求做一些事情,如完成推导、填写图表、绘制图表等。在继续学习之前,请尽量遵循这些要求。我们不会要求你做没有相关基础的事情,这样有助于巩固重要概念并提供有关你学习进度的反馈。

当你完成每一章时,回顾一下是否已涵盖所列举的目标。请确保你可以做到。写出答案,这将对你以后的学习有所帮助。你可以对每章的要点进行自我总结,然后看看它与所提供的总结是否相符。在完成一组有代表性的问题后,你可以通过本章末尾的测试来检查所学的知识。除附录中的图表之外,请不要看书完成测试。如果你在检查测试中有困难,则应回去重新学习相应的部分。在没有圆满完成前一章之前,请勿继续下一章。

章节的长度不一定相同,其中大部分章节有点长,很难短时间学会。根据下面的表格,你可能会发现把它们分成"小块"的碎片则更容易。在继续之前,先完成第一组目标和章节的一些问题。你应该在每个学习阶段花时间通读材料。学习可以是有趣的,而知识却不是送上门的。我们希望本书能让探索气体动力学的任务变得更加可行和有趣。

章、节、目标和习题的修正表如下:

| 章 | 节 | 选学的节 | 目 标 | 选学的目标 | 习 题 | 选做习题 |
|---|---|---|---|---|---|---|
| 1 | 1~3 | | | | Q:1~8 | Q:1~9 |
| | | | | | | P:1~6 |
| | 4 | | | | Q:10~34 | |
| | 4 | | | | P:1~5 | |
| 2 | 1~5 | | 1~3,5 | 4 | 1~3,5~6 | 4 |
| | 6 | | 7,9 | 6,8 | 7~15 | |
| 3 | 1~7 | | 1~9 | | 1~14 | |
| | 8 | | 10~12 | | 15~22 | |
| 4 | 1~6 | | 1~10 | | 1~17 | |
| 5 | 1~6 | | 1~7 | | 1~8 | |
| | 7~10 | 11 | 8~12 | | 9~23 | 24 |
| 6 | 1~5 | | 1~7 | | 1~6 | |
| | 6~8 | 9 | 8~10 | | 7~19 | |
| 7 | 1~3 | | 1~2 | | 1~5 | |
| | 4~8 | | 3~9 | 5 | 6~17 | |
| | 9~10 | 11 | 10~12 | | 18~21 | 22 |
| 8 | 1~5 | | 1~6 | 5 | 1~6 | |
| | 6~9 | 10 | 7~9 | | 7~19 | |
| 9 | 1~6 | | 1~7 | 2,5 | 1~12 | |
| | 7~8,10 | 9,11 | 8~9,11 | 10 | 13~22 | 23 |
| 10 | 1~6 | | 1~7 | 2,6 | 1~8 | |
| | 7~9 | 10 | 8~9,11 | 10 | 9~21 | 22 |
| 11[a] | 1~5 | | 1~7 | | 1~10 | |
| | 6~8 | | 8 | 9 | 11~16 | |
| 12[a] | 1~3 | | 1~4 | | 1~5 | |
| | 4~7 | | 5~11 | 8,9,11 | 6~15 | |
| | 8~9 | | 12~15 | 14 | 16~25 | |

注:[a]除了极少数案例之外,为了得到更真实的结果,第11和12章中的习题可以使用第3版附带的 Gasdynam.ics 计算器来处理或修改,而不需要任何附录 D 或 G 到 J。为确定适当的 $\gamma$ 值,使用附录 A、B 和 L 或图 11.2(或相关参考文献)中规定的气体和温度。

# 目　　录

# 第1章　基本原理回顾

## 1.1　引　言

在学习本书之前,接触过热力学以及流体力学相关学科会对本书的学习有所帮助,但这并不是必需的,一方面,流体力学中使用的概念相对简单,可以根据需要进行应用;另一方面,热力学的某些概念更为抽象。将热力学的基本定律应用于固定系统中并扩展到流动系统对于本书的学习很重要,因此本书将在第2和3章对这些系统做详尽的介绍。

本章没有对热力学以及流体力学相关学科进行正式回顾,也没有对相关内容进行证明,而是汇集了一些以后可能用到的基本概念和事实。因此,如果读者已经有段时间没有接触这些内容了,可能偶尔会需要参考相关教辅材料来补充本章的内容。总之,本章将是后续学习的基础。

本章结尾将提出一些问题以帮助读者更好地理解本章所学并拓宽读者的学习思路,读者可以结合自身学习对其认真思考。

## 1.2　单位和符号

物理量:物理实体的定性定义(时间、长度、力等)。

单位:物理量的确切大小(秒、英尺、牛顿等)。

在美国,气动热力学领域中的大多数工作(特别是在推进动力方面)目前都是在英国工程(EE)单位制中完成的,但世界上大多数地区都以公制或国际单位制(SI)为主。因此,以下将从表1.1开始回顾这两个单位系统。

表 1.1　单位制

| 物理量 | 英国工程单位制 | 国际单位制 |
| --- | --- | --- |
| 时间 | 秒(sec) | 秒(s) |
| 长度 | 英尺(ft) | 米(m) |
| 力 | 磅力(lbf) | 牛[顿](N) |
| 质量 | 磅质量(lbm) | 千克(kg) |
| 温度 | 华氏度(°F) | 摄氏度(℃) |
| 绝对温度 | 兰金(°R) | 开[尔文](K) |

注:因为英镑是模棱两可的,所以通常应称为磅力或磅质量。质量仅对于地球表面上是明确的,因为这里的一磅质量对应一磅力。

### 1. 变　量
方程

$$y = f(x) \tag{1.1}$$

表示变量 $x$ 和 $y$ 之间存在函数关系。

> $x$ 是自变量,其值可以是适当范围内的任意值;
>
> $y$ 是因变量,一旦选择了 $x$,其值就是固定的。

在大多数情况下,可以互换因变量和自变量并写为

$$x = f(y) \tag{1.2}$$

通常,一个变量将依赖于多个其他变量,即

$$P = f(x, y, z) \tag{1.3}$$

表示一旦选定了自变量 $x$、$y$ 和 $z$ 的值,则因变量 $P$ 的值是固定的。

**2. 最大、最小值**

如果以函数关系 $y = f(x)$ 作图,则可能会显示最大和/或最小值点。在这些点处,$dy/dx = 0$。如果该点值最大,则 $d^2 y / d^2 x$ 为负;如果该点值最小,则 $d^2 y / d^2 x$ 为正。

**3. 力与质量**

在任一单位制中,力和质量都会通过牛顿第二运动定律关联,该定律指出

$$\sum \boldsymbol{F} \propto \frac{d\left(\overrightarrow{\text{momentum}}\right)}{dt} \tag{1.4}$$

比例因子表示为 $K = 1/g_c$,因此

$$\sum \boldsymbol{F} = \frac{1}{g_c} \frac{d\left(\overrightarrow{\text{momentum}}\right)}{dt} \tag{1.5}$$

因为质量不随时间变化,因此公式变为

$$\sum \boldsymbol{F} = \frac{m\boldsymbol{a}}{g_c} \tag{1.6}$$

式中:$\sum \boldsymbol{F}$ 是作用在质量 $m$ 上的矢量力的总和;

$\boldsymbol{a}$ 是质量的矢量加速度。

在英国工程单位制中,

> 1 lbf 将使 1 lbm 产生大小为 32.174 ft/sec² 的加速度。

根据上面的定义可得

$$1 \text{ lbf} = \frac{1 \text{ lbm} \cdot 32.174 \text{ ft/sec}^2}{g_c}$$

因此

$$g_c = 32.174 \frac{\text{lbm} \cdot \text{ft}}{\text{lbf} \cdot \text{sec}^2} \tag{1.7a}$$

需要注意的是,$g_c$ 不是重力加速度(注意单位),它是一个量值,取决于所使用单位的比例因子。在进一步的讨论中,当使用英国工程单位制时,将 $g_c$ 的数值设为 32.2。

静力学和动力学等其他工程领域使用英国重力单位制(也称为美国惯用单位制)。该单位制与英国工程单位制的不同之处在于,质量单位是斯勒格(slug)。

在此单位制中,遵循以下定义:

> 1 lbf 将使 1 slug 质量产生大小为 1 ft/sec² 的加速度。

据此,有

$$1 \text{ lbf} = \frac{1 \text{ slug} \cdot 1 \text{ ft/sec}^2}{g_c} \tag{1.7b}$$

因此

$$g_c = 1 \frac{\text{slug} \cdot \text{ft}}{\text{lbf} \cdot \text{sec}^2}$$

由于 $g_c$ 的数值为 1,所以大多数作者在使用英国重力单位制时都在方程中删除了这一因子。与热力学方法一样,此处不再使用此系统。对比工程单位制和引力单位制,有 1 slug≡32.174 lbm。

在国际单位制中,遵循以下定义:

> 1 N 将使 1 kg 质量产生大小为 1 m/sec² 的加速度。

则公式(1.6)变为

$$1 \text{ N} = \frac{1 \text{ kg} \cdot 1 \text{ m/s}^2}{g_c}$$

因此

$$g_c = 1 \frac{\text{kg} \cdot \text{m}}{\text{N} \cdot \text{s}^2} \tag{1.7c}$$

同样,由于 $g_c$ 的数值为 1(使用动力学的质量单位,即千克),大多数作者在使用国际单位制时,也从方程中删除了这一因子。但是,为了可以使用任何单位制,本书的方程将保留符号 $g_c$ 以避免发生错误。

**4. 密度和比体积**

密度是单位体积的质量,用符号 $\rho$ 表示,单位为 lbm/ft³、kg/m³ 或 slug/ft³。

比体积是单位质量的体积,用符号 $v$ 表示,单位为 ft³/lbm、m³/kg 或 ft³/slug,从而

$$\rho = \frac{1}{v} \tag{1.8}$$

比重是单位体积的重量(由于重力的作用),用符号 $\gamma$ 表示。如果在重力的影响下取单位体积,则其重量将为 $\gamma$,因此,根据公式(1.6)可得

$$\gamma = \rho \frac{g}{g_c} \quad \text{lbf/ft}^3 \text{ 或 N/m}^3 \tag{1.9}$$

值得注意的是,质量、密度和比体积与当地重力加速度的值无关,而重量和比重与重力加速度的值有关。本书不涉及比重,这里提到只是为了将其与密度进行区分。因此,符号 $\gamma$ 可能用于其他用途(见公式(1.39))。

**5. 压　强**

压强是单位面积上的法向力,用符号 $p$ 表示,单位为 lbf/ft² 或 N/m²。除此之外,还存在其他几种单位,例如磅/平方英寸(psi;lbf/in²)、兆帕(MPa;1×10⁶ N/m²)、bar(1×10⁵ N/m²)和标准大气压(14.69 psi 或 0.101 3 MPa)。

绝对压力($p_{abs}$)是相对于理想真空测得的压强,表压($p_{gage}$)是相对于环境压力($p_{amb}$)测得的压强,三者的关系如下:

$$p_{abs} = p_{amb} + p_{gage} \tag{1.10}$$

当表压为负值时(即绝对压力低于环境压力),通常称为真空度($p_{vac}$):

$$p_{abs} = p_{amb} - p_{vac} \tag{1.11}$$

绝对压力和表压的示意图如图1.1所示,情况1与公式(1.10)相对应,而情况2与公式(1.11)相对应。应该注意的是,环境压力不一定等于标准大气压,但是,如果没有其他可用信息,则假定环境压力为14.69 psi或0.101 3 MPa。通常,方程需要用到绝对压力,使用英国工程单位制时,数值为14.7 psi;使用国际单位制时,数值为0.1 MPa(1 bar)。

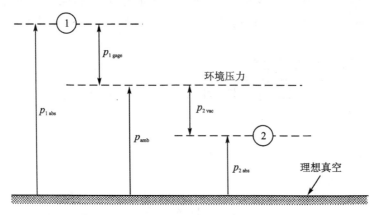

**图 1.1　绝对压力和表压**

## 6. 温　度

仅当涉及温度差异时,才使用华氏度(或摄氏度),大多数方程都是使用绝对温度(兰金或开[尔文]),换算关系如下:

$$°R = °F + 459.67 \tag{1.12a}$$

$$K = ℃ + 273.15 \tag{1.12b}$$

在本书的计算中使用近似值460和273即可。

## 7. 粘　度

本书的主要对象是流体,其定义为

承受剪切应力时会连续变形的物质。

因此,变形量并不重要(与固体一样),变形率才可以表征每种流体的特征,粘度定义为

$$粘度 \equiv \frac{剪应力}{角变形率} \tag{1.13}$$

粘度(有时称为绝对粘度)用符号$\mu$表示,单位为lbf·sec/ft$^2$或N·s/m$^2$。

对于大多数常见流体,由于粘度是关于流体的函数,所以粘度会随着流体的状态而变化。不同流体介质的粘性数值也不相同,并且粘性随温度变化,但与压强基本无关。

在许多空气动力学的工程计算中,绝对粘度和密度的比值起着更重要的作用,故引入运动粘度:

$$\nu \equiv \frac{\mu g_c}{\rho} \tag{1.14}$$

运动粘度的单位为 $ft^2/sec$ 或 $m^2/s$。在第 9 章中,当处理由管道摩擦引起的流量损失时,将会看到更多有关粘度的信息。

**8. 状态方程**

在本书的大部分内容中,假定所有液体密度恒定,而所有气体均遵循理想气体状态方程。因此,对于液体,

$$\rho = \mathrm{const} \tag{1.15}$$

理想气体状态方程是从动力学理论推导出来的,忽略了分子体积和分子间的作用力,因此,在密度相对较低(对应于较低的压力和较高的温度)的条件下是准确的。通常,用于气体动力学的理想气体状态方程的形式为

$$p = \rho R T \tag{1.16}$$

式中:$p \equiv$ 绝对压力,单位为 $\mathrm{lbf/ft^2}$ 或 $\mathrm{N/m^2}$;

$\rho \equiv$ 密度,单位为 $\mathrm{lbm/ft^3}$ 或 $\mathrm{kg/m^3}$;

$T \equiv$ 绝对温度,单位为 °R 或 K;

$R \equiv$ 气体常数,单位为 $\mathrm{ft \cdot lbf/(lbm \cdot °R)}$ 或 $\mathrm{N \cdot m/(kg \cdot K)}$。

在英国工程单位制中,气体常数是用 1 545 除以气体化学成分的分子质量得到的;而在国际单位制中,气体常数是用 8 314 除以气体化学成分的分子质量得到的。附录 A 和 B 中给出了更准确的数值。

**例 1.1**　空气的(相对)分子质量为 28.97,计算 $R$。

$$R = \frac{1\,545}{28.97} = 53.3(\mathrm{ft \cdot lbf/(lbm \cdot °R)}) \quad \text{或} \quad R = \frac{8\,314}{28.97} = 287(\mathrm{N \cdot m/(kg \cdot K)})$$

**例 1.2**　计算 50 psia 和 100 °F下的空气密度。

$$\rho = \frac{p}{RT} = \frac{50 \times 144}{53.3 \times (460 + 100)} = 0.241\ (\mathrm{lbm/ft^3})(\text{或 } 3.86\ \mathrm{kg/m^3})$$

所选气体的性质在附录 A 和 B 中给出。本书的大部分内容使用了英国工程单位制,也有许多示例和问题使用了国际单位制,附录 A 和 B 中也提供了一些常用的换算因子,读者需要在两种单位制中熟练地解决问题。

在本书第 11 章中讨论了实际气体并介绍了如何处理它们。理想气体状态方程带来的简化不仅非常有用,而且对于常见气体也很精确,因为在大多数气体动力学应用中均为低温低压和高温高压状态。在第 11 章中将看到在高温和低压情况下的气体,真实状态相对于理想状态的偏差变得非常大。

# 1.3　无量纲化的原因

与一些其他工程学科有所不同,气体动力学的方程通常需要不断整合,为此,需要引入无量纲的一些性质。

1.2 节介绍了单位和符号,但本书的所有图表和附录 G~J 都是无量纲的(试想角度是无量纲化的,那度和弧度之间的区别是什么呢?)。这样做的一个原因是,如果处理得当,无量纲化的方程组会更普遍,因此会比有量纲方程组更实用。以马赫数方程(4.11)为例,定义为气体速度($V$)除以介质的声速($a$)的比值(方程(4.5)或方程(4.10)),当使用一致的单位时,单位会

消失,实现无量纲化,通过在任何给定的流动位置设计一个变量,该变量存在于可压缩流动研究的大部分内容中。马赫数将三个变量合并为一个变量。在第 4 章中,将能够计算出在562 m/s 和 800 ℃下移动的氦气与在 100 m/s 和 20 ℃下的空气具有相同的马赫数(如果用等效的 EE 单位制来计算,得到的马赫数会改变吗?)。读者可以在第 5 章中进一步学习马赫数是如何以及为什么在喷管中连续增加而在扩压器中连续减少的(见图 5.2 和 5.3)。

如 1.2 节所述,使用 SI(公制)或 EE 单位制时,认为 $g_c$ 是机械单位制与其他单位制之间的比例因子,即对于特别涉及 lbm 和 kgf 的单位,在式(1.17)中还需要另一个比例系数 $J$,将热量单位转换成机械单位,见式(1.40)。测量对于物理上描述任何物体或过程都是必要的,使用的每个方程都必须是量纲齐次的;但物理定律需要独立于使用的任何测量单位,这样无量纲表示就可以更加方便,并且经常允许基于数量级的简化。如果将问题的常数和其他不变的参数应用到其变量中,则无量纲方程比原始形式更紧凑,并且比通用形式(没有单位系统)更紧凑,也就是说,方程组的数量减少了。这种有用性也适用于表格和图形显示。

**1. 无量纲量**

无量纲量包括无量纲参数和无量纲变量。气体动力学总是涉及以下三种量:诸如 Pi(3.141 59)或 Napierian 对数底数(2.718 28)的通用常数;诸如马赫数($Ma$)或雷诺数($Re$)的无量纲数;而第三种是常规数变量,诸如标准化的一维等熵变量、面积比($A/A^*$)或温度比($T/T_t$)。除了没有单位之外,还可以通过适当地缩放将许多无量纲变量归一化为一阶(目的是让它们的值在一定范围内接近于单位制)。这样,可以更轻松地区分物理领域或专注于重要的流态。量纲分析法是处理此类概念的学科名称,可用于将有限的实验结果推广到其他条件,而且通常允许利用最紧凑的图形表示。

在气体动力学中最常用的无量纲数是方程(4.11)中引入的马赫数($Ma$),方程(1.39)中引入的比热比($\gamma$),方程(9.48)中引入的雷诺数($Re$),方程(3.60)和方程(9.47)中引入的摩擦因数,在第 11 章中介绍的可压缩性因子,以及一些经常列出的如普朗特数($Pr$)和克努森数($Kn$)。下面,将简要讨论这些参数以及一些相关细节。

① 马赫数($Ma$):$0<Ma<0.3$ 是不可压缩流,因为密度几乎保持恒定;$0.3<Ma<1.0$ 是亚声速可压缩;$Ma\approx1.0$ 是跨声速;$1.0<Ma<5.0$ 是超声速;$Ma>5.0$ 是高超声速。在多原子气体中,由于壁面摩擦和强冲击引起的加热,气体性质开始发生变化(包括离解)。

② $\gamma$:反映"活化的分子结构"随气体(如空气)温度的变化。其范围限制为 $1.0<\gamma\leqslant1.67$ 或 5/3(请参阅附录 A 和 B 以及第 11 章)。尽管范围有限,但它的变化很重要,因为 $\gamma$ 经常以指数形式出现。

③ $Re$:表示流动粘度的影响,如摩擦、阻力和流动分离。对于内部流动,粘性力与内部润湿面积成正比,见方程(3.63)。对于外部流和正在发展的内部流,使用符号 $Re_L$,其中 $L$ 表示长度;在完全发展的管流中使用 $Re_D$,其中 $D$ 表示直径。与 $Re_D<3\times10^3$ 的层流相比,$Re_D>3\times10^3$ 的湍流管道流动长宽比更大,更为一维化,请参阅 2.3 节、9.5 节,以及图 2.1 和图 2.2。

④ $f$:管内粘性流动的摩擦系数,请参阅方程(3.60)和第 9 章。

⑤ $Z$:压缩系数,反映与理想气体定律(在第 11 章中介绍)的偏离,对于许多气体,$Z\approx1.0$。

⑥ $Pr$(选学):普朗特数是动量与热扩散率(在边界层形成中)的比率,对于所有理想气体,$Pr\leqslant1.0$。

⑦ $Kn$(选学):克努森数 $\approx Ma/Re^{1/2}$,是气体粒子相互碰撞之前(或它们的平均自由程)经

过的平均距离除以流场的特征距离(例如封闭长度)。

在本书的气体动力学中,只有某些归一化变量是有序的;等熵流(附录 G)中的压力、密度和温度比在 0 和 1 之间变化,因为它们是参照其停滞状态(或最高值)而定的。如图 5.14 所示,面积比大于或等于 1,因为它们以最小面积($A^*$)为参考,其中 $Ma = 1.0$。对于正激波(附录 H),在冲击过程中要对其性质进行归一化。对于 Fanno 流(附录 I)和 Rayleigh 流(附录 J),所有比率均以两个单独的"*"值(其中 $Ma = 1.0$)为参考,在它们各自的熵拐点处,熵变化函数为 $S_{max}/R$(或 $(s^* - s)/R$)趋于零。注意,对于 Fanno 流和 Rayleigh 流的流动条件,"*"值不同(有关详细信息请参阅第 9 和 10 章)。用于生成附录 G~J 中值的所有方程都必须具有:变量比 $= f(M, \gamma)$ 的形式。摩擦系数与雷诺数关系(附录 C)中的所有图表都是无量纲的;斜激波图和圆锥激波图(附录 D 和 E)显示了相关的角度、马赫数和静压比;而"可压缩性因子"图表(附录 F)仅显示无量纲参数。本书以最大实用性去应用每个参考值。

**2. 无量纲分析(选学)**

任何使用的单位制都必须包含所有必要的物理量纲,并且量纲分析的原理会影响这些量纲的子集,例如,方程(1.4)中的动量通量,代表动量的物理量是惯性质量及其速度的乘积。速度是一个矢量(有大小和方向),由流动方向上的长度随时间的变化率组成,大小需要基于可识别的参考系,在一维流动中,通常使用笛卡儿坐标系,请参见 2.3 节和图 8.13。普通空间具有三个独立的长度,其他两个必须占据一个垂直于流动方向的区域,在大多数情况下,将处理三个长度($L_x, L_y, L_z$)以及惯性矩($m$)和时间($t$)。对于热问题,需要加上绝对温度($T$),虽然热也是第一定律所示的一种能量形式(方程(1.17)),并且可能具有 J 或 ft·lbf(Btus 或 cal)的单位,但它始终具有一个熵含量,而纯功没有熵。因此,传热总是与温度差 $T$(一个独立的参数)相关联(参阅第二定律,方程(1.28))。在方程(1.4)中,至少要有三个但最多六个(三个 Ls、$m$、$t$ 和 $T$)量纲参数才能进行无量纲化(在对称的情况下,如圆形管道内的摩擦流,仅使用两个长度 $x$ 和 $r$,参阅 9.9 节)。因此,量纲分析不仅仅是"使单位抵消",而是将隐含地使惯性质量、重力质量和分子质量相同。

除了本书介绍的气体动力学之外,量纲分析的应用还包括类似的实验性的技术,如相似性(测试中的几何相似性)和建模(在实验室风洞中测试较小的样品时使用)以及近似理论(对复杂方程组近似解析解的发展)。有关量纲分析的更多详细信息,请参阅《气体动力学》中的参考文献[1-2]以及参考文献[17,19-20]。

# 1.4　用于控制质量分析的热力学概念

虽然本节内容较多,但是充分理解热力学原理对研究气体动力学是至关重要的。

**1. 一般定义**

微观方法:在统计的基础上处理单个分子的运动和行为。这种方法取决于在原子层面上对物质结构和行为的了解程度,因此,该方法正在不断完善中。

宏观方法:通过可观察和可测量的属性(温度、压力等)直接处理分子的平均行为。这种经典方法不涉及物质分子结构的任何假设,因此无需修改基本定律。本书的前 10 章中使用了宏观方法。

控制质量:用于分析的确定质量。周围环境由边界隔开,也称为封闭系统。物质无法穿过边界,但能量有可能进入或离开系统。

控制体:用于分析的空间区域。将其与周围环境分隔开的边界称为控制面。物质和能量都可能穿过控制面,因此控制体也称为开放系统。第2和3章介绍了控制体的分析方法。

性质:用于描述系统状态的特征。对于系统的每个确定的状态具有确定的数值,例如压力、温度、颜色、熵等。

强度性质:仅取决于系统的状态,与系统的质量无关,例如温度、压力等。

广度性质:取决于系统的质量,例如内能、体积等。

性质的类型:

① 可观察到的:通过测量直接得到,如压力、温度、速度、质量等。

② 数学的:由其他性质组合运算得到,如密度、比热容、焓等。

③ 衍生的:根据分析结果得出,如:

● 内能(来自热力学第一定律);

● 熵(来自热力学第二定律)。

状态改变:随系统任何性质的改变而发生。

途径或过程:表示一系列连续状态,这些状态定义了从一个状态到另一状态的唯一途径。一些特殊过程:

$$绝热过程 \rightarrow 没有热传递$$
$$等温过程 \rightarrow T = \text{const}$$
$$等熵过程 \rightarrow s = \text{const}$$
$$等压过程 \rightarrow p = \text{const}$$

循环:系统返回到初始状态的一系列过程。

点函数:表示性质的另一种方式,因为它们仅取决于系统的状态,与获取状态的方式或过程无关。

过程函数:不是系统状态的函数,其取决于系统从一种状态迁移到另一种状态所采用的途径。像热和功是过程函数,在过程中可以观察到它们越过系统边界。

**2. 经典热力学定律**

| | |
|---|---|
| $0^2$ | 性质之间的关系 |
| $0$ | 热平衡定律 |
| $1$ | 能量守恒定律 |
| $2$ | 熵增原理(不可逆) |

$0^2$ 定律(有时称为00定律)很少被正式列为热力学的定律,但是,如果没有这样的表述,整个热力学结构将会崩溃。根据该定律,可以假设性质之间存在关系,即状态方程,这样的方程可能非常复杂,甚至无法定义,但是只需要知道存在这种关系,就可以继续进行研究。此外,状态方程也可以用表格或图像的形式给出。

因为各种性质间存在联系,所以确定系统的状态不需要指定所有的性质,对于纯净物,只需要指定三个独立的性质即可确定系统的状态。在选择性质时须多加注意,比如,如果物质存在于多相系统中(例如与蒸气一起存在于液体中),那么温度和压力不再是独立的。而在处理单位质量时,只需要指定两个独立的性质即可确定系统的状态,因此可以用两个已知的独立性质来表示系统的其他性质,它们之间的关系如下:

$$P = f(x, y)$$

如果两个系统被非绝热壁隔开(允许传热),则两个系统的状态都会改变,直到组合系统达到新的平衡状态为止,此时两个系统彼此处于热平衡,具有一个共同的性质,即温度。

热力学第零定律指出,如果两个系统分别与第三个系统达到热平衡,那么这两个系统彼此之间也必定处于热平衡(温度相同)。因此,热力学第零定律推动了温度计的诞生及其标准化。

**3. 热力学第一定律**

热力学第一定律涉及能量守恒,可以用许多等效的方式表示。热和功是能量运输过程中两种典型的能量形式。当且仅当两个系统之间存在温度差时,热量会从一个系统传递到另一个系统,且热量总是从温度较高的系统传递到温度较低的系统。

功是系统与外界在边界上发生的一种相互作用,其唯一效果可理解为在外界举起了一个重物。对于执行了一个完整循环的封闭系统,

$$\sum Q = \sum W \tag{1.17}$$

式中:

$$Q = 传递到系统中的热量$$
$$W = 系统对外界所做的功$$

其他参考书会使用其他符号表示,但在本书中将统一采用上述符号表示。

对于执行了一个过程的封闭系统,

$$Q = W + \Delta E \tag{1.18}$$

式中:$E$ 代表系统的总能量。

对于单位质量,公式(1.18)写为

$$q = w + \Delta e \tag{1.19}$$

系统总能量可分成(至少)三种类型:

$$e \equiv u + \frac{V^2}{2g_c} + \frac{g}{g_c} z \tag{1.20}$$

式中:

$$u = 系统内部分子运动产生的内能$$

$$\frac{V^2}{2g_c} = 系统整体运动产生的动能$$

$$\frac{g}{g_c} z = 由系统在重力场中的位置引起的势能$$

系统的总能量有时还包括其他形式的能量(例如离解能量),上面提到的仅是本书中涉及的能量种类。

对于一个无穷小的过程,可以将公式(1.19)写为

$$\delta q = \delta w + de \tag{1.21}$$

**注意**:由于热量和功是过程函数(即它们是系统如何从一个状态点到达另一状态点的函数),它们的无穷小变化不是精确的微分,因此记为 $\delta q$ 和 $\delta w$。而内能是点函数,它的无穷小变化是精确的微分,所以可记为 $de$。对于静止系统,方程(1.21)变为

$$\delta q = \delta w + du \tag{1.22}$$

在静止系统的容积变化过程中,压力做的可逆功为

$$\delta w = p\, dv \tag{1.23}$$

$u$ 和 $pv$ 的组合出现在许多方程式中（特别是对于开放系统），因此定义"焓"以便运算：

$$h \equiv u + pv \tag{1.24}$$

焓是一种由其他性质组合得到的性质，它常用于微分形式：

$$dh = du + d(pv) = du + p\, dv + v\, dp \tag{1.25}$$

按照类似方法定义的性质还有比定压热容（$c_p$）和比定容热容（$c_v$）：

$$c_p \equiv \left(\frac{\partial h}{\partial T}\right)_p \tag{1.26}$$

$$c_v \equiv \left(\frac{\partial u}{\partial T}\right)_v \tag{1.27}$$

### 4. 热力学第二定律

热力学第二定律有多种表述方式，其中最经典的是开尔文（Kelvin）和普朗克（Planck）的表述，即不可能从单一热源取热使之完全转换为有用功而不产生其他影响。热力学第二定律引出了多个推论，并最终确立了最重要的性质（熵）。

热力学第二定律认识到不可逆效应（例如管内流体摩擦，通过有限的温差传热，系统与周围环境之间压力不平衡等）会导致系统能量减少。事实上，所有实际过程都存在一定程度的不可逆性，某些情况下，这些影响很小。假设存在一个理想的条件，该条件下不具有这些影响，则一切过程都是可逆的。可逆过程是指系统及其周围环境都可以恢复到其原始状态的过程。

通过热力学第二定律，可以证明可逆过程的 $\delta Q/T$ 积分与路径无关。因此，该积分能表示系统某种性质的变化，称为熵，即

$$\Delta S \equiv \int \frac{\delta Q_R}{T} \tag{1.28}$$

其中下标 R 表示其只能应用于可逆过程。对于单位质量的微分过程，相应表达式是

$$ds \equiv \frac{\delta q_R}{T} \tag{1.29}$$

在许多计算、绘图过程中都使用了熵，在第 3 章中将熵的变化分为了两部分，并在本书的其余章节中应用，通过这种方式来帮助读者更好地理解熵。

### 5. 性质间的关系

热力学第一定律和热力学第二定律的组合产生了一些极其重要的关系。考虑在静止系统中执行无穷小过程时的第一定律：

$$\delta q = \delta w + du \tag{1.22}$$

如果这是一个可逆过程，有

$$\delta w = p\, dv \quad (1.23) \quad 和 \quad \delta q = T\, ds \qquad （来自于 1.29）$$

将这些关系代入热力学第一定律得

$$T\, ds = du + p\, dv \tag{1.30}$$

对于焓，有

$$dh = du + p\, dv + v\, dp \tag{1.25}$$

结合方程（1.30）和方程（1.25）可得

$$T\, ds = dh - v\, dp \tag{1.31}$$

　　尽管进行了可逆过程的假设来推导方程(1.30)和方程(1.31),但结果是仅包含性质的方程,因此无论过程是否可逆,上述方程在任何最终状态之间均可使用。其中方程(1.30)和方程(1.31)为本书较为重要的两个等式,如下:

$$T\mathrm{d}s = \mathrm{d}u + p\mathrm{d}v \tag{1.30}$$

$$T\mathrm{d}s = \mathrm{d}h - v\mathrm{d}p \tag{1.31}$$

　　如果您对上述推导感到困惑(进行特殊假设以得出一种关系,而此关系仅涉及性质,然后将其推广为始终有效),那么以下注释可能会对您有所帮助。首先,以另一种形式写出热力学第一定律:

$$\delta q - \delta w = \mathrm{d}u \tag{1.22a}$$

　　由于内能是一种性质,因此 $u$ 的变化仅取决于过程的初始状态和最终状态。现在,在相同的始末状态之间用一个不可逆过程替换可逆过程。然后,对于可逆和不可逆情况,$\mathrm{d}u$ 必须保持相同,结果如下:

$$(\delta q - \delta w)_{\mathrm{rev}} = \mathrm{d}u = (\delta q - \delta w)_{\mathrm{irrev}}$$

　　例如,不可逆的压缩过程中涉及的额外功必须通过完全相同的热传递来补偿(论点等效适用于膨胀)。以这种方式,不可逆的影响似乎在公式(1.30)和公式(1.31))中被"消去"了,所以无法从中分辨出特定过程是可逆的还是不可逆的。

**6. 理想气体**

　　前面提过,对于单位质量的纯净物,任何一种性质都可以表示为最多两个其他独立性质的函数。但是,对于遵循理想气体状态方程的物质,

$$p = \rho RT \tag{1.16}$$

由上式可以看出,内能和焓仅是温度的函数(参见参考文献[4]的第 173 页)。这些结果是极其重要的,因为通过这些结果可以对此类气体进行许多有用的简化。

　　考虑比定容热容:

$$c_v \equiv \left(\frac{\partial u}{\partial T}\right)_v \tag{1.27}$$

　　若 $u = f(T)$,计算 $c_v$ 时体积是否保持恒定无关紧要,因此偏导数变成了普通导数,从而

$$c_v = \frac{\mathrm{d}u}{\mathrm{d}T} \tag{1.32}$$

或

$$\mathrm{d}u = c_v\mathrm{d}T \tag{1.33}$$

　　同样,对于理想气体的比定压热容,可以写成:

$$\mathrm{d}h = c_p\mathrm{d}T \tag{1.34}$$

　　公式(1.33)和公式(1.34)适用于所有过程(只要气体表现为理想气体)。如果比热容基本保持恒定(在有限的温度范围内通常是可行的),则对公式(1.33)和公式(1.34)的积分就变得非常简单了:

$$\Delta u = c_v\Delta T \tag{1.35}$$

$$\Delta h = c_p\Delta T \tag{1.36}$$

　　在气体动力学中,将任意基准引入内能可以简化计算。当绝对温度 $T = 0$ 时,令 $u = 0$,然后根据焓的定义,当 $T = 0$ 时 $h$ 也等于零。现在可以将公式(1.35)和公式(1.36)重写为

$$u = c_v T \tag{1.37}$$

$$h = c_p T \tag{1.38}$$

在常温常压下,空气的比定压热容和比定容热容的典型值分别为 $c_p = 0.240$ Btu/(lbm·°R) 和 $c_v = 0.171$ Btu/(lbm·°R)。因为会经常使用空气的比热容,读者应当了解其数值大小(或它们在国际单位制中的等效项)。

与理想气体有关的其他常用关系式有

$$\gamma \equiv \frac{c_p}{c_v} \tag{1.39}$$

$$c_p - c_v = \frac{R}{J} \tag{1.40}$$

式中:

$$J = 778 \text{ ft·lbm/Btu 或 } 4\ 186 \text{ J/kcal} \tag{1.41}$$

由于比热容通常以 Btu/(lbm·°R)为单位,因此在方程(1.40)中引入了转换因子 $J$,在以后的方程中,若无必要,可将此因子省略。希望通过此过程,读者可以养成在工作中仔细检查单位的习惯。国际单位制中比热容和 $R$ 的单位是什么?是否需要方程(1.40)中的转换因子 $J$?请参阅附录 B 中有关气体特性的表格。

### 7. 熵　变

熵变量的计算有两种途径:其一,只要初、终态确定,利用已知状态参数可直接得到熵的变化值;其二,在两个确定状态间,可任选一个可逆过程,用此可逆过程的热量和温度代入熵的定义式中即可得到结果。对于理想气体,具有如下结果:

$$\Delta s_{1-2} = c_p \ln \frac{v_2}{v_1} + c_v \ln \frac{p_2}{p_1} \tag{1.42}$$

$$\Delta s_{1-2} = c_p \ln \frac{T_2}{T_1} - R \ln \frac{p_2}{p_1} \tag{1.43}$$

$$\Delta s_{1-2} = c_v \ln \frac{T_2}{T_1} + R \ln \frac{v_2}{v_1} \tag{1.44}$$

以上方程中必须使用绝对压力和绝对温度。$v$ 可以是总体积,也可以是比热容,但 $v_1$ 和 $v_2$ 必须是同一类型。最后,注意 $c_p$、$c_v$ 和 $R$ 的单位。

### 8. 流程图

许多气态过程可用多方过程表示,即遵循以下关系式的过程:

$$pv^n = \text{const} = C_1 \tag{1.45}$$

式中:$n$ 是多方指数,可以是任何正数。

如果流体是理想气体,则可将状态方程引入方程(1.45)得

$$Tv^{n-1} = \text{const} = C_2 \tag{1.46}$$

$$Tp^{(1-n)/n} = \text{const} = C_3 \tag{1.47}$$

记住,上述式中的 $C_1$、$C_2$ 和 $C_3$ 是不同的常数。其中 $n$ 取某些值时可以表示特定的过程:

$$n = 0 \rightarrow p = \text{const}$$

$$n = 1 \rightarrow T = \text{const}$$

$$n = \gamma \rightarrow s = \text{const}$$

$$n = \infty \rightarrow v = \text{const}$$

图 1.2 绘制了这些过程的 $p$-$v$ 图和 $T$-$s$ 图,读者需要对多方过程图进行了解。此外,还应能够弄清楚 $p$-$v$ 图中的温度和熵如何变化以及 $T$-$s$ 图中的压力和体积如何变化(尝试在 $p$-$v$ 面中绘制几条等温线,找出哪条表示最高温度)。

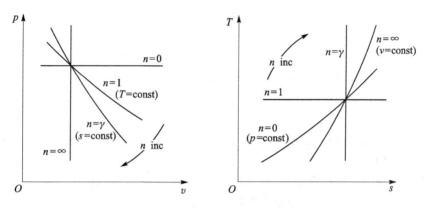

**图 1.2　理想气体的多方过程**

# 习　题

下面的问题是基于您在微积分和热力学课程中学习的概念,请尽可能清晰、简明、独立地解答。

1.1　如何定义 $dy/dx$ 等普通导数? 这与偏导数有何不同?

1.2　泰勒级数展开是什么? 它的应用和局限性是什么?

1.3　陈述牛顿第二定律。

1.4　定义"使 1 lbm 产生 32.174 $ft/sec^2$ 的加速度的力"为 1 lbf。据此对国际单位制中的 N(牛顿)给出类似的定义。

1.5　解释 $g_c$ 在牛顿第二定律中的重要性。$g_c$ 在英国工程单位制中的大小和单位是什么? 在国际单位制中的呢?

1.6　华氏度和兰金之间有什么关系? 摄氏度和开尔文之间有什么关系?

1.7　密度与比热容之间有什么关系?

1.8　解释绝对压力和表压之间的区别。

1.9　与固体相比,流体有什么显著特征? 这与粘度有何关系?

1.10　描述流体运动分析中微观方法和宏观方法之间的区别。

1.11　描述用于问题分析的控制体方法,并将其与控制质量方法进行对比。它们分别被称为什么系统?

1.12　描述一种性质并至少给出三个示例。

1.13　性质可分为强度性质和广度性质,分别定义它们,并列出每种类型性质的示例。

1.14　在处理单位质量的纯净物时,需要多少个独立性质来确定系统的状态?

1.15　状态方程有何作用? 写出一个您熟悉的状态方程。

1.16　定义点函数和过程函数,并举例。

1.17　什么是过程? 什么是循环?

1.18 热力学第零定律与温度有何关系？

1.19 陈述执行单个过程封闭系统的热力学第一定律。

1.20 本书中用于表示热和功的符号是什么？

1.21 陈述热力学第二定律的任一种表述。

1.22 定义热力学系统的可逆过程。是否存在完全可逆的实际过程？

1.23 导致过程不可逆的影响有哪些？

1.24 什么是绝热过程、等温过程和等熵过程？

1.25 给出定义焓和熵的方程。

1.26 给出熵和以下性质的微分关系式：①内能；②焓。

1.27 定义比定压热容 $c_p$ 和比定容热容 $c_v$（以偏导数的形式）。这些表达式对处于任何状态的物质都适用吗？

1.28 陈述理想气体状态方程，为方程中的每个项给出一组一致的单位。

1.29 对于理想气体，比内能是哪个状态量的函数？比焓呢？

1.30 给出适用于理想气体的 $u$ 和 $h$ 的表达式。这些表达式是否适用于任何过程？

1.31 对于理想气体，在什么温度下指定 $u=0$ 和 $h=0$？

1.32 对于理想气体，说明两个任意状态之间熵变量的表达式。

1.33 如果理想气体经历了等熵过程，压力与体积的关系式是什么？温度和体积的关系式是什么？温度和压力的关系式是什么？

1.34 考虑理想气体的多方过程（$pv^n=$const）。在图 RQ1.34 所示的 $p-v$ 图和 $T-s$ 图中，用正确的 $n$ 值标记每个过程，并确定哪个流体性质为常数。

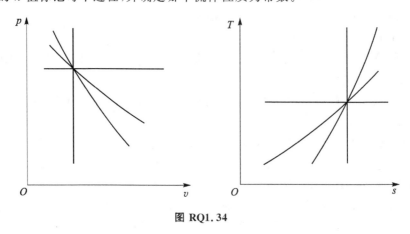

**图 RQ1.34**

# 小 测

如果已经长时间没有接触热力学知识，那么解决以下问题可能会对读者有所帮助。

1.1 如何理解附录 A 气体性质表中的关系式 $c_p=c_v+R$？以氢为例。

1.2 具有比定容热容 $c_v=0.403$ Btu/(lbm·°R) 和比定压热容 $c_p=0.532$ Btu/(lbm·°R) 的理想气体经过可逆的多方过程，多方指数 $n=1.4$。据此回答以下问题：

（1）在此过程中是否会有热传递？

（2）在 $p$-$v$ 图或 $T$-$s$ 图中,这个过程更接近水平线还是垂直线（或者位于常量属性线之间）？

1.3　分别通过两种途径将氮气从 70℉ 和 14.7 psia 可逆压缩到其原始体积的 1/4:途径一为等温过程;途径二为先经过等压过程再经过等容过程。令二者最终状态相同:

（1）哪种压缩方式所需的功最少？用 $p$-$v$ 图说明。

（2）计算等温压缩产生的热和需要的功。

1.4　对于图 RP1.4 中所示的可逆循环,计算 $\mathrm{d}E$、$\delta Q$、$\mathrm{d}H$、$\delta W$ 和 $\mathrm{d}S$ 的循环积分 $\left(\oint \mathrm{d}(\cdot)\right)$。

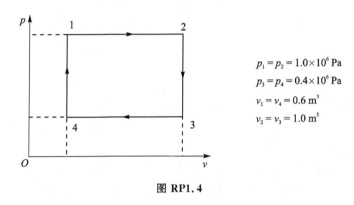

$$p_1 = p_2 = 1.0 \times 10^6 \text{ Pa}$$
$$p_3 = p_4 = 0.4 \times 10^6 \text{ Pa}$$
$$v_1 = v_4 = 0.6 \text{ m}^3$$
$$v_2 = v_3 = 1.0 \text{ m}^3$$

图 RP1.4

1.5　理想气体（甲烷）经历了可逆的多方过程,其多方指数为 1.4。

（1）根据热力学第一定律,得出单位质量的热传递关于温度差 $\Delta T$ 的函数表达式（使用国际单位制）。

（2）这种热传递等于相同的温度差 $\Delta T$ 下的焓变还是内能变化量？

1.6　（选做）理想气体中的压力与密度和绝对温度的乘积成正比。通过量纲的推导,如果压力以 $\text{kgf/m}^2$ 为单位,温度以 K 为单位,密度以 $\text{kg/m}^3$ 为单位,则在方程（1.16）中常数 $R$ 的单位是什么？

# 第2章 控制体分析方法 I

## 2.1 引　言

气体动力学研究的对象主要是流动的流体。流动问题的分析基于早期热力学或流体力学课程中所使用的基本原理：

① 质量守恒；

② 能量守恒；

③ 牛顿第二定律。

应用这些原理来解决特定问题时，还需要对流体的性质有所了解。

在第 1 章中，以适用于控制质量的形式回顾了上面列出的概念。但是，用控制质量分析方法解决流动问题极为困难，必须开发一些可用于分析控制质量的基本表达式，因此出现了一种将控制质量的基本定律转换成适用于有限控制体的积分方程的技巧。针对特殊情况（例如定常的一维流动）进行了一系列的简化，同时通过分析微分控制体，得到了一些有价值的微分关系式。本书将在本章中讨论质量和能量，在第 3 章中讨论动量。

## 2.2　学习目标

① 陈述气体动力学研究的基本概念；

② 解释一维、二维和三维流动；

③ 定义定常流动；

④ 根据多维速度曲线计算流量和平均速度；

⑤ 写出用于将任何广度性质的物质导数与控制体的内部性质和跨越控制体边界的性质关联起来的方程，并用文字解释方程中每个术语的含义；

⑥ 利用适用于控制质量的基本概念或方程，获得控制体的连续方程和能量方程的积分形式；

⑦ 在一维定常流动条件下，简化控制体连续方程和能量方程的积分形式；

⑧ 将连续方程和能量方程的简化形式应用于微分控制体；

⑨ 展示出在控制体分析中应用连续性概念和能量概念的能力。

## 2.3　流动的维度和平均速度

流体在运动时，它的各种性质可以表示为位置和时间的函数。因此，在直角坐标系下，有

$$V = f(x, y, z, t) \tag{2.1}$$

或

$$p = g(x, y, z, t) \tag{2.2}$$

由于必须指定三个空间坐标和时间,因此称为三维非定常流动。二维非定常流动将表示为

$$V = f(x, y, t) \tag{2.3}$$

而一维非定常流动则是

$$V = f(x, t) \tag{2.4}$$

一维流动的假设常常应用于流动系统的简化,并且通常在流动方向上采用单个坐标,但该流动不一定是单向流动,因为流管的方向可能会改变。另一种判断一维流动的方法是,在任何给定截面($x$ 坐标)上,所有流体特性在整个截面上都是常数,则一维流动成立。但需要记住,性质仍然可以在部分和部分之间变化(因为 $x$ 变化)。

第 1 章中回顾的基本概念是用给定的质量表示的(即控制质量方法)。当使用控制质量方法时,可以观察质量的某些性质,例如焓或内能,这些性质随时间变化的速率称为物质导数,写为 D(·)/Dt 或 d(·)/dt。注意,性质的物质导数涉及的两个部分是随性质的变化而计算的。

首先,性质可能会因为质量移动到新位置发生变化(例如,同一时间北京的温度与上海的温度不同),这个因素对物质导数的贡献称为迁移导数。其次,该性质可能会在任何给定位置随时间变化(例如,在北京,从早上到晚上温度也会发生变化),这部分贡献称为当地导数,记为 ∂(·)/∂t。例如,对于典型的三维非定常流动,压力的物质导数将表示为

$$\frac{\mathrm{d}p}{\mathrm{d}t} = \underbrace{\frac{\partial p}{\partial x}\frac{\mathrm{d}x}{\mathrm{d}t} + \frac{\partial p}{\partial y}\frac{\mathrm{d}y}{\mathrm{d}t} + \frac{\partial p}{\partial z}\frac{\mathrm{d}z}{\mathrm{d}t}}_{\text{迁移导数}} + \underbrace{\frac{\partial p}{\partial t}}_{\text{当地导数}} \tag{2.5}$$

如果每个点的流体特性均与时间无关,则称此为定常流。因此,在定常流中,任何性质相对于时间的偏导数均为零:

$$\frac{\partial p}{\partial t} = 0 \tag{2.6}$$

**注意**:这不会影响性质随位置的变化。因此,由于迁移导数的作用,对于定常流动,物质导数可能不为零。

接下来,将研究多维流动的质量流量计算问题。考虑圆形管道中实际流体的流动,在低雷诺数(粘性力占主导)的情况下,流体倾向于分层流动,而相邻层之间没有任何能量交换,称之为层流,可以很容易地确定这种情况下的速度剖面将是旋转抛物面(参见参考文献[9]的第 185 页),其横截面如图 2.1 所示。

在任何给定的横截面上,速度均可表示为

$$u = U_{\mathrm{m}}\left[1 - \left(\frac{r}{r_0}\right)^2\right] \tag{2.7}$$

积分即可获得质量流量:

$$\dot{m} = 质量流率 = \int_A \rho u \, \mathrm{d}A \tag{2.8}$$

式中:

$$\mathrm{d}A = 2\pi r \, \mathrm{d}r \tag{2.9}$$

假设 $\rho$ 为常数,积分结果为

$$\dot{m} = \rho(\pi r_0^2)\frac{U_{\mathrm{m}}}{2} = \rho A \frac{U_{\mathrm{m}}}{2} \tag{2.10}$$

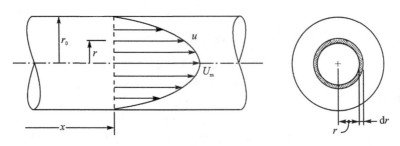

图 2.1　层流速度剖面

**注意**:对于多维流动问题,当流量表示为

$$\dot{m} = \rho A V \tag{2.11}$$

速度 $V$ 是平均速度,在这种情况下为 $U_m/2$。由于在积分过程中假设密度保持恒定,所以将 $V$ 称为局部平均速度或许更为恰当;但是,由于在给定截面上密度几乎没有变化,因此将 $V$ 称为平均速度也是合理的。

当雷诺数更大时,较大的惯性力会在所有方向上引起不规则的速度波动,进而导致相邻层之间的混合,由此产生的能量交换导致靠近中心的流体微团变慢,而靠近壁面的那些流体微团加速。因此将产生如图 2.2 所示的相对平坦的速度曲线,这是湍流的典型特征。注意,对于这种状态的流体,因为给定截面上的所有微团具有几乎相同的速度,所以非常接近一维流动。由于工程中研究的大部分流动问题都处于湍流状态,因此可以理解为什么一维流动假设是合理准确的。

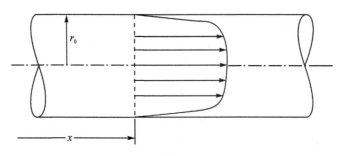

图 2.2　湍流速度剖面

本书中会涉及以下概念:

流线:线上各处都相切于线上该位置流体粒子的速度矢量。

流管:由相邻流线形成的流道。

根据这些定义可知,流体不能穿出或穿入流管表面。因此,流体流经流管与流经物理管道非常相似。

## 2.4　控制体方法中的物质导数形式

在大多数气体动力学问题中,考察空间中的固定区域(控制体)将更加方便。在第 1 章中列出了用于分析控制质量的基本方程。当把这些方程应用于控制体时,应采用什么形式呢?在每种情况下,最棘手的项都是广度性质的物质导数。

最简单的方法是首先说明如何完成广度性质的物质导数到控制体方法的变换,结果将是

一个可以用于许多特定情况的关系式。令

$$N \equiv 给定质量中任意广度性质的总量$$
$$\eta \equiv 每单位质量中 N 的量$$

因此

$$N = \int \eta \mathrm{d}m = \iiint \rho \eta \mathrm{d}\tilde{v} = \int_v \rho \eta \mathrm{d}\tilde{v} \qquad (2.12)$$

式中：

$$\mathrm{d}m \equiv 质量微元$$
$$\mathrm{d}\tilde{v} \equiv 体积微元$$

**注意**：为简单起见，将三重体积积分表示为 $\int_v$。

物质导数是随质量移动而产生的性质变化率，现在观察物质导数 $\mathrm{d}N/\mathrm{d}t$ 的变化。图 2.3 所示为一控制质量在 $t$ 和 $t+\Delta t$ 时刻在流场中所占的区域。这个系统在任何时候都由相同的粒子组成。如果 $\Delta t$ 很小，则两个区域将重叠，如图 2.4 所示，公共区域记为区域 2。

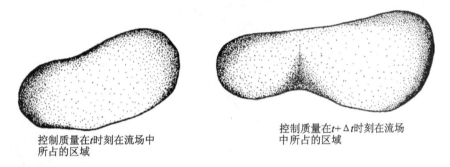

控制质量在 $t$ 时刻在流场中所占的区域

控制质量在 $t+\Delta t$ 时刻在流场中所占的区域

**图 2.3　控制质量**

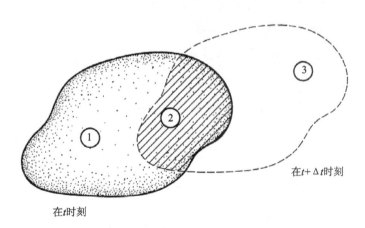

在 $t$ 时刻

在 $t+\Delta t$ 时刻

**图 2.4　$\Delta t$ 很小时的控制质量**

然后根据数学定义构造物质导数，即

$$\frac{\mathrm{d}N}{\mathrm{d}t} \equiv \lim_{\Delta t \to 0} \left( \frac{N_{t+\Delta t} - N_t}{\Delta t} \right) \qquad (2.13)$$

式中：$N$ 的最终量为在 $t+\Delta t$ 时刻区域 2 和 3 中 $N$ 的量；$N$ 的初始量为在 $t$ 时刻区域 1 和 2

中 $N$ 的量,因此一种更具体的表达式是

$$\frac{dN}{dt} = \lim_{\Delta t \to 0} \frac{(N_2 + N_3)_{t+\Delta t} - (N_1 + N_2)_t}{\Delta t} \qquad (2.14)$$

首先,考虑项

$$\lim_{\Delta t \to 0} \frac{N_3(t + \Delta t)}{\Delta t}$$

分子代表 $t+\Delta t$ 时刻区域 3 中 $N$ 的量,根据定义,区域 3 由流体从控制体中移出形成。如图 2.5 所示,$\hat{n}$ 为单位法向量,从控制体内部指向外部时为正;$dA$ 是分隔区域 2 和 3 的面积微元。

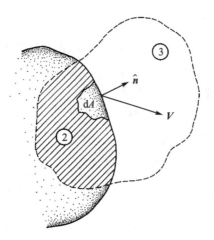

图 2.5　流体流出控制体

其中,

$$\boldsymbol{V} \cdot \hat{\boldsymbol{n}} = \boldsymbol{V} \text{ 在 } dA \text{ 法向上的分量}$$

$$(\boldsymbol{V} \cdot \hat{\boldsymbol{n}}) dA = \text{体积流量增量}$$

$$\rho(\boldsymbol{V} \cdot \hat{\boldsymbol{n}}) dA = \text{质量流量增量}$$

$$\rho(\boldsymbol{V} \cdot \hat{\boldsymbol{n}}) dA \Delta t = \Delta t \text{ 时间内穿过 } dA \text{ 的质量}$$

$$\eta \rho(\boldsymbol{V} \cdot \hat{\boldsymbol{n}}) dA \Delta t = \Delta t \text{ 时间内穿过 } dA \text{ 的 } N \text{ 的量}$$

因此

$$\int_{S_{\text{out}}} \eta \rho(\boldsymbol{V} \cdot \hat{\boldsymbol{n}}) dA \Delta t \approx \text{区域 3 中 } N \text{ 的量} \qquad (2.15)$$

式中:$\int_{S_{\text{out}}}$ 是流体流出控制体表面上的双重积分。因此,该项变为

$$\lim_{\Delta t \to 0} \frac{N_3(t + \Delta t)}{\Delta t} = \int_{S_{\text{out}}} \eta \rho(\boldsymbol{V} \cdot \hat{\boldsymbol{n}}) dA \qquad (2.16)$$

该积分称为从控制体流出的 $N$ 的通量。

由于 $\Delta t$ 相互抵消,有人可能会因此质疑极限过程。实际上,公式(2.15)中的积分表达式仅近似正确,这是因为此积分中的所有性质都是在 $t$ 时刻的表面上计算的。因此,公式(2.15)仅是近似值,但随着 $\Delta t$ 趋于零将变得精确。

然后，考虑项

$$\lim_{\Delta t \to 0} \frac{N_1(t)}{\Delta t}$$

区域 1 是如何形成的呢？它是由原始质量粒子（在时间 $\Delta t$ 内）在控制体内运动，同时新的流体进入控制体而形成的，因此，通过以下过程计算 $N_1$。设 $\hat{n}'$ 为单位法向量，从控制体外部指向内部时为正，如图 2.6 所示。

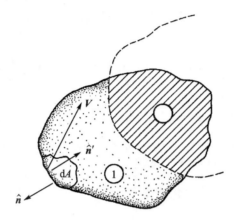

**图 2.6　流体流入控制体**

据此完成以下内容：

$$\boldsymbol{V} \cdot \hat{\boldsymbol{n}}' =$$
$$(\boldsymbol{V} \cdot \hat{\boldsymbol{n}}')\,\mathrm{d}A =$$
$$\rho(\boldsymbol{V} \cdot \hat{\boldsymbol{n}}')\,\mathrm{d}A =$$
$$\rho(\boldsymbol{V} \cdot \hat{\boldsymbol{n}}')\,\mathrm{d}A\,\Delta t =$$
$$\eta\rho(\boldsymbol{V} \cdot \hat{\boldsymbol{n}}')\,\mathrm{d}A\,\Delta t =$$

应该清楚的是

$$\int_{S_{\text{out}}} \eta\rho(\boldsymbol{V} \cdot \hat{\boldsymbol{n}}')\,\mathrm{d}A\,\Delta t \approx \text{区域 1 中的 } N \text{ 的量} \tag{2.17}$$

且

$$\lim_{\Delta t \to 0} \frac{N_1(t)}{\Delta t} = \int_{S_{\text{in}}} \eta\rho(\boldsymbol{V} \cdot \hat{\boldsymbol{n}}')\,\mathrm{d}A \tag{2.18}$$

式中：$\int_{S_{\text{in}}}$ 是流体流入控制体表面上的双重积分，该积分代表流入控制体的 $N$ 的通量。

现在再看方程（2.14）的第一项和最后一项：

$$\lim_{\Delta t \to 0} \frac{N_2(t + \Delta t) - N_2(t)}{\Delta t} \quad \text{即} \quad \frac{\partial N_2}{\partial t}$$

**注意**：使用偏导数表示是因为积分区域是固定的，且时间是唯一允许变化的独立参数。还要注意，当 $\Delta t$ 趋于零时，区域 2 接近质量的原始范围，称为控制体，从而

$$\lim_{\Delta t \to 0} \frac{N_2(t + \Delta t) - N_2(t)}{\Delta t} = \frac{\partial N_{\text{cv}}}{\partial t} = \frac{\partial}{\partial t}\int_{\text{cv}} \rho\eta\,\mathrm{d}\tilde{v} \tag{2.19}$$

式中：cv 代表控制体。

现在,将公式(2.16)、公式(2.18)和公式(2.19)代入公式(2.14):

$$\frac{dN}{dt} = \frac{\partial}{\partial t}\int_{cv}\rho\eta d\tilde{v} + \int_{S_{out}}\eta\rho(\boldsymbol{V}\cdot\hat{\boldsymbol{n}})dA - \int_{S_{in}}\eta\rho(\boldsymbol{V}\cdot\hat{\boldsymbol{n}}')dA \tag{2.20}$$

**注意**:$\hat{\boldsymbol{n}}=-\hat{\boldsymbol{n}}'$,可以将后两项组合为

$$\int_{S_{out}}\eta\rho(\boldsymbol{V}\cdot\hat{\boldsymbol{n}})dA - \int_{S_{in}}\eta\rho(\boldsymbol{V}\cdot\hat{\boldsymbol{n}}')dA = \int_{S_{out}}\eta\rho(\boldsymbol{V}\cdot\hat{\boldsymbol{n}})dA + \int_{S_{in}}\eta\rho(\boldsymbol{V}\cdot\hat{\boldsymbol{n}})dA$$

$$= \int_{cs}\eta\rho(\boldsymbol{V}\cdot\hat{\boldsymbol{n}})dA \tag{2.21}$$

式中:cs 代表控制表面。

该项表示净流出控制体的 $N$ 的量(即流出量减去流入量),最终的转换方程变为

$$\left(\frac{dN}{dt}\right)_{物质导数} = \underbrace{\frac{\partial}{\partial t}\int_{cv}\rho\eta d\tilde{v}}_{三重积分} + \underbrace{\int_{cs}\eta\rho(\boldsymbol{V}\cdot\hat{\boldsymbol{n}})dA}_{二重积分} \tag{2.22}$$

该关系式称为雷诺输运方程,可以这样理解:

> 当给定质量运动时,$N$ 的总变化速率等于控制体内部 $N$ 的变化速率加上 $N$ 的净流量(流出量减去流入量)。

需要注意的是,除了规定 $N$ 必须是依赖于质量的广度性质之外,没有对其施加任何限制,因此,$N$ 可以是标量或向量。在本章后两节和第 3 章中提供了雷诺输运方程的应用示例。

## 2.5　质量守恒

在不考虑核反应的前提下,可以认为质量和能量守恒。因此,对于给定的质量在运动时,根据定义,质量将保持不变。也就是说,质量的物质导数为零:

$$\frac{d(mass)}{dt} = 0 \tag{2.23}$$

这是控制质量的连续方程。对于控制体,可以写出什么样的对应表达式呢?为了找到答案,必须根据 2.4 节中建立的雷诺输运方程来变换物质导数。

如果 $N$ 表示总质量,则 $\eta$ 是每单位质量的质量,即 1,代入方程(2.22)得

$$\frac{d(mass)}{dt} = \frac{\partial}{\partial t}\int_{cv}\rho d\tilde{v} + \int_{cs}\rho(\boldsymbol{V}\cdot\hat{\boldsymbol{n}})dA \tag{2.24}$$

但是,通过公式(2.23)知道上式为零,因此变换后的方程是

$$0 = \frac{\partial}{\partial t}\int_{cv}\rho d\tilde{v} + \int_{cs}\rho(\boldsymbol{V}\cdot\hat{\boldsymbol{n}})dA \tag{2.25}$$

这是控制体的连续方程。读者可以尝试陈述每一项分别代表什么。对于定常流动,任何关于时间的偏导数均为零,上述方程变为

$$0 = \int_{cs}\rho(\boldsymbol{V}\cdot\hat{\boldsymbol{n}})dA \tag{2.26}$$

接下来计算上述积分在一维定常流动情况下的结果。图 2.7 所示为流体穿过控制表面部分。回想一下,对于一维流动,任何流体性质在整个横截面上都是常数。因此,密度和速度都可以从积分符号中导出。如果选择的表面始终垂直于 $\boldsymbol{V}$,则积分很容易计算:

$$\int \rho(\boldsymbol{V} \cdot \hat{\boldsymbol{n}}) \mathrm{d}A = \rho \boldsymbol{V} \cdot \hat{\boldsymbol{n}} \int \mathrm{d}A = \rho V A$$

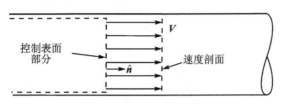

**图 2.7　一维流动的速度剖面**

该积分必须在整个控制表面上进行计算,这样可以得出:

$$\int_{\mathrm{cs}} \rho(\boldsymbol{V} \cdot \hat{\boldsymbol{n}}) \mathrm{d}A = \sum \rho V A \tag{2.27}$$

该总和应包括所有的有流体穿过的控制表面部分,并且当流体流出控制体时为正(因为这里 $\boldsymbol{V} \cdot \hat{\boldsymbol{n}}$ 为正),而当流体流入控制体时为负。对于一维定常流动,控制体的连续性方程变为

$$\sum \rho A V = 0 \tag{2.28}$$

如果只有一部分流体进入而有一部分流体离开控制体积,则该方程变为

$$(\rho A V)_{\mathrm{out}} - (\rho A V)_{\mathrm{in}} = 0$$

或

$$(\rho A V)_{\mathrm{out}} = (\rho A V)_{\mathrm{in}} \tag{2.29}$$

通常写为

$$\boxed{\dot{m} = \rho A V = \mathrm{const}} \tag{2.30}$$

在此表达式中隐含了一个事实,即 $V$ 是垂直于面积 $A$ 的速度分量。如果密度 $\rho$ 以磅/立方英尺为单位,面积 $A$ 以平方英尺为单位,速度 $V$ 以英尺/秒为单位,那么质量流量 $\dot{m}$ 的单位是什么呢? 这些单位在国际单位制中如何表示?

作为定常流动的结果,流入控制体的质量流量等于流出控制体的质量流量。但反过来不一定是正确的,即仅由已知流入和流出控制体的流量相同,不能断定流动是定常的。

**例 2.1**　空气以 1 096 ft/sec 的速度定常地流过直径为 1 in 的管道,温度为 40 ℉,压力为 50 psia。若管道的直径扩大到 2 in,压力和温度分别降至 2.82 psia 和 −240 ℉,则平均速度变为多少?

已知

$$p = \rho R T$$

$$A = \frac{\pi D^2}{4}$$

对于一维定常流动,有

$$\rho_1 V_1 A_1 = \rho_2 V_2 A_2$$

$$\frac{p_1}{R T_1} \frac{\pi D_1^2}{4} V_1 = \frac{p_2}{R T_2} \frac{\pi D_2^2}{4} V_2$$

$$V_2 = V_1 \frac{D_1^2 p_1 T_2}{D_2^2 p_2 T_1} = 1\,096 \times \left(\frac{1}{2}\right)^2 \times \frac{50}{2.82} \times \frac{220}{500}$$

$$V_2 = 2\,138 \text{ ft/sec(或 651.7 m/s)}$$

可以通过对方程(2.30)进行微分获得连续方程的另一种形式,即

$$\mathrm{d}(\rho A V) = A V \mathrm{d}\rho + \rho V \mathrm{d}A + \rho A \,\mathrm{d}V = 0 \qquad (2.31)$$

方程两边同时除以 $\rho A V$ 得

$$\boxed{\frac{\mathrm{d}\rho}{\rho} + \frac{\mathrm{d}A}{A} + \frac{\mathrm{d}V}{V} = 0} \qquad (2.32)$$

对方程(2.30)取自然对数,然后对结果求微分也可以获得该表达式,称为对数微分。

微分形式的连续方程可用于解释流体流经管道、通道或流管时的变化,它表明在质量守恒的前提下,密度、速度和横截面积的变化必须相互补偿。例如,如果面积是常数($\mathrm{d}A = 0$),若速度增加,则密度必然降低。在后面的一些推导中,常常会用到这种形式的连续方程。

## 2.6　能量守恒

热力学第一定律是能量守恒定律。对于一个由给定质量组成的系统,该系统经过一系列变化,可得

$$\boxed{Q = W + \Delta E} \qquad (1.18)$$

式中:

$$Q = \text{传递到系统中的净热量}$$
$$W = \text{系统做的净功}$$
$$\Delta E = \text{系统总能量的变化}$$

上式可以写成变化率的形式以适用于任何时刻:

$$\frac{\delta Q}{\mathrm{d}t} = \frac{\delta W}{\mathrm{d}t} + \frac{\mathrm{d}E}{\mathrm{d}t} \qquad (2.33)$$

读者必须清楚地了解该方程中每一项的含义。$\delta Q/\mathrm{d}t$ 和 $\delta W/\mathrm{d}t$ 表示系统及其周围环境之间瞬时的传热率和做功功率,它们是跨系统边界的能量传输速率,而不是物质导数(热量和功不是系统的性质)。另外,能量是系统的性质,所以 $\mathrm{d}E/\mathrm{d}t$ 是物质导数。

那么当能量方程应用于控制体时应采用什么形式呢?为了回答这个问题,首先必须根据 2.4 节中建立的雷诺输运方程变换方程(2.33)中的物质导数。如果令 $N$ 为 $E$,即系统的总能量,则 $\eta$ 代表 $e$,即单位质量的能量:

$$e = u + \frac{V^2}{2g_\mathrm{c}} + \frac{g}{g_\mathrm{c}} z$$

代入方程(2.22)得

$$\frac{\mathrm{d}E}{\mathrm{d}t} = \frac{\partial}{\partial t} \int_{\mathrm{cv}} e\rho \,\mathrm{d}\tilde{v} + \int_{\mathrm{cs}} e\rho (\boldsymbol{V} \cdot \hat{\boldsymbol{n}}) \mathrm{d}A \qquad (2.34)$$

则适用于控制体的变换方程为

$$\frac{\delta Q}{\mathrm{d}t} = \frac{\delta W}{\mathrm{d}t} + \frac{\partial}{\partial t} \int_{\mathrm{cv}} e\rho \mathrm{d}\tilde{v} + \int_{\mathrm{cs}} e\rho (\boldsymbol{V} \cdot \hat{\boldsymbol{n}}) \mathrm{d}A \qquad (2.35)$$

在这种情况下，$\delta Q/\mathrm{d}t$ 和 $\delta W/\mathrm{d}t$ 表示控制体表面上的热和功的瞬时传输速率。读者可以试着解释其他项的含义。

对于一维流动，参考对方程（2.22）的讨论。公式（2.35）中的最后一个积分很容易计算，因为 $e$、$\rho$ 和 $V$ 在任何给定横截面上都是恒定的。假设速度 $V$ 垂直于表面 $A$，有

$$\int_{\mathrm{cs}} e\rho (\boldsymbol{V} \cdot \hat{\boldsymbol{n}}) \mathrm{d}A = \sum e\rho V \int \mathrm{d}A = \sum e\rho V A = \sum \dot{m} e \qquad (2.36)$$

在流体穿过控制表面的所有部分进行求和，流体离开控制体时为正，流体进入控制体时为负。

在使用公式（2.35）时，必须注意要包括所有形式的功，无论是压力（来自法向应力）还是剪切力（来自切向应力）做功。图 2.8 展示了一个简单的控制体，通过谨慎选择控制面，可以使部分边界处没有流体运动，除了

① 流体进入和离开系统的位置；

② 机械设备（例如轴）跨越系统边界的地方。

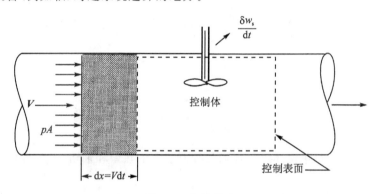

**图 2.8　系统做功**

谨慎选择系统边界可以简化计算。例如，对于实际流体，侧壁上没有流体运动（参见图 2.1 和图 2.2），因此，沿着侧壁的压力和剪切力不会做功。

机械设备将功从系统中传输出去的速率称为 $\delta W_s/\mathrm{d}t$，它是通过设备与流体之间的剪切应力来实现的。另外，流体进入和离开系统也会做功，此时压力起到的作用是将流体推入或推出控制体，入口处的阴影区域表示在时间 $\mathrm{d}t$ 内进入控制体的流体，这里所做的功是

$$\delta W' = \boldsymbol{F} \cdot \mathrm{d}\boldsymbol{x} = pA\,\mathrm{d}x = pVA\,\mathrm{d}t \qquad (2.37)$$

功率是

$$\frac{\delta W'}{\mathrm{d}t} = pAV \qquad (2.38)$$

称为流动功或位移功。通过引入下面的方程可以将其写成更有意义的形式：

$$\dot{m} = \rho AV \qquad (2.11)$$

因此该功率变为

$$pAV = p\,\frac{\dot{m}}{\rho} = \dot{m}pv \qquad (2.39)$$

表示系统迫使流体排出控制体所做的功(正)和外界环境迫使流体进入控制体所做的功(负)。因此总功为

$$\frac{\delta W}{\mathrm{d}t} = \frac{\delta W_s}{\mathrm{d}t} + \sum \dot{m} p v$$

现在可以写出能量方程更有用的适用于一维流动的形式。注意,流动功被写在该方程的最后一项中:

$$\frac{\delta Q}{\mathrm{d}t} = \frac{\delta W_s}{\mathrm{d}t} + \frac{\partial}{\partial t} \int_{cv} e \rho \mathrm{d}\tilde{v} + \sum \dot{m}(e + pv) \tag{2.40}$$

如果考虑定常流动,则涉及时间的偏导数项为零。因此,对于一维定常流动,控制体的能量方程变为

$$\boxed{\frac{\delta Q}{\mathrm{d}t} = \frac{\delta W_s}{\mathrm{d}t} + \sum \dot{m}(e + pv)} \tag{2.41}$$

如果只有一部分流体进入而有一部分流体离开控制体,则根据连续性有

$$\dot{m}_{in} = \dot{m}_{out} = \dot{m} \tag{2.42}$$

方程(2.41)两边同时除以 $\dot{m}$ 得

$$\frac{1}{\dot{m}} \frac{\delta Q}{\mathrm{d}t} = \frac{1}{\dot{m}} \frac{\delta W_s}{\mathrm{d}t} + (e + pv)_{out} - (e + pv)_{in} \tag{2.43}$$

定义:

$$q \equiv \frac{1}{\dot{m}} \frac{\delta Q}{\mathrm{d}t} \tag{2.44}$$

$$w_s \equiv \frac{1}{\dot{m}} \frac{\delta W_s}{\mathrm{d}t} \tag{2.45}$$

式中:$q$ 和 $w_s$ 分别表示每单位质量流体通过控制表面的热量和轴功。试写出 $q$ 和 $w_s$ 的单位。

能量方程变为

$$q = w_s + (e + pv)_{out} - (e + pv)_{in} \tag{2.46}$$

上式可以直接应用于图2.9所示的有限控制体中,其结果为

$$q = w_s + (e_2 + p_2 v_2) - (e_1 + p_1 v_1) \tag{2.47}$$

按公式(1.30)替换 $e$ 得

$$u_1 + p_1 v_1 + \frac{v_1^2}{2g_c} + \frac{g}{g_c} z_1 + q = u_2 + p_2 v_2 + \frac{v_2^2}{2g_c} + \frac{g}{g_c} z_2 + w_s \tag{2.48}$$

如果引入焓的定义,

$$h \equiv u + pv \tag{1.24}$$

则公式(2.48)可以简化为

$$\boxed{h_1 + \frac{V_1^2}{2g_c} + \frac{g}{g_c} z_1 + q = h_2 + \frac{V_2^2}{2g_c} + \frac{g}{g_c} z_2 + w_s} \tag{2.49}$$

这是可以用来解决许多问题的能量方程形式,为了推导式(2.49)做了若个假设,请读者试着列出来。

**注意:** 在图2.9中,没有绘制完全包围控制体内部流体的虚线,而是仅在流体进入或离开

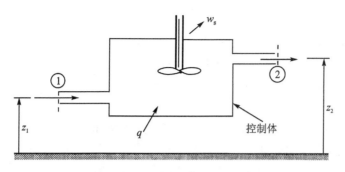

**图 2.9　用于能量分析的有限控制体**

控制体的区域绘制了虚线。本书其余部分通常会遵循这种做法，并且不会造成任何混淆。但是需要记住，分析的对象应始终是控制体内的流体。

　　**例 2.2**　如图 E2.2 所示，蒸气以 0.1 lbm/sec 的速度进入喷射器，焓值为 1 300 Btu/lbm，在喷射器中的传递速度可忽略不计。水以 1.0 lbm/sec 的速度进入，焓值为 40 Btu/lbm，在喷射器中的传递速度同样可忽略不计。混合物以 150 Btu/lbm 的焓值和 90 ft/sec 的速度离开喷射器，所有势能都可以忽略。试确定传热的大小和方向。

$$\dot{m}_1 = 0.1 \text{ lbm/sec} \quad V_1 \approx 0 \quad\quad h_1 = 1\,300 \text{ Btu/lbm}$$

$$\dot{m}_2 = 1.0 \text{ lbm/sec} \quad V_2 \approx 0 \quad\quad h_2 = 40 \text{ Btu/lbm}$$

$$V_3 = 90 \text{ ft/sec} \quad\quad h_3 = 150 \text{ Btu/lbm}$$

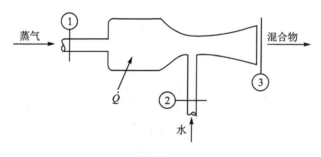

**图 E2.2**

　　在示意图中有必要确定控制体并清楚地指出流体和能量穿过系统边界的位置，通过数字标识这些位置，并列出已知量及其单位，做出合理的假设。

　　连续方程：

$$\dot{m}_3 = \dot{m}_1 + \dot{m}_2 = 0.1 + 1.0 = 1.1 (\text{lbm/sec})$$

　　能量方程：

$$\dot{m}_1\left(h_1 + \frac{V_1^2}{2g_c} + \frac{g}{g_c}z_1\right) + \dot{m}_2\left(h_2 + \frac{V_2^2}{2g_c} + \frac{g}{g_c}z_2\right) + \dot{Q} = \dot{m}_3\left(h_3 + \frac{V_3^2}{2g_c} + \frac{g}{g_c}z_3\right) + \dot{W}_s$$

$$\dot{m}_1 h_1 + \dot{m}_2 h_2 + \dot{Q} = \dot{m}_3\left(h_3 + \frac{V_3^2}{2g_c}\right)$$

$$0.1 \times 1\,300 + 1.0 \times 40 + \dot{Q} = 1.1 \times \left(150 + \frac{90^2}{2 \times 32.2 \times 778}\right)$$

$$130 + 40 + \dot{Q} = 1.1 \times (150 + 0.162) = 165.2$$

$$\dot{Q} = 165.2 - 130 - 40 = -4.8 \text{ (Btu/sec)} \quad (\text{或} - 5.064 \text{ kW})$$

其中减号表示热量在喷射器中受到了损失。

**例 2.3**　一截面积恒定的水平管道中包含等温流动的 $CO_2$(见图 E2.3)。已知上游处绝对压力为 14 bar,平均速度为 50 m/s;而在下游,绝对压力已降至 7 bar ,计算热传递。

$$p_1 = 14 \times 10^5 \text{ N/m}^2 \quad p_2 = 7 \times 10^5 \text{ N/m}^2 \quad w_{s(1-2)} = 0$$

$$V_1 = 50 \text{m/s} \qquad\qquad V_2 = ? \qquad\qquad q_{(1-2)} = ?$$

$$z_1 = z_2(\text{水平}) \qquad\qquad A_1 = A_2(\text{已知})$$

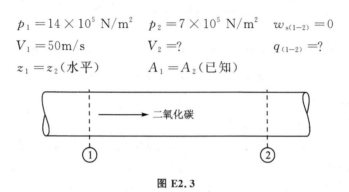

二氧化碳

① ②

**图 E2.3**

能量方程:

$$h_1 + \frac{V_1^2}{2g_c} + \frac{g}{g_c} z_1 + q = h_2 + \frac{V_2^2}{2g_c} + \frac{g}{g_c} z_2 + w_s$$

由于是理想气体和等温过程,根据公式(1.46),有 $\Delta h = c_p \Delta T = 0$,因此

$$q_{1-2} = \frac{V_2^2 - V_1^2}{2g_c}$$

状态方程:

$$\frac{p_1}{\rho_1 T_1} = \frac{p_2}{\rho_2 T_2} \rightarrow \frac{p_1}{p_2} = \frac{\rho_1}{\rho_2}$$

连续方程:

$$\rho_1 A_1 V_1 = \rho_2 A_2 V_2$$

易得

$$\frac{V_2}{V_1} = \frac{p_1}{p_2} = \frac{\rho_1}{\rho_2}$$

因此

$$V_2 = \frac{p_1}{p_2} V_1 = \frac{14 \times 10^5}{7 \times 10^5} \times 50 = 100 \text{ (m/s)}$$

代回能量方程得

$$q_{1-2} = \frac{V_2^2 - V_1^2}{2g_c} = \frac{100^2 - 50^2}{2 \times 1} = 3\ 750 \text{ (J/kg)} \quad (\text{或} 1.612 \text{ Btu/lbm})$$

**注**:如果流动是层流,则需要将上面的每个 $V^2$ 项乘以 2.0,见习题 2.4。

**例 2.4**　2 200 °R 的空气以 1.5 lbm/sec 的速度进入涡轮机(见图 E2.4)。空气通过 15 的压力比膨胀并以 1 090 °R 的温度离开,进入和离开的速度可以忽略不计,并且没有传热。计算涡轮的马力(hp)输出。

$$T_1 = 2\,200\ °R \quad T_2 = 1\,090\ °R \quad \dot{m} = 1.5\ \text{lbm/sec}$$

$$V_1 \approx 0 \qquad\quad V_2 \approx 0 \qquad\quad q = 0$$

能量方程：

$$h_1 + \frac{V_1^2}{2g_c} + \frac{g}{g_c}z_1 + q = h_2 + \frac{V_2^2}{2g_c} + \frac{g}{g_c}z_2 + w_s$$

$$w_s = h_1 - h_2 = c_p(T_1 - T_2)$$

$$= 0.24 \times (2\,200 - 1\,090) = 266\ (\text{Btu/lbm})(\text{或}\ 619\ \text{kJ/kg})$$

$$\text{hp} = \dot{m}w_s \times \frac{778}{550} = 1.5 \times 266 \times \frac{778}{550} = 564$$

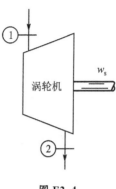

图 E2.4

**能量方程的微分形式**

如图 2.10 所示，能量方程还可以应用于微分控制体。假设一个稳定的一维流动，指定进入控制体的流体的性质为 $\rho$、$u$、$p$、$V$ 等，当流体离开控制体时，其性质会有所变化，如变为 $\rho + \mathrm{d}\rho$，$u + \mathrm{d}u$ 等。将公式(2.46)应用于该微分控制体，即

$$\delta q = \delta w_s + \left[(p + \mathrm{d}p)(v + \mathrm{d}v) + (u + \mathrm{d}u) + \frac{(V + \mathrm{d}V)^2}{2g_c} + \frac{g}{g_c}(z + \mathrm{d}z)\right] -$$

$$\left(pv + u + \frac{V^2}{2g_c} + \frac{g}{g_c}z\right) \tag{2.50}$$

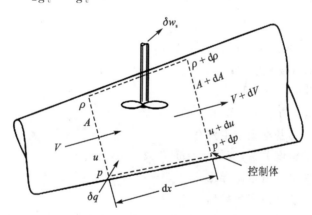

图 2.10 无穷小控制体的能量分析

展开方程(2.50)，合并同类项，得

$$\delta q = \delta w_s + p\,\mathrm{d}v + v\,\mathrm{d}p + \overbrace{\mathrm{d}p\,\mathrm{d}v}^{\text{高阶小量}} + \mathrm{d}u + \frac{2V\,\mathrm{d}V + \overbrace{(\mathrm{d}V)^2}^{\text{高阶小量}}}{2g_c} + \frac{g}{g_c}\mathrm{d}z \tag{2.51}$$

由于 $\mathrm{d}x$ 趋于零，因此可以忽略任何高阶项，且

$$2V\,\mathrm{d}V = \mathrm{d}V^2$$

$$p\,\mathrm{d}v + v\,\mathrm{d}p = \mathrm{d}(pv)$$

据此，方程(2.51)简化为

$$\delta q = \delta w_s + \mathrm{d}(pv) + \mathrm{d}u + \frac{\mathrm{d}V^2}{2g_c} + \frac{g}{g_c}\mathrm{d}z \tag{2.52}$$

且由于

$$dh = du + d(pv)$$

可得

$$\delta q = \delta w_s + dh + \frac{dV^2}{2g_c} + \frac{g}{g_c}dz \tag{2.53}$$

这可以直接通过积分获得基于有限控制体的公式(2.49),但微分形式的方程本身也具有可观的价值。分析微分控制体的方法后续会多次使用。

## 2.7　总　结

与流体力学的任何分支一样,在气体动力学研究中,大多数分析都是建立在控制体上进行的。前文已经介绍了如何将广度性质的物质导数转换为控制体方法可用的等效表达式。然后,应用此关系式(式(2.22))说明如何将有关质量和能量守恒的基本定律从控制质量分析转换为适合控制体分析的形式。本课程中的大部分工作将在一维定常流动的假设下完成,因此,针对这些条件简化了每个通用方程。

应注意以一致且有条理的方式处理每个问题。对于典型问题,应采取以下步骤:

① 绘制流动系统示意图并确定控制体;

② 标记流体进入和离开控制体的部分;

③ 标注能量($Q$ 和 $W_s$)穿过控制面的位置;

④ 写出所有已知量及其单位;

⑤ 对未知信息做出合理的假设;

⑥ 系统地运用基本方程来计算未知量。

到目前为止,涉及的基本概念主要有:

状态方程:简单的密度关系,例如 $p = \rho RT$ 或 $\rho = \text{const}$。

连续方程:根据质量守恒定律导出。

能量方程:根据能量守恒定律导出。

下面总结了本章中推导的一些最常用的关系式,其中有些仅适用于一维定常流动,有些还涉及其他假设,读者应该清楚每个方程可以在什么情况下使用。

(1) 质量流量

$$\left.\begin{array}{l} \dot{m} = \displaystyle\int_A \rho u \, dA \\ u = \text{垂直于 } dA \text{ 的速度} \end{array}\right\} \tag{2.8}$$

(2) 物质导数用于控制体分析的变换

$$\frac{dN}{dt} = \frac{\partial}{\partial t}\int_{cv} \rho \eta \, d\tilde{v} + \int_{cs} \eta \rho (\boldsymbol{V} \cdot \hat{\boldsymbol{n}}) dA \tag{2.22}$$

对于一维流动,有

$$\int_{cs} \eta \rho (\boldsymbol{V} \cdot \hat{\boldsymbol{n}}) dA = \sum \dot{m}\eta \tag{2.54}$$

对于定常流动,有

$$\frac{\partial(\cdot)}{\partial t} = 0 \tag{2.6}$$

（3）质量守恒——连续方程

$$\begin{cases} N = 质量 \\ \eta = 1 \end{cases}$$

$$\frac{\partial}{\partial t}\int_{cv}\rho \,\mathrm{d}\tilde{v} + \int_{cs}\rho(\boldsymbol{V} \cdot \hat{\boldsymbol{n}})\mathrm{d}A = 0 \tag{2.25}$$

对于一维定常流动，有

$$\dot{m} = \rho AV = \text{const} \tag{2.30}$$

$$\frac{\mathrm{d}\rho}{\rho} + \frac{\mathrm{d}A}{A} + \frac{\mathrm{d}V}{V} = 0 \tag{2.32}$$

（4）能量守恒——能量方程

$$\begin{cases} N = E \\ \eta = e = u + V^2/2g_c + (g/g_c)z \end{cases}$$

$$\frac{\delta Q}{\mathrm{d}t} = \frac{\delta W}{\mathrm{d}t} + \frac{\partial}{\partial t}\int_{cv}e\rho \,\mathrm{d}\tilde{v} + \int_{cs}e\rho(\boldsymbol{V} \cdot \hat{\boldsymbol{n}})\mathrm{d}A \tag{2.35}$$

$$w = 轴功(w_s) + 流动功(pv)$$

对于一维定常流动，有

$$h_1 + \frac{V_1^2}{2g_c} + \frac{g}{g_c}z_1 + q = h_2 + \frac{V_2^2}{2g_c} + \frac{g}{g_c}z_2 + w_s \tag{2.49}$$

$$\delta q = \delta w_s + \mathrm{d}h + \frac{\mathrm{d}V^2}{2g_c} + \frac{g}{g_c}\mathrm{d}z \tag{2.53}$$

# 习　题

题干中有时可能会提供一些不相关的信息，此外，有时必须先进行合理的假设，然后才能解决。除非题干中给出有关潜在差异的具体信息，否则认为这些差异可以忽略不计就是合理的，例如，如果没有提到机械设备，则可以合理地假设 $w_s = 0$。但是，读者需要慎重地消去等式中的任意项，因为可能会忽略问题中的重要因素。读者不妨试试看是否有其他办法能够计算出所需求解的量（例如，根据气体的温度来计算气体的焓）。附录 A 和 B 中提供了特定气体的性质。

2.1　半径为 $R$ 的管道中存在不可压缩流体的三维流动，在任何截面上的速度分布都是半球形的，最大速度 $U_m$ 在中心，壁面上速度为零。证明流动的平均速度为 $\frac{2}{3}U_m$。

2.2　恒定密度的流体在两个平行 $y$ 板之间流动，两个平行板之间的距离为 $\delta$（见图 P2.2）。绘制速度分布，并根据以下公式给出的速度 $u$ 计算平均速度：

（1）$u = k_1 y$；

（2）$u = k_2 y^2$；

（3）$u = k_3(\delta y - y^2)$。

计算结果用最大速度 $U_m$ 表示。

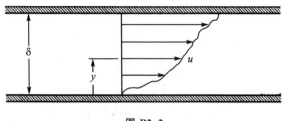

**图 P2.2**

2.3 不可压缩流体在矩形管道中流动,该矩形管道的尺寸在 $Y$ 方向上为 2 个单位,在 $Z$ 方向上为 1 个单位,$X$ 方向的速度由公式 $u=3y^2+5z$ 给出。计算平均速度。

2.4 圆形管道中的层流不是一维的,但仍然可以在一维公式中使用方程 (2.10) 和方程 (2.11) 中等效质量的平均速度 $V=U_\mathrm{m}/2$,该速度是由求解 $\int u\,\mathrm{d}A \equiv (\pi r_0^2)V^3$ 得到的。在能量方程 (2.36) 中,需要求得图 2.1 中表面上的积分 $\int \rho e(\boldsymbol{V} \cdot \boldsymbol{\hat{n}})\mathrm{d}A$,其中 $e$ 具有方程 (1.20) 中给出的动能成分;这等效于计算 $\int u^3\,\mathrm{d}A =2.0\times(\pi r_0^2)V^3$,其中 $V$ 与 $U_\mathrm{m}$ 相关。试证明:对于层流,方程 (2.49) 中的动能项需要乘以因子 2.0。假设密度沿每个横截面保持恒定(见图 P2.4)。

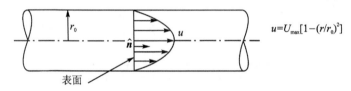

$$u=U_{\max}[1-(r/r_0)^2]$$

**图 P2.4**

2.5 在直径为 10 in 的管道中,水的平均速度为 14 ft/sec。

(1) 如果直径变为 6 in,则平均速度是多少?

(2) 写出平均速度关于直径的表达式。

2.6 氮气在截面积恒定的管道中流动,上游的条件如下:$p_1=200$ psia,$T_1=9$ ℉,$V_1=10$ ft/sec。在下游某处,$p_2=45$ psia,$T_2=90$ ℉,求该处的速度。

2.7 蒸气以 80 000 lbm/hr 的流速,1 600 Btu/lbm 的焓值和 100 ft/sec 的速度进入涡轮机,以 995 Btu/lbm 的焓值和 150 ft/sec 的速度离开涡轮机。假设其效率为 100%,忽略任何传热和势能变化,计算涡轮机的输出功率。

2.8 将 2.0 lbm/sec 的气流从 14.7 psia 和 60 ℉压缩到 200 psia 和 150 ℉。冷却水以 25 lbm/min 的速度在钢瓶周围循环。水进入时温度为 45 ℉,离开时温度为 130 ℉(水的比热容为 1.0 Btu/(lbm·℉)。假设入口和出口的速度可忽略不计,计算压缩空气所需的功率。

2.9 氢气在定常流动过程中从 15 bar 的绝对压力和 340 K 的温度等熵膨胀到绝对压力为 3 bar 且没有传热。

(1) 若初始速度可忽略,计算最终速度。

(2) 如果管道最终直径为 10 cm,计算流量。

2.10 在一管道中直径为 4 in 的部分,甲烷以 50 ft/sec 的速度和 85 psia 的压力流动。

在直径增加到 6 in 的下游部分,压力降低到 45 psia。假设流动是等温的,计算流动过程中的热传递。

2.11　绝对压力为 7 bar、温度为 300 K 的二氧化碳在水平管道中流动,速度为 10 m/s。在下游位置,绝对压力变为 3.5 bar,温度变为 280 K,如果流动过程中损失的热量为 $1.4 \times 10^4$ J/kg,则

(1) 确定流体在下游的速度。

(2) 计算初始面积与最终面积的比值。

2.12　氢气流经水平的绝缘管道:在上游部分,焓值为 2 400 Btu/lbm,密度为 0.5 lbm/ft³,速度为 500 ft/sec;在下游部分,$h_2 = 2\ 240$ Btu/lbm,而 $\rho_2 = 0.1$ lbm/ft³。流动过程中没有轴功,确定下游部分的速度和面积比。

2.13　氮气以 12 m/s 的速度在 14 bar 的绝对压力下流动,以 800 K 的温度进入面积为 0.05 m² 的设备,流动过程没有做功和传热,出口处面积为 0.15 m²,温度降至 590 K,求出口处流体的速度和压力。

2.14　如图 P2.14 所示,焓值为 8 Btu/lbm 的冷水以 5 lbm/sec 的速度进入加热器,在加热器中的传递速度为 10 ft/sec,相对于图 P2.14 中所示的蒸气所在位置,其高度差为 10 ft。同时焓值为 1 350 Btu/lbm 的蒸气以 1 lbm/sec 的速度进入,在加热器中的传递速度为 50 ft/sec。这两股水在加热器中混合之后以 168 Btu/lbm 的焓值和 12 ft/sec 的速度流出。

(1) 确定系统损失的热量。

(2) 如果同时忽略动能和势能的变化,则产生的相对误差为多少?

**图 P2.14**

2.15　图 P2.15 中显示的控制体的流动定常且不可压,并且入口和出口处的所有特性均相同。若 $u_1 = 1.256$ MJ/kg,$u_2 = 1.340$ MJ/kg,$\rho = 10$ kg/m³,热量输出为 0.35 MJ/kg。计算功。

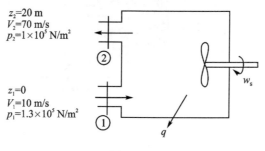

**图 P2.15**

# 小　测

在不参考本章内容的情况下独立完成以下测试。

2.1　说出进行气体动力学研究的基本概念(或方程)。

2.2　定义定常流动,并解释一维流动的含义。

2.3　不可压缩的流体在半径为 $r_0$ 的管道中流动,在某位置处的速度分布为 $u=U_m[1-(r/r_0^2)]$,广度性质的分布为 $\beta=B_m[1-(r/r_0)]$。计算此位置的积分 $\int \rho\beta(\boldsymbol{V} \cdot \hat{\boldsymbol{n}})\mathrm{d}A$。

2.4　写出用于将广度性质的物质导数与控制体内部的和跨越控制体边界的性质联系起来的关系式,说明式中的积分实际表示的含义。

2.5　在一维定常流动的条件下简化图 CT2.5 所示控制体的积分 $\int_{cs} \rho\beta(\boldsymbol{V} \cdot \hat{\boldsymbol{n}})\mathrm{d}A$ (注意:$\beta$ 和 $\rho$ 可能随位置的改变而改变)。

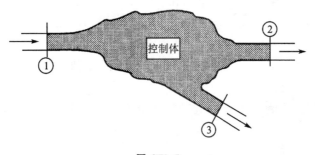

图 CT2.5

2.6　写出能量方程的最简形式,用它来分析图 CT2.6 所示的控制体(可以假设流动一维且定常)。

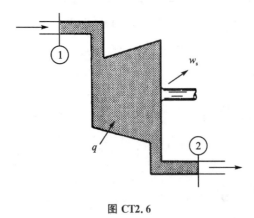

图 CT2.6

2.7　完成习题 2.13。

# 第3章 控制体分析方法Ⅱ

## 3.1 引 言

从本章将开始讨论熵,熵是气体动力学研究中最有用的热力学性质之一。为帮助读者更好地理解熵,这里将熵的变化分为了两类。接下来,将介绍滞止过程的概念,引出滞止状态作为参考条件,这个概念将贯穿接下来的讨论。这些想法将从新的视角引出一些新的能量方程的形式。然后,研究恒密度流体的一些结果,这些结果不仅可以用于液体,而且在某些条件下可以近似用于气体。在本章的最后,通过变换牛顿第二定律来得到可用于有限控制体和微分控制体分析的基本方程组。

## 3.2 学 习 目 标

完成本章的学习后,读者应该做到:

① 解释如何将熵变分为两类,定义并解释每个部分;

② 定义等熵过程,并解释可逆、绝热和等熵过程之间的关系;

③ 证明通过引入熵的概念和焓的定义,过程函数热量($\delta Q$)可以从能量方程中删除,从而产生一个称为压力-能量方程的表达式:

$$\frac{\mathrm{d}p}{\rho} + \frac{\mathrm{d}V^2}{2g_c} + \frac{g}{g_c}\mathrm{d}z + T\mathrm{d}s_i + \delta w_s = 0$$

④ 简化压力-能量方程以获得伯努利方程,注意适用于伯努利方程的所有假设或限制;

⑤ 解释滞止状态的概念以及静止和滞止之间的区别;

⑥ 用适用于所有流体的表达式定义滞止焓;

⑦ 绘制表示流动系统的 $h-s$ 图,并指出任一截面上的静止点和滞止点;

⑧ 将滞止概念引入能量方程,并推导滞止压力-能量方程:

$$\frac{\mathrm{d}p_t}{\rho_t} + \mathrm{d}s_e(T_t - T) + T_t\mathrm{d}s_i + \delta w_s = 0$$

⑨ 将连续性和能量概念应用于解决具有恒定密度流体典型流动问题;

⑩ 给定适用于控制质量的基本概念或方程,求适用于控制体动量方程的积分形式;

⑪ 在一维定常流动的条件下,简化控制体动量方程的积分形式;

⑫ 在控制体分析中运用动量的概念。

## 3.3 熵

在 1.4 节中提到,熵变通常在可逆过程中定义:

$$\Delta S \equiv \int \frac{\delta Q_R}{T} \tag{1.28}$$

其中 $\delta Q_R$ 与构造的可逆过程有关(确实很少发生),因此,它可能无法代表所考虑过程中的总熵变化。对于不可逆过程,使用实际传热似乎更为合适,为此,必须将系统的熵变分为两类。这里将遵循参考文献[15]中所用的符号,令

$$dS \equiv dS_e + dS_i \tag{3.1}$$

其中 $S_e$ 表示由系统与其环境之间的实际热传递引起的熵变,可由下式计算得到:

$$dS_e = \frac{\delta Q}{T} \tag{3.2}$$

应该注意的是,$dS_e$ 既可以为正也可以为负,正负取决于传热的方向,如果系统散热,则 $\delta Q$ 为负,因此 $dS_e$ 为负。显然,绝热过程的 $dS_e = 0$。

$dS_i$ 项表示由不可逆效应引起的那部分熵变。$dS_i$ 本质上是一种内部效应,例如系统内的温度和压力梯度以及沿系统内边界的摩擦。注意,该项取决于过程,所有的不可逆性都会产生熵(即导致系统的熵增加)。因此,可得 $dS_i \geqslant 0$。显然,$dS_i = 0$ 仅适用于可逆过程。

回想一下,等熵过程的熵为常数,用 $dS = 0$ 表示。方程

$$dS \equiv dS_e + dS_i \tag{3.1}$$

证实了可逆绝热过程是等熵的事实。它也清楚地表明,反过来不一定是正确的,即等熵过程不一定是可逆和绝热的,如果过程是等熵的,可得

$$dS = 0 = dS_e + dS_i \tag{3.3}$$

如果已知等熵过程包含不可逆过程,那么关于传热方向可以得到什么结论呢?注意,$dS_e$ 和 $dS_i$ 不是寻常的数学量,可能需要用与普通符号不同的其他符号加以区分。但是在本书中,继续使用较常用的公式(3.1)进行表示。

通过对公式(3.1)进行循环积分,可以建立另一个熟悉的关系式:

$$\oint dS = \oint dS_e + \oint dS_i \tag{3.4}$$

因为循环积分必须绕着一条封闭的路径进行,而熵是一个性质,所以有

$$\oint dS = 0 \tag{3.5}$$

由于不可逆效应总是会产生熵,因此

$$\oint dS_i \geqslant 0 \tag{3.6}$$

等号只适用于可逆循环,因此

$$0 = \oint dS_e + (\geqslant 0) \tag{3.7}$$

由于

$$dS_e = \frac{\delta Q}{T} \tag{3.2}$$

所以

$$\oint \frac{\delta Q}{T} \leqslant 0 \tag{3.8}$$

上式就是克劳修斯不等式。

上面的表达式可以写成单位质量的形式：

$$\mathrm{d}s = \mathrm{d}s_e + \mathrm{d}s_i \tag{3.9}$$

$$\mathrm{d}s_e = \frac{\delta q}{T} \tag{3.10}$$

## 3.4　压力-能量方程

现在，来推导压力-能量方程。首先从热力学性质关系开始：

$$T\mathrm{d}s = \mathrm{d}h - v\mathrm{d}p \tag{1.31}$$

引入 $\mathrm{d}s = \mathrm{d}s_e + \mathrm{d}s_i$ 和 $v = 1/\rho$，得

$$T\mathrm{d}s_e + T\mathrm{d}s_i = \mathrm{d}h - \frac{\mathrm{d}p}{\rho}$$

或

$$\mathrm{d}h = T\mathrm{d}s_e + T\mathrm{d}s_i + \frac{\mathrm{d}p}{\rho} \tag{3.11}$$

回想一下 2.6 节中的能量方程

$$\delta q = \delta w_s + \mathrm{d}h + \frac{\mathrm{d}V^2}{2g_c} + \frac{g}{g_c}\mathrm{d}z \tag{2.53}$$

现在用公式(3.11)替换 $\mathrm{d}h$，得

$$\delta q = \delta w_s + \left(T\mathrm{d}s_e + T\mathrm{d}s_i + \frac{\mathrm{d}p}{\rho}\right) + \frac{\mathrm{d}V^2}{2g_c} + \frac{g}{g_c}\mathrm{d}z \tag{3.12}$$

根据公式(3.10)，有 $\delta q = T\mathrm{d}s_e$，据此可得能量方程的一种形式，通常称为压力-能量方程，即

$$\frac{\mathrm{d}p}{\rho} + \frac{\mathrm{d}V^2}{2g_c} + \frac{g}{g_c}\mathrm{d}z + \delta w_s + T\mathrm{d}s_i = 0 \tag{3.13}$$

**注意**：即使热项($\delta q$)没有出现在该方程中，它仍然适用于涉及热传递的情况。

对于特殊情况，公式(3.13)很容易简化。例如，如果没有轴功越过边界($\delta w_s = 0$)，并且没有损耗($\mathrm{d}s_i = 0$)，则

$$\frac{\mathrm{d}p}{\rho} + \frac{\mathrm{d}V^2}{2g_c} + \frac{g}{g_c}\mathrm{d}z = 0 \tag{3.14}$$

这被称为欧拉方程，只有在知道压力和密度之间的函数关系时才能进行积分。

**例 3.1**　在理想气体等温流动的情况下对欧拉方程进行积分。

$$\int_1^2 \frac{\mathrm{d}p}{\rho} + \int_1^2 \frac{\mathrm{d}V^2}{2g_c} + \int_1^2 \frac{g}{g_c}\mathrm{d}z = 0$$

对于等温流动，有 $pv = \mathrm{const}$ 或 $p/\rho = c$，从而

$$\int_1^2 \frac{\mathrm{d}p}{\rho} = c\int_1^2 \frac{\mathrm{d}p}{p} = c\ln\frac{p_2}{p_1} = \frac{p}{\rho}\ln\frac{p_2}{p_1} = RT\ln\frac{p_2}{p_1}$$

且

$$RT\ln\frac{p_2}{p_1} + \frac{V_2^2 - V_1^2}{2g_c} + \frac{g}{g_c}(z_2 - z_1) = 0$$

本书将在 3.7 节中介绍流体不可压缩时的特殊情况。

# 3.5 滞止概念

当谈到流动流体的热力学状态并提及其性质(例如温度、压力)时,可能会对这些性质实际代表什么或如何测量这些性质提出疑问。想象一下,读者蜷缩在一个小型潜水艇中随水流一起漂流(也可以想象在一个小的流体粒子上骑行)。温度计和压力计将显示与流体静止状态相对应的温度和压力。静止状态一词常常被省略,因此,静态性质是随流体一起移动时测得的性质。

引入滞止状态的概念将使后面的分析变得方便。作为一个参考状态,定义为流体速度和势能为零时的热力学状态。为了产生一致的参考状态,必须限定滞止过程的条件:

① 没有能量交换($Q=W=0$);

② 没有热量损失。

根据条件①,有 $ds_e=0$;根据条件②,有 $ds_i=0$。因此,滞止过程是等熵的。

对于滞止过程,考虑正在流动并具有如图 3.1 所示 a 处静态性质的流体,根据上述条件,位置 b 处的流体已达到零速度和零势能。如果将能量方程应用于一维定常流动的控制体,则

$$h_a + \frac{V_a^2}{2g_c} + \frac{g}{g_c}z_a + \cancel{q} = h_b + \frac{\cancel{V_b^2}}{2g_c} + \cancel{\frac{g}{g_c}z_b} + \cancel{w_s} \tag{2.49}$$

化简得

$$h_a + \frac{V_a^2}{2g_c} + \frac{g}{g_c}z_a = h_b \tag{3.15}$$

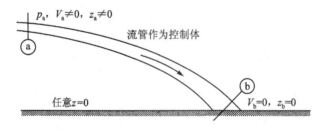

$p_a$, $V_a \neq 0$, $z_a \neq 0$

流管作为控制体

a

任意$z=0$　　　　　　　　　　　　$V_b=0$, $z_b=0$

b

**图 3.1 滞止过程**

b 处的条件代表与静态 a 相对应的滞止状态,因此,将 $h_b$ 称为与状态 a 相对应的滞止焓或总焓,并将其指定为 $h_{ta}$,从而

$$h_{ta} = h_a + \frac{V_a^2}{2g_c} + \frac{g}{g_c}z_a \tag{3.16}$$

对于任何状态,通常有

$$\boxed{h_t = h + \frac{V^2}{2g_c} + \frac{g}{g_c}z} \tag{3.17}$$

上式为始终有效的重要关系式。当处理气体时,势能的变化常常被忽略,写为

$$h_t = h + \frac{V^2}{2g_c} \tag{3.18}$$

**例 3.2**　500 °R 的氮气以 1 800 ft/sec 的速度流动,求静态焓和滞止焓。

$$h = c_p T = 0.248 \times 500 = 124 \ (\text{Btu/lbm})$$

$$\frac{V^2}{2g_c} = \frac{1\ 800^2}{2 \times 32.2 \times 778} = 64.7 \ (\text{Btu/lbm})$$

$$h_t = h + \frac{V^2}{2g_c} = 124 + 64.7 = 188.7 \ (\text{Btu/lbm})(\text{或 } 438.9 \ \text{kJ/kg})$$

引入滞止焓(或总焓)可将方程写成紧凑的形式。例如,一维定常流动的能量方程为

$$h_1 + \frac{V_1^2}{2g_c} + \frac{g}{g_c} z_1 + q = h_2 + \frac{V_2^2}{2g_c} + \frac{g}{g_c} z_2 + w_s \tag{2.49}$$

变为

$$\boxed{h_{t1} + q = h_{t2} + w_s} \tag{3.19}$$

而

$$\delta q = \delta w_s + \mathrm{d}h + \frac{\mathrm{d}V^2}{2g_c} + \frac{g}{g_c}\mathrm{d}z \tag{2.53}$$

变为

$$\boxed{\delta q = \delta w_s + \mathrm{d}h_t} \tag{3.20}$$

公式(3.19)(或公式(3.20))表明,在任何绝热的无做功定常一维流动系统中,滞止焓保持恒定,而与热量损失无关。如果流体是理想气体,还会有什么新的发现吗?

应注意,滞止状态是流动系统中实际上可能存在或不存在的参考状态。通常,流动系统中的每个点都可能具有不同的滞止状态,如图 3.2 所示。记住,尽管假设从 1 到 $1_t$ 的过程(以及从 2 到 $2_t$ 的过程)必须是可逆且绝热的,但绝不会将流动系统中存在的实际过程限制在 1 到 2 之间。

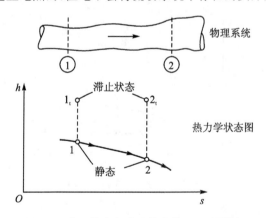

**图 3.2　表示静态和滞止状态的 $h - s$ 图滞止**

同样,必须认识到,当参考系改变时,尽管静态条件保持不变,滞止状态条件也会改变(回想一下,静态属性定义为测量设备随流体一起移动时测得的那些性质)。考虑以地球为基准的静止空气(见图 3.3),在这种情况下,由于速度为零(相对于参考系),因此静态条件和滞止状态条件下的性质相同。

如图 3.4 所示,我们在速度为 600 ft/sec 的导弹上以相同的高度飞行,以便于更改参考系。当

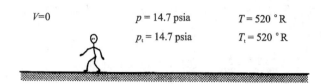

图 3.3 以地球为参考系

我们向前看时,似乎是空气以 600 ft/sec 的速度流向我们,空气的静压和温度分别保持在 14.7 psia 和 520 °R。然而,在这种情况下,空气具有速度(相对于参考系),因此滞止状态条件与静态条件不同。滞止参考状态完全取决于速度参考系(更改参考面 $z=0$ 也会影响滞止状态条件,但本书不讨论这种情况)。读者很快就会学到如何计算熵以外的滞止性质。该系统中有没有一个地方真的存在滞止状态? 那里的流体可以放在其他任何地方吗?

图 3.4 以导弹为参考系

## 3.6 滞止压力-能量方程

考虑图 3.2 所示的物理系统上的两个位置,如果让这些位置之间的距离趋于零,那么将处理一个无限小但内部热力学状态独立的控制体,如图 3.5 所示,该图还显示了这两个位置相对应的滞止状态。

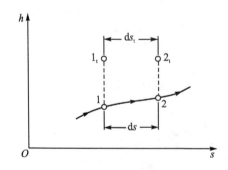

图 3.5 无限接近的静止状态及其对应的滞止状态

这里可以在点 1 和点 2 之间写出如下关系式:

$$T\mathrm{d}s = \mathrm{d}h - v\mathrm{d}p \tag{1.31}$$

**注意**:即使实际中不存在滞止状态,它们也代表合理的热力学状态,因此任何有效的性质关系或方程都可以应用于这些点。据此,还可以在状态 $1_t$ 和 $2_t$ 之间应用方程(1.31):

$$T_t\mathrm{d}s_t = \mathrm{d}h_t - v_t\mathrm{d}p_t \tag{3.21}$$

式中:

$$\mathrm{d}s_t = \mathrm{d}s \tag{3.22}$$

$$ds = ds_e + ds_i \tag{3.9}$$

因此可以写出

$$T_t(ds_e + ds_i) = dh_t - v_t dp_t \tag{3.23}$$

前面提过这种形式的能量方程,如下:

$$\delta q = \delta w_s + dh_t \tag{3.20}$$

通过将公式(3.23)中的 $dh_t$ 代入公式(3.20)中,可得

$$\delta q = \delta w_s + T_t(ds_e + ds_i) + v_t dp_t \tag{3.24}$$

前面还提过

$$\delta q = T ds_e \tag{3.10}$$

将方程(3.10)代入公式(3.24),并注意 $v_t = 1/\rho_t$(公式(1.8)),将获得以下方程,称为滞止压力-能量方程:

$$\boxed{\frac{dp_t}{\rho_t} + ds_e(T_t - T) + T_t ds_i + \delta w_s = 0} \tag{3.25}$$

考虑在以下假设下会发生什么:

① 没有轴功→$\delta w_s = 0$;

② 没有热传递→$ds_e = 0$;

③ 没有热量损失→$ds_i = 0$。

在这些条件下,公式(3.25)变为

$$\frac{dp_t}{\rho_t} = 0 \tag{3.26}$$

由于 $\rho_t$ 不能为无穷大,所以

$$dp_t = 0$$

即

$$p_t = \text{const} \tag{3.27}$$

一般情况下,总压力不会保持恒定,只有在特殊情况下,方程(3.27)才成立。这些特殊情况指什么?

许多流动系统都是绝热的,并且没有轴功,对于这些系统,

$$\frac{dp_t}{\rho_t} + T_t ds_i = 0 \tag{3.28}$$

滞止压力的变化清楚地反映了损失。如果该系统有损失,滞止压力会增加还是减少?在本书的剩余部分中,在研究各种流动系统时,将对此进行多次讨论。

## 3.7　恒定密度下的结论

液体的密度几乎是恒定的,在第 4 章中将看到,在某些情况下,气体的密度变化也很小。因此,研究方程在密度恒定的情况下采用的形式是很有必要的。

**1. 能量关系式**

从压力-能量方程开始,

$$\frac{\mathrm{d}p}{\rho} + \frac{\mathrm{d}V^2}{2g_c} + \frac{g}{g_c}\mathrm{d}z + \delta w_s + T\mathrm{d}s_i = 0 \tag{3.13}$$

如果 $\rho = \mathrm{const}$,则可以轻松地求出方程(3.13)在流动系统中点 1 和点 2 之间的积分:

$$\frac{p_2 - p_1}{\rho} + \frac{V_2^2 - V_1^2}{2g_c} + \frac{g}{g_c}(z_2 - z_1) + w_s + \int_1^2 T\mathrm{d}s_i = 0$$

即

$$\frac{p_1}{\rho} + \frac{V_1^2}{2g_c} + \frac{g}{g_c}z_1 = \frac{p_2}{\rho} + \frac{V_2^2}{2g_c} + \frac{g}{g_c}z_2 + \int_1^2 T\mathrm{d}s_i + w_s \tag{3.29}$$

将方程(3.29)与能量方程的另一种形式(见方程(2.48))进行比较,得

$$\int_1^2 T\mathrm{d}s_i = u_2 - u_1 - q \tag{3.30}$$

这个结果看起来合理吗?为了确定这一点,通过恒定密度流体流动的两种极端情况检验该结果是否合理:第一种情况,假定系统完全绝热,由于 $T\mathrm{d}s_i$ 的积分为正值,公式(3.30)表明损耗(即不可逆效应)将导致内能的增加,这意味着温度升高;第二种情况,考虑一个等温系统,对于这种情况,损失将如何体现出来?

对于恒定密度的流体,"损失"必须以上述两种形式的某种组合出现。在这两种情况下,机械能已退化为一种不太有用的形式——热能。因此,在处理恒密度流体时,一般使用单个损耗项,通常将其表示为热量损耗或摩擦损耗,使用符号 $h_1$ 或 $h_f$ 代替 $T\mathrm{d}s_i$。如果您学习过流体力学,那么必然使用过公式(3.29)的以下形式:

$$\boxed{\frac{p_1}{\rho} + \frac{V_1^2}{2g_c} + \frac{g}{g_c}z_1 = \frac{p_2}{\rho} + \frac{V_2^2}{2g_c} + \frac{g}{g_c}z_2 + h_1 + w_s} \tag{3.31}$$

公式(3.31)中包含多少个假设?

**例 3.3** 如图 E3.3 所示,涡轮机抽取 300 ft·lbf/lbm 的水流。摩擦损耗总计为 $8V_p^2/2g_c$,其中 $V_p$ 是直径为 2 ft 的管道中的速度。如果涡轮机的效率为 100%,并且势能为 350 ft,计算其输出功率。

$$p_1 = p_{\mathrm{atm}} \qquad p_2 = p_{\mathrm{atm}} \qquad w_s = 300 \text{ ft · lbf/lbm}$$

$$V_1 \approx 0 \qquad V_2 \approx 0 \qquad h_1 = 8V_p^2/2g_c$$

$$z_1 = 350 \text{ ft} \qquad z_2 = 0$$

**注意**:谨慎选择控制体以简化能量方程的应用。

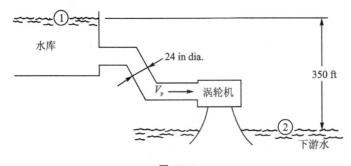

**图 E3.3**

能量方程：

$$\frac{\cancel{p_1}}{\rho} + \frac{\cancel{V_1^2}}{2g_c} + \frac{g}{g_c}z_1 = \frac{\cancel{p_2}}{\rho} + \frac{V_2^2}{2g_c} + \frac{\cancel{g}}{g_c}z_2 + h_1 + w_s$$

$$\frac{32.2}{32.2} \times 350 = \frac{8V_p^2}{2g_c} + 300$$

$$V_p^2 = \frac{2g_c(350 - 300)}{8} = 402.5$$

$$V_p = 20.1 \text{ ft/sec}$$

流量：

$$\dot{m} = \rho AV = 62.4 \times \pi \times 20.1 = 3\,940 \text{(lbm/sec)}$$

马力输出：

$$\text{hp} = \frac{mw_s}{550} = \frac{3\,940 \times 300}{550} = 2\,150 \text{ (或 1.603 MW)}$$

可以进一步将流动限制为无轴功且无损失的流动。在这种情况下，公式(3.31)简化为

$$\frac{p_1}{\rho} + \frac{V_1^2}{2g_c} + \frac{g}{g_c}z_1 = \frac{p_2}{\rho} + \frac{V_2^2}{2g_c} + \frac{g}{g_c}z_2$$

或

$$\boxed{\frac{p}{\rho} + \frac{V^2}{2g_c} + \frac{g}{g_c}z = \text{const}} \qquad\qquad (3.32)$$

这就是伯努利方程，也可以通过对恒定密度流体的欧拉方程(3.14)积分得到。这里为获得伯努利方程做出了多少个假设？

例 3.4　如图 E3.4 所示，水以 15 ft/sec 的速度在直径 6 in 的管道中流动，若管道的直径在很短的距离内收缩到 3 in，且两部分之间没有损失，计算压力变化。

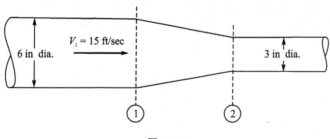

**图 E3.4**

伯努利方程：

$$\frac{p_1}{\rho} + \frac{V_1^2}{2g_c} + \frac{g}{\cancel{g_c}}\cancel{z_1} = \frac{p_2}{\rho} + \frac{V_2^2}{2g_c} + \frac{g}{\cancel{g_c}}\cancel{z_2}$$

$$p_1 - p_2 = \frac{\rho}{2g_c}(V_2^2 - V_1^2)$$

连续方程：

$$\cancel{\rho_1} A_1 V_1 = \cancel{\rho_2} A_2 V_2$$

$$V_2 = V_1 \frac{A_1}{A_2} = V_1 \left(\frac{D_1}{D_2}\right)^2 = 15 \times \left(\frac{6}{3}\right)^2 = 60 \text{ (ft/sec)}$$

因此，

$$p_1 - p_2 = \frac{62.4}{2 \times 32.2} \times (60^2 - 15^2) = 3\,270(\text{lbf/ft}^2) = 22.7 \text{ (lbf/in}^2\text{)(或 0.156\,5 MPa)}$$

**2. 滞止关系式**

首先考虑关系式

$$T\,ds = du + p\,dv \tag{1.30}$$

若 $\rho = \text{const}, dv = 0$，那么

$$T\,ds = du \tag{3.33}$$

**注意**：对于 $ds = 0, du = 0$ 的过程，根据定义得出该过程下 $c_v$ 的表达式：

$$c_v = \left(\frac{\partial u}{\partial T}\right)_v \tag{1.27}$$

对于恒定密度的流体，每个过程都是一个 $v = $ 常数的过程，因此，对于这些流体，可以删除偏导符号并将公式(1.27)写为

$$c_v = \frac{du}{dT} \quad \text{或} \quad du = c_v dT \tag{3.34}$$

**注意**：对于 $du = 0$ 的过程，有 $dT = 0$。

考虑滞止过程，根据定义，滞止过程是等熵的，即 $ds = 0$。从公式(3.33)中可以看出，内能在滞止过程中不会发生变化，即

$$当 \rho = 常数时，u = u_t \tag{3.35}$$

根据公式(3.34)，在滞止过程中温度也必然不变，即

$$当 \rho = 常数时，T = T_t \tag{3.36}$$

综上所述，对于恒定密度的流体，滞止过程不仅是一个等熵过程，而且还是一个等温和等内能的过程。接下来继续探索其他关系。

根据

$$h = u + pv \tag{1.34}$$

有

$$dh = du + v\,dp + p\,dv \tag{3.37}$$

在静态和滞止状态之间对方程(3.37)进行积分：

$$h_t - h = (u_t - u) + v(p_t - p) \tag{3.38}$$

已知

$$h_t = h + \frac{V^2}{2g_c} + \frac{g}{g_c}z \tag{3.17}$$

联立以上两个方程得

$$\left(h + \frac{V^2}{2g_c} + \frac{g}{g_c}z\right) - h = v(p_t - p)$$

化简得

$$p_\text{t} = p + \frac{\rho V^2}{2g_\text{c}} + \rho\,\frac{g}{g_\text{c}}z \qquad \rho = \text{const} \tag{3.39}$$

必须注意的是,静压和滞止压力之间的这种关系仅对恒定密度的流体有效。在 4.5 节中将推导理想气体的对应关系。

**例 3.5**　水以 20 m/s 的速度流动,绝对压力为 4 bar,总压是多少?

$$p_\text{t} = p + \frac{\rho V^2}{2g_\text{c}} + \rho\,\frac{\not g}{\not g_\text{c}}z$$

$$p_\text{t} = 4 \times 10^5 + \frac{10^3 \times 20^2}{2 \times 1} = 4 \times 10^5 + 2 \times 10^5$$

$$p_\text{t} = 6 \times 10^5 \text{ N/m}^2 \text{（或 0.6 MPa, 87.0 psi）}$$

许多流体问题中都存在流体流出管道的情况。要解决此类问题,必须知道管道出口处的压力,流动将自行调节,以使管道出口处的压力与周围环境压力（可能是大气压,也可能不是）完全匹配。在 5.7 节中,读者会发现这仅适用于亚声速流动。但是,由于液体中的声速非常快,因此要处理的通常都是亚声速流。

## 3.8　动量方程

对于给定质量的运动问题,由牛顿第二定律可知,其线性动量与作用力成正比,用下式表示:

$$\sum \boldsymbol{F} = \frac{1}{g_\text{c}}\,\frac{\text{d}\left(\overrightarrow{\text{momentum}}\right)}{\text{d}t} \tag{1.5}$$

类似地,可以写出一个转矩和角动量的关系式,但是讨论仅限于线性动量。注意,公式(1.5)是矢量关系式,且必须作为矢量关系式来处理,否则必须仔细处理方程的组成部分。几乎在所有的流动问题中都存在不平衡的力,因此被分析系统的动量不能保持恒定,所以要尽量避免使用这条守恒定律。

问题是:可以为控制体写出什么样的对应的表达式呢? 注意到公式(1.5)右侧的项是物质导数,因此可以根据 2.4 节中建立的关系式进行变换。如果令 N 为系统的线性动量,η 表示每单位质量的动量,即 V,代入方程(2.22)得

$$\frac{\text{d}\left(\overrightarrow{\text{momentum}}\right)}{\text{d}t} = \frac{\partial}{\partial t}\int_\text{cv} \boldsymbol{V}\rho\,\text{d}\tilde{v} + \int_\text{cs} \boldsymbol{V}\rho(\boldsymbol{V}\cdot\hat{\boldsymbol{n}})\text{d}A \tag{3.40}$$

适用于控制体的方程为

$$\sum \boldsymbol{F} = \frac{1}{g_\text{c}}\,\frac{\partial}{\partial t}\int_\text{cv} \boldsymbol{V}\rho\,\text{d}\tilde{v} + \frac{1}{g_\text{c}}\int_\text{cs} \boldsymbol{V}\rho(\boldsymbol{V}\cdot\hat{\boldsymbol{n}})\text{d}A \tag{3.41}$$

该方程通常称为动量方程或动量通量方程,$\boldsymbol{F}$ 表示控制体内流体上的合力,其他项表示什么呢?（参见方程(2.22)下的讨论）。

在解决实际问题时,通常使用动量方程的分量。实际上,解决问题通常只需要一个分量。

该方程在 $x$ 方向上的分量表示为

$$\sum F_x = \frac{1}{g_c} \frac{\partial}{\partial t} \int_{cv} V_x \rho \, d\tilde{v} + \frac{1}{g_c} \int_{cs} V_x \rho (\boldsymbol{V} \cdot \hat{\boldsymbol{n}}) dA \tag{3.42}$$

对于一维流动,方程中的最后一个积分很容易计算,因为 $\rho$ 和 $\boldsymbol{V}$ 在任何给定横截面上都是常数,如果选择垂直于速度的表面 $A$,则

$$\int_{cs} \boldsymbol{V} \rho (\boldsymbol{V} \cdot \hat{\boldsymbol{n}}) dA = \sum \boldsymbol{V} \rho V \int dA = \sum \boldsymbol{V} \rho V A = \sum \dot{m} \boldsymbol{V} \tag{3.43}$$

对流体穿过控制表面的所有部分进行求和,流体离开控制体时为正,进入控制体时为负(回想一下 $\hat{\boldsymbol{n}}$ 是如何选择的)。

如果考虑定常流动,则涉及时间偏导数的项为零。因此,对于一维定常流动,控制体的动量方程变为

$$\sum \boldsymbol{F} = \frac{1}{g_c} \sum \dot{m} \boldsymbol{V} \tag{3.44}$$

如果一部分流体进入,另一部分流体离开控制体,则根据连续性,可知

$$\dot{m}_{in} = \dot{m}_{out} = \dot{m} \tag{3.42}$$

动量方程变为

$$\boxed{\sum \boldsymbol{F} = \frac{\dot{m}}{g_c} (\boldsymbol{V}_{out} - \boldsymbol{V}_{in})} \tag{3.45}$$

这是适用于有限控制体的方程形式。

这个方程使用了什么假设呢? 在使用这个关系时,要做到:

① 确定控制体;

② 指出作用在控制体内流体上的所有力;

③ 注意所有量的正负号。

**例 3.6** 如图 E3.6 所示,一维定常气流通过直径为 12 in 的水平管道。在速度为 460 ft/sec 的区域,压力为 50 psia,温度为 550 °R。在下游部分,速度为 880 ft/sec,压力为 23.9 psia。确定两部分之间总的壁面剪力。

$$V_1 = 460 \text{ ft/sec} \quad V_2 = 880 \text{ ft/sec}$$
$$p_1 = 50 \text{ psia} \qquad p_2 = 23.9 \text{ psia}$$
$$T_1 = 550 \text{ °R}$$

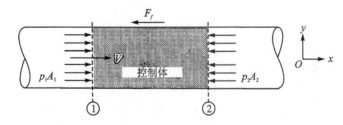

**图 E3.6**

建立一个坐标系并标明控制体上的力。令 $F_f$ 代表气体和管道壁面的摩擦力,可得方程(3.45)的 $x$ 分量:

$$F_x = \frac{\dot{m}}{g_c}(V_{\text{out}_x} - V_{\text{in}_x})$$

$$p_1 A_1 - p_2 A_2 - F_f = \frac{\dot{m}}{g_c}(V_2 - V_1) = \frac{\rho_1 A_1 V_1}{g_c}(V_2 - V_1)$$

**注意**：任何负方向的力都必须包含减号。将上述公式除以 $A = A_1 = A_2$：

$$p_1 - p_2 - \frac{F_f}{A} = \frac{\rho_1 V_1}{g_c}(V_2 - V_1)$$

$$\rho_1 = \frac{p_1}{RT_1} = \frac{50 \times 144}{53.3 \times 550} = 0.246 \ (\text{lbm/ft}^3)$$

$$(50 - 23.9) \times 144 - \frac{F_f}{A} = \frac{0.246 \times 460}{32.2} \times (880 - 460)$$

$$3\,758 - \frac{F_f}{A} = 1\,476$$

$$F_f = (3\,758 - 1\,476) \times \pi \times 0.5^2 = 1\,792 \ (\text{lbf})(\text{或 } 7.971 \ \text{kN})$$

**例 3.7**  如图 E3.7 所示，流量为 $0.05 \ \text{m}^3/\text{s}$ 的水以 $40 \ \text{m/s}$ 的速度流动，射流撞击叶片后偏转 120°。叶片的摩擦可以忽略不计，整个系统都暴露在大气中，势能的变化也可以忽略。求保持叶片静止所需的力。

$$p_1 = p_2 = p_{\text{atmos}} \qquad h_1 = 0$$
$$z_1 = z_2 \qquad\qquad w_s = 0$$

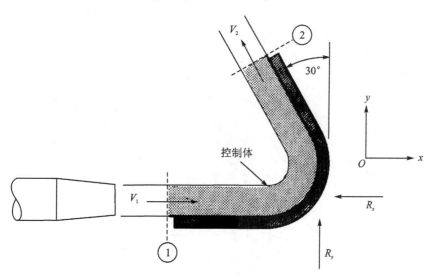

**图 E3.7**

能量方程：

$$\frac{\cancel{p_1}}{\cancel{\rho}} + \frac{V_1^2}{2g_c} + \frac{\cancel{g}}{\cancel{g_c}}\cancel{z_1} = \frac{\cancel{p_2}}{\cancel{\rho}} + \frac{V_2^2}{2g_c} + \frac{\cancel{g}}{\cancel{g_c}}\cancel{z_2} + \cancel{h_1} + \cancel{w_s}$$

因此

$$V_1 = V_2$$

将叶片对流体作用力的分量表示为 $R_x$ 和 $R_y$，图中力的方向为假定的方向（如果实际方向与假定方向相反,所得结果将是负的)。

在 $x$ 方向上:

$$\sum F_x = \frac{\dot{m}}{g_c}(V_{2x} - V_{1x})$$

$$-R_x = \frac{\dot{m}}{g_c}(-V_2 \sin 30° - V_1) = \frac{\dot{m}V_1}{g_c}(-\sin 30° - 1)$$

$$-R_x = \frac{10^3 \times 0.05 \times 40}{1}(-0.5 - 1)$$

$$R_x = 3\ 000\ \text{N}(\text{或}\ 674.4\ \text{lbf})$$

在 $y$ 方向上:

$$\sum F_y = \frac{\dot{m}}{g_c}(V_{2y} - V_{1y})$$

$$R_y = \frac{\dot{m}}{g_c}(V_2 \cos 30° - 0)$$

$$R_y = \frac{10^3 \times 0.05 \times 40}{1} \times 0.866$$

$$R_y = 1\ 732\ \text{kN}(\text{或}\ 389.4\ \text{lbf})$$

由于结果是正的,因此假定的 $R_x$ 和 $R_y$ 方向正确。

**动量方程的微分形式**

将其应用于如图 3.6 所示的微分控制体中。在一维定常流动条件下,进入控制体流体的性质表示为 $\rho$、$V$、$p$ 等,离开控制体时性质发生变化,如 $\rho + \mathrm{d}\rho$,$V + \mathrm{d}V$ 等。$x$ 坐标正方向与流动方向相同,而 $z$ 坐标正方向与重力方向相反。(注意,$x$ 轴和 $z$ 轴不一定正交。)

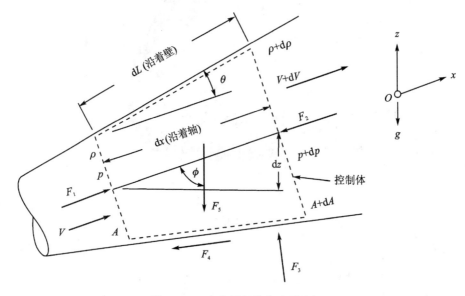

图 3.6　无穷小控制体的动量分析

现在已经确定了控制体,所有作用在控制体上的力可分为两种类型:

① 表面力:作用在控制表面上,进而间接作用在流体上,包括法向或切向的应力分量。

② 体积力:直接作用在控制体内的流体上,比如重力和电磁力,这里仅讨论重力。因此有

$$F_1 \equiv 上游压力$$
$$F_2 \equiv 下游压力$$
$$F_3 \equiv 壁面压力$$
$$F_4 \equiv 壁面摩擦力$$
$$F_5 \equiv 重力$$

通常将壁面压力 $F_3$ 和壁面摩擦力 $F_4$ 合并在一起讨论,称为封闭力,这是因为在大多数有限控制体中很难分别考虑它们,解决这些问题的关键就在于总的封闭力。但是,如前所述,在处理微分控制体时,将封闭力分开考虑将更具指导意义。

写出一维定常流动条件下动量方程的 $x$ 分量:

$$\sum F_x = \frac{\dot{m}}{g_c}(V_{\text{out}_x} - V_{\text{in}_x}) \tag{3.46}$$

现在,分别计算每个力的 $x$ 分量,注意指出它是正方向还是负方向。

$$F_{1x} = F_1 = pA \tag{3.47}$$

$$F_{2x} = -F_2 = -(p+\mathrm{d}p)(A+\mathrm{d}A) = -(pA + p\,\mathrm{d}A + A\,\mathrm{d}p + \overbrace{\mathrm{d}p\,\mathrm{d}A}^{高阶小量}) \tag{3.48}$$

忽略高阶小量,上述公式变为

$$F_{2x} = -(pA + p\,\mathrm{d}A + A\,\mathrm{d}p) \tag{3.49}$$

可以通过平均压力值获得壁压力:

$$F_{3x} = F_3 \sin\theta = (平均压力 \times 壁面积)\sin\theta$$

而 $\mathrm{d}A =$ 壁面积 $\times \sin\theta$,因此,

$$F_{3x} = \left(p + \frac{\mathrm{d}p}{2}\right)\mathrm{d}A \tag{3.50}$$

利用基本流体力学原理可以获得相同的结果,该原理表明,可以通过考虑投影区域上的压力分布来计算压力分量。展开并忽略高阶项,有

$$F_{3x} = p\,\mathrm{d}A \tag{3.51}$$

为了计算壁面摩擦力,定义:

$$\tau_w \equiv 沿壁面的平均剪切力$$
$$P \equiv 平均湿周(过流断面上流体与固体壁面接触的周界线)$$
$$F_{4x} = -F_4 \cos\theta = -(平均剪切力 \times 壁面面积)\cos\theta$$
$$F_{4x} = \tau_w(P\,\mathrm{d}L)\cos\theta$$

$$\tag{3.52}$$

而 $\mathrm{d}x = \mathrm{d}L \cos\theta$,因此,

$$F_{4x} = -\tau_w P\,\mathrm{d}x \tag{3.53}$$

对于体积力,有

$$F_{5x} = -F_5 \cos\phi = -\left(体积 \times 平均密度 \times \frac{g}{g_c}\right)\cos\phi$$

$$\tag{3.54}$$

$$F_{5x} = -\left[\left(A + \frac{\mathrm{d}A}{2}\right)\mathrm{d}x\right]\left(\rho + \frac{\mathrm{d}\rho}{2}\right)\frac{g}{g_c}\cos\phi$$

而 $dx \cos \phi = dz$,因此,

$$F_{5x} = -\left(A + \frac{dA}{2}\right)\left(\rho + \frac{d\rho}{2}\right)\frac{g}{g_c}dz \tag{3.55}$$

展开并消除所有高阶项,得

$$F_{5x} = -A\rho \frac{g}{g_c}dz \tag{3.56}$$

综上所述,有

$$\sum F_x = F_{1x} + F_{2x} + F_{3x} + F_{4x} + F_{5x}$$

$$\sum F_x = pA - (pA + p\,dA + A\,dp) + p\,dA - \tau_w P\,dx - A\rho\frac{g}{g_c}dz \tag{3.57}$$

$$\sum F_x = -A\,dp - \tau_w P\,dx - A\rho\frac{g}{g_c}dz$$

现在,将注意力转向公式(3.46)的右侧,根据图 3.6,有

$$\frac{\dot{m}}{g_c}(V_{out_x} - V_{in_x}) = \frac{\dot{m}}{g_c}\left[(V + dV) - V\right] = \frac{\dot{m}}{g_c}dV \tag{3.58}$$

联立公式(3.57)和公式(3.58)得出应用于微分控制体动量方程的 $x$ 分量:

$$\sum F_x = \frac{\dot{m}}{g_c}(V_{out_x} - V_{in_x}) \tag{3.46}$$

$$-A\,dp - \tau_w P\,dx - A\rho\frac{g}{g_c}dz = \frac{\dot{m}}{g_c}dV = \frac{\rho A V dV}{g_c} \tag{3.59}$$

通过引入摩擦系数和当量直径的概念,方程(3.59)可以变成更有用的形式。

摩擦系数($f$)通过下式将壁上的平均剪切应力($\tau_w$)与动压联系起来:

$$f \equiv \frac{4\tau_w}{\rho V^2 / 2g_c} \tag{3.60}$$

这是 Darcy-Weisbach 摩擦系数,也是在本书中使用的系数。在阅读此领域的文献时,需注意某些作者使用的 Fanning 摩擦系数只有它的 1/4,因为在定义中省略了系数 4。

实际上,流体经常会流经非圆形横截面(例如矩形管道)。为了解决这些问题,引入了当量直径的概念,定义为

$$D_e \equiv \frac{4A}{P} \tag{3.61}$$

式中:

$$A \equiv 截面积$$
$$P \equiv 湿周$$

**注意**:如果将方程(3.61)应用于完全充满流体的圆形管道,则当量直径与实际直径相同。

利用给定的摩擦系数和当量直径的定义,方程(3.59)可变为

$$\frac{dp}{\rho} + f\frac{V^2}{2g_c}\frac{dx}{D_e} + \frac{g}{g_c}dz + \frac{VdV}{g_c} = 0 \tag{3.62}$$

这是动量方程用于一维定常流动的微分控制体的一种非常常用的形式(沿流动方向)。变换最后一项,得

$$\frac{\mathrm{d}p}{\rho} + f\frac{V^2}{2g_c}\frac{\mathrm{d}x}{D_e} + \frac{g}{g_c}\mathrm{d}z + \frac{\mathrm{d}V^2}{g_c} = 0 \tag{3.63}$$

在第 9 章中讨论带有摩擦的管道时,将使用该方程。

将方程(3.63)与方程(3.13)进行比较可能更具有指导意义。回想一下,方程(3.13)是根据能量概念得出的,而方程(3.63)是从动量概念中得出的,这种性质的比较可加强对熵概念的理解,因为它表明

$$T\mathrm{d}s_i = f\frac{V^2}{2g_c}\frac{\mathrm{d}x}{D_e} \tag{3.64}$$

# 3.9　总　结

本章将熵变分为热传递和不可逆效应两部分,进而重新分析了熵变;而后,介绍了滞止状态的概念,这两个想法使能量方程可以写成名为压力-能量方程的替代形式;最后,在适当的假设下,从这些方程得出了一些有趣的结论。

牛顿第二定律被转换为适合控制体分析的形式,使用动量方程时应格外小心,除了第 2 章总结中列出的步骤外,还应注意以下步骤:

① 建立坐标系;

② 指出作用在控制体内流体上的所有力;

③ 要特别注意矢量的符号,例如 $\boldsymbol{F}$ 和 $\boldsymbol{V}$。

本章中推导的一些最常用的方程总结如下,其中大多数只限于一维定常流动,一部分还涉及其他假设,您应该明确在哪种条件下可以使用。

(1) 熵的分类

$$\mathrm{d}s = \mathrm{d}s_e + \mathrm{d}s_i = \frac{\delta q}{T} + \mathrm{d}s_i \tag{3.9},(3.10)$$

式中: $\mathrm{d}s_e$ 的正负取决于 $\delta q$;

$\mathrm{d}s_i$ 始终是正的(不可逆性)。

(2) 压力-能量方程

$$\frac{\mathrm{d}p}{\rho} + \frac{\mathrm{d}V^2}{2g_c} + \frac{g}{g_c}\mathrm{d}z + \delta w_s + T\mathrm{d}s_i = 0 \tag{3.13}$$

(3) 滞止概念(取决于参考系)

$$h_t = h + \frac{V^2}{2g_c} + \frac{g}{g_c}z \quad (\text{对于气体可忽略 } z) \tag{3.17}$$

$$s_t = s$$

(4) 能量方程

$$h_{t1} + q = h_{t2} + w_s$$

$$\delta q = \delta w_s + \mathrm{d}h_t$$

当 $q = w_s = 0$ 时, $h_t = \mathrm{const}$

（5）滞止压力-能量方程

$$\frac{\mathrm{d}p_{\mathrm{t}}}{\rho_{\mathrm{t}}} + \mathrm{d}s_{\mathrm{e}}(T_{\mathrm{t}} - T) + T_{\mathrm{t}}\mathrm{d}s_{\mathrm{i}} + \delta w_{\mathrm{s}} = 0$$

当 $q = w_{\mathrm{s}} = 0$ 且 loss $= 0$ 时，$p_{\mathrm{t}} = \mathrm{const}$

（6）恒定密度流体：

$$\frac{p_1}{\rho} + \frac{V_1^2}{2g_{\mathrm{c}}} + \frac{g}{g_{\mathrm{c}}}z_1 = \frac{p_2}{\rho} + \frac{V_2^2}{2g_{\mathrm{c}}} + \frac{g}{g_{\mathrm{c}}}z_2 + h_1 + w_{\mathrm{s}} \tag{3.31}$$

$$u = u_{\mathrm{t}} \tag{3.35}$$

$$T = T_{\mathrm{t}} \tag{3.36}$$

$$p_{\mathrm{t}} = p + \frac{\rho V^2}{2g_{\mathrm{c}}} + \rho\frac{g}{g_{\mathrm{c}}}z \tag{3.39}$$

（7）运动第二定律-动量方程

$$\begin{cases} \boldsymbol{N} = \overrightarrow{\mathrm{momentum}} \\ \boldsymbol{\eta} = \boldsymbol{V} \end{cases}$$

$$\sum\boldsymbol{F} = \frac{\partial}{\partial t}\int_{\mathrm{cv}}\frac{\rho\boldsymbol{V}}{g_{\mathrm{c}}}\mathrm{d}\tilde{v} + \int_{\mathrm{cs}}\frac{\rho\boldsymbol{V}}{g_{\mathrm{c}}}(\boldsymbol{V}\cdot\hat{n})\mathrm{d}A \tag{3.41}$$

对于一维定常流动，有

$$\sum\boldsymbol{F} = \frac{\dot{m}}{g_{\mathrm{c}}}(\boldsymbol{V}_{\mathrm{out}} - \boldsymbol{V}_{\mathrm{in}}) \tag{3.45}$$

$$\frac{\mathrm{d}p}{\rho} + f\frac{V^2}{2g_{\mathrm{c}}}\frac{\mathrm{d}x}{D_{\mathrm{e}}} + \frac{g}{g_{\mathrm{c}}}\mathrm{d}z + \frac{\mathrm{d}V^2}{g_{\mathrm{c}}} = 0 \tag{3.63}$$

# 习　题

对于那些涉及水的问题，可能会用到 $\rho = 62.4\ \mathrm{lbm/ft^3}$ 或 $1\,000\ \mathrm{kg/m^3}$，比热容等于 $1\ \mathrm{Btu/(lbm\cdot °R)}$ 或 $4\,187\ \mathrm{J/(kg\cdot K)}$。

3.1　在没有外部功的情况下，对比压力-能量方程(3.13)和动量方程(3.63)的微分形式，结果看起来合理吗？

3.2　考虑理想气体在水平绝缘无摩擦管道中的定常流动，根据压力-能量方程，证明：

$$\frac{V^2}{2g_{\mathrm{c}}} + \frac{\gamma}{(\gamma-1)}\frac{p}{\rho} = \mathrm{const}$$

3.3　可以通过在横截面积不同的两个点测量压力以确定通过管道的流量。若不涉及能量转移($q = w_{\mathrm{s}} = 0$)，势差可忽略不计。证明：对于不可压缩流体的一维定常无摩擦流动，流量可以表示为

$$\dot{m} = A_1 A_2\left[\frac{2\rho g_{\mathrm{c}}(p_1 - p_2)}{A_1^2 - A_2^2}\right]^{1/2}$$

3.4　低速风洞中的压力计显示某处滞止压力和静压之差为 0.5 psi。在空气密度保持恒定且等于 $0.076\,5\ \mathrm{lbm/ft^3}$ 的假设下，计算该处的空气速度。

3.5　水流经变截面积的管道，上游和下游之间的滞止压力差为 $4.5\times10^5\ \mathrm{N/m^2}$。

（1）如果水温保持恒定，那么流动过程中的热传递是多少？

（2）如果系统完全绝热,计算水在管道中流动过程的温度变化。

3.6 以下是甲烷在一段水平绝热管道中定常流动的已知条件:

$$入口处的滞止焓 = 634 \text{ Btu/lbm}$$
$$出口处的静焓 = 532 \text{ Btu/lbm}$$
$$出口处的静温 = 540 \text{ ℉}$$
$$出口处的静压 = 532 \text{ psia}$$

（1）确定出口速度。

（2）出口处的滞止温度是多少?

（3）确定出口处的滞止压力。

3.7 真实流体(有摩擦)进行绝热流动,在什么条件下可以保证系统入口和出口的滞止压力相同?(提示:参考滞止压力-能量方程)

3.8 在流体不可压缩的条件下,简化滞止压力-能量方程(3.25)。对结果进行积分并将您的答案与用于不可压缩流体的其他能量方程(如方程(3.29))进行比较。

3.9 不可压缩的流体($\rho = 55 \text{ lbm/ft}^3$)以 15 ft/sec 的速度离开如图 P3.9 所示的管道。

（1）计算流动损失。

（2）假定所有损失都发生在恒定面积的管道中,计算管道入口处的压力。

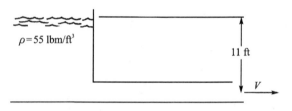

**图 P3.9**

3.10 对于如图 P3.10 所示的流动,如果流动损失为 $h_1 = 15 V_p^2 / 2 g_c$,则产生 30 m/s 的射流速度($V_j$)需要多大的 $z$ 值?

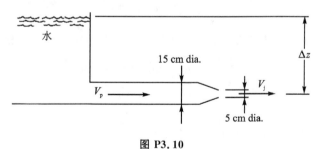

**图 P3.10**

3.11 水在直径为 2 ft 的管道中流动,在位置一处条件为:$p_1 = 55 \text{ psia}$,$V_1 = 20 \text{ ft/sec}$;在比位置一低 12 ft 的位置二处条件为:$p_2 = 40 \text{ psia}$,管道直径为 1 ft。

（1）计算这两个位置之间的摩擦损失。

（2）确定流动的方向。

3.12 对于图 P3.12,如果流动损失为 $h_1 = 6 V^2 / 2 g_c$,计算产生 50 kg/s 流量所需的管道直径。

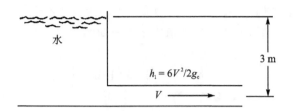

图 P3. 12

3.13 一位于湖面上的泵将水垂直射出(水倒回湖中)。

(1) 简要(但要清楚)讨论这种情况下所有可能的不可逆性来源。

(2) 忽略您在(1)部分中讨论的所有损失,对于 $w_s = 35$ ft·lbf/lbm,水可能达到的最大高度是多少?

3.14 在图 P3.14 所示的两种泵的布置中,哪一种更为可取(即对泵的工作要求较低)?忽略布置 A 中拐角处的微小损失。

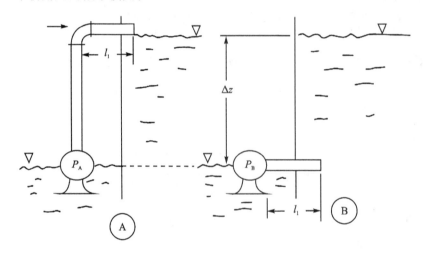

图 P3. 14

3.15 对于给定质量,可以通过以下方式将作用力的力矩与角动量相关联:

$$\sum \boldsymbol{M} = \frac{1}{g_c} \frac{\mathrm{d}\left(\overrightarrow{\text{angular momentum}}\right)}{\mathrm{d}t}$$

(1) 每单位质量的角动量是多少?

(2) 上面的用于控制体分析的方程是什么形式?

3.16 不可压缩流体流过直径为 10 in 的水平恒截面积管道。在一个区域中,压力为 150 psia,而在该区域下游 1 000 ft 处压力降至 100 psia。

(1) 求管道施加给流体的总摩擦力。

(2) 计算平均壁面剪切力。

3.17 甲烷气体流经直径为 15 cm 的水平恒截面积管道。在第 1 部分,绝对压力 $p_1$ = 6 bar,$T_1 = 66 \ ℃$,$V_1 = 30$ m/s;在第 2 部分,$T_2 = 38 \ ℃$,$V_2 = 110$ m/s。

(1) 确定第 2 部分的压力。

（2）求出总的壁面摩擦力。

（3）求热传递。

3.18 如图 P3.18 所示，海水（$\rho = 64$ lbm/ft$^3$）流经减速器，$p_1 = 50$ psig，两个部分之间的流动损失总计为 $h_1 = 5.0$ ft · 1 bf/lbm。

（1）求 $V_2$ 和 $p_2$。

（2）确定减速器对部分 1 和部分 2 之间的海水施加的力。

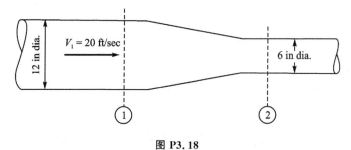

图 P3.18

3.19 （1）根据图 P3.19 中的已知条件，忽略所有损失并计算油箱的出口速度。

（2）如果出口直径为 4 in，确定质量流量。

（3）计算水箱沿地面方向所受的力。

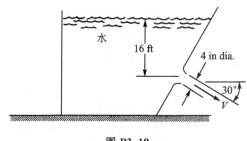

图 P3.19

3.20 截面积为 0.05 m$^2$，距地面 2 m、速度为 5 m/s 的射流撞到一厚 1 m 的混凝土块上（见图 P3.20），击中障碍物后，水直接流到地面上。在保证不翻倒的前提下，求混凝土块的最小重量。

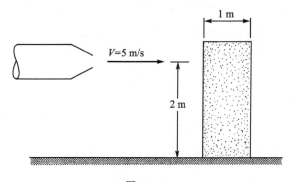

图 P3.20

3.21 如图 P3.21 所示，通过打开进气口使空气偏转来制动赛车。假设在 14.7 psia 和 60 ℉的进气条件下，空气密度大致保持恒定且没有泄漏，所有空气都按照所示方向和指定条件进入进气口,假设打开空气进气口对汽车的阻力没有影响。当汽车以 300 mph 的速度行驶时,需要多大的入口面积才可以提供 2 000 lbf 的制动力?

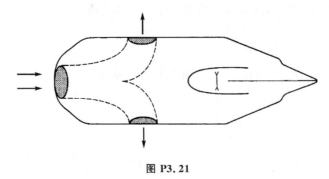

图 P3. 21

3.22 如图 P3.22 所示,流体射流撞击叶片并偏转角度 $\theta$。对于给定的射流(流体、面积和速度是给定的),偏转角 $\theta$ 为多少时,流体和叶片之间的力 $x$ 分量最大?可以假设流体不可压且与叶片没有摩擦,然后通过建立的公式进行求导以找出最大值。

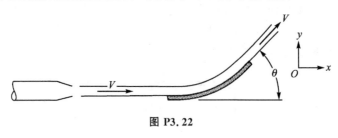

图 P3. 22

# 小　测

在不参考本章内容的情况下独立完成以下测试。

3.1 熵变可以分为两类,通过语言定义并在可能的情况下通过方程定义,写出每个类别的符号。

3.2 给定能量方程的微分形式,推导压力-能量方程。

3.3 (1)定义滞止过程,注意陈述所有条件。

(2)写出一个适用于所有物质的滞止焓的一般表达式。

(3)什么情况下可以使用以下方程?

$$\frac{p_t}{\rho} = \frac{p}{\rho} + \frac{V^2}{2g_c} + \frac{g}{g_c}z$$

3.4 分别将人 A(静止)和人 B(行走)作为参考系(见图 CT3.4),判断以下说法是否正确:

(1) A 和 B 的滞止压力相同。

(2) A 和 B 的静压相同。

(3)(1)和(2)的说法均不正确。

3.5 考虑一维定常流动的情况,一部分流体进入控制体,一部分流体离开控制体。

(1)在什么条件下滞止焓保持不变?($p_t$ 在这些条件下会有所变化吗?)

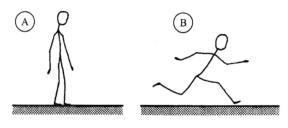

**图 CT3.4**

(2) 如果已知问题(1)中的条件存在,那么保证滞止压力恒定还需要什么额外的假设?

3.6　在某些情况下,用于分析控制体时,可将动量方程写成以下形式:

$$\sum \boldsymbol{F} = \frac{\dot{m}}{g_c}(\boldsymbol{V}_r - \boldsymbol{V}_s)$$

(1) 哪一部分(r 或 s)代表流体进入控制体?

(2) 在什么条件下可以将方程写成这种形式?

3.7　解答习题 3.18。

# 第4章　可压缩流导论

## 4.1　引　言

在前面的章节中,已经推导出了流体流动分析所需要的基本关系式,并且已经写出了其中的一些用于等密度流体的特殊形式。本章主要关注的是可压缩流体,通过学习,会发现超声速的气体很常见,其行为与亚声速气体是完全不同的。因此,本章首先推导出通过任意介质的声速表达式,然后利用理想气体的情况简化该表达式,进而面向亚声速和超声速流动进行研究,发掘二者行为不同的缘由。

在理想气体的情况下,将马赫数引入可压缩流中,其用于描述理想气体基本方程和许多补充关系很简单也很有效。本章最后讨论 $h-s$ 图和 $T-s$ 图的重要性及其在可视化流动问题中的重要性。

## 4.2　学习目标

① 解释声音是如何通过任何介质(固体、液体或气体)进行传播的。

② 定义声速,说明激波和声波的基本区别。

③ (选学)从一维稳态流动的连续性和动量方程开始,利用控制体积分析来推导任意介质中无限小压力扰动的速度表达式。

④ 说明以下关系:

- 任意介质中的声速;
- 理想气体中的声速;
- 马赫数。

⑤ 通过解释作用区域、静止区域、马赫锥和马赫角,讨论来自运动物体的信号波在流体中的传播,并且在这些方面比较亚声速流和超声速流的异同。

⑥ 根据焓($h$)、马赫数($Ma$)和比热比($\gamma$)编写理想气体的滞止焓($h_t$)的方程。

⑦ 根据温度($T$)、马赫数($Ma$)和比热比($\gamma$)编写理想气体滞止温度($T_t$)的方程。

⑧ 根据压力($p$)、马赫数($Ma$)和比热比($\gamma$)编写理想气体的滞止压力($p_t$)的方程。

⑨ (选学)根据马赫数建立简单的理想气体关系式,例如

$$p_t = p\left(1 + \frac{\gamma-1}{2}Ma^2\right)^{\gamma/(\gamma-1)}$$

⑩ 在典型的流量问题中利用上述概念。

## 4.3　声速和马赫数

本节通过弹性介质的方式研究扰动。给定点的干扰会生成一个压缩分子区域,该区域会

传递到其相邻分子,从而形成行波。波具有各种强度,这些强度可以通过干扰的幅度来衡量。这种干扰通过介质传播的速度称为波速。该速度不仅取决于介质的类型及其热力学状态,而且还取决于波的强度。波越强,运动越快。

如果处理的是振幅较大的波,其中涉及压力和密度的变化较大,则称这类波为激波。这些将在第 6 章中进行详细研究。另外,如果观察到幅度很小的波,则它们的速度仅是介质及其状态的特征,例如声波。此外,介质中物体的存在只能通过物体发出或反射以特征声速传播的无限小压力波来感知。

因此,可以假设形成无限小的压力波,然后应用基本概念来确定波速。如图 4.1 所示,考虑一个长的恒定面积的管子,里面装满流体,一端有一个活塞。最初流体处于静止状态。在某个瞬间,活塞向左被赋予增量速度 $dV$。紧挨着活塞的流体粒子在获得活塞速度时会被压缩成很小的体积。

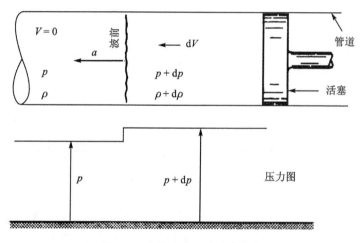

图 4.1　无限小压力脉冲的触发

随着活塞(和这些压缩的粒子)继续移动,下一组流体粒子被压缩,并且会发现波阵面以特征声速 $a$ 传播通过流体。波前和活塞之间的所有粒子都以 $dV$ 的速度向左移动,并已从 $\rho$ 压缩到 $\rho+d\rho$,并将其压力从 $p$ 增加到 $p+dp$。

作为不稳定的流动,分析起来会存在困难。(当观察到管子中的任何给定点时,性质会随着时间而变化(例如,随着波前的通过,压力从 $p$ 变为 $p+dp$)。)一种方法是可以通过在整个流场上将恒定速度叠加到幅度 $a$ 的右边去解决存在的问题。由静止波的位置可知,上述过程将参考系更改为波前。另一种方法是跳到波前,如图 4.2 所示。请注意,以这种方式更改参考系不会改变流体的实际(静态)热力学特性,尽管会影响滞止条件,但由于波前缘非常薄,因此可以使用最小厚度的控制体积。

**1. 连续性方程**

对于稳定的一维流,有

$$\dot{m} = \rho A V = \text{const} \tag{2.30}$$

由于 $A = \text{const}$,则

$$\rho V = \text{const} \tag{4.1}$$

因此,代入图 4.2 中已知量可得

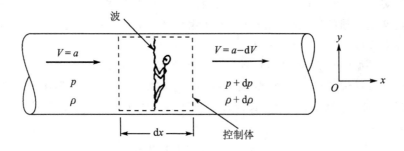

图 4.2  与图 4.1 对应的稳态流动图

$$\rho a = (\rho + \mathrm{d}\rho)(a - \mathrm{d}V)$$

展开后得

$$\cancel{\rho a} = \cancel{\rho a} - \rho \mathrm{d}V + a\,\mathrm{d}\rho - \overbrace{\cancel{\mathrm{d}p\,\mathrm{d}\sigma}}^{\text{高阶项}}$$

忽略高阶项并求解 $\mathrm{d}V$,有

$$\mathrm{d}V = \frac{a\,\mathrm{d}\rho}{\rho} \tag{4.2}$$

**2. 动量方程**

由于控制体积的厚度无穷小,所以可以忽略沿壁的任何剪应力。在书写动量方程的 $x$ 分量时,如果力和速度在右边,则取力和速度为正。对于稳定的一维流,可以写成

$$\sum F_x = \frac{\dot{m}}{g_c}(V_{\text{out}_x} - V_{\text{in}_x}) \tag{3.46}$$

$$\cancel{p}A - (\cancel{p} + \mathrm{d}p)A = \frac{\rho A a}{g_c}\big[(\cancel{a} - \mathrm{d}V) - \cancel{a}\big]$$

$$A\,\mathrm{d}p = \frac{\rho A a}{g_c}\mathrm{d}V$$

消去面积并求解 $\mathrm{d}V$,有

$$\mathrm{d}V = \frac{g_c\,\mathrm{d}p}{\rho a} \tag{4.3}$$

将公式(4.2)和公式(4.3)组合起来消除 $\mathrm{d}V$,得

$$a^2 = g_c\,\frac{\mathrm{d}p}{\mathrm{d}\rho} \tag{4.4}$$

但是,导数 $\mathrm{d}p/\mathrm{d}\rho$ 取决于过程,并不是唯一的。因此,它实际上应写为带有适当下标的偏导数。

请记住,这里分析的是一个极小的干扰。对于这种情况,可以假设当波通过流体时,损失和热量的传递可以忽略不计。因此,该过程既可逆又绝热,这意味着它是等熵的。(为什么?)在研究了激波之后,将证明非常弱的激波(即小干扰)会在极限内达到等熵过程。因此,公式(4.4)应正确地写为

$$\boxed{a^2 = g_c\left(\frac{\partial p}{\partial \rho}\right)_s} \tag{4.5}$$

它可以用另一种形式来表示,通过引入体积弹性模量 $E_v$。这是由于压力波动而导致的体积或

密度变化之间的关系,定义为

$$E_v \equiv -v\left(\frac{\partial p}{\partial v}\right)_s \equiv \rho\left(\frac{\partial p}{\partial \rho}\right)_s \tag{4.6}$$

因此

$$\boxed{a^2 = g_c\left(\frac{E_v}{\rho}\right)} \tag{4.7}$$

公式(4.5)和公式(4.7)是通过任何介质的声速的一般等效关系。体积模量通常与液体和固体一起使用。表 4.1 给出了该模量的一些典型值,具体值取决于介质的温度和压力。对于固体,它还取决于装载类型。体积模量的倒数称为可压缩性。试想真正不可压缩流体中的声速是多少?(提示:$(\partial p/\partial \rho)_s$ 的值是多少?)

**表 4.1 普通介质的体积模量值**

| 介　质 | 体积模量/psi |
|---|---|
| 油 | 185 000～270 000 |
| 水 | 300 000～400 000 |
| 水银 | 约 4 000 000 |
| 钢 | 约 30 000 000 |

公式(4.5)通常用于气体,对于符合理想气体定律的气体,可以大大简化公式。对于等熵过程:

$$pv^\gamma = \text{const} \quad 或 \quad p = \rho^\gamma \text{const} \tag{4.8}$$

因此

$$\left(\frac{\partial p}{\partial \rho}\right)_s = \gamma \rho^{\gamma-1} \text{const}$$

由公式(4.8)可知,$\text{const} = p/\rho^\gamma$。因此,

$$\left(\frac{\partial p}{\partial \rho}\right)_s = \gamma \rho^{\gamma-1}\frac{p}{\rho^\gamma} = \gamma\frac{p}{\rho} = \gamma RT$$

结合公式(4.5)可得

$$\boxed{a^2 = \gamma g_c RT} \tag{4.9}$$

或

$$\boxed{a = \sqrt{\gamma g_c RT}} \tag{4.10}$$

**注意**:对于理想气体,声速仅是各个气体和温度的函数。

**例 4.1** 计算 70 ℉空气中的声速。
$$a^2 = \gamma g_c RT = 1.4 \times 32.2 \times 53.3 \times (460+70)(\text{ft/sec})^2$$
$$a = 1\,128 \text{ ft/sec}(或 343.8 \text{ m/s})$$

**例 4.2** 通过二氧化碳的声速为 275 m/s。计算温度(单位分别为 K 和°R)。
$$a^2 = \gamma g_c RT$$

$$275^2 = 1.29 \times 1 \times 189 \times T$$
$$T = 310.2 \text{ K(或 } 558.4 \text{ °R)}$$

声速是流体的一种特性,并随流体的状态而变化,只有对于可被视为理想气体的气体,声速才是温度的函数。

**3. 马赫数**

首先给出马赫数的定义:

$$Ma \equiv \frac{V}{a} \tag{4.11}$$

式中:

$$V \equiv \text{介质中的速度}$$
$$a \equiv \text{通过介质的声速}$$

重要的是,必须意识到 $V$ 和 $a$ 都是由空间某处当地条件计算获得的。对于气流系统中某一点的速度是另一点速度两倍的情况,因为不清楚声速的变化,所以不能说马赫数增加了一倍。(如果流体是理想气体,那结果如何?)

如果速度小于声音的局部速度,则 $Ma$ 小于 1,并且该流称为亚声速流;如果速度大于声音的局部速度,则 $Ma$ 大于 1,并且该流称为超声速流。接下来将阐明,马赫数是可压缩流分析中最重要的参数。

# 4.4  波传播

对于流体中静止的一点扰动,不断发射无穷小压力脉冲,使得它们以球形波阵面的形式以声速传播通过介质。为了简化问题,这里仅跟踪每秒发出的那些脉冲。3 s 后,如图 4.3 所示。注意,波阵面是同心的。

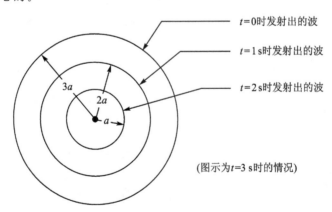

**图 4.3  来自静止扰动的波阵面**

现在考虑一个类似的问题,其中干扰不再稳定。假设它以小于声速的速度运动,例如 $a/2$。图 4.4 显示了 3 s 结束时的这种情况。注意,波阵面不再同心。此外,在 $t=0$ 时发射的波始终位于干扰本身之前。因此,位于上游的任何人、物体或流体粒子都会感觉到波阵面经过,并且知道干扰即将来临。

接下来,让干扰以等声速移动。图 4.5 显示了这种情况,注意此时所有波阵面在左侧合

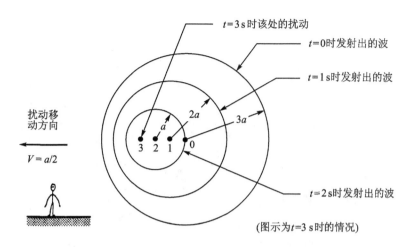

**图 4.4　亚声速扰动的波阵面**

并,并随干扰一起移动。长时间后,该波阵面将近似于图中虚线所示的平面。在这种情况下,由于扰动与波前同时到达,因此不会预先通知扰动的上游区域。

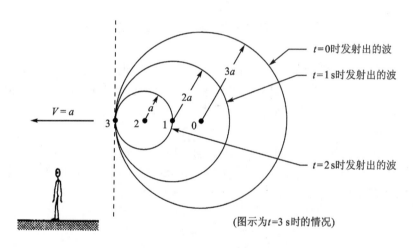

**图 4.5　声波扰动引起的波阵面**

　　另一种情况是一个扰动的运动速度大于声速。图 4.6 显示了一个点扰动在 $Ma=2$(声速的两倍)时的运动。波阵面合并成一个顶点有扰动的圆锥,称为马赫锥。锥体内部的区域被称为作用区。外部区域称为静默区,因为整个区域没有意识到扰动。马赫锥的表面有时称为马赫波。顶点的半角称为马赫角,符号为 $\mu$。应该很容易看到

$$\sin \mu = \frac{a}{V} = \frac{1}{Ma} \tag{4.12}$$

　　本节表述了亚声速流场与超声速流场之间最显著的差异之一。在亚声速情况下,流体可以"感知"物体的存在并平稳地调节其围绕物体的流量。在超声速流中则不然,因为流动会以激波或膨胀波的形式突然发生流量调节,这些将在第 6~8 章中详细研究。

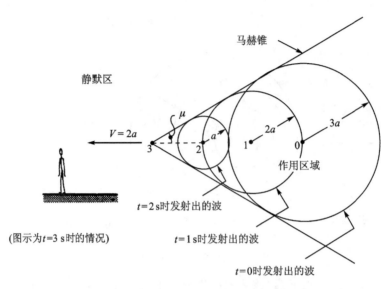

**图 4.6　来自超声速扰动的波阵面**

# 4.5　理想气体马赫数方程

4.4 节描述了超声速和亚声速流的完全不同的特性,这也证明在基本方程中使用马赫数作为参数是有意义的;并且引入马赫数对于理想气体的流动而言,容易写出一个简单的状态方程和声速的显式表达式,也可以得到一些更重要的关系式。

**1. 连续性方程**

对于有单一入口和单一出口的稳定一维流动,有

$$\dot{m} = \rho AV = \text{const} \tag{2.30}$$

从理想气体状态方程

$$\rho = \frac{p}{RT} \tag{1.16}$$

以及马赫数的定义

$$V = Ma\, a \tag{4.11}$$

回忆一下理想气体中的声速表达式:

$$a = \sqrt{\gamma g_c RT} \tag{4.10}$$

将公式(1.16)、公式(4.11)、公式(4.10)代入公式(2.30)得

$$\rho AV = \frac{p}{RT} A Ma \sqrt{\gamma g_c RT} = pAMa \sqrt{\frac{\gamma g_c}{RT}}$$

这样,对于理想气体的一维稳态流动,就得到了连续方程:

$$\boxed{\dot{m} = pAMa \sqrt{\frac{\gamma g_c}{RT}} = \text{const}} \tag{4.13}$$

**2. 滞止关系**

对于气体,消除潜在项,

$$h_t = h + \frac{V^2}{2g_c} \tag{3.18}$$

已知

$$V^2 = Ma^2 \, a^2 \tag{来自(4.11)}$$

和

$$a^2 = \gamma g_c RT \tag{4.9}$$

则有

$$h_t = h + \frac{Ma^2 \, \gamma g_c RT}{2g_c} = h + \frac{Ma^2 \gamma RT}{2} \tag{4.14}$$

由公式(1.49)和公式(1.50)知,可用 $\gamma$ 和 $R$ 表示恒压下的比定压热容,即

$$c_p = \frac{\gamma R}{\gamma - 1} \tag{4.15}$$

结合公式(4.15)和公式(4.14),可得

$$h_t = h + Ma^2 \frac{\gamma - 1}{2} c_p T \tag{4.16}$$

但对于气体,有

$$h = c_p T \tag{1.38}$$

因此

$$h_t = h + Ma^2 \frac{\gamma - 1}{2} h$$

或

$$\boxed{h_t = h \left(1 + \frac{\gamma - 1}{2} Ma^2\right)} \tag{4.17}$$

使用 $h = c_p T$ 和 $h_t = c_p T_t$,式(4.17)可以写成

$$\boxed{T_t = T \left(1 + \frac{\gamma - 1}{2} Ma^2\right)} \tag{4.18}$$

　　公式(4.17)和公式(4.18)会经常使用,需要记住。

　　由于滞止过程是等熵的,因此,可以将 $\gamma$ 用作方程(1.47)中的指数 $n$,并且在等熵的任意两个点之间有

$$\frac{p_2}{p_1} = \left(\frac{T_2}{T_1}\right)^{\gamma/(\gamma-1)} \tag{4.19}$$

　　令点 1 表示静态条件,点 2 表示滞止条件,然后将公式(4.19)和公式(4.18)合并,得

$$\frac{p_t}{p} = \left(\frac{T_t}{T}\right)^{\gamma/(\gamma-1)} = \left(1 + \frac{\gamma - 1}{2} Ma^2\right)^{\gamma/(\gamma-1)} \tag{4.20}$$

或

$$\boxed{p_t = p \left(1 + \frac{\gamma - 1}{2} Ma^2\right)^{\gamma/(\gamma-1)}} \tag{4.21}$$

公式(4.21)对于本书的学习很重要。

**例 4.3** 空气以 800 ft/sec 的速度流动,压力为 30 psia,温度为 600 °R。确定滞止压力。

$$a = (\gamma g_c RT)^{1/2} = (1.4 \times 32.2 \times 53.3 \times 600)^{1/2} = 1\,201 \text{ (ft/sec)}$$

$$Ma = \frac{V}{a} = \frac{800}{1\,201} = 0.666$$

$$p_t = p\left(1 + \frac{\gamma-1}{2}Ma^2\right)^{\gamma/(\gamma-1)} = 30\left(1 + \frac{1.4-1}{2} \times 0.666^2\right)^{1.4/(1.4-1)} \text{ (psia)}$$

$$p_t = 30 \times (1+0.088\,7)^{3.5} = 30 \times 1.346 = 40.4 \text{ (psia)(或 } 0.279 \text{ MPa)}$$

**例 4.4** 氢的静态温度为 25 ℃,滞止温度为 250 ℃。马赫数是多少?

$$T_t = T\left(1 + \frac{\gamma-1}{2}Ma^2\right)$$

$$(250+273) = (25+273) \times \left(1 + \frac{1.41-1}{2}Ma^2\right)$$

$$523 = 298 \times (1 + 0.205Ma^2)$$

$$Ma^2 = 3.683$$

$$Ma = 1.92$$

### 3. 滞止压力-能量方程

对于稳定的一维流动,有

$$\frac{\mathrm{d}p_t}{\rho_t} + \mathrm{d}s_e(T_t - T) + T_t \mathrm{d}s_i + \delta w_s = 0 \tag{3.25}$$

对于理想气体,有

$$p_t = \rho_t RT_t \tag{4.22}$$

代入滞止密度,公式(3.25)可表示为

$$\boxed{\frac{\mathrm{d}p_t}{p_t} + \frac{\mathrm{d}s_e}{R}\left(1 - \frac{T}{T_t}\right) + \frac{\mathrm{d}s_i}{R} + \frac{\delta w_s}{RT_t} = 0} \tag{4.23}$$

绝大部分问题都是绝热的,并且不涉及轴功。在这种情况下,$\mathrm{d}s_e$ 和 $\delta w_s$ 为零:

$$\frac{\mathrm{d}p_t}{p_t} + \frac{\mathrm{d}s_i}{R} = 0 \tag{4.24}$$

可以将其整合到流量系统的两点之间,即

$$\ln\frac{p_{t2}}{p_{t1}} + \frac{s_{i2} - s_{i1}}{R} = 0 \tag{4.25}$$

但是,由于 $\mathrm{d}s_e = 0$,$\mathrm{d}s_i = \mathrm{d}s$,所以不需要继续在熵上写下标 i。因此

$$\ln\frac{p_{t2}}{p_{t1}} = -\frac{s_2 - s_1}{R} \tag{4.26}$$

两边取反对数,上式变为

$$\frac{p_{t2}}{p_{t1}} = e^{-(s_2-s_1)/R} \tag{4.27}$$

或

$$\boxed{\frac{p_{t2}}{p_{t1}} = e^{-\Delta s/R}} \tag{4.28}$$

使用上述方程时需要注意单位的使用,总压强必须是绝对压强,$\Delta s/R$ 必须是无量纲的。对于这种绝热无功流,$\Delta s$ 总是正的。(为什么?)因为 $p_{t2}$ 总是小于 $p_{t1}$。只有在无损失的极限情况下,滞止压力才会保持恒定。

这证实了滞止压力-能量方程所带来的结论:对于绝热、无功系统,没有任何流体的流动损失,$p_t = \text{const}$。因此,滞止压力被认为是一个非常重要的参数,它在许多系统中反映流动损失。但是要注意,式(4.28)中的具体关系只适用于理想气体,即使是理想气体,也只适用于某些流动条件。那这些条件是什么呢?

综上所述,对于一维稳态流动,有

$$\delta q = \delta w_s + \mathrm{d}h_t \tag{3.20}$$

**注意**:即使存在流动损失,公式(3.20)也是有效的:

$$如果\ \delta q = \delta w_s = 0,则\ h_t = \text{const}$$

若除上述之外,无损失发生,即

$$如果\ \delta q = \delta w_s = \mathrm{d}s_i = 0,则\ p_t = \text{const}$$

**例 4.5**　氧气在恒定区域、水平、绝缘的管道中流动。第 1 部分的条件是 $p_1 = 50$ psia, $T_1 = 600\ ^\circ$R 和 $V_1 = 2\ 860$ ft /sec。在下游区域,温度为 $T_2 = 1\ 048\ ^\circ$R。

(1) 确定 $Ma_1$ 和 $T_{t1}$。

(2) 找到 $V_2$ 和 $p_2$。

(3) 这两部分的熵变是多少?

(1) 求解 $Ma_1$ 和 $T_{t1}$

$$a_1 = (\gamma g_c R T_1)^{1/2} = (1.4 \times 32.2 \times 48.3 \times 600)^{1/2} = 1\ 143\ (\text{ft/sec})$$

$$Ma_1 = \frac{V_1}{a_1} = \frac{2\ 860}{1\ 143} = 2.50$$

$$T_{t1} = T_1\left(1 + \frac{\gamma - 1}{2} Ma_1^2\right) = 600 \times \left(1 + \frac{1.4 - 1}{2} \times 2.5^2\right) = 1\ 350\ ^\circ\text{R}(或\ 749.3\ \text{K})$$

(2) 能量方程

$$h_{t1} + \not{q} = h_{t2} + \not{w}_s$$

$$h_{t1} = h_{t2}$$

由于这是理想气体,有

$$T_{t1} = T_{t2}$$

$$T_{t2} = T_2\left(1 + \frac{\gamma - 1}{2} Ma_2^2\right)$$

$$1\ 350 = 1\ 048 \times \left(1 + \frac{1.4 - 1}{2} Ma_2^2\right)$$

$$Ma_2 = 1.20$$

$$V_2 = Ma_2 a_2 = 1.20 \times (1.4 \times 32.2 \times 48.3 \times 1\ 048)^{1/2} = 1\ 813\ (\text{ft/sec})\ 或(552.6\ \text{m/s})$$

连续性方程:

$$\dot{m} = \rho_1 A_1 V_1 = \rho_2 A_2 V_2$$

而

$$A_1 = A_2, \quad \rho = p/RT$$

因此,

$$\frac{p_1 V_1}{T_1} = \frac{p_2 V_2}{T_2}$$

$$p_2 = \frac{V_1}{V_2} \frac{T_2}{T_1} p_1 = \frac{2\ 860}{1\ 813} \times \frac{1\ 048}{600} \times 50 = 137.8 \ (\text{psia})(\text{或}\ 0.950\ \text{Mpa})$$

(3) 为了获得熵的变化,求解 $p_{t1}$ 和 $p_{t2}$

$$p_{t1} = p_1 \left(1 + \frac{\gamma - 1}{2} Ma_1^2\right)^{\gamma/(\gamma-1)} = 50 \times \left(1 + \frac{1.4 - 1}{2} \times 2.5^2\right)^{1.4/(1.4-1)} = 854 \ \text{psia}$$

相似地,

$$p_{t2} = 334 \ \text{psia}$$

$$e^{-\Delta s/R} = \frac{p_{t2}}{p_{t1}} = \frac{334}{854} = 0.391$$

$$\frac{\Delta s}{R} = \ln \frac{1}{0.391} = 0.939$$

$$\Delta s = \frac{0.939 \times 48.3}{778} = 0.058\ 3 \ (\text{Btu}/(\text{lbm} \cdot {}^{\circ}\text{R})) \ (\text{或}\ 244.1\ \text{J/kg})$$

## 4.6　$h$-$s$ 图和 $T$-$s$ 图

每个问题都可以用物理系统的简图和热力学状态图来解决。由于损失会影响熵的变化(通过 $ds_i$),所以通常使用 $h$-$s$ 图或 $T$-$s$ 图。对于理想气体,焓只是温度的函数,因此,除了标度不同之外,$T$-$s$ 图和 $h$-$s$ 图是相同的。

考虑理想气体的一维稳定流动,假设没有热传递,也没有外界做功,则由能量方程可得

$$h_{t1} + \cancel{q} = h_{t2} + \cancel{w}_s \tag{3.19}$$

因为是理想气体,所以滞止焓保持恒定,总温度也是恒定的。图 4.7 中的实线表示这一点。系统中有两个特定的部分用 1 和 2 表示。在 $T$-$s$ 图上显示了这些点之间发生的实际过程。

值得注意的是,尽管系统中实际上不存在滞止条件,但仍显示在图中以供参考。静态点和滞止点之间的距离表示存在于该位置的速度(因为重力已被忽略)。这里还可以清楚地看到,如果存在 $\Delta s_{1-2}$,则 $p_{t2} < p_{t1}$,再次验证了滞止压力与流量损失之间的关系。

假设第三部分恰好与第一部分具有相同的焓(和温度)。试想二者有同样的速度和声速吗?(记住,对于气体来说,这仅是温度的函数。)如果是,这意味着点 1 和点 3 也将具有相同的马赫数。现在可以想象在该图上的某个地方有一条水平线,代表具有马赫数为 1 的点的轨迹。在该线和滞止线之间是亚声速状态下的所有点,在该线之下是超声速状态中的所有点。试想:这些结论是基于哪些假设的?

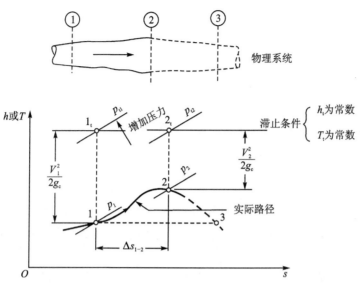

图 4.7　滞止参考状态

# 4.7　总　结

一般来说,波的传播速度取决于介质、介质的热力学状态和波的强度。然而,无穷小扰动的传播速度仅由介质及其状态决定。声波就属于后者。通过对波的传播和声速的讨论,得出了亚声速和超声速流动的基本区别。如果为亚声速,气流可以"感知"物体并在其周围顺畅地流动。超声速流动则不然,基于以上内容,本书将进一步讨论这个问题。

随着研究学习的深入,发现:流体在超声速状态下的行为与亚声速流状态下的行为完全不同。因此,马赫数成为一个重要参数也就不足为奇了,$T - s$ 图可作为问题可视化的关键。

下面总结了本章中最常用的一些公式。大多数只适用于任何流体的一维稳定流动,而有一些只适用于理想气体。使用时应该明确在什么条件下可以使用它们。

(1) 声速(无限小压力脉冲的传播速度)

$$a^2 = g_c \left( \frac{\partial p}{\partial \rho} \right)_s = g_c \frac{E_v}{\rho} \qquad (4.5),(4.7)$$

$$Ma = \frac{V}{a}(V \text{ 和 } a \text{ 都在同一位置上}) \qquad (4.11)$$

$$\sin \mu = \frac{1}{Ma} \qquad (4.12)$$

(2) 理想气体的特殊关系

$$a^2 = \gamma g_c RT \qquad (4.9)$$

$$h_t = h \left( 1 + \frac{\gamma - 1}{2} Ma^2 \right) \qquad (4.17)$$

$$T_t = T \left( 1 + \frac{\gamma - 1}{2} Ma^2 \right) \qquad (4.18)$$

$$p_t = p\left(1 + \frac{\gamma-1}{2}Ma^2\right)^{\gamma/(\gamma-1)} \tag{4.21}$$

$$\frac{\mathrm{d}p_t}{p_t} + \frac{\mathrm{d}s_e}{R}\left(1 - \frac{T}{T_t}\right) + \frac{\mathrm{d}s_i}{R} + \frac{\delta w_s}{RT_t} = 0 \tag{4.23}$$

$$\frac{p_{t2}}{p_{t1}} = \mathrm{e}^{-\Delta s/R}, \quad Q = W = 0 \tag{4.28}$$

有关气体动力学的更多信息,请参阅参考文献[13-14]。

# 习　题

4.1　假设常温常压条件下,计算并比较在空气、氢气、水和水银中的声速。

4.2　在什么温度和压力下,一氧化碳、水蒸气和氦气与标准空气(288 K 和 1 atm)的声速相同?

4.3　从适用于理想气体的滞止压力关系式

$$p_t = p\left(1 + \frac{\gamma-1}{2}Ma^2\right)^{\gamma/(\gamma-1)}$$

开始,展开二项式级数,并评估较小(但不为零)马赫数的结果。证明上述公式可以写成

$$p_t = p + \frac{\rho V^2}{2g_c} + 高阶项$$

记住,高阶项只有在非常小的马赫数下才可以忽略。(见习题4.4)

4.4　测量气流显示静态和滞止压力分别为 30 psig 和 32 psig。(注意,这些是测量压力。)假设 $p_{amb}=14.7$ psia,温度为 120 ℉。

(1) 用公式(4.21)求流速。

(2) 现在假设空气是不可压缩的,用公式(3.39)计算速度。

(3) 在静态压力和滞止压力分别为 30 psig 和 80 psig 时,再次求解(1)和(2)。

(4) 关于何时可以将气体视为恒密度流体,能得出什么结论?

4.5　如果 $\gamma=1.2$ 且流体是理想气体,那么马赫数是多少将给出 $T/T_t=0.909$ 的温度比? 该流量的 $p/p_t$ 是多少?

4.6　温度为 335 K,压力为 $1.4\times10^5$ N/m² 的二氧化碳以 200 m/s 的速度流动。

(1) 确定声速和马赫数。

(2) 确定滞止密度。

4.7　氩气温度为 100 ℉,压力为 42 psia,速度为 2 264 ft/sec。计算马赫数和滞止压力。

4.8　氦气在温度为 50 ℃,压力为 2.0 bar abs,总压力为 5.3 bar abs 的管道中流动。确定其在管道中的速度。

4.9　一架飞机以 600 mph 的速度在 16 500 ft 的高度飞行,那里的温度是 0 ℉,压力是 1 124 psfa。试问机头的温度和压力是多少?

4.10　空气在 $Ma=1.35$ 时流动,滞止焓为 $4.5\times10^5$ J/kg。滞止压力为 $3.8\times10^5$ N/m²。确定静态条件(压力、温度和速度)。

4.11　一个大的腔室在 $p_1$、$T_1$、$h_1$ 等条件下包含理想气体,允许气体从腔室流出($q=$

$w_s = 0$)。证明速度不能大于

$$V_{max} = a_1 \left( \frac{2}{\gamma - 1} \right)^{1/2}$$

如果速度最大,则马赫数是多少?

4.12　空气在绝热风道中稳定流动,其中不涉及轴功。一部分总压力为 50 psia,另一部分总压力为 67.3 psia。流体朝哪个方向流动,这两部分之间的熵变是多少?

4.13　甲烷气体在无功绝热系统中流动,其电势变化可以忽略不计。在一个截面,$p_1 = 14$ bar abs,$T_1 = 500$ K,$V_1 = 125$ m/s。在下游段 $Ma_2 = 0.8$。

(1) 确定 $T_2$ 和 $V_2$。

(2) 在没有摩擦损失的情况下求出 $p_2$。

(3) $A_2/A_1$ 的面积比是多少?

4.14　空气流过一个面积恒定的绝热通道。输入条件为 $T_1 = 520\ °R$,$p_1 = 50$ psia,$Ma_1 = 0.45$。在下游的某一点,马赫数是统一的。

(1) 求解 $T_2$ 和 $p_2$。

(2) 这两部分的熵变是多少?

(3) 如果管道直径为 1 ft,确定管壁摩擦力。

4.15　二氧化碳在水平绝热无功系统中流动。第 1 部分的压力和温度为 7 atm 和 600 K。在下游段,$p_2 = 4$ atm,$T_2 = 550$ K,马赫数 $Ma_2 = 0.90$。

(1) 计算上游位置的速度。

(2) 熵变是多少?

(3) 确定面积比 $A_2/A_1$。

4.16　$T_{t1} = 1\,000\ °R$,$p_{t1} = 100$ psia 和 $Ma_1 = 0.2$ 的氧气进入横截面积为 $A_1 = 1\ ft^2$ 的设备。当气体通过设备并膨胀到 14.7 psia 时,没有热传递、功传递或损失。

(1) 计算 $\rho_1$、$V_1$ 和 $\dot{m}$。

(2) 计算 $Ma_2$、$T_2$、$V_2$、$\rho_2$ 和 $A_2$。

(3) 流体对装置施加什么力?

4.17　考虑无轴功的理想气体的稳定、一维、恒定面积、水平、等温流动(见图 P4.17)。管道的横截面积为 $A$,周长为 $P$。令 $\tau_w$ 为壁上的剪应力。

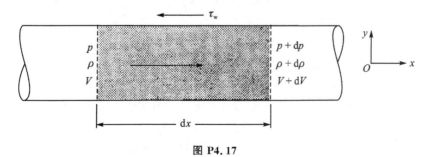

**图 P4.17**

(1) 应用动量概念(公式(3.45)),证明

$$-dp - f \frac{dx}{D_e} \frac{\rho V^2}{2g_c} = \frac{\rho V dV}{g_c}$$

（2）从连续性的概念和状态方程说明

$$\frac{\mathrm{d}\rho}{\rho} = \frac{\mathrm{d}p}{p} = -\frac{\mathrm{d}V}{V}$$

（3）将（1）和（2）部分的结果结合起来，表明

$$\frac{\mathrm{d}\rho}{\rho} = \left[\frac{\gamma Ma^2}{2(\gamma Ma^2 - 1)}\right]\frac{f\,\mathrm{d}x}{D_e}$$

# 小　测

在不参考本章内容的情况下独立完成以下测试。

4.1　（1）定义马赫数和马赫角。

（2）给出一个表示任意流体中声速的表达式。

（3）给出计算理想气体中声速的关系式。

4.2　考虑具有传热的理想气体的稳定一维流动。$T-s$图（见图 CT4.2）显示了系统中两个位置的静态点和滞止点。已知 $A=B$。

（1）热量是向系统内传递还是向系统外传递？

（2）$Ma_2 > Ma_1$，$Ma_2 = Ma_1$，还是 $Ma_2 < Ma_1$？

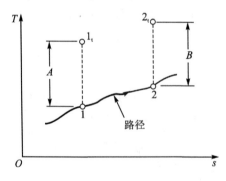

**图 CT4.2**

4.3　阐述下列每一项是正确的还是错误的。

（1）改变参考系（或速度与现有气流的叠加）不会改变静态熵。

（2）激波以声速通过介质。

（3）一般来说，流动损失表现为滞止焓的降低。

（4）滞止过程是一个熵不变的过程。

（5）亚声速流动不存在马赫锥。

4.4　列举在流动系统中滞止温度保持恒定所必需的条件。

4.5　对于理想气体的稳定流动，连续方程可以写成

$$\dot{m} = f(p, M, T, \gamma, A, R, g_c) = \mathrm{const}$$

确定精确的函数。

4.6　解答习题 4.14。

# 第 5 章 变截面绝热流动

## 5.1 引 言

面积变化、摩擦和传热是影响流动系统性能的最重要因素。虽然有些情况可能涉及这些因素中的两个或多个,但大多数工程问题均涉及上述因素中的一个。因此,本章将对上述每种因素进行单独研究,这样就有可能只考虑控制因素,并开发出一个在工程精度范围内的简单解决方案。

本章重点考虑无传热(绝热)和无轴功假设下的一般变截面积流动问题。首先,分析没有损失的任意流体的流动,确定面积变化如何影响其性质;然后,分析理想气体的情况,得出简单的控制方程,以帮助解决有或没有流动损失的问题。该情况(等熵流)可以用于构造贯穿全书的附表。另外,本章还将对喷管和扩压器进行讨论并得出相关结论。

## 5.2 学习目标

① (选学)简化连续性和能量的基本方程,将密度、压力和速度的微分变化与马赫数和面积的微分变化联系起来,以实现在无损失的情况下通过变截面积通道的稳定一维流动。

② 用图表示当马赫数从零到超声速值时,稳态一维等熵流中的压力、密度、速度和面积是如何变化的。

③ 比较喷管和扩压器的作用,描绘出亚声速和超声速流动的物理模型。

④ (选学)推导出绝热、无功流中两点之间的理想气体相关特性比的工作方程,该函数为马赫数($Ma$)、比热比($\gamma$)和熵变的函数($\Delta s$)。

⑤ 定义"$*$"参考条件及其相关的性质(即 $A^*$、$p^*$、$T^*$、$\rho^*$ 等)。

⑥ 将损失($\Delta s_i$)(流道两点之间)表示为滞止(总)压力($p_t$)或参考区域($A^*$)的函数。在什么条件下这些关系成立?

⑦ 描述并解释绝热无功流动中两点之间滞止压力($p_t$)与参考面积($A^*$)之间的关系。

⑧ 解释一个收缩喷管是如何在不同的背压下工作的。对收缩-扩张喷管的等熵性能也做同样的处理。

⑨ 说明喷管运行的第一和第三临界条件的含义。给定一个收缩-扩张喷管的面积比,确定导致在第一和第三临界点运行的操作压力比。

⑩ 利用 $h-s$ 图对喷管效率和扩压器性能给出合适的定义。

⑪ 描述拥塞的含义。

⑫ 用绝热和等熵流动关系及等熵表来解决典型的流动问题。

## 5.3 一般的无损流动

首先,考虑任意流体的一般性质。为了得出面积变化的影响,这里做如下假设:

稳态,一维流动:

绝热　　　$\delta q = 0$ 或 $ds_e = 0$

无轴功　　$\delta w_s = 0$

忽略势能　$dz = 0$

无损失　　$ds_i = 0$

这里,目标是得到流体性质随面积变化和马赫数变化的关系。通过这种方式,可以得出亚声速和超声速的重要区别。从能量方程开始:

$$\delta q = \delta w_s + dh + \frac{dV^2}{2g_c} + \frac{g}{g_c}dz \tag{2.53}$$

但是

$$\delta q = \delta w_s = 0$$

并且

$$dz = 0$$

得出

$$0 = dh + \frac{dV^2}{2g_c} \tag{5.1}$$

或

$$dh = -\frac{VdV}{g_c} \tag{5.2}$$

首先介绍一下基本性质之间的关系:

$$Tds = dh - \frac{dp}{\rho} \tag{1.31}$$

由于假设流动状态是绝热的($ds_e = 0$),且不包含损失($ds_i = 0$),所以它也是等熵的($ds = 0$),则公式(1.31)变为

$$dh = \frac{dp}{\rho} \tag{5.3}$$

公式(5.2)和公式(5.3)可变为

$$-\frac{VdV}{g_c} = \frac{dp}{\rho}$$

或

$$dV = -\frac{g_c dp}{\rho V} \tag{5.4}$$

将其代入方程(2.32),连续性方程的微分形式就变为

$$\frac{d\rho}{\rho} + \frac{dA}{A} - \frac{g_c dp}{\rho V^2} = 0 \tag{5.5}$$

解出 $\dfrac{\mathrm{d}p}{\rho}$，即

$$\frac{\mathrm{d}p}{\rho} = \frac{V^2}{g_\mathrm{c}}\left(\frac{\mathrm{d}\rho}{\rho} + \frac{\mathrm{d}A}{A}\right) \tag{5.6}$$

由声速的定义得

$$a^2 = g_\mathrm{c}\left(\frac{\partial p}{\partial \rho}\right)_\mathrm{s} \tag{4.5}$$

由于流动等熵，故可以去掉下标，将偏导数变为常导数：

$$a^2 = g_\mathrm{c}\frac{\mathrm{d}p}{\mathrm{d}\rho} \tag{5.7}$$

这使得方程(5.7)可变为

$$\mathrm{d}p = \frac{a^2}{g_\mathrm{c}}\mathrm{d}\rho \tag{5.8}$$

将公式(5.8)代入公式(5.6)得

$$\frac{\mathrm{d}\rho}{\rho} = \frac{V^2}{a^2}\left(\frac{\mathrm{d}\rho}{\rho} + \frac{\mathrm{d}A}{A}\right) \tag{5.9}$$

引入马赫数的定义，即

$$Ma^2 = \frac{V^2}{a^2} \tag{4.11}$$

结合 $\dfrac{\mathrm{d}\rho}{\rho}$ 项，得到密度与面积变化的关系如下：

$$\frac{\mathrm{d}\rho}{\rho} = \left(\frac{Ma^2}{1-Ma^2}\right)\frac{\mathrm{d}A}{A} \tag{5.10}$$

将公式(5.10)代入连续性公式(2.32)的微分形式，就可以得到速度与面积变化的关系，如下：

$$\frac{\mathrm{d}V}{V} = -\left(\frac{1}{1-Ma^2}\right)\frac{\mathrm{d}A}{A} \tag{5.11}$$

现在将方程(5.4)除以 $V$ 得

$$\frac{\mathrm{d}V}{V} = -\frac{g_\mathrm{c}\mathrm{d}p}{\rho V^2} \tag{5.12}$$

如果将公式(5.11)与公式(5.12)等同，就可以得到压强与面积变化的关系，如下：

$$\mathrm{d}p = \frac{\rho V^2}{g_\mathrm{c}}\left(\frac{1}{1-Ma^2}\right)\frac{\mathrm{d}A}{A} \tag{5.13}$$

为方便起见，这里列出了以下分析中要用到的三个重要关系：

$$\boxed{\mathrm{d}p = \frac{\rho V^2}{g_\mathrm{c}}\left(\frac{1}{1-Ma^2}\right)\frac{\mathrm{d}A}{A}} \tag{5.13}$$

$$\boxed{\frac{\mathrm{d}\rho}{\rho} = \left(\frac{Ma^2}{1-Ma^2}\right)\frac{\mathrm{d}A}{A}} \tag{5.10}$$

$$\boxed{\frac{\mathrm{d}V}{V} = -\left(\frac{1}{1-Ma^2}\right)\frac{\mathrm{d}A}{A}} \tag{5.11}$$

接下来讨论当流体流过可变截面积管道时的情况。为简单起见,假定压强总是减小的,因此 d$p$ 是负的。由公式(5.13)可知,如果 $Ma<1$,d$A$ 必定为负,说明面积在减小;而如果 $Ma>1$,d$A$ 必须是正的,并且面积是增加的。

现在继续假设压强是减小的。知道了面积的变化,请分析公式(5.10)。用"递增"或"递减"填空:如果 $Ma<1$(或者 d$A$ ____),则 d$\rho$ ____。如果 $Ma>1$(或者 d$A$ ____),则 d$\rho$ ____。

公式(5.11)表明,如果 $Ma<1$(或者 d$A$ ____),则 d$V$ ____,即速度____;如果 $Ma>1$(或者 d$A$ ____),则 d$V$ ____,即速度____。

把上面的结论总结为:当压力减小时,会发生下列变化:

|  |  | $Ma<1$ | $Ma>1$ |
|---|---|---|---|
| 面积 | $A$ | 递减 | 递增 |
| 密度 | $\rho$ | 递减 | 递减 |
| 速度 | $V$ | 递增 | 递增 |

类似的表格同样可以应用于压力增大的情况,如果结合公式(5.10)和公式(5.11)来消除 $\dfrac{dA}{A}$ 项,那么这些曲线的适当形状很容易显示出来,结果如图 5.1 所示。

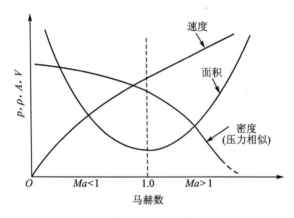

图 5.1　性质随面积变化而变化

$$\frac{\mathrm{d}\rho}{\rho} = -Ma^2 \frac{\mathrm{d}V}{V} \tag{5.14}$$

由上述方程可以看出,在低马赫数时,密度的变化非常慢;而在高马赫数时,密度的变化非常快。这意味着,在低亚声速区密度几乎是恒定的(d$\rho \approx 0$),速度的变化弥补了面积的变化。(见连续性方程(2.32)的微分形式)。当马赫数等于 1 时,达到密度变化和速度变化相互补偿的情况,因此面积不需要变化(d$A=0$)。当进入超声速区域时,密度迅速下降,伴随的速度变化无法容纳流动,因此面积必须增加。上述分析表明了在亚声速和超声速流动中流动行为完全相反的一个方面。接下来考虑如喷管和扩压器等设备的操作。

喷管是一种将焓(或不可压缩流体的压力能)转换为动能的装置。由图 5.1 可以看出,在不同的马赫数下,速度的增加伴随着面积的增加或减少。图 5.2 显示了这些装置在亚声速和超声速流型中的情况。

扩压器是一种将动能转化为焓(或不可压缩流体的压力能)的装置。图 5.3 显示了这些设备在亚声速和超声速体制下的样子。因此可以看到,同一个设备既可以作为喷管,也可以作为扩压器,这取决于流型。

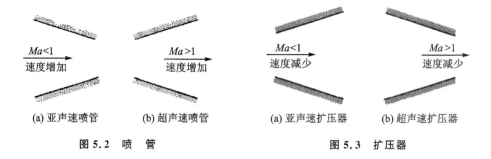

(a) 亚声速喷管　　(b) 超声速喷管　　　　(a) 亚声速扩压器　　(b) 超声速扩压器

**图 5.2　喷　管**　　　　　　　　　　**图 5.3　扩压器**

需要注意的是,一个设备被称为喷管或扩压器取决于它的作用,而不是它的外观。进一步观察图 5.1 和图 5.2 可以得出:如果在高压源上附加一个收缩段(见图 5.2(a)),无论可用的压差如何,都无法获得 $Ma>1$ 的流量。另外,如果制作一个收缩-扩张装置(图 5.2(a)和(b)的组合),则表现的是一种加速流体进入超声速区域的手段,前提是存在适当的压差。这些案例的具体例子将在本章的后续内容中给出。

再次参考图 5.1 和图 5.2,在 $Ma\approx1.0$ 时,从亚声速流向超声速流的过渡称为跨声速区。在该区域内,流动的特性从数学上称为"椭圆型"变化为"双曲型",并且在跨声速边界内,实际流动明显变为一维。如前所述,在椭圆型流动(包括不可压缩状态)中,流动可以预见障碍,而超声速流动则不能预见障碍,因为波前必须形成激波并服从其他双曲线流动约束。对于内部跨声速流,如在超声速喷管最小喉道的流动,这些有害现象是相对有限的,通常可以忽略不计。然而,外部流动跨声速区域往往由于流动分离和湍流而变得很复杂。这就是为什么在基本的气体动力处理中几乎只处理内部流动的原因之一,除了纯超声速状态之外,还可以讨论某些特定的翼型配置(请参见 8.7 节有关超声速翼型的内容,例如平板、楔形等),因为它们的边界层可以忽略不计。

## 5.4　有损耗的完全气体

上述分析了流量系统中面积变化的一般影响,这里给出一些适用于理想气体情况的具体方程。本书使用的工作方程表示在一个流动系统中任意截面的特性之间的关系,以马赫数、比热比和损失为指标,如 $\Delta s_i$。以如图 5.4 所示系统为例:

$$\frac{p_2}{p_1}=f(Ma_1,Ma_2,\gamma,\Delta s_i) \tag{5.15}$$

首先在状态方程、连续性方程和能量方程的基本概念中加入以下假设:

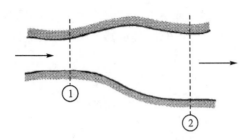

**图 5.4　流动系统**

稳定的一维流

绝　热

无轴功

理想气体

不考虑势能

**1. 状态方程**

我们有完全气体状态方程,即

$$p = \rho RT \tag{1.16}$$

**2. 连续性方程**

$$\dot{m} = \rho AV = \text{const} \tag{2.30}$$

$$\rho_1 A_1 V_1 = \rho_2 A_2 V_2 \tag{5.16}$$

首先求面积比,即

$$\frac{A_2}{A_1} = \frac{\rho_1 V_1}{\rho_2 V_2} \tag{5.17}$$

利用状态方程(1.16)代入密度,马赫数(见公式(4.11))的定义代入速度:

$$\frac{A_2}{A_1} = \left(\frac{p_1}{RT_1}\right)\left(\frac{RT_2}{p_2}\right)\frac{Ma_1 a_1}{Ma_2 a_2} = \frac{p_1 T_2 Ma_1 a_1}{p_2 T_1 Ma_2 a_2} \tag{5.18}$$

引入理想气体的声速表达式:

$$a = \sqrt{\gamma g_c RT} \tag{4.10}$$

方程(5.18)变成

$$\frac{A_2}{A_1} = \frac{p_1 Ma_1}{p_2 Ma_2}\left(\frac{T_2}{T_1}\right)^{1/2} \tag{5.19}$$

必须找到一种方法,用 $Ma_1$、$Ma_2$、$\gamma$ 和 $\Delta s$ 来表示压力比和温度比。

**3. 能量方程**

从下式开始

$$h_{t1} + q = h_{t2} + w_s \tag{3.19}$$

对于一个绝热、无功的过程,这表明

$$h_{t1} = h_{t2} \tag{5.20}$$

并且对于理想气体,焓只与温度有关,因此

$$T_{t1} = T_{t2} \tag{5.21}$$

回想一下,在第 4 章推导出了理想气体的静态温度和静止温度之间的一般关系,如下:

$$T_t = T\left(1 + \frac{\gamma - 1}{2}Ma^2\right) \tag{4.18}$$

故公式(5.21)可表示为

$$T_1\left(1 + \frac{\gamma - 1}{2}Ma_1^2\right) = T_2\left(1 + \frac{\gamma - 1}{2}Ma_2^2\right) \tag{5.22}$$

或

$$\frac{T_2}{T_1} = \frac{1 + [(\gamma - 1)/2]Ma_1^2}{1 + [(\gamma - 1)/2]Ma_2^2} \tag{5.23}$$

上式即公式(5.19)面积比下所要求温度的比率。因为假设 $\gamma_1 = \gamma_2$,所以式中比热比 $\gamma$ 没有下标。但真实情况下,$c_p$ 和 $c_v$ 多少会随温度而变化。在第 11 章中,将分析真实气体行为,了解这些比热比变化的原因,并且发现除非在较大的温度变化范围,否则它们比热比 $\gamma$ 没有表现出很大的变化。因此,$\gamma$ 为常数的假设所导致的误差通常是可以接受的。

回想一下,在第 4 章推导出的理想气体的静态压强和滞止压强之间的一般关系,如下:

$$p_t = p\left(1 + \frac{\gamma - 1}{2}Ma^2\right)^{\gamma/(\gamma - 1)} \tag{4.21}$$

此外,对于完全气体在绝热、无功的情况下,滞止压力-能量方程也易于积分,即

$$\frac{p_{t2}}{p_{t1}} = e^{-\Delta s/R} \tag{4.28}$$

如果把公式(4.21)代入公式(4.28),则有

$$\frac{p_{t2}}{p_{t1}} = \frac{p_2}{p_1}\left\{\frac{1 + [(\gamma - 1)/2]Ma_2^2}{1 + [(\gamma - 1)/2]Ma_1^2}\right\}^{\gamma/(\gamma - 1)} = e^{-\Delta s/R} \tag{5.24}$$

等价于

$$\frac{p_1}{p_2} = \left\{\frac{1 + [(\gamma - 1)/2]Ma_2^2}{1 + [(\gamma - 1)/2]Ma_1^2}\right\}^{\gamma/(\gamma - 1)} e^{+\Delta s/R} \tag{5.25}$$

上式即为完成最初目标所需的信息。将公式(5.23)和公式(5.25)直接代入公式(5.19)得

$$\frac{A_2}{A_1} = \left\{\left\{\frac{1 + [(\gamma - 1)/2]Ma_2^2}{1 + [(\gamma - 1)/2]Ma_1^2}\right\}^{\gamma/(\gamma - 1)} e^{\Delta s/R}\right\} \times \frac{Ma_1}{Ma_2}\left\{\frac{1 + [(\gamma - 1)/2]Ma_1^2}{1 + [(\gamma - 1)/2]Ma_2^2}\right\}^{1/2}$$

$$\tag{5.26}$$

上式可以简化为

$$\boxed{\frac{A_2}{A_1} = \frac{Ma_1}{Ma_2}\left\{\frac{1 + [(\gamma - 1)/2]Ma_2^2}{1 + [(\gamma - 1)/2]Ma_1^2}\right\}^{(\gamma + 1)/[2(\gamma - 1)]} e^{\Delta s/R}} \tag{5.27}$$

**注意**:在推导上述方程的过程中,也得到了一些其他方程,总结如下:

$$T_{t1} = T_{t2} \tag{5.21}$$

$$\frac{p_{t2}}{p_{t1}} = e^{-\Delta s/R} \tag{4.28}$$

$$\frac{T_2}{T_1} = \frac{1 + [(\gamma - 1)/2]Ma_1^2}{1 + [(\gamma - 1)/2]Ma_2^2} \tag{5.23}$$

$$\frac{p_2}{p_1} = \left\{ \frac{1 + \left[ (\gamma - 1)/2 \right] Ma_1^2}{1 + \left[ (\gamma - 1)/2 \right] Ma_2^2} \right\}^{\gamma/(\gamma - 1)} e^{-\Delta s/R} \qquad (5.25)$$

从公式(1.16)、公式(5.23)和公式(5.25)中可得

$$\frac{\rho_2}{\rho_1} = \left\{ \frac{1 + \left[ (\gamma - 1)/2 \right] Ma_1^2}{1 + \left[ (\gamma - 1)/2 \right] Ma_2^2} \right\}^{1/(\gamma - 1)} e^{-\Delta s/R} \qquad (5.28)$$

**例 5.1**　空气在无摩擦的绝热管道中流动。在一个截面上马赫数是 1.5,往下游的马赫数增加到了 2.8。求面积比。

对于无摩擦绝热系统,$\Delta s = 0$,直接代入式(5.27),得

$$\frac{A_2}{A_1} = \frac{1.5}{2.8} \times \left\{ \frac{1 + \left[ (1.4 - 1)/2 \right] 2.8^2}{1 + \left[ (1.4 - 1)/2 \right] 1.5^2} \right\}^{(1.4+1)/[2(1.4-1)]} \times 1 = 2.98 \qquad (5.29)$$

因为前后马赫数都是已知的,求解相对简单。思考:如果已知 $A_1$、$A_2$ 和 $Ma_1$,求 $Ma_2$,题目该如何计算? 深入学习 5.6 节之后,再次解答这个问题就显得容易很多。

## 5.5　"＊"参考状态的概念

在 3.5 节的分析中,引入了滞止参考状态的概念,它的定义本质上包含了一个等熵过程。在进一步使用 5.4 节中推导的工作方程之前,引入另一个参考条件很有必要,因为在处理面积变化时,滞止状态并不是一个可行的参考。(为什么?)这里用"＊"来表示这个新的参考状态,并把它定义为"当流体通过某种特殊过程达到统一马赫数时所存在的那种热力学状态"。这很重要,因为有许多过程都是从任意给定的起点达到 $Ma = 1.0$ 的,并且它们中的每一个都会导致不同的热力学状态。每次分析不同的流动现象时,都需要考虑不同类型的过程,因此将处理不同的"＊"参考状态(参见 9.5 节和 10.5 节)。

这里首先考虑在可逆绝热条件下(即由等熵过程)达到的"＊"参考状态。流动系统中的每一点都有自己的"＊"参考状态,就像它有自己的滞止参考状态一样。例如,给定一个系统,它包含一个没有热或功传递的理想气体的流动。图 5.5 给出了 $T - s$ 图,指出了这样一个流动系统中的两个点。在每个点上面显示了它的滞止参考状态。这里添加与每个点相关的等熵的"＊"参考状态。我们发现,不仅整个系统的滞止线是一条水平线,而且所有的"＊"参考点都将位于一条水平线上(见 4.6 节的讨论)。请问图 5.5 描述的系统中的流动是亚声速的还是超声速的?

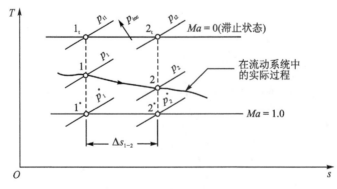

**图 5.5　等熵的"＊"参考状态**

请记住，"＊"参考状态可能不存在于系统中，但通过适当的面积变化，它们可以存在，因此它们代表一定条件下的截面位置，可与前文的任何方程一起使用（如方程(5.23)、方程(5.25)、方程(5.27)，等等）。具体来说，有

$$\frac{A_2}{A_1} = \frac{Ma_1}{Ma_2} \left\{ \frac{1 + [(\gamma-1)/2]Ma_2^2}{1 + [(\gamma-1)/2]Ma_1^2} \right\}^{(\gamma+1)/[2(\gamma-1)]} e^{\Delta s/R} \tag{5.27}$$

在上述方程中，点 1 和点 2 代表系统中可能存在的任意两点（遵循导致方程发展的相同假设），在点 1＊ 和点 2＊ 之间应用方程(5.27)。因此

$$A_1 \Rightarrow A_1^* \quad Ma_1 \Rightarrow Ma_1^* \equiv 1$$
$$A_2 \Rightarrow A_2^* \quad Ma_2 \Rightarrow Ma_2^* \equiv 1$$

有

$$\frac{A_2^*}{A_1^*} = \frac{1}{1} \left\{ \frac{1 + [(\gamma-1)/2]1^2}{1 + [(\gamma-1)/2]1^2} \right\}^{(\gamma+1)/2(\gamma-1)} e^{\Delta s/R}$$

或

$$\boxed{\frac{A_2^*}{A_1^*} = e^{\Delta s/R}} \tag{5.29}$$

在进一步研究之前，不妨先验证该关系是否合理。首先，以不损失即 $\Delta s = 0$ 的情况为例，由方程(5.29)可得 $A_1^* = A_2^*$，查看图 5.5 为 $\Delta s_{1-2} = 0$ 的情况。在这些条件下，该图折叠成一条等熵线，其中 $1_t$ 与 $2_t$ 相同，$1^*$ 与 $2^*$ 相同。在此条件下，很明显，$A_1^*$ 与 $A_2^*$ 相同。

接下来，考虑更一般的情况，其中 $\Delta s_{1-2} \neq 0$。假设这些点存在于一个流动系统中，它们必须通过相同数量的流体，或

$$\dot{m} = \rho_1^* A_1^* V_1^* = \rho_2^* A_2^* V_2^* \tag{5.30}$$

回想一下 4.6 节，由于这些状态点在同一水平线上，

$$V_1^* = V_2^* \tag{5.31}$$

同样，由于 $T_1^* = T_2^*$，从图 5.5 或者状态方程可以清楚地得到，$p_1^* > p_2^*$。由状态方程也可以很容易地确定：

$$\rho_2^* < \rho_1^* \tag{5.32}$$

将公式(5.31)和公式(5.32)代入公式(5.30)中，对于 $\Delta s_{1-2} > 0$，有

$$A_2^* > A_1^* \tag{5.33}$$

这符合公式(5.29)。

前面建立了滞止压力之间的关系，其中涉及的假设与公式(5.29)相同：

$$\boxed{\frac{p_{t2}}{p_{t1}} = e^{-\Delta s/R}} \tag{4.28}$$

由该方程可知，对于 $\Delta s = 0$ 的特殊情况和对 $\Delta s > 0$ 的一般情况，与图 5.5 对应。

将公式(5.29)与公式(4.28)相乘，得

$$\frac{A_2^*}{A_1^*} \frac{p_{t2}}{p_{t1}} = e^{\Delta s/R} e^{-\Delta s/R} = 1.0 \tag{5.34}$$

或

$$p_{t1}A_1^* = p_{t2}A_2^* \tag{5.35}$$

公式(5.35)常常是绝热流动问题解决的关键,要求读者学习并掌握其适用条件。

# 5.6 等熵表

在 5.4 节中,分析了完全气体在无热、无功传递和可忽略的势能变化条件下的稳定的一维流动。回顾已经推导出的方程,可以发现其中许多方程都不包括损失项($\Delta s_i$)。在损失项确实出现的情况下,它以简单的乘数形式出现,如 $e^{\Delta s/R}$,说明使用等熵过程作为理想性能标准的过程中,要在必要时对损失进行适当的修正。然而,在许多情况下,一些过程几乎是等熵的,因此不需要修正。

如果对等熵过程简化公式(5.27),则

$$\frac{A_2}{A_1} = \frac{Ma_1}{Ma_2} \left\{ \frac{1+[(\gamma-1)/2]Ma_2^2}{1+[(\gamma-1)/2]Ma_1^2} \right\}^{(\gamma+1)/[2(\gamma-1)]} \tag{5.36}$$

如果两个马赫数都是已知的(见例 5.1),就可以很容易求解面积比。这里考虑一个更典型的问题,几何环境固定(即已知 $A_1$ 和 $A_2$),且流体流动情况(和 $\gamma$)已知,在某位置的马赫数(例如 $Ma_1$)已知,求出另一个位置的马赫数 $Ma_2$。求解过程十分复杂。

这时可以通过引入" * "参考状态来简化解决方案。设点 2 为流动系统中的任意点,且等熵参考状态" * "为点 1。然后

$$A_2 \Rightarrow A \quad Ma_2 \Rightarrow Ma(任意值)$$
$$A_1 \Rightarrow A^* \quad Ma_1 \Rightarrow 1$$

公式(5.36)变为

$$\frac{A}{A^*} = \frac{1}{Ma} \left\{ \frac{1+[(\gamma-1)/2]Ma^2}{(\gamma+1)/2} \right\}^{(\gamma+1)/[2(\gamma-1)]} = f(Ma,\gamma) \tag{5.37}$$

由于 $\frac{A}{A^*} = f(Ma,\gamma)$,可以很容易地构造一个表,进而给出相对于 $\gamma$ 和 $Ma$ 特定的 $\frac{A}{A^*}$ 值,那么之前提出的问题就可以解决了。

已知:$\gamma$、$A_1$、$A_2$、$Ma_1$ 和等熵流。

求:$Ma_2$。

利用已知的量来表示 $\frac{A_2}{A_2^*}$,进而解决这个问题,如下:

$$\frac{A_2}{A_2^*} = \frac{A_2}{A_1} \frac{A_1}{A_1^*} \frac{A_1^*}{A_2^*} \tag{5.38}$$

已知 ⟶
当流是等熵时,可由公式(5.29)求得为 1
$Ma_1$ 的函数,可由等熵表查得

因此,可以计算 $\frac{A_2}{A_2^*}$;通过输入具有此值的等熵表,可以确定 $Ma_2$。$\frac{A_2}{A_2^*}$ 的值将在等熵表中的两个位置中找到。实际上,这里是在解方程(5.36)或者一般方程(5.27),由于 $Ma_2$ 属于二次型方程,故有两个解,一个解在等声速区域,另一个解在超声速区域。

**注意**：只要涉及损失的信息，该类问题就可以用同样的方法解决。可通过 $\dfrac{A_1^*}{A_2^*}$、$\dfrac{p_{t2}}{p_{t1}}$ 以及 $\Delta s_{1-2}$ 的形式（通过方程（4.28）和方程（5.29）求出）表述，这 3 个都是表示损失的等效方式。

简化问题解决的关键是要有一个关于性质比的表，作为 $\gamma$ 和一个马赫数的函数。它们是通过利用 5.4 节推导出的方程并引入一种参考状态，即"*"参考条件（由等熵过程达到）或滞止参考条件（由等熵过程达到）而得到的。继续分析方程（5.23）：

$$\frac{T_2}{T_1} = \frac{1 + [(\gamma-1)/2]Ma_1^2}{1 + [(\gamma-1)/2]Ma_2^2} \tag{5.23}$$

设点 2 为流动系统中的任意点，设其滞止为点 1，然后

$$T_2 \Rightarrow T \qquad Ma_2 \Rightarrow Ma（任意值）$$
$$T_1 \Rightarrow T_t \qquad Ma_1 \Rightarrow 0$$

公式（5.23）变为

$$\frac{T}{T_t} = \frac{1}{1 + [(\gamma-1)/2]Ma^2} = f(Ma, \gamma) \tag{5.39}$$

公式（5.25）可以用类似的方式处理。在这种情况下，令点 1 为任意点，其滞止设为点 2，然后

$$p_1 \Rightarrow p \qquad Ma_1 \Rightarrow Ma（任意值）$$
$$p_2 \Rightarrow p_t \qquad Ma_2 \Rightarrow 0$$

由于滞止过程是等熵的，故方程（5.25）变为

$$\frac{p}{p_t} = \left\{ \frac{1}{1 + [(\gamma-1)/2]Ma_1^2} \right\}^{\gamma/(\gamma-1)} = f(Ma, \gamma) \tag{5.40}$$

对于公式（5.39）和公式（5.40），我们并不陌生，前文已用其他方法推导了这些公式（见公式（4.18）和公式（4.21））。公式（5.40）的表格可以用与面积比相同的方法来解题。例如，假设给定 $\gamma$、$p_1$、$p_2$、$Ma_2$、$\Delta s_{1\text{-}2}$，求 $Ma_1$。

为了解决这个问题，需要用到已知的比率 $\dfrac{p_1}{p_{t1}}$ 求出：

$$\frac{p_1}{p_{t1}} = \frac{p_1}{p_2} \ \frac{p_2}{p_{t2}} \ \frac{p_{t2}}{p_{t1}}$$

已知 ——↑　　↑　　↑—— 作为 $\Delta s_{1-2}$ 的函数，可由公式（4.28）求得

　　　　　　　　　　—— $Ma_1$ 的函数，可由等熵表查得 $\tag{5.41}$

在计算了 $\dfrac{p_1}{p_{t1}}$ 的值后，输入等熵表，可得 $Ma_1$。注意，即使从点 1 到点 2 的流量不是等熵的，但 $\dfrac{p_1}{p_{t1}}$ 和 $\dfrac{p_2}{p_{t2}}$ 的函数按定义是等熵的，因此可以用等熵表来解决这个问题。这两个点之间的联系是通过 $\dfrac{p_{t2}}{p_{t1}}$ 进行的，这涉及熵的变化。

继续推导其他与马赫数和 $\gamma$ 有关的等熵关系。将前面的方法应用到方程（5.28）上，可得

$$\frac{\rho}{\rho_t} = \left\{ \frac{1}{1 + [(\gamma-1)/2]Ma^2} \right\}^{1/(\gamma-1)} \tag{5.42}$$

另一个有趣的关系是方程（5.40）和方程（5.37）的乘积：

$$\frac{p}{p_t} \frac{A}{A^*} = f(Ma, \gamma) \tag{5.43}$$

接下来确定方程(5.43)中唯一表示 $Ma$ 和 $\gamma$ 的函数。由于 $\dfrac{A}{A^*}$ 和 $\dfrac{p}{p_t}$ 根据定义是等熵的,所以它们的乘积也出现在等熵表中。试问,在已知流动过程两点之间的损失时,上述表还能用吗?

回忆一下以下两个公式:

$$\frac{p_{t2}}{p_{t1}} = \mathrm{e}^{-\Delta s/R} \tag{4.28}$$

和

$$\frac{A_2^*}{A_1^*} = \mathrm{e}^{\Delta s/R} \tag{5.29}$$

对于涉及损失的情况($\Delta s$),$A^*$ 中的改变可以通过修改 $p_t$ 来精确补偿。这对无功绝热系统中完全气体的一维稳定流动也成立。在后续分析中,公式(5.43)可作为解决问题的直接方程。

这些等熵流参数的值已经从公式(5.38)、公式(5.39)、公式(5.40)等求解出来了,并在附录 G 中列成了表格。当然,读者可以建立自己的一套 $\gamma$ 值表进行计算机编程的练习,而不仅仅只包含附录 G($\gamma=1.4$)(见习题 5.24)。同时,本书在 5.10 节中提出了使用表的替代方案。

**例 5.2** 重新求解例 5.1。回想一下,$Ma_1=1.5$,$Ma_2=2.8$。

$$\frac{A_2}{A_1} = \frac{A_2}{A_2^*} \frac{A_2^*}{A_1^*} \frac{A_1^*}{A_1} = 3.500\ 1 \times 1 \times \frac{1}{1.176\ 2} = 2.98$$

以下信息(见图 E5.3)是例 5.3~例 5.5 的通用信息。这里给出了稳定的一维空气流动($\gamma=1.4$),其可被视作理想气体。假设 $Q=W_s=0$,且势能变化可以忽略。$A_1=2.0\ \mathrm{ft}^2$,$A_2=5.0\ \mathrm{ft}^2$。

**例 5.3** 假设 $Ma_1=1.0$,$\Delta s_{1-2}=0$。求 $Ma_2$ 可能的值。

为了确定图 E5.3 所示点 2 的条件,建立比率公式,如下:

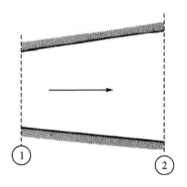

图 E5.3

$$\frac{A_2}{A_2^*} = \frac{A_2}{A_1} \frac{A_1}{A_1^*} \frac{A_1^*}{A_2^*} = \frac{5}{2} \times 1.000 \times 1 = 2.5$$

├─ 自等熵以来等于1.0

├─ 从 $Ma_1=1.0$ 的等熵表中查得

└─ 从给定的物理配置中获得

在等熵表中查得 $A/A^*=2.5$,并确定 $Ma_2=0.24$ 或 $2.44$。如果没有额外的信息,则无法确定是哪个马赫数为最终结果。

**例 5.4** 给出 $Ma_1=0.5$,$p_1=4\ \mathrm{bar}$,并且 $\Delta s_{1-2}=0$,求 $Ma_2$ 和 $p_2$。

$$\frac{A_2}{A_2^*} = \frac{A_2}{A_1} \frac{A_1}{A_1^*} \frac{A_1^*}{A_2^*} = \frac{5}{2} \times 1.339\ 8 \times 1 = 3.35$$

因此 $Ma_2 \approx 0.175$。(为什么不是 2.75 呢?)

$$p_2 = \frac{p_2}{p_{t2}} \frac{p_{t2}}{p_{t1}} \frac{p_{t1}}{p_1} p_1 = 0.978\ 8 \times 1 \times \frac{1}{0.843\ 0} \times 4 = 4.64\ (\mathrm{bar})$$

**例 5.5**　给出 $Ma_1 = 1.5$，$T_1 = 70\,℉$，并且 $\Delta s_{1-2} = 0$，求 $Ma_2$ 和 $T_2$（计算 $\dfrac{A_2}{A_2^*}$ 并利用附录 G 验证 $Ma_2 \approx 2.62$）。

已知 $Ma_2$，可以求出 $T_2$，即

$$T_2 = \frac{T_2}{T_{t2}} \frac{T_{t2}}{T_{t1}} \frac{T_{t1}}{T_1} T_1 = 0.421\,4 \times 1 \times \frac{1}{0.689\,7} \times 530 = 324\,(℉)$$

为什么 $T_{t1} = T_{t2}$？（可以考虑在位置 1 和 2 之间列出能量方程。）

**例 5.6**　氧气在以下初始条件下流入绝缘装置：$p_1 = 20$ psia，$T_1 = 600\,℉$，并且 $V_1 = 2\,960$ ft/sec。经过一段短距离后，该位置已从 6 ft$^2$ 收缩到 2.5 ft$^2$（见图 E5.6）。假设稳定的一维流动和理想气体。气体性质见附录 A。

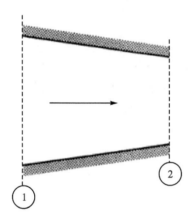

**图 E5.6**

(1) 求 $Ma_1$、$p_{t1}$、$T_{t1}$ 和 $h_{t1}$；

(2) 如果 $\Delta s_{1-2} = 0.005$ Btu/(lbm · $℉$)，求 $Ma_2$、$p_2$ 和 $T_2$。

(1) 首先，确定位置 1 的状态。

$$a_1 = (\gamma g_c R T_1)^{1/2} = (1.4 \times 32.2 \times 48.3 \times 600)^{1/2} = 1\,143\,(\text{ft/sec})$$

$$Ma_1 = \frac{V_1}{a_1} = \frac{2\,960}{1\,143} = 2.59$$

$$p_{t1} = \frac{p_{t1}}{p_1} p_1 = \frac{1}{0.050\,9} \times 20 = 393\,(\text{psia})(\text{或 }2.71\text{ MPa})$$

$$T_{t1} = \frac{T_{t1}}{T_1} T_1 = \frac{1}{0.427\,1} \times 600 = 1\,405\,(℉)(\text{或 }781\text{ K})$$

$$h_{t1} = c_p T_{t1} = 0.218 \times 1\,405 = 306\,(\text{Btu/lbm})(\text{或 }0.712\text{ MJ/kg})$$

(2) 对于完全气体，$q = w_s = 0$，$T_{t1} = T_{t2}$（从能量方程出发），由公式(5.29)可得

$$\frac{A_1^*}{A_2^*} = e^{-\Delta s/R} = e^{-(0.005 \times 778)/48.3} = 0.922\,6$$

所以

$$\frac{A_2}{A_2^*} = \frac{A_2}{A_1} \frac{A_1}{A_1^*} \frac{A_1^*}{A_2^*} = \frac{2.5}{6} \times 2.868\,8 \times 0.922\,6 = 1.102\,8$$

由等熵表可知，$Ma_2 \approx$ ____,当流动带有损失时,思考:为什么使用等熵表也合理? 计算 $p_2$ 和 $T_2$。

$$p_2 = \qquad (p_2 \approx 117 \text{ psia 或 } 0.806 \text{ MPa})$$

$$T_2 = \qquad (T_2 \approx 1\,019\ {}^\circ\text{R 或 } 566\ K)$$

## 5.7　喷管装置

本节开始讨论喷管,并且进一步应用等熵表。这里考虑两种类型的喷管:收缩喷管和收缩-扩张喷管。首先分析图 5.6 所示的物理情况。100 psia 和 600 °R 的气源被包含在一个处于滞止状态的容器中。与容器相连的是一个收缩喷管,它将废气排放到一个可以调节压力的巨大接收器中。由于摩擦在收缩段非常小,故可忽略摩擦效应。

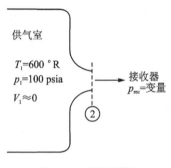

图 5.6　收缩喷管

如果背压设置为 100 psia,则没有流量。一旦背压降低到 100 psia 以下,空气就会从供气室中流出。由于供气室的截面相对于喷管出口面积较大,因此可以忽略室内的速度。由于没有轴功,这里假设没有热传递。令部分 2 为喷管出口,见图 5.6。

**1. 能量方程**

$$\left.\begin{array}{l} h_{t1} + \cancel{q} = h_{t2} + \cancel{w_s} \\ h_{t1} = h_{t2} \end{array}\right\} \tag{3.19}$$

将其当作理想气体,有

$$T_{t1} = T_{t2}$$

由于背压控制流量,气体通过喷管时,速度会增加,压力会降低,直到喷管出口的压力等于接收器的压力。只要喷管出口能"感知"到接收器的压力,上述结论就是对的。如果接收器发出的压力脉冲在喷管内无法被"感知"呢?(请回顾 4.4 节)。

假设

$$p_{rec} = 80.2 \text{ psia(或 } 80.2\% p_1)$$

然后

$$p_2 = p_{rec} = 80.2 \text{ psia}$$

且

$$\frac{p_2}{p_{t2}} = \frac{p_2}{p_{t1}} \frac{p_{t1}}{p_{t2}} = \frac{80.2}{100} \times 1 = 0.802$$

**注意**:忽略摩擦力,由公式(4.28)得 $p_{t1} = p_{t2}$。

由等熵表可知 $\dfrac{p}{p_t} = 0.802$,可得

$$Ma_2 = 0.57, \qquad \frac{T_2}{T_{t2}} = 0.939$$

因此,

$$T_2 = \left(\frac{T_2}{T_{t2}}\right) T_{t2} = 0.939 \times 600 = 563 \ (°\text{R})$$

$$a_2^2 = 1.4 \times 32.2 \times 53.3 \times 563$$

$$a_2 = 1\ 163 \ \text{ft/sec}$$

$$V_2 = Ma_2 a_2 = 0.57 \times 1\ 163 = 663 \ (\text{ft/sec})$$

图 5.7 中在 $T-s$ 图上以等熵膨胀的形式展示了上述过程。如果接收器内的压力进一步降低,空气就会膨胀到更低的压力,马赫数和速度就会增加。假设接收器压力降低到 52.83 psia,表明

$$\frac{p_2}{p_{t2}} = 0.528\ 3$$

$$Ma_2 = 1.00, \quad V_2 = 1\ 096 \ \text{ft/sec}$$

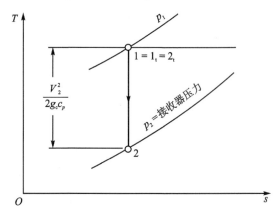

**图 5.7　收缩喷管的 $T-s$ 图**

**注意**:从喷管出来的空气速度等于声速。如果现在降低背压,使其低于这个临界压力(52.83 psia),喷管就没有办法适应这些条件了。为什么?假设喷管出口压力可以随着接收器继续下降,这意味着 $\frac{p_2}{p_{t2}} < 0.528\ 3$,相当于超声速。而如果气流要达到超声速,面积就必须达到一个最小值,然后再增加(见 5.3 节)。因此,对于只收缩喷管,在喷管出口达到声速之前,流动由背压控制,进一步降低背压不会影响喷管内部的流动状况。在这些条件下,喷管拥塞,喷管出口压力保持在临界压力,增大接收器的压力的过程发生在喷管外。需要注意的是,$\gamma = 1.4$。

在回顾上述例子时,需要知道,接收压力是 52.83 psia 并没有特殊的含义。重要的是出口平面的静压与总压之比,在没有损失的情况下,这是接收压力(背压)与进口压力之比,而出口处为声速,这个比值就为 0.528 3 了。

上面的分析基于罐内的条件保持不变的假设。如果供应压力或温度改变,或者喉道(出口孔)的大小改变,则拥塞流率是可以改变的。在习题 5.9 中,建立以下等熵流方程:

$$\frac{\dot{m}}{A} = Ma \left(1 + \frac{\gamma - 1}{2} Ma^2\right)^{-(\gamma+1)/[2(\gamma-1)]} \left(\frac{\gamma g_c}{R}\right)^{1/2} \frac{p_t}{\sqrt{T_t}} \tag{5.44a}$$

将此方程应用于出口,考虑阻塞流,$Ma = 1.0$,$A = A^*$,可得

$$\left(\frac{\dot{m}}{A}\right)_{max} = \frac{\dot{m}}{A^*} = \left[\frac{\gamma g_c}{R} \left(\frac{2}{\gamma + 1}\right)^{(\gamma+1)/(\gamma-1)}\right]^{1/2} \frac{p_t}{\sqrt{T_t}} \tag{5.44b}$$

对于给定的气体,有

$$\frac{\dot{m}}{A^*} = \text{const} \frac{p_t}{\sqrt{T_t}} \tag{5.44c}$$

现在来分析四种不同的可能性:

① $T_t$、$p_t$、$A^*$ 固定 $\Rightarrow \dot{m}_{\max}$ 不变。

② $p_t$ 增加 $\Rightarrow \dot{m}_{\max}$ 增加。

③ $T_t$ 增加 $\Rightarrow \dot{m}_{\max}$ 减少。

④ $A^*$ 增加 $\Rightarrow \dot{m}_{\max}$ 增加。

图 5.8 以另一种方式显示了这一点。公式(5.44b)的无量纲形式清楚地表明了其与 $\gamma$ 的相关性,可以写成

$$\frac{\dot{m}\sqrt{RT_t/g_c}}{A^* p_t} = \left[\gamma\left(\frac{1}{\gamma+1}\right)^{(\gamma+1)/(\gamma-1)}\right]^{1/2} = 0.085\ 6 \quad (\gamma=1.40) \tag{5.44d}$$

其中,等式右边仅在 $0.014\ 3(\gamma=1.2)\sim 0.183(\gamma=1.67)$ 之间变化。

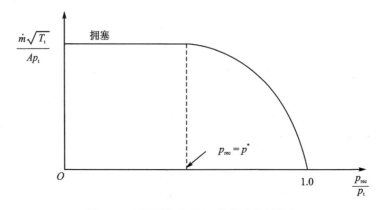

图 5.8　在不同的背压下,收缩喷管的情况

### 2. 收缩-扩张喷管

这里研究一个类似的情况,假如有一个收缩-扩张喷管(俗称拉瓦尔喷管),如图 5.9 和图 5.10 所示。将喉道(或最小面积的部分)定义为 2,出口部分定义为 3。假设 $A_3/A_2 = 2.494$。请记住,收缩-扩张喷管的目的是获得超声速流动。首先分析这个收缩-扩张喷管的设计操作条件,如果喷管按要求工作,则从 1 到 2 将是亚声速的,2 是声速的,2 到 3 是超声速的(见 5.3 节)。

为了分析出口处的条件,需要计算 $A_3/A_3^*$ 的比率:

$$\frac{A_3}{A_3^*} = \frac{A_3}{A_2}\frac{A_2}{A_2^*}\frac{A_2^*}{A_3^*} = 2.494 \times 1 \times 1 = 2.494$$

由公式(5.29)可知,当 $Ma_2 = 1.0$,且 $A_2^* = A_3^*$ 时,$A_2 = A_2^*$,仍然假设为等熵运算。从超声速截面上可得 $A/A^* = 2.494$,则

$$Ma_3 = 2.44, \qquad \frac{p_3}{p_{t3}} = 0.064\ 3, \qquad \frac{T_3}{T_{t3}} = 0.456\ 5$$

所以,

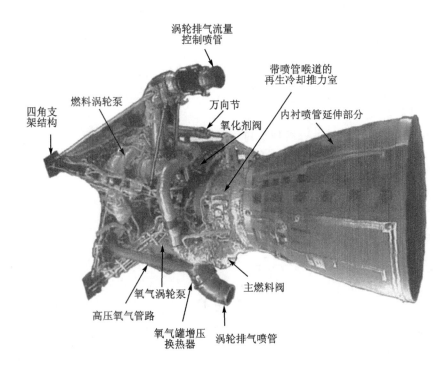

图 5.9　典型收缩-扩张喷管(由 Aerojet Rocketdyne 提供)

$$p_3 = \frac{p_3}{p_{t3}} \frac{p_{t3}}{p_{t2}} p_{t1} = 0.064\ 3 \times 1 \times 100$$
$$= 6.43\ (\text{psia})$$

若要在此设计条件下操作喷管,则接收器压力必须为 6.43 psia。在此情况下,通过喷管的压力变化如图 5.11 中的曲线 a 所示。这种模式有时被称为第三临界。由温度比 $T_3/T_{t3}$ 可以很容易地计算出 $T_3$、$a_3$ 和 $V_3$。

当然,这里还可以在等熵表的亚声速部分找到 $A/A^* = 2.494$。(请记住,这两个答案来自二次方程的解。)对于这种情况,有

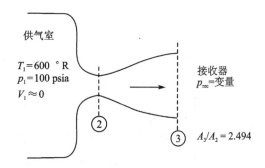

图 5.10　收缩-扩张喷管

$$Ma_3 = 0.24, \qquad \frac{p_3}{p_{t3}} = 0.960\ 7, \qquad \frac{T_3}{T_{t3}} = 0.988\ 6$$

所以,

$$p_3 = \frac{p_3}{p_{t3}} \frac{p_{t3}}{p_{t1}} p_{t1} = 0.960\ 7 \times 1 \times 100 = 96.07\ (\text{psia})$$

要在这种情况下操作,接收器的压力必须为 96.07 psia。在这个压力下气流从 1 到 2 是亚声速的,2 是声速的,2 到 3 又是亚声速的。该设备远未接近其设计条件,实际上是作为文丘里管在运行;也就是说,收缩部分作为喷管,扩张部分作为扩压器。这种情况下,通过喷管的压力变化如图 5.11 中的曲线 b 所示。这种操作模式通常被称为第一临界。

**注意**:在第一临界点和第三临界点,从入口到喉道的流量变化是相同的。一旦接收器的

压力降至 96.07 psia,喉道处马赫数则为 1.0,如图 5.8 所示,设备就会被阻塞。进一步降低接收器的压力不会改变流量。并且要意识到,不是接收器本身的压力,而是接收器相对于入口压力的压力决定了流动情况。

**例 5.7** 一个面积比为 3.0 的收缩-扩张喷管排出空气到一个压力为 1 bar 的接收器中。喷管内空气温度为 22 ℃。为了使喷管在设计条件(第三临界点)下工作,腔室中的空气压力应该是多少? 出口速度是多少?

在图 5.10 中,$A_3/A_2 = 3.0$,从而可得

$$\frac{A_3}{A_3^*} = \frac{A_3}{A_2} \frac{A_2}{A_2^*} \frac{A_2^*}{A_3^*} = 3.0 \times 1 \times 1 = 3.0$$

在等熵表中,

$$Ma_3 = 2.64, \quad \frac{p_3}{p_{t3}} = 0.047\,1, \quad \frac{T_3}{T_{t3}} = 0.417\,7$$

$$p_1 = p_{t1} = \frac{p_{t1}}{p_{t3}} \frac{p_{t3}}{p_3} p_3 = 1 \times \frac{1}{0.047\,1} \times (1 \times 10^5) = 21.2 \times 10^5 (\text{N/m}^2)(\text{或 } 307.5 \text{ psia})$$

$$T_3 = \frac{T_3}{T_{t3}} \frac{T_{t3}}{T_{t1}} T_{t1} = 0.417\,7 \times 1 \times (22 + 273) = 123.2 \text{ (K)}$$

$$V_3 = Ma_3 a_3 = 2.64 \times (1.4 \times 1 \times 287 \times 123.2)^{1/2} = 587 \text{ (m/s)(或 1 926 ft/sec)}$$

本章只讨论了两种特定的操作条件。有人可能会问,在其他接收器压力下的情况。可以说,第一临界点和第三临界点是满足以下标准的唯一条件:

① 喉道处马赫数为 1.0;

② 贯穿喷管的等熵流;

③ 喷管出口压力等于接收器压力。

当接收器压力高于第一个临界时,喷管就像文丘里管一样工作,喉道永远达不到声速。这种操作方式的一个例子如图 5.11 中的曲线 $c$ 所示。喷管不再拥塞,流量小于最大流量。出口

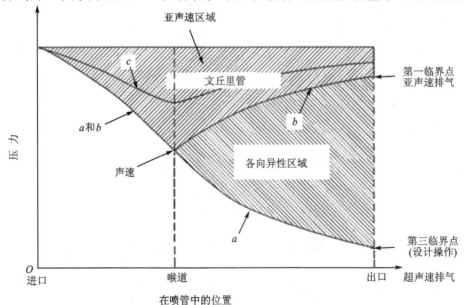

**图 5.11 通过收缩-扩张喷管的压力变化**

的条件可以由前面所示的只收缩喷管的程序来确定。然后，可以根据需要求解喉道处的参数。

第一临界点和第三临界点之间的流动不是等熵的。在这些条件下，激波将发生在喷管的扩张部分或出口之后。如果接收器压力低于第三临界点，则喷管就像在设计条件下一样在内部运行，但膨胀波在喷管外部发生。

## 5.8　喷管性能

由前述内容可知，等熵的工作条件可以很容易确定，摩擦损失可以用几种方法来表述，关于熵变的信息也可以直接给出，尽管这通常是不可得的，但有时用滞止压力比的形式可以提供等效的信息。而喷管性能通常由效率参数表示，其定义如下：

$$\eta_n \equiv \frac{实际动能变化}{理想动能变化}$$

或

$$\eta_n \equiv \frac{\Delta KE_{actual}}{\Delta KE_{ideal}} \tag{5.45}$$

由于大多数喷管涉及的传热很小（每单位质量的流体流动），因此由

$$h_{t1} + \cancel{q} = h_{t2} + \cancel{w_s} \tag{3.19}$$

$$h_{t1} = h_{t2} \tag{5.46}$$

得

$$h_1 + \frac{V_1^2}{2g_c} = h_2 + \frac{V_2^2}{2g_c} \tag{5.47a}$$

或

$$h_1 - h_2 = \frac{V_2^2 - V_1^2}{2g_c} \tag{5.47b}$$

因此，通常将喷管效率表示为

$$\eta_n = \frac{\Delta h_{actual}}{\Delta h_{ideal}} \tag{5.48}$$

参照图 5.12 可得

$$\eta_n = \frac{h_1 - h_2}{h_1 - h_{2s}} \tag{5.49}$$

由于喷管出口速度相对于进口速度相当大，故在允许的误差内，通常可以忽略进口速度，如图 5.12 所示。另外还要注意，图中理想过程是假定在实际可用的接收器压力下进行的。这种喷管效率的定义及其应用似乎非常合理，因为喷管受到固定的（进口和出口）操作压力，其目的是产生动能。问题是，当存在损失时，利用 $\eta_n$ 能在多大程度上确定出口状态。

**例 5.8**　已知空气 800 °R 和 80 psia，收缩喷管的效率为 96%，接收器压力为 50 psia。喷管出口的实际温度是多少？

由于 $p_{rec}/p_{inlet} = 50/80 = 0.625 > 0.528$，所以喷管不会拥塞，出口处的流量将是亚声速的，$p_2 = p_{rec}$（见图 5.12）。

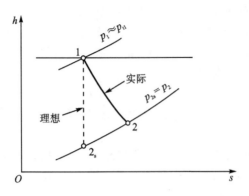

**图 5.12  带有损失的喷管的 $h-s$ 图**

$$\frac{p_{2s}}{p_{t2s}} = \frac{p_{2s}}{p_{t1}}\frac{p_{t1}}{p_{t2s}} = \frac{50}{80} \times 1 = 0.625$$

由等熵表可知,

$$Ma_{2s} \approx 0.85, \qquad \frac{T_{2s}}{T_{t2s}} = 0.873\ 7$$

$$T_{2s} = \frac{T_{2s}}{T_{t2s}}\frac{T_{t2s}}{T_{t1}}T_{t1} = 0.873\ 7 \times 1 \times 800 = 699\ (°\text{R})$$

$$\eta_n = \frac{T_1 - T_2}{T_1 - T_{2s}}$$

故

$$0.96 = \frac{800 - T_2}{800 - 699}$$

$$T_2 = 703\ °\text{R}(或\ 390.5\ \text{K})$$

另一种表示喷管性能的方法是用速度系数,定义为

$$C_v = \frac{实际出口速度}{理想出口速度} \tag{5.50}$$

有时使用流量系数,并定义为

$$C_d = \frac{实际流量}{理想流量} \tag{5.51}$$

在可压缩流中,由于非一维性,$C_d$ 稍大于 1.0。

## 5.9  扩压器的性能

虽然所有的工程师都能理解广泛使用的喷管效率参数,但对于扩压器,并没有统一的参数。参考文献[25]已经提出十几种标准来表示扩压器的性能(见参考文献[25]第 1 卷的第 392 页),即使常见的标准有时也有不同的定义或不同的名称。下面讨论的是图 5.13 所示的带有损失的扩压器的 $h-s$ 图。

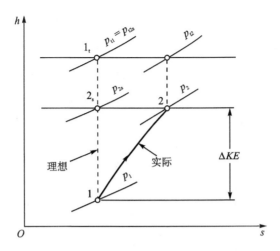

**图 5.13 带有损失的扩压器的 $h$ - $s$ 图**

大多数推进工业使用总压恢复系数作为扩压器性能的衡量标准。参考图 5.13,总压恢复系数定义为

$$\eta_r \equiv \frac{p_{t2}}{p_{t1}} \qquad (5.52)$$

该方程与面积比 $A_1^*/A_2^*$ 或熵变 $\Delta s_{1-2}$ 相关,这两者前文已经给出了证明,是等效的损失指标。这些将在第 12 章介绍,对于推进装置,该比率通常指自由流条件而非扩压器进口。

回想一下,扩压器的作用是将动能转化为压力能,因此,对于扩压器效率,在代表相同动能变化的两个相同焓的水平上,可对理想过程和实际过程进行比较。因此,扩压效率可定义为

$$\eta_d \equiv \frac{\text{实际压力上升}}{\text{理想压力上升}} \qquad (5.53)$$

或由图 5.13 可知,

$$\eta_d \equiv \frac{p_2 - p_1}{p_{2s} - p_1} \qquad (5.54)$$

**例 5.9** 650 °R 和 30 psia 的稳定气流进入马赫数为 0.8 的扩压器中,总压恢复系数为 $\eta_r = 0.95$。如果马赫数为 $Ma = 0.15$,则出口处的静压和温度是多少?

由图 5.13 可知,

$$p_2 = \frac{p_2}{p_{t2}} \frac{p_{t2}}{p_{t1}} \frac{p_{t1}}{p_1} p_1 = 0.984\ 4 \times 0.95 \times \frac{1}{0.656\ 0} \times 30 = 42.8\ \text{psia(或 0.295 MPa)}$$

$$T_2 = \frac{T_2}{T_{t2}} \frac{T_{t2}}{T_{t1}} \frac{T_{t1}}{T_1} T_1 = 0.995\ 5 \times 1 \times \frac{1}{0.886\ 5} \times 650 = 730\ \text{°R(或 405.5 K)}$$

# 5.10 当 $\gamma$ 不等于 1.4 时

本节以及接下来的几章,在不同比热比($\gamma = 1.13$、1.4 和 1.67)下,会展示一些与马赫数有联系的关键参数比的总体趋势图像。同样,在一定马赫数范围内,附录 G 中关于常温常压

条件下的空气的列表,代表了变化的中间值($\gamma=1.4$),这些值同时也适用于其他 $\gamma$ 值。

　　图 5.14 所示为 $0.2\leqslant Ma\leqslant 0.5$ 区间内的 $\dfrac{p}{p_t}$、$\dfrac{T}{T_t}$ 和 $\dfrac{A}{A^*}$ 的曲线。实际上,可压缩流出现在 $Ma\geqslant 0.3$ 的范围内。在此范围内,流体密度可视为恒定不变(见 3.7 节和习题 4.3)。此外,该区间还保持在高超声速范围以下,一般认为这是 $Ma\geqslant 0.5$ 的区域,因此所选择的区间包括可压缩流动中遇到的许多情况,图 5.14 中的曲线清楚地显示了相关比例参数的变化趋势,如下:

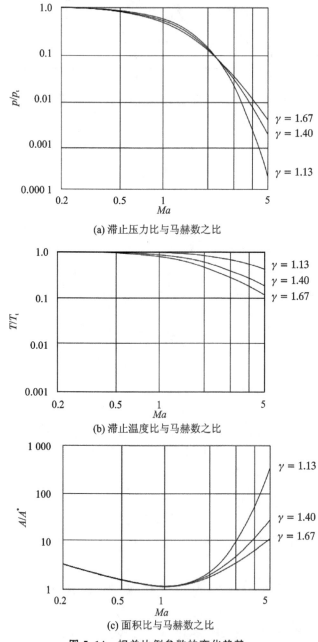

(a) 滞止压力比与马赫数之比

(b) 滞止温度比与马赫数之比

(c) 面积比与马赫数之比

**图 5.14　相关比例参数的变化趋势**

① 从图 5.14(a)中可以看出，$p/p_t$ 对 $\gamma$ 的变化最不敏感。当 $Ma \approx 2.5$ 时，任何 $\gamma$ 的压力比都可以用附录 G 中列出的值来表示。

② 从图 5.14(b)可以看出，$T/T_t$ 比压力比 $p/p_t$ 对 $\gamma$ 的变化更为敏感。但是，它在 $Ma \approx 0.8$ 以下时表现得相对不敏感，因此在这个范围内，附录 G 所列的值可以用于任何 $\gamma$，而误差很小。

③ 图 5.14(c)所示为 $A/A^*$ 的变化趋势，结果证明，它对低于 $Ma \approx 1.5$ 的 $\gamma$ 变化相对不敏感。

总之，附录 G 中的表格几乎可以用来估算（误差在 $\pm 5\%$ 范围内）任何 $\gamma$ 在马赫数范围内的值。严格地说，曲线图成立的前提是 $\gamma$ 变化可以忽略。在其他情况下，这些图像可以为预测参数变化幅度提供参考。本书将会在第 11 章中研究 $\gamma$ 变化不可忽略的流动。

# 5.11　计算程序方法

气体动力学表的局限性如下：

① 不显示趋势；

② 几乎总是需要插值；

③ 只显示一个或至多几个 $\gamma$ 值；

④ 不一定具有所需的准确性。

此外，现代数字计算机在处理问题方面取得了重大进展，特别是在需要高精度结果、图形输出、共享和报告的情况下。简单地说，计算机可以通过编程来进行困难（和容易）的数值计算。在这本书之前的版本中，没有在文中提及任何气体动力学软件（其中一些是商业软件），而是倾向于展示计算过程。一个原因是，编者希望读者花时间去发掘关于气体动力学的奇妙世界，而不是如何管理编程；另一个原因是，计算机和商业软件都发展得相当快，因此需要注意任何特定软件的时效性。然而，本书将气体动力学计算器作为第 3 版的配套产品使用，它可以在任何具有 Web 浏览器的现代电子设备上运行。该计算器中的注释与本书中的注释相同，并且它显示的功能比附录 G、H、I 和 J 中显示的函数更多。另外，该计算器还显示了斜激波的数值结果，对附录 D 的内容起到了补充作用。

当然，如果读者掌握了基础知识，那的确是时候了解如何用计算机来解决问题。在这本书中，编者讨论了如何利用计算机实用程序去帮助解决气体动力学方面的问题。MAPLE 是一种功能强大的计算机环境，可用于执行符号、数字和图形工作。它是 Waterloo Maple 公司的产品，最近的版本为 MAPLE 2017 版。在美国的许多工程本科课程中，MAPLE 应用较广。

其他工程软件也很受欢迎。比如 MATLAB，它可以处理一些与 MAPLE 相同的事情。MATLAB 的真正长处体现在操作线性方程和构造表方面；但 MAPLE 可以用符号来处理方程，图形性能也更优越。所以，在编者看来，MAPLE 相对更合适。

（选学）这里提供一些简单的例子来展示如何使用 MAPLE。作为选学内容，其主要目的是想让读者专注于气体动力学的学习，而不是花额外的时间试图学习编程。这里将重点讨论 5.6 节中的一个示例，只有理解这些技术才能上手应用。

**例 5.10**　在例 5.6(1)中，可以根据公式或使用 $p_{t1}$、$T_{t1}$ 进行计算，但是，在(2)中直接计算给定 $A_2/A_2^*$ 的 $Ma_2$ 比较困难，因为它涉及公式(5.37)，不能对 $Ma$ 进行显式求解。公

式(5.37)如下:

$$\frac{A}{A^*} = \frac{1}{Ma}\left\{\frac{1+[(\gamma-1)/2]Ma^2}{(\gamma+1)/2}\right\}^{(\gamma+1)/[2(\gamma-1)]} = f(Ma,\gamma) \qquad (5.37)$$

如果已知 $Ma_2$,容易计算 $A_2/A_2^*$。但现在已知的是 $A_2/A_2^*$,如何求 $Ma_2$? 利用 MAPLE 的内置程序求解这种类型的问题就很容易。

首先,给出以下定义:

$$g \equiv \gamma,参数(特定热的比率)$$
$$X \equiv 自变量(在本例中为 Ma_2)$$
$$Y \equiv 因变量(在本例中为 A_2/A_2^*)$$

这里需要引入一个指数"$m$"来区分亚声速和超声速流动,即

$$m \equiv \begin{cases} 1, & 亚声速流动 \\ 10, & 超声速流动 \end{cases}$$

下面是一份精确的 MAPLE 工作表:

```
[ > g := 1.4:   Y := 1.1028:   m :=  10:
 > fsolve(Y = (((1+(g-1)*(X^2)/2)/((g+1)/2)))^((g+1)/(2*(g-1)))/
   X, X, 1..m);
                      1.377333281
```

输出答案即为所求。这里简要分析一下 MAPLE 解决方案的细节。如果读者对这些已经熟知,则可以跳过。由于执行语句"fsolve()"是关于 $X$ 的函数,所以必须假设输出的数值为 $X$。同时,语句以分号结束。若以冒号结束,虽然语句同样会执行,但不会输出结果。

**例 5.11**　继续讨论上述问题,研究如何利用 MAPLE 避免插值。在同一工作环境下,MAPLE 会记住参数 $g$、$Y$ 和 $X$。本例将展示如何求解静态温度和滞止温度的比值 $Z$,该比值来自方程(5.39):

$$\frac{T}{T_t} = \frac{1}{1+[(\gamma-1)/2]Ma^2} = f(Ma,\gamma) \qquad (5.39)$$

下面是一份精确的 MAPLE 工作表:

```
[ > X:=1.3773:
 > Z:=1/(1+(g-1)*(X^2)/2);
                      Z:=.7249575776
```

现在便可以用常规方法来求解静态温度了,即

$$T_2 = \frac{T_2}{T_{t2}}\frac{T_{t2}}{T_{t1}}T_{t1} = 0.725 \times 1 \times 1\,405 = 1\,019\,(°R)$$

以此类推,静压 $p_2$ 也可以这样求出。

# 5.12　总　结

本章分析了一般的变截面流动,亚声速和超声速流动的性质变化有何异同。通过假设为理想气体,可获得流动分析的简单工作方程。然后,引入了"＊"参考状态的概念。"＊"和滞止参考状态的结合推动了等熵表的发展,这在很大程度上有助于找到问题的解决方案。对于偏

离等熵流动,可以通过适当的损失因子或效率标准来处理。

本章建立了大量方程。公式(5.10)、公式(5.11)和公式(5.13)用于变截面积流动的一般分析,并且在 5.3 节中进行了总结。在 5.4 节结束时给出了适用于理想气体的工作方程,分别为公式(4.28)、公式(5.21)、公式(5.23)、公式(5.25)、公式(5.27)和公式(5.28)。作为等熵表基础的公式有公式(5.37)、公式(5.39)、公式(5.40)、公式(5.42)和公式(5.43),位于 5.6 节。

下面总结了最常用的公式,读者应尽可能地熟悉每种公式使用的条件。结合第 4 章中列出的公式进行回顾。

(1) 当 $Q=W_s=0$ 时,理想气体的一维稳定流动

$$\frac{p_{t2}}{p_{t1}} = e^{-\Delta s/R} \tag{4.28}$$

$$\frac{A_2^*}{A_1^*} = e^{\Delta s/R} \tag{5.29}$$

$$p_{t1}A_1^* = p_{t2}A_2^* \tag{5.35}$$

(2) 喷管的性能

喷管效率(相同压力下):

$$\eta_n \equiv \frac{\Delta KE_{actual}}{\Delta KE_{ideal}} = \frac{h_1 - h_2}{h_1 - h_{2s}} \tag{5.45},(5.49)$$

(3) 扩压器的性能

总压恢复系数:

$$\eta_r \equiv \frac{p_{t2}}{p_{t1}} \tag{5.52}$$

或扩压效率(在相同焓之间):

$$\eta_d \equiv \frac{实际压力上升}{理想压力上升} \equiv \frac{p_2 - p_1}{p_{2s} - p_1} \tag{5.53},(5.54)$$

# 习　题

5.1　以下信息对(1)和(2)的每个部分都是通用的。氮气通过一个分流段,$A_1=1.5$ ft²,$A_2=4.5$ ft²。假设为稳定的一维流动,$Q=W_s=0$,可以忽略势能变化,没有损失。

(1) 如果 $Ma_1=0.7$,$p_1=70$ psia,求 $Ma_2$ 和 $p_2$。

(2) 如果 $Ma_1=1.7$,$T_1=95$ ℉,求 $Ma_2$ 和 $T_2$。

5.2　空气进入收缩段,$A_1=0.50$ m²,下游 $A_2=0.25$ m²,$Ma_2=1.0$,$\Delta s_{1-2}=0$。已知,$p_2>p_1$。求初始马赫数($Ma_1$)和温度比($T_2/T_1$)。

5.3　氧气流入绝缘装置,初始条件为:$p_1=30$ psia,$T_1=750$ °R,$V_1=639$ ft/sec。面积从 $A_1=6$ ft² 变化到 $A_2=5$ ft²。

(1) 计算 $Ma_1$,$p_{t1}$,$T_{t1}$。

(2) 这个装置是喷管还是扩压器?

(3) 如果没有损失,确定 $Ma_2$,$p_2$,$T_2$。

5.4　空气流量 $T_1=250$ K,$p_1=3$ bar abs.,$p_{t1}=3.4$ bar abs.,截面面积 $A_1=0.40$ m²。

流动是等熵点,其中 $A_2=0.30\ \mathrm{m}^2$。确定 $T_2$。

5.5 已知关于空气通过绝热系统的稳定流动的信息如下:

点 1 处,$T_1=556\ \mathrm{°R}$,$p_1=28.0\ \mathrm{psia}$;

点 2 处,$T_2=70\ \mathrm{℉}$,$T_{t2}=109\ \mathrm{℉}$,$p_2=18\ \mathrm{psia}$。

(1) 求 $Ma_2$,$V_2$,$p_{t2}$。

(2) 求 $Ma_1$,$V_1$,$p_{t1}$。

(3) 计算 $A_2/A_1$。

(4) 绘制系统的 $T$-$s$ 物理图。

5.6 假设完全气体在绝热无功系统中流动,滞止条件下的声速($a_t$)与单位马赫数对应的声速($a^*$)存在以下关系:

$$\frac{a^*}{a_t}=\left(\frac{2}{\gamma+1}\right)^{1/2}$$

5.7 一氧化碳通过绝热系统流动。$Ma_1=4.0$,$p_{t1}=45\ \mathrm{psia}$。在下游,$Ma_2=1.8$,$P_2=7.0\ \mathrm{psia}$。

(1) 这个系统有损失吗? 如果有,计算 $\Delta s$。

(2) 计算 $A_2/A_1$。

5.8 两个文丘里管安装在绝缘的直径为 30 cm 的管道中(见图 P5.8)。条件是每个喉道都有声速流动(即 $Ma_1=Ma_4=1.0$)。虽然每个文丘里管都是等熵的,但连接管道在第 2 节和第 3 节之间都存在摩擦和海蚀,$p_1=3\ \mathrm{bar\ abs.}$,$p_4=2.5\ \mathrm{bar\ abs.}$。如果第 1 节处的直径为 15 cm,且流体为空气:

(1) 计算连接管道的 $\Delta s$。

(2) 求解第 4 节的直径。

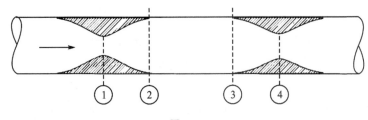

图 P5.8

5.9 从公式(2.30)的流量出发,推导出如下关系式(公式(5.44a)):

$$\frac{\dot{m}}{A}=Ma\left\{1+\left[(\gamma-1)/2\right]Ma^2\right\}^{-(\gamma+1)/[2(\gamma-1)]}\left(\frac{\gamma g_c}{R}\right)^{1/2}\frac{p_t}{\sqrt{T_t}}$$

5.10 一腔室内含有 500 °R 和 150 psia 的氧气,腔室一侧有个光滑的直径为 3 in 的孔。假设无摩擦流。

(1) 当周围压力为 15.0 psia 时,计算腔室的初始质量流量。

(2) 如果环境的压力降低到零,流量是多少?

(3) 如果腔室压力提高到 300 psia,流量是多少?

5.11 在 450 K 和 $1.5\times10^5\ \mathrm{N/m}^2$ 的条件下,氮气储存在一个大容器中,气体通过一个出口面积为 30 $\mathrm{cm}^2$ 的收缩喷管离开。室温压力为 $1\times10^5\ \mathrm{N/m}^2$,无损失。

（1）氮气在喷管出口处的速度是多少？

（2）质量流量是多少？

（3）通过降低环境压力可获得的最大流量是多少？

5.12 仅收缩喷管的效率为 96%。空气以极低的速度进入，气压为 150 psia，温度为 750 °R。接收器压力为 100 psia。实际出口温度、马赫数和速度是多少？

5.13 一腔室包含 80 psia 和 600 °R 的空气。空气进入一个收缩-扩张喷管，该喷管的面积比（出口到喉道）为 3.0。

（1）接收器内必须存在什么样的压力才能使喷管在第一临界点运行？

（2）在第三临界点（设计点）操作时，接收器压力应该是多少？

（3）如果在第三临界点运行，则喷管出口平面空气的密度和速度是多少？

5.14 空气在 20 bar abs. 和 40 ℃时进入一个收缩-扩张喷管。在喷管的末端，压力为 2.0 bar abs.。喉道面积为 20 cm²。

（1）喷管出口的面积是多少？

（2）质量流量是多少？单位是 kg/s？

5.15 设计一种出口马赫数为 $Ma = 2.25$ 的收缩-扩张喷管。腔室内含有 600 °R、15.0 psia 的氧气，并以 14.7 psia 的压力排放到室内。假设损失可以忽略，计算喷管喉道的速度。

5.16 如图 P5.16 所示，收缩-扩张喷管将空气排放到静压为 15 psia 的接收器中。一个 1 ft² 的管道向喷管输送 100 psia、800 °R 的空气，其速度使马赫数 $Ma_1 = 0.3$。喷管出口的压力与接收器的压力完全匹配。假设为稳定的一维流动、完全气体等，喷管绝热且没有损耗。

（1）计算流量。

（2）确定喉道面积。

（3）计算出口面积。

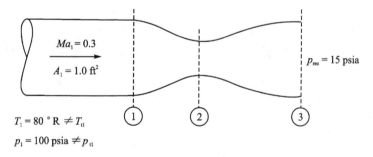

图 P5.16

5.17 每秒钟有 10 kg 的空气在绝热系统中流动。给定压力为 $2.0 \times 10^5$ N/m²，温度为 650 ℃，面积为 50 cm²，内流截面 $Ma_2 = 1.2$。

（1）绘制出系统的总体形状。

（2）如果流动是无摩擦的，求 $A_2$。

（3）如果这两段之间存在熵变化，且为 42 J/(kg·K)，求 $A_2$。

5.18 状态为 100 psia、540 °F 的一氧化碳，速度可忽略，使其通过收缩-扩张喷管绝热膨胀到 20 psia 的压力。

（1）理想出口马赫数是多少？

(2) 如果实际出口马赫数为 $Ma = 1.6$,喷管效率是多少?

(3) 流量的熵变是多少?

(4) 画一个 $T - s$ 图,展示理想的和实际的过程,并说明相关的温度、压力等。

5.19 空气进入收缩-扩张喷管,$T_1 = 22\ ℃$,$p_1 = 10$ bar abs. ,$V_1 \approx 0$ 。出口马赫数为 2.0,出口面积为 $0.25\ m^2$,喷管效率为 0.95。

(1) $T$、$p$ 和 $p_t$ 的实际出口值是多少?

(2) 理想的出口马赫数是多少?

(3) 假设所有损失都发生在喷管的扩张部分,计算喉道面积。

(4) 质量流量是多少?

5.20 空气以 500 ℉、18 psia 和速度 750 ft/sec 的状态流入扩压器。扩压器的效率为 90%(如公式(5.54)所定义),并以 150 ft/sec 的速度排出空气。

(1) 排出空气的压力是多少?

(2) 公式(5.52)给出的总压恢复系数是多少?

(3) 确定扩压器的面积比。

5.21 考虑在没有竖井工作的情况下,理想气体通过水平系统的稳定的一维流动。没有摩擦损失,但面积变化和传热效应提供了恒定温度下的流动。

(1) 从压力-能量方程开始研究:

$$\frac{p_2}{p_1} = e^{(\gamma / 2)\left( Ma_1^2 - Ma_2^2 \right)}$$

$$\frac{p_{t2}}{p_{t1}} = e^{(\gamma / 2)\left( Ma_1^2 - Ma_2^2 \right)}\left\{ \frac{1 + [(\gamma - 1)/2]Ma_2^2}{1 + [(\gamma - 1)/2]Ma_1^2} \right\}^{\gamma/(\gamma - 1)}$$

(2) 由连续性方程可知:

$$\frac{A_1}{A_2} = \frac{Ma_2}{Ma_1} e^{(\gamma/2)\left( Ma_1^2 - Ma_2^2 \right)}$$

(3) 通过使 $Ma_1$ 是任意马赫数,$Ma_2 = 1.0$,写出 $A/A^*$ 的表达式,表明最小面积发生在 $Ma = 1/\sqrt{\gamma}$ 时。

5.22 考虑在没有传热或轴功的情况下,理想气体通过水平系统的稳定的一维流动。摩擦的影响是存在的,但面积的变化导致流动在一个恒定的马赫数。

(1) 回顾 4.6 节的参数,确定在这个流中保持不变的其他属性。

(2) 运用连续性和动量的概念(公式(3.63))表示

$$D_2 - D_1 = \frac{f Ma^2 \gamma}{4}(x_2 - x_1)$$

你可以假设一个圆形管道和一个恒定的摩擦系数。

5.23 假设超声速喷管等熵工作,出口马赫数为 2.8。入口条件为 180 psia、1 000 ℉,马赫数接近于零。

(1) 求出面积比 $A_3/A_2$ 和单位喉道面积的质量流量。

(2) 接收器的压力和温度是多少?

(3) 如果喷管的整个分岔部分突然分离,新的出口的马赫数和 $\dot{m}/A$ 是多少?

5.24 (选做)阅读文献中有关 $\gamma \neq 1.4$ 的等熵流参数的可用表,例如参考文献[20],并将它们与气体动力学计算器的结果进行比较。(常用值可能是 $\gamma = 1.2$、1.3 或 1.67。)标题依次为:$Ma$,$p/p_t$,$T/T_t$,$\rho/\rho_t$ 和 $A/A^*$。

# 小 测

在不参考本章内容的情况下独立完成以下测试。

5.1　定义"$*$"参考条件。

5.2　在绝热、无功流中,损耗可以用三个不同的参数来表示,列出这些参数并显示它们之间的关系。

5.3　在 $T-s$ 图(见图 CT5.3)中,点 1 表示滞止状态,以等熵的方式从 1 开始,流量在 $1^*$ 处达到单位马赫数;点 2 表示同一流程系统中的另一个滞止状态。假设流体是一种理想气体,定位相应的等熵 $2^*$,证明 $T_2^*$ 与 $T_1^*$ 的大小关系。

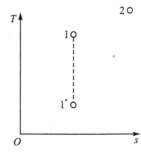

图 CT5.3

5.4　超声速喷管由一个大腔室供能,在出口处马赫数为 3(见图 CT5.4)。绘制曲线(没有特定的尺度),显示当马赫数从 0 增加到 3.0 时,性质是如何通过喷管变化的。

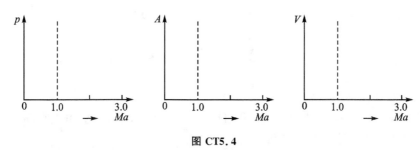

图 CT5.4

5.5　用焓的形式定义喷管效率。绘制 $h-s$ 图来确定其状态点。

5.6　空气通过面积比为 1.50 的收缩-扩张喷管稳定流动,没有损失。供应室的条件是 $T = 500\ °\mathrm{R}$ 和 $p = 150\ \mathrm{psia}$。

(1) 要阻塞流量,接收器压力必须降低到多少?

(2) 如果喷管拥塞,确定喉道的密度和速度。

(3) 如果接收器处于(1)确定的压力下,并且喷管的扩张部分被去除,则出口马赫数将是多少?

5.7　对于绝热无功系统中理想气体的稳定一维流动,推导出两个位置温度的关系:

$$\frac{T_2}{T_1} = f(Ma_1, Ma_2, \gamma)$$

5.8　计算习题 5.20。

# 第6章 正激波

## 6.1 引 言

到目前为止,本书只考虑了连续流动的情况,即流体状态发生连续变化的系统,这类过程很容易识别和绘制。回顾 4.3 节,把无限小的压力扰动称为声波,其传播速度由介质及其热力学状态决定。在第 6 章和第 7 章中,将着重分析常见的有限压力扰动。尽管在这些扰动中,流体性质发生了巨大的变化,但扰动的厚度是非常小的,典型的厚度量级只有几个平均分子自由程。这使得流体表现为不连续流动,我们称之为激波。

由于涉及复杂的相互作用,研究激波内部的变化超出了本书的范围,因此本章只处理激波不连续面的每一面存在的性质。这里首先分析正激波,即驻波波前垂直于流动方向。这种现象只在超声速流动时才会出现,它基本上是压缩过程的一种形式。这里应用气体动力学的基本概念来分析任意流体中的激波,并建立针对理想气体的基本方程。这个过程将整理成正激波表的形式,可以极大地简化问题。本章最后将讨论超声速喷管扩张部分的激波。

## 6.2 学 习 目 标

① 列举分析正激波时做出的一系列假设。

② 写出针对一维稳态流动的连续方程、能量方程、动量方程,并应用控制体分析推导出任意流体中正激波两面流体性质的联系。

③(选学)从任意流体的基本激波方程开始,基于马赫数($Ma$)和比热比($\gamma$)推导出理想气体中正激波两边的参数比。

④(选学)给出理想气体的基本激波方程,说明正激波前后马赫数必然存在一种独特的关系。

⑤(选学)解释如何建立正激波表,使得激波前后的参数比仅以激波前的马赫数表示。

⑥ 在 $T$-$s$ 图上画一个正激波过程,在激波前后尽可能多地标明相关参数,如静压和总压,静温和总温,以及速度。

⑦ 解释为什么膨胀的激波不存在。

⑧ 描述喷管运行的第二临界点。已知收缩-扩张喷管的面积比,确定导致第二临界点的压比。

⑨ 描述一个收缩-扩张喷管是如何在第一临界点和第二临界点之间工作的。

⑩ 能运用正激波表和方程解决典型的正激波问题。

## 6.3 激波分析:一般流体

图 6.1 展示了变截面管中的正激波。这里首先建立一个包含激波区域以及激波前后极少

流体的控制体,通过这种方式只需处理穿过激波前后的参数变化。需要注意的是,由于激波的厚度很薄(大约 $10^{-6}$ m),这种情况下选择的控制体在 $x$ 方向上的厚度极小。这表明在分析中可以做出适当简化,而不会引入误差,如下:

① 可以认为激波两侧的面积是相同的;

② 与壁面接触的表面可以忽略不计,因此摩擦效应可以忽略不计。

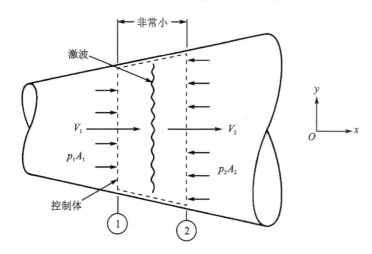

**图 6.1　激波分析的控制体**

同时,在以下假设中应用连续性、能量和动量的基本概念:

稳定的一维流动　$\delta q = 0$ 或 $\mathrm{d}s_e = 0$

绝热　　　　　　$\delta w_s = 0$

无轴功

忽略势能　　　　$\mathrm{d}z = 0$

恒定面积　　　　$A_1 = A_2$

忽略壁面切应力

**1. 连续性**

$$\dot{m} = \rho A V \tag{2.30}$$

$$\rho_1 A_1 V_1 = \rho_2 A_2 V_2 \tag{6.1}$$

由于面积一定,故有

$$\boxed{\rho_1 V_1 = \rho_2 V_2} \tag{6.2}$$

**2. 能　量**

从下面的公式入手:

$$h_{t1} + q = h_{t2} + w_s \tag{3.19}$$

由于绝热、无轴功,上式变为

$$h_{t1} = h_{t2} \tag{6.3}$$

或

$$h_1 + \frac{V_1^2}{2g_c} = h_2 + \frac{V_2^2}{2g_c} \tag{6.4}$$

### 3. 动　量

一维稳态流动量方程的 $x$ 方向分量为

$$\sum F_x = \frac{\dot{m}}{g_c}(V_{\text{out}_x} - V_{\text{in}_x}) \tag{3.46}$$

应用到图 6.1 中时变为

$$\sum F_x = \frac{\dot{m}}{g_c}(V_{2x} - V_{1x}) \tag{6.5}$$

从图 6.1 中也可以看出,力的总和为

$$\sum F_x = p_1 A_1 - p_2 A_2 = (p_1 - p_2)A \tag{6.6}$$

这样,流动方向的动量方程就变为

$$(p_1 - p_2)A = \frac{\dot{m}}{g_c}(V_2 - V_1) = \frac{\rho A V}{g_c}(V_2 - V_1) \tag{6.7}$$

可以消去两边的面积 $A$,$\dot{m}$ 用 $\rho A V$ 表示。现在剩下的 $\rho V$ 可以写成 $\rho_1 V_1$ 或 $\rho_2 V_2$(见公式(6.2)),公式(6.7)变为

$$p_1 - p_2 = \frac{\rho_2 V_2^2 - \rho_1 V_1^2}{g_c} \tag{6.8}$$

或者

$$p_1 + \frac{\rho_1 V_1^2}{g_c} = p_2 + \frac{\rho_2 V_2^2}{g_c} \tag{6.9}$$

对于任意流体的一般情况,可以得出 3 个控制方程,即公式(6.2)、公式(6.4)和公式(6.9)。一个典型的问题是:已知激波前的流体和条件,预测激波后的条件。由于未知参数($\rho_2$、$p_2$、$h_2$、$V_2$),这就需要另外的条件来解决问题。缺失的条件与流体的性质有关。对于一般流体(不是理想气体)将带来迭代解,应用计算机可以很容易地处理这些问题。

# 6.4　理想气体的工作方程

在 6.3 节中的分析已经表明,一个典型的正激波问题有 4 个未知数,这可以通过使用 3 个控制方程(连续性、能量和动量概念)加上关于流体性质的信息解决。对于理想气体,这种额外的信息以状态方程和比热比恒定假设的形式提供。现在本节将继续用马赫数和比热比来推导工作方程。

### 1. 连续性

从 6.3 节推导出的连续性方程开始:

$$\rho_1 V_1 = \rho_2 V_2 \tag{6.2}$$

将理想气体状态方程中的密度代入上式,得

$$p = \rho R T \tag{1.16}$$

对速度应用公式(4.10)和公式(4.11),即

$$V = Ma = Ma \sqrt{\gamma g_c RT} \tag{6.10}$$

现在连续性方程可被写作

$$\frac{p_1 Ma_1}{\sqrt{T_1}} = \frac{p_2 Ma_2}{\sqrt{T_2}} \tag{6.11}$$

### 2. 能 量

从 6.3 节中可得

$$h_{t1} = h_{t2} \tag{6.3}$$

由于给定气体为理想气体,它的焓只是温度的函数,所以

$$T_{t1} = T_{t2} \tag{6.12}$$

回顾第 4 章,对于恒定比热比的理想气体,有

$$T_t = T \left(1 + \frac{\gamma - 1}{2} Ma^2 \right) \tag{4.18}$$

因此,穿过静止正激波的能量方程可以写作

$$T_1 \left(1 + \frac{\gamma - 1}{2} Ma_1^2 \right) = T_2 \left(1 + \frac{\gamma - 1}{2} Ma_2^2 \right) \tag{6.13}$$

### 3. 动 量

流动方向的动量方程为

$$p_1 + \frac{\rho_1 V_1^2}{g_c} = p_2 + \frac{\rho_2 V_2^2}{g_c} \tag{6.9}$$

将上式中的密度用方程(1.16)代入,速度用方程(6.10) 代入,得

$$p_1 + \left(\frac{p_1}{RT_1}\right) \left(\frac{Ma_1^2 \gamma g_c RT_1}{g_c}\right) = p_2 + \left(\frac{p_2}{RT_2}\right) \left(\frac{Ma_2^2 \gamma g_c RT_2}{g_c}\right) \tag{6.14}$$

动量方程变为

$$p_1(1 + \gamma Ma_1^2) = p_2(1 + \gamma Ma_2^2) \tag{6.15}$$

为了方便起见,对理想气体的静止正激波的控制方程进行简化,总结如下:

$$\frac{p_1 Ma_1}{\sqrt{T_1}} = \frac{p_2 Ma_2}{\sqrt{T_2}} \tag{6.11}$$

$$T_1 \left(1 + \frac{\gamma - 1}{2} Ma_1^2 \right) = T_2 \left(1 + \frac{\gamma - 1}{2} Ma_2^2 \right) \tag{6.13}$$

$$p_1(1 + \gamma Ma_1^2) = p_2(1 + \gamma Ma_2^2) \tag{6.15}$$

在上述方程中有 7 个变量,即 $\gamma$、$p_1$、$Ma_1$、$T_1$、$p_2$、$Ma_2$、$T_2$。

一旦气体确定,就可以知道 $\gamma$,给定激波前固定状态 $p_1$、$Ma_1$ 和 $T_1$。因此,公式(6.11)、公式(6.13)和公式(6.15)足以求解激波后的未知量 $p_2$、$Ma_2$ 和 $T_2$。

将上述方程结合起来,根据所给的信息可推导出 $Ma_2$ 的表达式。首先,将公式(6.11)改写为

$$\frac{p_1 Ma_1}{p_2 Ma_2} = \sqrt{\frac{T_1}{T_2}} \tag{6.16}$$

公式(6.13)写为

$$\sqrt{\frac{T_1}{T_2}} = \left\{ \frac{1 + [(\gamma-1)/2]Ma_2^2}{1 + [(\gamma-1)/2]Ma_1^2} \right\}^{1/2} \tag{6.17}$$

公式(6.15)写为

$$\frac{p_1}{p_2} = \frac{1 + \gamma Ma_2^2}{1 + \gamma Ma_1^2} \tag{6.18}$$

然后将公式(6.17)和公式(6.18)代入公式(6.16),得

$$\left( \frac{1 + \gamma Ma_2^2}{1 + \gamma Ma_1^2} \right) \frac{Ma_1}{Ma_2} = \left\{ \frac{1 + [(\gamma-1)/2]Ma_2^2}{1 + [(\gamma-1)/2]Ma_1^2} \right\}^{1/2} \tag{6.19}$$

这里需要注意,$Ma_2$ 只是 $Ma_1$ 和 $\gamma$ 的函数。这个问题的一个特殊解是 $Ma_1 = Ma_2$,代表没有激波的退化情况。为了解决该问题的一般情况,这里将方程(6.19)平方,交叉相乘,并将结果排列为 $Ma_2^2$ 的二次项:

$$A(Ma_2^2)^2 + BMa_2^2 + C = 0 \tag{6.20}$$

式中:$A$、$B$ 和 $C$ 是 $Ma_1$ 和 $\gamma$ 的函数。可使用计算机工具求得这个二次方程的解,如下:

$$Ma_2^2 = \frac{Ma_1^2 + 2/(\gamma-1)}{[2\gamma/(\gamma-1)]Ma_1^2 - 1} \tag{6.21}$$

对于典型激波问题,可借助公式(6.21)计算激波后马赫数,然后利用公式(6.13)和公式(6.15)可容易地求出 $T_2$ 和 $p_2$。总压力 $p_{t1}$ 和 $p_{t2}$ 可以按照通常的方式计算。因为 $Ma_1$ 是超声速的,所以 $Ma_2$ 总是亚声速的。图 6.2 所示为典型正激波的 $T$-$s$ 图。终点 1 和 2(激波前后)是明确定义的状态,但激波内发生的变化在通常的热力学意义上并不遵循平衡过程。鉴于此,激波过程通常用虚线或曲线来表示。注意,当点 1 和 2 位于 $T$-$s$ 图上时,即可看出激波过程涉及熵变。6.5 节将对此进行更详细的讨论。

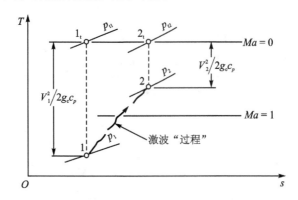

图6.2 典型正激波的 $T$-$s$ 图

例6.1 氦气以 $Ma = 1.80$ 的速度流动,经过一道正激波。确定激波前后的压力比。用公式(6.21)求激波波后马赫数,用公式(6.15)求压比,即

$$Ma_2^2 = \frac{Ma_1^2 + 2/(\gamma-1)}{[2\gamma/(\gamma-1)]Ma_1^2 - 1} = \frac{1.8^2 + 2/(1.67-1)}{[(2\times1.67)/(1.67-1)]\times1.8^2 - 1} = 0.411$$

$$Ma_2 = 0.641$$

$$\frac{p_2}{p_1} = \frac{1 + \gamma Ma_1^2}{1 + \gamma Ma_2^2} = \frac{1 + 1.67 \times 1.8^2}{1 + 1.67 \times 0.411} = 3.80$$

## 6.5 正激波表

通过分析发现,对于具有特定条件的任意给定流体,经过正激波后,有且只有一组解符合波后条件。任意流体迭代解的结果都不能作为理想气体处理,而理想气体可得到显式解。后一种情况为进一步简化打开了一扇门,因为由公式(6.21),对于任何给定的进口马赫数 $Ma_1$,可得到出口马赫数为 $Ma_2$,进而可以从所有之前的方程中消去 $Ma_2$。

例如,利用公式(6.13)可以求出温度比,即

$$\frac{T_2}{T_1} = \frac{1 + [(\gamma-1)/2]Ma_1^2}{1 + [(\gamma-1)/2]Ma_2^2} \tag{6.22}$$

利用公式(6.21)消去 $Ma_2$,上式变为

$$\frac{T_2}{T_1} = \frac{\{1 + [(\gamma-1)/2]Ma_1^2\}\{[2\gamma/(\gamma-1)]Ma_1^2 - 1\}}{\{(1+\gamma)^2/[2(\gamma-1)]\}Ma_1^2} \tag{6.23}$$

同样,利用公式(6.15)可以求出压比,即

$$\frac{p_2}{p_1} = \frac{1 + \gamma Ma_1^2}{1 + \gamma Ma_2^2} \tag{6.24}$$

通过公式(6.21)消去 $Ma_2$ 得

$$\frac{p_2}{p_1} = \frac{2\gamma}{\gamma+1}Ma_1^2 - \frac{\gamma-1}{\gamma+1} \tag{6.25}$$

此外,上式可以共同导出密度比,即

$$\frac{\rho_2}{\rho_1} = \frac{(\gamma+1)Ma_1^2}{(\gamma-1)Ma_1^2 + 2} \tag{6.26}$$

还可以得出其他有趣的比值,且每一个比值都仅是 $Ma_1$ 和 $\gamma$ 的函数。例如,由

$$p_t = p\left(1 + \frac{\gamma-1}{2}Ma_1^2\right)^{\gamma/(\gamma-1)} \tag{4.21}$$

可以写出

$$\frac{p_{t2}}{p_{t1}} = \frac{p_2}{p_1}\left\{\frac{1 + [(\gamma-1)/2]Ma_2^2}{1 + [(\gamma-1)/2]Ma_1^2}\right\}^{\gamma/(\gamma-1)} \tag{6.27}$$

由公式(6.25)可以消去 $\dfrac{p_2}{p_1}$,结果如下:

$$\frac{p_{t2}}{p_{t1}} = \left\{\frac{[(\gamma+1)/2]Ma_1^2}{1 + [(\gamma-1)/2]Ma_1^2}\right\}^{\gamma/(\gamma-1)}\left[\frac{2\gamma}{\gamma+1}Ma_1^2 - \frac{\gamma-1}{\gamma+1}\right]^{1/(1-\gamma)} \tag{6.28}$$

公式(6.28)非常重要,因为滞止压力比通过公式(4.28)与熵变联系:

$$\frac{p_{t2}}{p_{t1}} = e^{-\Delta s/R} \tag{4.28}$$

事实上,可以将公式(4.28)和公式(6.28)结合起来,得到 $\Delta s$ 作为 $Ma_1$ 和 $\gamma$ 函数的显式关系。

**注意**:对于给定的流体($\gamma$ 已知),公式(6.23)、公式(6.25)、公式(6.26)和公式(6.28)可

将性质比仅表示为入口马赫数的函数。这就可以很容易地构造一个表,相对于特定 $\gamma$ 的 $Ma_1$,给出 $Ma_2$、$T_2/T_1$、$p_2/p_1$、$\rho_2/\rho_1$ 和 $p_{t2}/p_{t1}$ 等值。这样的正激波参数表在附录 H 中给出。该表对问题的解决有很大的帮助,这可以从以下例子中看到。

**例 6.2** 有一可当作理想气体的流体,激波前的条件为:$Ma_1=2.0$,$p_1=20$ psia,$T_1=500$ °R。确定激波后的条件和激波中的熵变。

首先,利用等熵表计算 $p_{t1}$:

$$p_{t1} = \frac{p_{t1}}{p_1} p_1 = \frac{1}{0.127\ 8} \times 20 = 156.5\ (\text{psia})$$

从正激波表中可查到对应的 $Ma_1=2.0$,从而可得

$$Ma_2 = 0.577\ 35, \quad \frac{p_2}{p_1} = 4.500\ 0, \quad \frac{T_2}{T_1} = 1.687\ 5, \quad \frac{p_{t2}}{p_{t1}} = 0.720\ 87$$

因此,

$$p_2 = \frac{p_2}{p_1} p_1 = 4.5 \times 20 = 90\ (\text{psia})(\text{或}\ 0.620\ \text{MPa})$$

$$T_2 = \frac{T_2}{T_1} T_1 = 1.687\ 5 \times 500 = 844\ (\text{°R})(\text{或}\ 469\text{K})$$

$$p_{t2} = \frac{p_{t2}}{p_{t1}} p_{t1} = 0.720\ 87 \times 156.5 = 112.8\ (\text{psia})(\text{或}\ 0.777\ \text{MPa})$$

或者 $p_{t2}$ 可以借助等熵表计算:

$$p_{t2} = \frac{p_{t2}}{p_2} p_2 = \frac{1}{0.797\ 8} \times 90 = 112.8\ (\text{psia})$$

为了计算熵变,调用公式(4.28):

$$\frac{p_{t2}}{p_{t1}} = 0.720\ 87 = e^{-\Delta s/R}$$

$$\frac{\Delta s}{R} = 0.327\ 3$$

$$\Delta s = \frac{0.327\ 3 \times 53.3}{778} = 0.022\ 4\ (\text{Btu/(lbm} \cdot \text{°R)})(\text{或}\ 93.79\ \text{J/(kg} \cdot \text{K)})$$

有趣的是,就控制方程而言,例 6.2 中的问题可能完全相反。如果将问题转化为 $Ma_1=0.577$,$p_1=90$ psia,$T_1=844$ °R,则完全满足连续性方程(6.11)、能量方程(6.13)和动量方程(6.15)的基本关系,得到 $Ma_2=2.0$,$p_2=20$ psia,$T_2=500$ °R(表示膨胀激波)。然而,在后一种情况下,熵的变化将是负的,这显然违反了热力学第二定律的绝热无功系统。

例 6.2 及其附带的讨论清楚地表明,激波现象是一个单向过程(即不可逆)。它始终是一种压缩激波,而且对于一个正激波来说,波前总为超声速,波后为亚声速。由正激波表可知,当 $Ma_1$ 增加时,压比、温度比和密度比会增加,表示更强的激波(或压缩波)。还可以注意到,随着 $Ma_1$ 的增加,$p_{t2}/p_{t1}$ 减少,这意味着熵增。因此,随着激波强度的增加,损失也增加。

**例 6.3** 空气的温度和压力分别为 300 K 和 2 bar abs.。以 868 m/s 的速度流动,经过正激波。确定激波前后的密度。

$$\rho = \frac{p_1}{RT_1} = \frac{2 \times 10^5}{287 \times 300} = 2.32\ (\text{kg/m}^3)$$

$$a_1 = (\gamma g_c R T_1)^{1/2} = (1.4 \times 1 \times 287 \times 300)^{1/2} = 347 (\text{m/s})$$

$$Ma_1 = \frac{V_1}{a_1} = \frac{868}{347} = 2.50$$

从正激波表中可得

$$\frac{\rho_2}{\rho_1} = \frac{p_2}{p_1} \frac{T_1}{T_2} = 7.125 \times \frac{1}{2.1375} = 3.333$$

$$\rho_2 = 3.3333, \rho_1 = 3.3333 \times 2.32 = 7.73 \ (\text{kg/m}^3)(\text{或} \ 0.483 \ \text{lbm/ft}^3)$$

**例 6.4**　氧气进入如图 E6.4 所示的收缩段,在出口处产生正激波。入口马赫数是 2.8,面积比 $A_1/A_2 = 1.7$。计算总静态温度比 $T_3/T_1$。忽略所有摩擦损失。

$$\frac{A_2}{A_2^*} = \frac{A_2}{A_1} \frac{A_1}{A_1^*} \frac{A_1^*}{A_2^*} = \frac{1}{1.7} \times 3.5001 \times 1 = 2.06$$

因此,$Ma_2 \approx 2.23$,由激波表可得

$$Ma_3 = 0.5431, \quad \frac{T_3}{T_2} = 1.8835$$

$$\frac{T_3}{T_1} = \frac{T_3}{T_2} \frac{T_2}{T_{t2}} \frac{T_{t2}}{T_{t1}} \frac{T_{t1}}{T_1} = 1.8835 \times 0.5014 \times 1 \times \frac{1}{0.3894} = 2.43$$

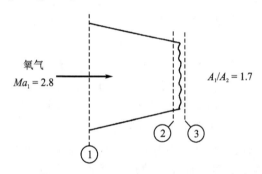

氧气
$Ma_1 = 2.8$

$A_1/A_2 = 1.7$

**图 E6.4**

这里建立一个正激波与速度变化的关系,在第 7 章中将用到。从基本的连续性方程开始,

$$\rho_1 V_1 = \rho_2 V_2 \tag{6.2}$$

从公式(6.26)引入密度关系:

$$\frac{V_2}{V_1} = \frac{\rho_1}{\rho_2} = \frac{(\gamma - 1)Ma_1^2 + 2}{(\gamma + 1)Ma_1^2} \tag{6.29}$$

左右两边各减去 1 得

$$\frac{V_2 - V_1}{V_1} = \frac{(\gamma - 1)Ma_1^2 + 2 - (\gamma + 1)Ma_1^2}{(\gamma + 1)Ma_1^2} \tag{6.30}$$

$$\frac{V_2 - V_1}{Ma_1 a_1} = \frac{2(1 - Ma_1^2)}{(\gamma + 1)Ma_1^2} \tag{6.31}$$

或

$$\boxed{\frac{V_1 - V_2}{a_1} = \left(\frac{2}{\gamma + 1}\right)\left(\frac{Ma_1^2 - 1}{Ma_1}\right)} \tag{6.32}$$

由于这是另一个与 $Ma_1$ 和 $\gamma$ 有关的参数,所以可以引入激波表中。这对解决某些类型的问题十分有效,具体在第 7 章中得到体现。

# 6.6 喷管中的激波

5.7 节讨论了等熵条件下收缩-扩张喷管的运算,这类喷管是通过它的面积比来区分的,即出口面积和喉道面积的比。此外,它的流动条件取决于工作压力比,即背压与进口滞止压力的比值,并且定义了两个关键的临界压力比。对于高于第一临界点的任何压力比,喷管不会拥塞,整个过程都为亚声速流动(典型的文丘里管)。第一临界点代表在收缩段和扩张段均为亚声速,但在喉道处拥塞且马赫数为 1.0 的流动。第三临界点代表收缩段为亚声速流动,扩张段为超声速流的设计工况,在喉道处拥塞且马赫数同样为 1.0。第一和第三临界点是唯一具有以下特性的工作点:

① 整个流动是等熵的;
② 喉道处马赫数为 1;
③ 出口压力等于背压。

需要记住,亚声速流在出口处的压力必须等于背压,否则当压力比略低于第一临界点时,等熵流就不可能满足出口压力平衡的边界条件了。然而,此时喷管内可发生非等熵流量调节。这种内部调整采取静止正激波的形式,具体的涉及熵变。

当压力比降低到第一临界点以下时,正激波就在喉道的下游形成。由于激波后的流动是亚声速的,并且喷管面积增加,所以喷管的其余部分现在起着扩压器的作用。激波能自动定位,使压力的变化发生在激波之前、穿过激波和激波的下游,并产生一个与出口压力完全对应的压力。换句话说,工作压力比决定了激波的位置和强度。示例如图 6.3 所示。随着压力比的进一步降低,激波继续向出口移动。当激波位于出口面时,这种情况称为第二临界点。

这里忽略了由于流体粘性而一直存在的边界层效应,其实,这些效应有时会引起所谓的lambda 激波。重要的是,真实的流动通常比我们描述的理想化情况要复杂得多。

如果工作压力比介于第二和第三临界点之间,则压缩发生在喷管外。这种情况被称为过膨胀(即喷管内流量膨胀得过大)。如果接收器压力低于第三临界点,则在喷管外部发生膨胀。这种情况称为欠膨胀。在介绍了一些必要的背景之后,本书将在第 7 章和第 8 章中研究这些流动条件。

现在,继续分析第一和第二临界点之间的流动机理。这里使用与 5.7 节中相同的喷管和进口条件。喷管的面积比为 2.494,由一个大油箱注入条件为 100 psia、600 °R 的空气,因此,入口条件基本上是滞止的。对于这些固定的入口条件,由前面的知识可得,当背压为 96.07 psia(工作压力比为 0.960 7)时处于第一临界点,当背压为 6.426 psia(工作压力比为 0.064 26)时处于第三临界点。

那么处于第二临界点需要多大的背压呢?由图 6.4 可以认识到,整个喷管直到激波处都在其设计状态或第三临界状态下工作。

根据 $A/A^* = 2.494$ 时的等熵表,可得

$$Ma_3 = 2.44, \qquad \frac{p_3}{p_{t3}} = 0.064\ 26$$

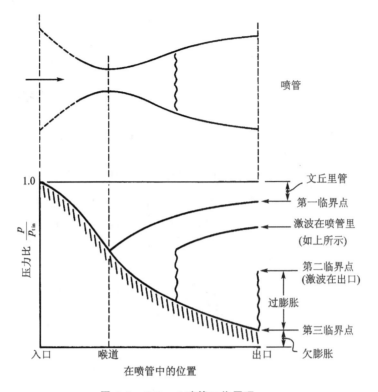

**图 6.3　DeLaval 喷管工作原理**

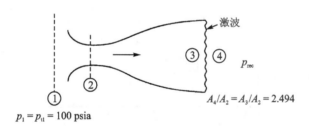

**图 6.4　工作在第二临界点**

从正激波表可知 $Ma_3 = 2.44$，得

$$Ma_4 = 0.518\,9, \qquad \frac{p_4}{p_3} = 6.779\,2$$

工作压力比为

$$\frac{p_{rec}}{p_{t1}} = \frac{p_4}{p_{t1}} = \frac{p_4}{p_3}\frac{p_3}{p_{t3}}\frac{p_{t3}}{p_{t1}} = 6.779\,2 \times 0.064\,26 \times 1 = 0.436$$

或者对于 $p_1 = p_{t1} = 100$ psia，有

$$p_4 = p_{rec} = 43.6 \text{ psia}$$

　　因此，对于面积比为 2.494 的收缩–扩张喷管，任何在 0.960 7～0.436 之间的工作压力比都会在喷管的扩散部分产生正激波。

　　假设工作压力比为 0.60，那激波应在什么位置呢？这种情况如图 6.5 所示。依题可得

$$\frac{A_5}{A_2} = 2.494, \qquad \frac{p_5}{p_{t1}} = 0.60$$

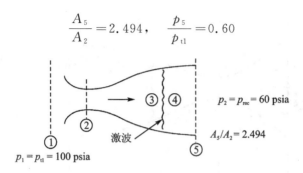

$p_2 = p_{rec} = 60 \text{ psia}$

$A_5/A_2 = 2.494$

$p_1 = p_{t1} = 100 \text{ psia}$

**图 6.5 在分流段具有正激波的 DeLaval 喷管**

当然也可以假设所有的损失都发生在激波内,而且已知 $Ma_2 = 1.0$。在 $T-s$ 图上画出过程有助于解决问题,如图 6.6 所示。直到激波前不会产生损失,所以

$$A_2 = A_1^*$$

因此,

$$\frac{A_5}{A_2} \frac{p_5}{p_{t1}} = \frac{A_5}{A_1^*} \frac{p_5}{p_{t1}} \tag{6.33}$$

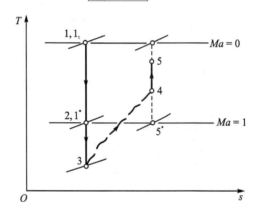

**图 6.6 具有正激波的 DeLaval 喷管的 $T-s$ 图(物理模型见图 6.5)**

从公式(5.35)中也可知,对于理想气体绝热无功流动的情况,有

$$A_1^* p_{t1} = A_5^* p_{t5} \tag{6.34}$$

因此,

$$\frac{A_5}{A_1^*} \frac{p_5}{p_{t1}} = \frac{A_5}{A_5^*} \frac{p_5}{p_{t5}}$$

总而言之,

$$\frac{A_5}{A_2} \frac{p_5}{p_{t1}} = \frac{A_5}{A_1^*} \frac{p_5}{p_{t1}} = \frac{A_5}{A_5^*} \frac{p_5}{p_{t5}}$$

$$\tag{6.35}$$

2.494 0.6 $\qquad$ = $\qquad$ 1.496 4

**注意**:这里已将所有已知信息处理为一个具有类似下标的表达式。在 5.6 节中,公

式(5.43)表示 $pA/p_t A^*$ 是 $Ma$ 和 $\gamma$ 的一个简单函数,可在等熵表中查到。通过查该表可知,出口马赫数为 $Ma_5 \approx 0.38$。

为确定激波位置,查找比值,如下:

$$\frac{p_{t5}}{p_{t1}} = \frac{p_{t5}}{p_5}\frac{p_5}{p_{t1}} = \frac{1}{0.905\,2} \times 0.6 = 0.664$$

已知
由等熵表可知 $Ma=0.38$

由于假定所有的损失都发生在激波过程中,可得

$$p_{t5} = p_{t4}, \qquad p_{t1} = p_{t3}$$

因此,

$$\frac{p_{t4}}{p_{t3}} = \frac{p_{t5}}{p_{t1}} = 0.664$$

知道了激波的总压比,便可以从正激波表中确定 $Ma_3 \approx 2.12$,然后再根据等熵表,查得该马赫数对应的面积比约为 $A_3/A_3^* = A_3/A_2 = 1.869$。在等熵表内插值可以得到更准确的答案。

换句话说,如果给出一个收缩-扩张喷管的物理条件(面积比已知)和处于第一和第二临界点之间的工作压力比,那么确定正激波在扩张段中的位置和强度是一件很简单的事情。

**例 6.5**　收缩-扩张喷管的面积比为 3.50。在非设计工况下,出口马赫数为 0.3。什么工作压力比会导致这种情况呢?

使用图 6.5 中的截面编号,当 $Ma_3 = 0.3$ 时,有

$$\frac{p_5 A_5}{p_{t5} A_5^*} = 1.911\,9$$

$$\frac{p_5}{p_{t1}} = \frac{p_5 A_5}{p_{t5} A_5^*}\left(\frac{p_{t5} A_5^*}{p_{t1} A_1^*}\right)\frac{A_1^*}{A_2}\frac{A_2}{A_5} = 1.911\,9 \times 1 \times 1 \times \frac{1}{3.50} = 0.546$$

现在即可找到激波的位置和马赫数。

**例 6.6**　空气进入一个整体面积比为 1.76 的收缩-扩张喷管。正激波发生在面积为喉道面积 1.19 倍的地方。忽略所有摩擦损失,求出工作压力比。这里再次使用图 6.5 中的截面编号。

从等熵表中可知

$$\frac{A_3}{A_2} = 1.19, \quad Ma_3 = 1.52$$

从激波表中可知

$$Ma_4 = 0.694\,1, \qquad \frac{p_{t4}}{p_{t3}} = 0.923\,3$$

那么,

$$\frac{A_5}{A_5^*} = \frac{A_5}{A_2}\frac{A_2}{A_4}\frac{A_4}{A_4^*}\frac{A_4^*}{A_5^*} = 1.76 \times \frac{1}{1.19} \times 1.098\,8 \times 1 = 1.625$$

因此,$Ma_5 \approx 0.389$。

$$\frac{p_5}{p_{t1}} = \frac{p_5}{p_{t5}}\frac{p_{t5}}{p_{t4}}\frac{p_{t4}}{p_{t3}}\frac{p_{t3}}{p_{t1}} = 0.900\,7 \times 1 \times 0.923\,3 \times 1 = 0.832$$

## 6.7　超声速风洞计算

通过一个收缩-扩张喷管,可以实现超声速流动的测试段。为了实现经济运行,喷管-试验段组合后必须有一个扩压段,扩压段也必须是收缩-扩张的。在流动分析中,这种配置也产生了一些有趣的问题。图 6.7 所示为风洞在启动时最不利状态下运行的典型情况。下面是对内部情况的简要分析。

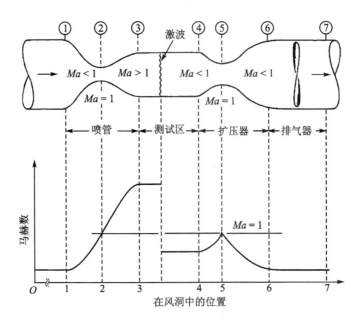

**图 6.7　启动时的超声速风洞(马赫数变化)**

当排气器启动时,压力降低并在风洞内产生流动。起初,整个气流是亚声速的,但功率增加,排气机进一步降低压力,导致流量增加,直到喷管喉道(第 2 节)拥塞。此时喷管处于第一临界状态。随着功率的进一步增加,喉道下游形成一个正激波,如果风洞压力持续降低,激波将沿着喷管的扩张部分向下移动,迅速通过试验段进入扩压器。图 6.8 所示为这种情况的一般运行条件,称为最有利条件。

图 6.7 展示了位于试验区的激波以及整个流动系统马赫数的变化,这种称为最不利条件。因为激波可能在最大马赫数发生,因而损失最大。同时,扩压器喉道(第 5 节)必须针对这种情况调整,下面将给出调整方案。

由于 $p_t A^* = \mathrm{const}$,因此,

$$p_{t2} A_2^* = p_{t5} A_5^*$$

但由于 $Ma = 1$ 同时存在于第 2 段和 5 段(在启动期间),

$$A_2 = A_2^*, \quad A_5 = A_5^*$$

因此,

$$p_{t2} A_2 = p_{t5} A_5 \tag{6.36}$$

由于激波损失(和其他摩擦损失),所以 $p_{t5} < p_{t2}$,因此 $A_5$ 必须大于 $A_2$。已知测试区的设

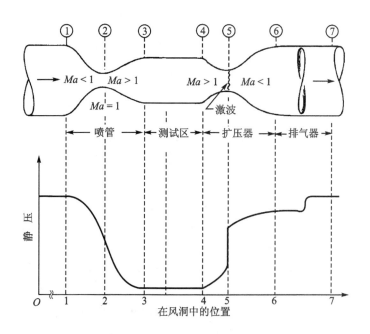

**图 6.8 运行状态下的超声速风洞(压力变化)**

计马赫数即可确定激波强度处于不利条件下,并且面积 $A_5$ 很容易由公式(6.36)确定。请记住,这代表扩压器喉道的最小面积。如果它做得比这个更小,风洞就永远无法启动(也就是说,永远无法让激波进入并通过测试段)。事实上,如果面积 $A_5$ 做得太小,气流将首先在这个喉道拥塞,就永远无法在第 2 段达到声速条件。

一旦激波进入扩压器喉道且已知 $A_5 > A_2$,则在第 5 段风洞永远不会以声速运行。因此,要作为扩压器工作,在这一点上必须产生一个激波,如图 6.8 所示。这里也展示了在这种运行条件下通风洞的压力变化。

为了使运行过程中的损失保持在最低水平,扩压器中的激波应发生在尽可能低的马赫数处,也就意味着较小喉道处。然而,前文已经表明,为了开启风洞,扩压器喉道处必须够大。所以,构造一个具有可变面积喉道的扩压器是解决这一困境的方法,启动后 $A_5$ 必须可以降低,相应的激波强度和运行功率可以降低。然而,任何安装所需的功率都必须基于不利的启动条件来计算。

虽然超声速风洞主要用于航空导向工作,但它的计算有助于巩固变截面积流动、正激波及其相关流动损失的许多重要概念。同样重要的是,它开始集中在一些实际的设计应用上。

# 6.8　当 $\gamma$ 不等于 1.4 时

如第 5 章所述,本章前面讨论了 $\gamma = 1.4$ 的变化所带来的影响。图 6.9 和图 6.10 显示了入口马赫数 $1 \leqslant Ma \leqslant 5$ 区间内的 $T_2/T_1$ 和 $p_2/p_1$ 随马赫数变化的曲线,其中包括 $\gamma = 1.13$、1.40 和 1.67 这三种条件。

① 图 6.9 描述了正激波处的 $T_2/T_1$,从图中可以看出,温度比对 $\gamma$ 变化非常敏感。

② 如图 6.10 所示,正激波处的压力比对 $\gamma$ 变化相对不敏感。当 $Ma \approx 1.5$ 时,附录 H 所

列的压力比对任何 $\gamma$ 都适用,且误差很小。

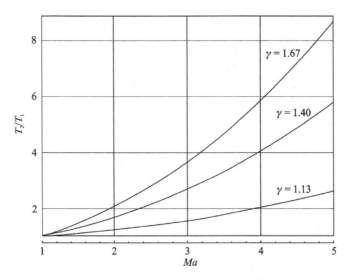

图 6.9　不同 $\gamma$ 值下,正激波的温度比与马赫数的关系

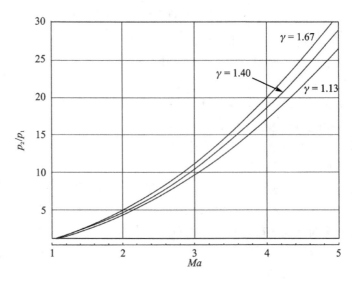

图 6.10　不同 $\gamma$ 值下,正激波的压力比与马赫数的关系

　　严格地说,这些曲线只在流动过程的 $\gamma$ 变化可以忽略的情况下才具有代表性。然而,它们可以说明在其他情况下 $\gamma$ 可预期的变化幅度。第 11 章中将处理流动中 $\gamma$ 变化不可忽略的情况。

　　为了避免重现附录 H 中列出的所有值,气体动力学计算器会在 $1.0 < \gamma \leqslant 1.67$ 范围内生成相关激波参数。

# 6.9　(选学)计算程序方法

　　如第 5 章所述,人们可以通过计算机工具,如 MAPLE,来消除大量插值运算,并得到任意

的比热比 $\gamma$ 和/或任意马赫数的准确答案。例如，如果给定 $Ma_1$ 和 $\gamma$，便可以很容易地计算公式(6.21)、公式(6.23)、公式(6.25)、公式(6.26)和公式(6.28)左侧的高精度解(或三个变量中给定任意两个计算另一个)。

**例 6.7**　回到例 6.3，该例需要跨激波的密度比。可由公式(6.26)计算：

$$\frac{\rho_2}{\rho_1} = \frac{(\gamma+1)Ma_1^2}{(\gamma-1)Ma_1^2+2} \tag{6.26}$$

令

$$g \equiv \gamma, \text{一个参数(比热比)}$$
$$X \equiv \text{自变量(此处为 } Ma_1\text{)}$$
$$Y \equiv \text{因变量(此处为 } \rho_2/\rho_1\text{)}$$

下面是在计算机中输入的精确程序：

```
[> g := 1.4:  X := 2.5:
[> Y := ((g+1)*X^2)/((g-1)*X^2 + 2);
                    Y := 3.333333333
```

即为所求。

MAPLE 的一个相当独特的能力是用符号(与严格的数字)来求解方程的能力，可用于重新证明一些复杂的代数表达式。

**例 6.8**　假设求解公式(6.19)中的 $Ma_2$：

$$\left(\frac{1+\gamma Ma_2^2}{1+\gamma Ma_1^2}\right)\frac{Ma_1}{Ma_2} = \left\{\frac{1+[(\gamma-1)/2]Ma_2^2}{1+[(\gamma-1)/2]Ma_1^2}\right\}^{1/2} \tag{6.19}$$

令

$$g \equiv \gamma, \text{一个参数(比热比)}$$
$$X \equiv \text{自变量(此处为 } Ma_1^2\text{)}$$
$$Y \equiv \text{因变量(此处为 } Ma_2^2\text{)}$$

下面是在计算机中输入的精确程序：

```
[> solve((((1 + g*Y)^2)/((1 + g*X)^2))*(X/Y) = (2 +
   (g - 1)*Y)/(2 + (g-1)*X), Y);
              X, (2 + Xg - X)/(-g + 1 + 2Xg)
```

即为所求。

由于解的是二次方程，所以上面是 $Y$(或 $Ma_2^2$)的两个根。通过一些操作，可以得到第二个根或特征根，使其看起来像公式(6.21)。这将有利于通过代入数值将结果与正常值对照表进行比较检验。

上述计算类型可以集成到更复杂的程序，来处理大多数气体动力学计算。

# 6.10　总　结

本章检验了一类垂直于流动的固定不连续变化。这些有限压力的扰动称为正激波。如果激波前条件已知，则激波后必存在满足条件的一组精确解。对于理想气体的情况，可以得到显式的解,这些解可以制成不同比热比条件的表格。

激波只出现在超声速流动中,正激波后的流动总是亚声速的。激波是一种压缩过程,但由于压缩过程中涉及的损失相对较大,因此是一种效率较低的压缩过程。(损失了什么?)在超声速流动中,激波提供了一种通过调节流量来满足施加的压力条件的手段。

与第 5 章一样,本章大部分公式不需要记忆。但是,读者应熟悉适用于正激波中所有的流体基本关系,即公式(6.2)、公式(6.4)和公式(6.9)。从本质上讲,这些理论认为,激波发生前后有以下三个共同点:

① 单位面积的质量流量相同;

② 同样的滞止焓;

③ $p + \rho V^2 / g_c$ 值相同。

6.4 节中总结了适用于理想气体的工作方程(6.11)、方程(6.13)和方程(6.15)。在 6.5 节中,通过建立方程(6.32),可以有效解决某些类型的问题。读者应熟悉附录 H 中列出的各种比率。

# 习 题

除非另有说明,假设在以下任意流动系统中均无摩擦,因此,唯一的损失是由激波造成的。

6.1 在马赫数为 1.8 的流动空气中,会产生静止的正激波。

(1)穿过激波的压力比、温度比和密度比是多少?

(2)计算空气通过激波的熵变。

(3)将(2)在 $Ma$ 为 2.8 和 3.8 的流动条件下重新求解。

6.2 激波前的总压和静压之差为 75 psi,则激波前能存在的最大静压是多少? 流体为氧气。(提示:从 $Ma = 1.0$ 的极限情况下找出激波前的静压和总压开始。)

6.3 在任意的理想气体中,激波前的马赫数无限大。

(1)确定激波后马赫数的一般表达式。当 $\gamma = 1.4$ 时,这个表达式的值是多少?

(2)确定 $p_2/p_1$,$T_2/T_1$,$\rho_2/\rho_1$ 和 $p_{t2}/p_{t1}$ 的一般表达式。当 $\gamma = 1.4$ 时,这些值与附录 H 中所给的值一致吗?

6.4 已知图 P6.4 所示的系统中每个喉道的速度都为声速。空气的熵变为 0.062 Btu/(lbm・°R)。管道中的摩擦力可忽略。确定面积比 $A_3/A_1$ 和 $A_2/A_1$。

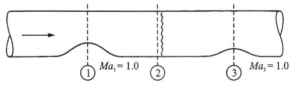

图 P6.4

6.5 系统内空气流动情况如图 P6.5 所示。已知激波后马赫数为 $Ma_3 = 0.52$。考虑 $p_1$ 和 $p_2$,已知其中一个压强是另一个压强的两倍。

(1)计算截面 1 的马赫数。

(2)面积比 $A_1/A_2$ 是多少?

6.6　如图 P6.6 所示,激波位于系统的进口处。自由流的马赫数 $Ma_1=2.90$,流体为氮气,$A_2=0.25$ m$^2$,$A_3=0.20$ m$^2$。求出口马赫数和温度比 $T_3/T_1$。

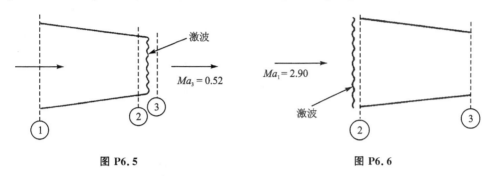

图 P6.5　　　　　　　　　　　　　　　图 P6.6

6.7　设计了一种收缩-扩张喷管来产生马赫数为 2.5 的空气。

(1) 什么工作压力比(背压/入口总压)会使喷管工作于第一、第二和第三临界点?

(2) 如果进口滞止压力是 150 psia,多少的背压会使喷管工作在以上临界点?

(3) 假设背压固定在 15 psia,需要多大的进口压力能使喷管工作在以上临界点?

6.8　空气以 $20×10^5$ N/m$^2$,40 ℃的温度进入收缩-扩张喷管。背压为 $2×10^5$ N/m$^2$,喷管喉道面积为 10 cm$^2$。

(1) 若在设计条件下工作,出口区域需要满足什么条件(即在第三临界点?)

(2) 若喷管面积固定为(1)中的情况,入口压力为 $20×10^5$ N/m$^2$,使激波位于喷管出口处需要多大的背压?

(3) 若激波位于喉道,则需要多大的背压?

6.9　在图 P6.9 中,$Ma_1=3.0$,$A_1=2.0$ ft$^2$。如果液体是一氧化碳,激波发生在 1.8 ft$^2$ 处,则第 4 部分的最小可能面积是多少?

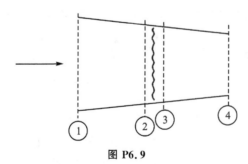

图 P6.9

6.10　一个收缩-扩张喷管的面积比为 7.8,但不在其设计压力比下工作。因此,在扩张段发生激波处的面积是喉道的两倍。流体是氧气。

(1) 求出口马赫数和工作压力比。

(2) 如果摩擦可忽略,通过喷管的熵变是多少?

6.11　超声速喷管的扩张段由锥型组成,流体为氮气,在其第三临界点工作时,出口马赫数为 2.6。计算激波发生在如图 P6.11 所示位置时的工作压力比。

6.12　一个收缩-扩张喷管从 100 psia 和 600 °R 的油箱通入空气。该平面激波前的压力为28.0 psia。出口马赫数为 0.5,流量为 10 lbm/sec。确定:

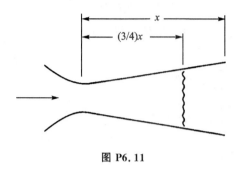

**图 P6.11**

(1) 喉道处面积。

(2) 激波所在的位置。

(3) 求上述工作条件下喷管所需的出口压力。

(4) 喷管出口面积。

(5) 设计条件下的出口马赫数。

6.13 空气进入装置时 $Ma_1=2.0$,离开时 $Ma_2=0.25$。出口与进口面积之比为 $A_2/A_1=3.0$。

(1) 求静压比 $p_2/p_1$。

(2) 确定滞止压力比 $p_{t2}/p_{t1}$。

6.14 流体为氧气,$p_1=95.5$ psia,进入面积为 3.0 ft² 的扩张段。出口面积为 4.5 ft²,马赫数为 0.43,静压为 75.3 psia。确定入口的可能马赫数值。

6.15 收缩-扩张喷管的面积比为 3.0,进口滞止压力为 8.0 bar,背压为 3.5 bar。设 $\gamma=1.4$。

(1) 计算喷管的临界工作压力比,并说明激波发生在扩张段。

(2) 计算出口马赫数。

(3) 计算激波的位置(面积)和激波前马赫数。

6.16 氮气通过收缩-扩张喷管流动,且设计在马赫数为 3.0 的情况下工作。若此时工作压力比为 0.5,则

(1) 确定出口的马赫数。

(2) 喷管内熵变是多少?

(3) 计算激波位置处面积比。

(4) 需要多大的工作压力比才能将激波移动到出口?

6.17 腔室中空气压力为 $p_1$,温度为 $T_1$,向一个收缩-扩张喷管通气。出口面积 $A_e=4A_2$,其中 $A_2$ 是喉道面积。背压从初始 $p_{rec}=p_1$ 开始稳步降低。

(1) 确定使喷管在第一、第二和第三临界点工作的背压(用 $p_1$ 表示)。

(2) 解释喷管在以下背压下是如何工作的:① $p_{rec}=p_1$;② $p_{rec}=0.990p_1$;③ $p_{rec}=0.53p_1$;④ $p_{rec}=0.03p_1$。

6.18 画出与超声速隧道启动工况对应的详细 $T-s$ 图(见图 6.7)。在图中标明各点(如 1、2、3 等)。假设系统无传热无摩擦损失。

6.19 考虑图 6.7 和图 6.8 所示的风洞。大气进入系统的压力和温度分别为 14.7 psia 和 80 ℉,在第 1 部分的速度可以忽略不计。试验段的截面积为 1 ft²,马赫数为 2.5。假设扩压器将速度降到接近于零,并且最终排气到大气的速度可以忽略。该系统是完全绝缘的,摩擦

损失可以忽略不计。计算：

(1) 喷管的喉道区域。

(2) 质量流量率。

(3) 扩压器的最小可能喉道面积。

(4) 启动时进入排气器的总压力(见图 6.7)。

(5) 运行时进入排气器的总压力(见图 6.8)。

(6) 排气器所需的 hp 值(基于等熵压缩)。

6.20　利用气体动力学计算器和附录 A 或附录 B 中 $\gamma$ 的数值,在氦气、水蒸气和二氧化碳的条件下重新计算习题 6.1 中的(1)和(2)。

# 小　测

在不参考本章内容的情况下独立完成以下测试。

6.1　给定适用于稳定一维流动的连续性、能量和动量方程,分析任意流体中的静止正激波,然后简化为理想气体的结果。

6.2　用增加、减少或保持不变填空。穿过一个正激波时,

(1) 温度____。

(2) 滞止压力____。

(3) 速度____。

(4) 密度____。

6.3　考虑面积比为 3.0 的收缩-扩张喷管,并假定在理想气体($\gamma=1.4$)下工作。确定在第一、第二和第三临界点处的工作压力比。

6.4　作 $T-s$ 图,描述在理想气体中静止正激波。标注出静压和总压,静态温度和总温,速度(激波前后)。

6.5　氮气在有摩擦的绝热变面积系统中流动。面积比是 $A_2/A_1=2.0$,静压比为 $p_2/p_1=0.20$。第 2 段的马赫数是 $Ma_2=3.0$。

(1) 第 1 段的马赫数是多少?

(2) 气体是从 1 流向 2 还是从 2 流向 1?

6.6　装有 100 psia 和 600 °R 空气的腔室连接了一个面积比为 2.50 的收缩-扩张喷管,背压为 60 psia。

(1) 确定出口马赫数和速度。

(2) 找出激波的 $\Delta s$ 值。

(3) 画出流过喷管的 $T-s$ 图。

# 第7章 运动激波和斜激波

## 7.1 引 言

回顾4.3节,在声波上叠加一速度,这样可以得到驻波,从而利用稳态流动方程对其进行分析。本章也将使用完全相同的方法来比较运动激波和静止的正激波。值得注意的是,速度的叠加不会影响流体的静态热力学状态,但会改变滞止状态(见3.5节)。

将一个切向速度叠加在静止正激波上会形成斜激波,斜激波波前与来流的夹角不是90°。本书后续会详细讨论理想气体斜激波的情况,并将结果表示为图表。然后,将讨论一些常产生斜激波的地方,并研究控制激波形成的边界条件。本章最后会延伸到锥形激波的讨论及其求解。

## 7.2 学习目标

在完成本章的学习之后,读者应该做到:

① 当一个匀速流场叠加在另一个流场上时,辨别出保持不变的性质和改变的性质。

② 描述如何用静止正激波的关系式分析运动正激波。

③ 叙述出斜激波如何用正激波和另一流动的叠加来描述。

④ 画出斜激波的简图并定义激波角和偏转角。

⑤ (选学)分析理想气体中的斜激波,建立激波角、偏转角和来流马赫数之间的关系。

⑥ 用作图的方式描述斜激波分析的一般结果,如不同偏转角下的激波角与来流马赫数。

⑦ 区分弱激波和强激波,明确每种结果的发生条件。

⑧ 描述产生脱体波的情况。

⑨ 说明什么工作条件会使超声速喷管出口形成斜激波。

⑩ 定量地解释(三维)锥形激波和(二维)楔形激波不同的原因。

⑪ 通过使用适当的方程、表格或图表,解决包括运动正激波或斜激波(平面或锥形)等的典型问题。

⑫ 通过使用适当的等式和表格或图表,解决涉及运动正激波或斜激波(平面或圆锥形)的典型问题。

## 7.3 法向速度叠加:运动正激波

如图7.1所示,考虑一个运动到静止流体中的平面激波。这种波可以通过激波管传播,也可能来自远处露天的爆炸装置。在后一种情况下,激波以球面波前的形式从爆炸点向外传播,但曲率半径变得非常大,可近似认为是一个平面波。一个典型的问题是,假设已知原始条件和激波的速度,确定激波通过后的情况。

在图 7.1 中,在地面上观察一个以恒定速度 $V_s$ 向左移动的正激波。作为一种不稳定的现象,需要寻找一种方法使之符合第 6 章的分析。为此,在整个流场上叠加一个向右的速度 $V_s$。另一种可以达到同样效果的方法是假设站立于正激波上,如图 7.2 所示。

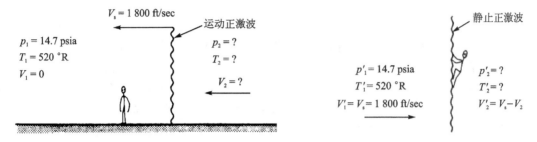

图 7.1　以地面为参考的运动正激波　　　　图 7.2　运动激波转化为静止激波

两种方法的结果均改变了激波的参考系,因此,激波可以看作是静止正激波。

**例 7.1**　当激波以 1 800 ft/sec 的速度在 14.7 psia 和 520 °R 的空气中移动时,利用第 6 章的方法解决如图 7.2 所示的问题。

$$a'_1 = \sqrt{\gamma g_c R T'_1} = \sqrt{1.4 \times 32.2 \times 53.3 \times 520} = 1\,118 \text{ ft/sec}$$

$$Ma'_1 = \frac{V'_1}{a'_1} = \frac{1\,800}{1\,118} = 1.61$$

从激波表中可以看到

$$Ma'_2 = 0.665\,5, \qquad \frac{p'_2}{p'_1} = 2.857\,5, \qquad \frac{T'_2}{T'_1} = 1.394\,9$$

因此,

$$p'_2 = \frac{p'_2}{p'_1}\,p'_1 = 2.857\,5 \times 14.7 = 42.0\ (\text{psia}) = p_2$$

$$T'_2 = \frac{T'_2}{T'_1}\,T'_1 = 1.394\,9 \times 520 = 725\ °R = T_2$$

$$a'_2 = \sqrt{\gamma g_c R T'_2} = \sqrt{1.4 \times 32.2 \times 53.3 \times 725} = 1\,320\ (\text{ft/sec}) = a_2$$

$$V'_2 = Ma'_2\,a'_2 = 0.665\,5 \times 1\,320 = 878\ (\text{ft/sec})$$

$$V_2 = V_s - V'_2 = 1\,800 - 878 = 922\ (\text{ft/sec})(\text{或 } 281 \text{ m/s})$$

因此,激波通过后(见图 7.1),压力和温度将分别为 42 psia 和 725 °R,空气将获得向左 922 ft/sec 的速度。读者可以尝试计算和比较每种情况下的滞止压力。注意,由于参考系发生了变化,两种情况是完全不同的。

在图 7.1 中有

$$p_{t1} = p_1 = 14.7 \text{ psia}$$

$$Ma_2 = \frac{V_2}{a_2} = \frac{922}{1\,320} = 0.698$$

$$p_{t2} = \frac{p_{t2}}{p_2}\,p_2 = \frac{1}{0.722\,2} \times 42 = 58.2\ (\text{psia})(\text{或 } 0.401 \text{ MPa})$$

在图 7.2 有

$$p'_{t1} = \frac{p'_{t1}}{p'_1} \ p'_1 = \frac{1}{0.231\,8} \times 14.7 = 63.4 \ (\text{psia})$$

$$p'_{t2} = \frac{p'_{t2}}{p'_2} \ p'_2 = \frac{1}{0.743\,0} \times 42 = 56.5 \ (\text{psia})(\text{或}\ 0.389 \ \text{MPa})$$

对于稳定流情况，$p'_{t2} < p'_{t1}$。然而需要注意，滞止压力的下降并不发生在非稳态情况下。读者可以尝试计算非稳态和稳态流动情况下激波每一侧的滞止温度，并思考一下 $T_{t2}$ 与 $T_{t1}$ 是否相等，那 $T'_{t1}$ 和 $T'_{t2}$ 呢？

另一种运动激波如图 7.3 所示，在已知条件下，空气流经管道，阀门突然关闭，流体因迅速静止而被压缩，这就产生了一个通过管道往回传播的激波。在这种情况下，不仅要确定激波通过后的气体条件，而且还要预测激波的速度。

这也可以看作是类似于发生于激波管末端激波的反射。同样，想象站在激波上，在这个新的参考系下，得到如图 7.4 所示的静止正激波问题。（仅仅把速度 $V_s$ 叠加在整个流场上。）然而，由于激波的速度未知，这个问题的解法并不像例 7.1 那样简单。既然 $V_s$ 是未知的，那么 $V'_1$ 和 $Ma'_1$ 就无法计算，但读者可以利用试错法去解决。回想一下第 6 章（见公式(6.32)）中提出的穿过正激波的速度差的关系，可将其应用到图 7.4 中，这就变为

$$\frac{V'_1 - V'_2}{a'_1} = \left(\frac{2}{\gamma+1}\right)\left(\frac{Ma'^2_1 - 1}{Ma'_1}\right) \tag{7.1}$$

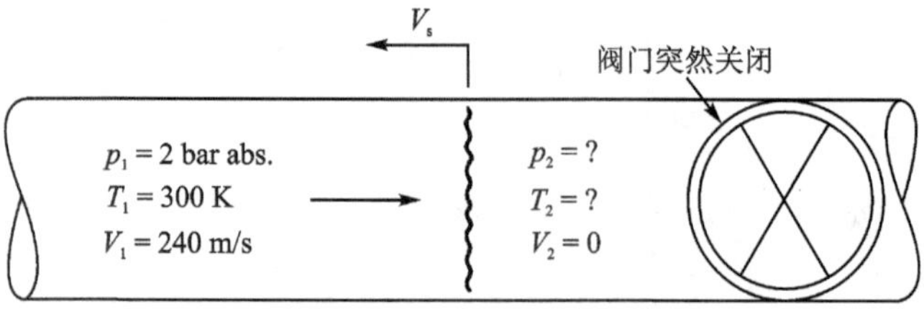

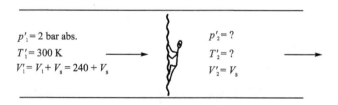

图 7.3　管道中运动正激波

图 7.4　运动激波转化为静止激波

**例 7.2**　用以上给出的信息求 $V_s$。

$$a'_1 = (\gamma g_c R T'_1)^{1/2} = (1.4 \times 1 \times 287 \times 300)^{1/2} = 347(\text{m/s})$$

$$\frac{V'_1 - V'_2}{a'_1} = \frac{240}{347} = 0.691\,6$$

从激波表中可以得

$$Ma'_1 \approx 1.5, \quad Ma'_2 = 0.701\,1, \quad T'_2/T'_1 = 1.320\,2, \quad p'_2/p'_1 = 2.458\,3$$

$$p'_2 = 2.458\,3 \times 2 = 4.92 \ \text{bar abs.} = p_2$$

$$T'_2 = 1.320\ 2 \times 300 = 396\ \text{K} = T_2$$
$$a'_2 = (1.4 \times 1 \times 287 \times 396)^{1/2} = 399\ (\text{m/s})$$
$$V'_2 = Ma'_2\ a'_2 = 0.701\ 1 \times 399 = 280\ (\text{m/s})(\text{或}\ 918.68\ \text{ft/sec}) = V_s$$

谨记,在这类问题的解中得到的静态温度和压力是起始运动激波问题的理想答案,但静止激波问题的速度和马赫数与起始运动激波问题的速度和马赫数并不相同。

## 7.4　切向速度叠加：斜激波

现在考虑如图 7.5 所示的静止正激波。为了强调这些速度是垂直于激波前沿的,把它们记为 $V_{1n}$ 和 $V_{2n}$。回想一下,当流体通过激波时,速度减小,即 $V_{1n} > V_{2n}$。同时,对于这类激波,$V_{1n}$ 永远是超声速的,$V_{2n}$ 永远是亚声速的。

现在在整个流场上叠加一个大小为 $V_t$ 且垂直于 $V_{1n}$ 和 $V_{2n}$ 的速度,结果如图 7.6 所示。根据前面的知识认识到速度叠加并不影响流体的静态状态,那会改变什么呢?

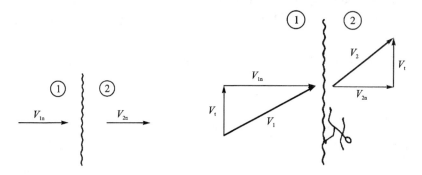

图 7.5　静止正激波　　　　　图 7.6　静止正激波加上切向速度

如果关注总速度(而不是它的分量),会得到流动(见图 7.7),注意:
① 激波不再垂直于来流方向,因此它被称为斜激波;
② 气流已偏离正常方向;
③ $V_1$ 一定仍是超声速的;
④ $V_2$ 可能是超声速的(如果 $V_t$ 足够大)。
将激波角 $\theta$ 定义为来流($V_1$)与激波阵面之间的锐角。偏转角 $\delta$ 是流体偏转的角度。

读者可以把斜激波看作是正激波和切向速度的组合,这样可以使用正激波方程和相应图表来解决理想气体的斜激波问题。

$$V_{1n} = V_1 \sin\theta \tag{7.2}$$

因为声速只是温度的函数,

$$a_{1n} = a_1 \tag{7.3}$$

用公式(7.2)除以公式(7.3)得

$$\frac{V_{1n}}{a_{1n}} = \frac{V_1 \sin\theta}{a_1} \tag{7.4}$$

或

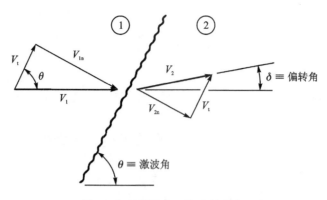

图 7.7 斜激波中 $\theta$ 和 $\delta$ 的定义

$$Ma_{1n} = Ma_1 \sin \theta \qquad (7.5)$$

因此,如果来流的马赫数($Ma_1$)和激波角($\theta$)已知,则可以通过垂直激波面马赫数($Ma_{1n}$)来利用正激波表,获得激波的静态温度和压力变化,因为这些变化不会因为在正激波图上叠加一个切向速度而改变。

接下来研究在给定马赫数下可能存在的激波角的范围。要想让激波存在,

$$Ma_{1n} \geqslant 1 \qquad (7.6)$$

因此,

$$Ma_1 \sin \theta \geqslant 1 \qquad (7.7)$$

$\theta$ 最小值出现在 $Ma_1 \sin \theta = 1$ 时,等价为

$$\theta_{\min} = \arcsin \frac{1}{Ma_1} \qquad (7.8)$$

回想一下,上式和马赫角 $\mu$ 的表达式是一样的。因此,马赫角是可能的最小激波角。注意,这仅仅是一个限制条件,实际上不存在激波,因为在这种情况下,$Ma_{1n} = 1.0$。因此,它们被称为马赫波或马赫线,而不是激波。显而易见,$\theta$ 能达到的最大值是 90°。而我们熟悉的正激波是另一种极限情况。

**注意:** 当激波角 $\theta$ 从 90° 减小到马赫角 $\mu$ 时,$Ma_{1n}$ 从 $Ma_1$ 减小到 1。由于激波的强度取决于正激波的马赫数,所以可以产生任何等于或小于正激波强度的激波。试想这可能应用于一个操作压力比在第二和第三临界点之间的收缩-扩张喷管吗?本书将在 7.8 节中继续讨论这个问题。

下面的例子是为了更好地理解斜激波和正激波之间的相关性。

**例 7.3** 利用图 E7.3(a)所示的信息,继续计算激波后的状态。

$$a_1 = (\gamma g_c R T_1)^{1/2} = (1.4 \times 32.2 \times 53.3 \times 1\,000)^{1/2} = 1\,550 \text{ (ft/sec)}$$

$$V_1 = Ma_1 a_1 = 1.605 \times 1\,550 = 2\,488 \text{ (ft/sec)}$$

$$Ma_{1n} = Ma_1 \sin \theta = 1.605 \sin 60° = 1.39$$

$$V_{1n} = Ma_{1n} a_1 = 1.39 \times 1\,550 = 2\,155 \text{ (ft/sec)}$$

$$V_t = V_1 \cos \theta = 2\,488 \cos 60° = 1\,244 \text{ (ft/sec)}$$

利用 $Ma_{1n} = 1.39$ 时的正激波表信息,我们发现 $Ma_{2n} = 0.744\,0$,$T_2/T_1 = 1.248\,3$,$p_2/p_1 = $

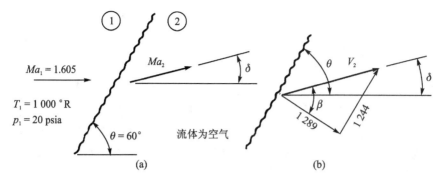

**图 E7.3**

$2.087\,5, p_{t2}/p_{t1} = 0.960\,7$。要知道,无论讨论的是正激波还是斜激波,静态温度和压力都是一样的。

$$p_2 = \frac{p_2}{p_1} p_1 = 2.087\,5 \times 20 = 41.7 \ (\text{psia})$$

$$T_2 = \frac{T_2}{T_1} T_1 = 1.248\,3 \times 1\,000 = 1\,248 \ (^\circ\text{R})$$

$$a_2 = (\gamma g_c R T_2)^{1/2} = (1.4 \times 32.2 \times 53.3 \times 1\,248)^{1/2} = 1\,732 \ (\text{ft/sec})$$

$$V_{2n} = Ma_{2n} a_2 = 0.744\,0 \times 1\,732 = 1\,289 \ (\text{ft/sec})$$

$$V_2 = V_{1t} = V_t = 1\,244 \ (\text{ft/sec})$$

$$V_2 = [(V_{2n})^2 + (V_{2t})^2]^{1/2} = (1\,289^2 + 1\,244^2)^{1/2} = 1\,791 \ (\text{ft/sec})$$

$$Ma_2 = \frac{V_2}{a_2} = \frac{1\,791}{1\,732} = 1.034$$

**注意**:虽然法向分量在激波后是亚声速的,但在这种情况下,激波后的速度是超声速的。

计算偏转角(见图 E7.3(b)),如下:

$$\tan\beta = \frac{1\,244}{1\,289} = 0.965\,1, \quad \beta = 44^\circ$$

$$90^\circ - \theta = \beta - \delta$$

因此,

$$\delta = \theta - 90^\circ + \beta = 60^\circ - 90^\circ + 44^\circ = 14^\circ$$

一旦 $\delta$ 已知,$Ma_2$ 的另一种计算方法就是

$$\boxed{Ma_2 = \frac{Ma_{2n}}{\sin(\theta - \delta)}} \tag{7.5a}$$

$$Ma_2 = \frac{0.744\,0}{\sin(60^\circ - 14^\circ)} = 1.034$$

**例 7.4**  对于例 7.3 中的条件,计算滞止压力和温度。

$$p_{t1} = \frac{p_{t1}}{p_1} p_1 = \frac{1}{0.233\,5} \times 20 = 85.7 \ (\text{psia}) \ (\text{或 } 0.591 \ \text{MPa})$$

$$p_{t2} = \frac{p_{t2}}{p_2} p_2 = \frac{1}{0.507\,5} \times 41.7 = 82.2 \ (\text{psia}) \ (\text{或 } 0.567 \ \text{MPa})$$

对于正激波问题并在正常马赫数的基础上计算滞止压力,可得

$$p_{t1n} = \left(\frac{p_{t1}}{p_1}\right)_n p_1 = \frac{1}{0.318\ 7} \times 20 = 62.8 \text{ (psia)}$$

$$p_{t2n} = \left(\frac{p_{t2}}{p_2}\right)_n p_2 = \frac{1}{0.692\ 5} \times 41.7 = 60.2 \text{ (psia)}$$

现在开始计算滞止温度,对于实际的斜激波问题,$T_t = 1\ 515\ °R$;而对于正激波问题,$T_t = 1\ 386\ °R$。图 E7.4 中的 $T - s$ 图中展示了所有静态和滞止压力以及温度,可以清楚地看到以相应滞止值为参考,在正激波上叠加切向速度所带来的影响。值得注意的是,无论是斜激波问题还是正激波问题,滞止压力的比率都是相同的,如下:

$$\frac{p_{t2}}{p_1} = \frac{82.2}{85.7} = 0.959, \qquad \frac{p_{t2n}}{p_{t1n}} = \frac{60.2}{62.8} = 0.959$$

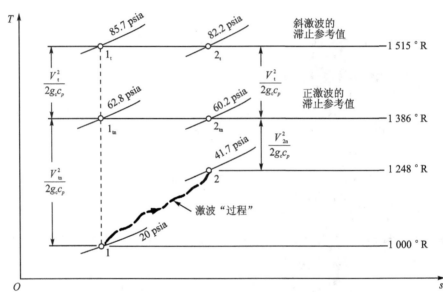

图 E7.4 斜激波的 $T - s$ 图(包括正激波)

这并不是巧合,要知道滞止压力比是对激波损失的一种度量。将切向速度叠加到正激波上并不影响实际的激波过程,因此损失保持不变。对于斜激波问题,虽然不能使用正激波问题中的滞止压力,但可以使用滞止压力比(列在激波表中)。值得注意的是,这些结论并不适用于在 7.3 节中讨论的运动正激波。

## 7.5 斜激波分析:理想气体

在 7.4 节中提到斜激波可以被看作是正激波和切向速度的组合。如果已知初始条件和激波角,就可以通过应用正激波表来解决这个问题。然而,通常激波角是未知的,因此需要寻求一种新的方法来解决这个问题。斜激波及其分量和角度如图 7.8 所示。

将偏转角($\delta$)与激波角($\theta$)和来流马赫数联系起来,首先从将连续性方程应用于单位面积的激波入手:

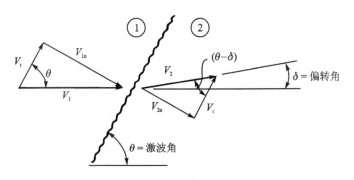

图 7.8　斜激波

$$\rho_1 V_{1n} = \rho_2 V_{2n} \tag{7.9}$$

或

$$\frac{\rho_2}{\rho_1} = \frac{V_{1n}}{V_{2n}} \tag{7.10}$$

由图 7.8 可得

$$V_{1n} = V_t \tan\theta, \quad V_{2n} = V_t \tan(\theta-\delta) \tag{7.11}$$

因此,由公式(7.10)和公式(7.11)可得

$$\frac{\rho_2}{\rho_1} = \frac{V_{1n}}{V_{2n}} = \frac{V_t \tan\theta}{V_t \tan(\theta-\delta)} = \frac{\tan\theta}{\tan(\theta-\delta)} \tag{7.12}$$

由第 6 章推导出的正激波关系可知,激波的各性质之间的比值是来流(法向)马赫数的函数。其中,密度比如下:

$$\frac{\rho_2}{\rho_1} = \frac{(\gamma+1) Ma_{1n}^2}{(\gamma-1) Ma_{1n}^2 + 2} \tag{6.26}$$

**注意**:马赫数加了下标 n,表示它们垂直于激波。使公式(7.12)和公式(6.26)相等可得

$$\frac{\tan\theta}{\tan(\theta-\delta)} = \frac{(\gamma+1) Ma_{1n}^2}{(\gamma-1) Ma_{1n}^2 + 2} \tag{7.13}$$

但是,

$$Ma_{1n} = Ma_1 \sin\theta \tag{7.5}$$

因此,

$$\frac{\tan\theta}{\tan(\theta-\delta)} = \frac{(\gamma+1) Ma_1^2 \sin^2\theta}{(\gamma-1) Ma_1^2 \sin^2\theta + 2} \tag{7.14}$$

以上过程成功地把激波角、偏转角和马赫数联系起来。虽然方程(7.14)中的 $\theta$ 不能解得 $Ma$、$\delta$ 和 $\gamma$ 的显函数,但可以得到一个显式的解,即

$$\delta = f(Ma, \theta, \gamma)$$

即

$$\tan\delta = 2\cot\theta \left[ \frac{Ma_1^2 \sin^2\theta - 1}{Ma_1^2(\gamma+\cos 2\theta) + 2} \right] \tag{7.15}$$

读者可以利用任意给定的马赫数来计算方程(7.15)中 $\theta$ 的极值。

对于 $\theta = \theta_{max} = \pi/2$,由方程(7.15)得 $\tan\delta = 0$ 或 $\delta = 0$,这对于正激波是正确的。

对于 $\theta=\theta_{\min}=\arcsin(1/Ma_1)$，由方程(7.15)还能够得到 $\tan\delta=0$ 或 $\delta=0$，这对于马赫波或无激波的极限情况是正确的。因此，斜激波的关系式包括特殊情况的最强激波(正激波)和可能的最弱激波(无激波)以及所有其他中等强度的激波。注意，对于给定的偏转角 $\delta=0°$，任意给定的马赫数都有两种可能的激波角。具体内容将在7.6节中介绍。

## 7.6 斜激波图表

公式(7.14)给出了激波角、偏转角和来流马赫数之间的关系。得到这一关系是为了解决激波角($\theta$)未知的问题，但不可能获得显式解 $\theta=f(Ma,\delta,\gamma)$，其他求解激波角最可靠的方法就是利用方程(7.14)或方程(7.15)。图7.9所示为不同偏转角($\delta$)下激波角($\theta$)与入口马赫数($Ma_1$)的关系图。

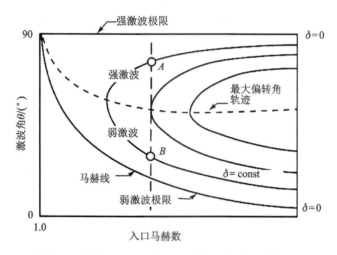

**图 7.9 斜激波 $\theta$、$Ma_1$ 和 $\delta$ 之间的关系(详见附录 D)**

对于任意来流马赫数，都可以很快从图7.9中看出所有可能的激波。例如，任意马赫数的虚垂直线从图的顶部开始，此处正激波($\theta=90°$，$\delta=0°$)，可能是最强激波。随着虚线下移，激波角不断减小，激波强度不断减小，达到 $\theta_{\min}=\mu$(马赫角)。试想为什么会这样？当沿着这条线移动时，法向马赫数如何变化？

值得注意的是，随着激波角的减小，偏转角先从 $\delta=0$ 增大到 $\delta=\delta_{\max}$，然后再减小到零。因此，对于任意给定的马赫数和偏转角，存在两种可能的激波情况(假设 $\delta<\delta_{\max}$)，其中一个点($A$)具有更大的激波角，因而具有更高的正激波马赫数，这意味着它是一个更强的激波，会导致更高的压力比；另一个($B$)具有小的激波角，因此是一个较弱的激波，在激波上有较低的压力增加。

所有的强激波(高于点 $\delta_{\max}$)都导致激波后的亚声速流动。一般来说，几乎所有的弱激波区(低于 $\delta_{\max}$)都会使激波后出现超声速流动，但在 $\delta_{\max}$ 下方有一个很小的区域，其中 $Ma_2$ 仍然是亚声速的，具体细节可参考附录D中的详细工作图。尽管这完全取决于所施加的边界条件，但通常弱激波解出现得更频繁。在许多问题中，并不需要明确地解出激波角 $\theta$。在附录D中会发现另两张可能有帮助的图表，第一张描述了斜激波后马赫数 $Ma_2$ 与 $Ma_1$ 和 $\delta$ 的关系。

第二张显示了穿过激波的静压比 $p_2/p_1$ 是 $Ma_1$ 和 $\delta$ 的函数。读者也可以参考详细的斜激波表,如 Keenan 和 Kaye(参考文献[31]),或者使用公式(7.15)在计算机上运算。使用表格或公式(7.15)可以得到更高的精度,更高的精度对于一些问题是至关重要的。

**例 7.5**　空气中的斜激波如图 E7.5 所示,在 550 K 和 2 bar abs. 下,马赫数为 2.2 的气流发生了 14°的偏转。假设为弱解,激波后情况如何?

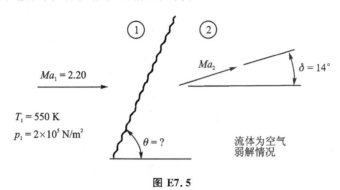

**图 E7.5**

在图表中查询 $Ma_1=2.2$ 和 $\delta=14$(在附录 D 中),发现 $\theta$ 为 40°和 83°。已知弱解情况,选择 $\theta=40$°,可得

$$Ma_{1n}=Ma_1\sin\theta=2.2\sin40°=1.414$$

在激波表中查得 $Ma_{1n}=1.414$,插值得

$$Ma_{2n}=0.733\,9\times\frac{T_2}{T_1}=1.263\,8\times\frac{p_2}{p_1}=2.166\,0$$

$$T_2=\frac{T_2}{T_1}\,T_1=1.263\,8\times550=695\,(\text{K})(\text{或}\,1\,251\,°\text{R})$$

$$p_2=\frac{p_2}{p_1}\,p_1=2.166\times2\times10^5=4.33\times10^5(\text{N}/\text{m}^2)(\text{或}\,62.82\,\text{psia})$$

$$Ma_2=\frac{Ma_{2n}}{\sin(\theta-\delta)}=\frac{0.733\,9}{\sin(40°-14°)}=1.674$$

用附录 D 中的其他图表来求出 $Ma_2$ 和 $p_2$,由附录 H 或者图 AD.3 可以得到 $Ma_{2n}\approx1.5$,那么 $p_2$ 的值为

$$p_2=\frac{p_2}{p_1}p_1\approx2\times2\times10^5=4\times10^5(\text{N}/\text{m}^2)(\text{或}\,58.0\,\text{psia})$$

## 7.7　流向边界条件

斜激波的特征之一是流动方向的改变,事实上,偏转超声速流有两种方法,通过斜激波是其中一种方法(另一种方法将在第 8 章中讨论)。如图 7.10 所示,考虑楔状物体上方的超声速流动。例如,超声速机翼的前缘。在这种情况下,流体被迫改变方向以满足沿壁面流动的边界条件,而这只能通过斜激波的机制来实现。在 7.6 节中的例子就是这种情况。(回想一下,当 $Ma=2.2$ 时,气流发生了 14°的偏转。)对于任意给定的马赫数和偏转角,都有两种可能的激波角。因此,自然会出现一个问题,会出现强解还是弱解?这就必须考虑周围压力。回想一

下,强激波发生于较大的激波角,并导致很大的压力变化。为了满足这个解,必须存在能够维持所需压差的物理环境。可以想象,这种情况可能存在于内部流动情况中。然而,对于外部流动情况,如机翼周围,没有方法能支持强激波解所要求的更大压差。因此,在外部流动问题(绕流)中,总是能够找到弱解。

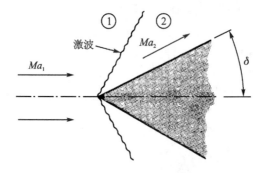

**图 7.10 楔形上的超声速流**

回顾图 7.9,注意到任意给定马赫数都有一个最大偏转角($\delta_{\max}$)。这是否意味着气流偏转角不能大于这个角度? 如果只考虑如图 7.10 所示的附加在物体上的简单斜激波,那么这是正确的。但是,如果楔形物的半角大于 $\delta_{\max}$ 或假设让气流经过一个钝头物体,会发生什么呢? 其流动模式如图 7.11 所示。

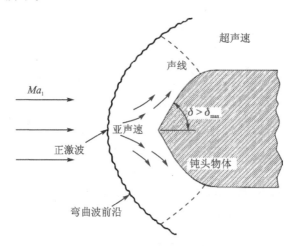

**图 7.11 激波脱体导致 $\delta > \delta_{\max}$**

由图 7.11 可以看到,这里形成了具有弯曲波前的脱体激波。在波后,可以找到与初始马赫数 $Ma_1$ 有关的所有可能的激波解。中心存在一个正激波,并产生亚声速流。亚声速流可自由产生大偏转。当波前在周围弯曲区域时,激波角不断减小,从而导致激波强度降低,最终到达激波后存在超声速流动的点。虽然图 7.10 和图 7.11 演示了物体的流动,但图 7.12 所示的沿壁的内部流动或角流也会产生相同的流动模式。$\delta_{\max}$ 的意义也可是激波与转角接触的最大偏转角。

在超声速风洞中安装皮托管会引起一种非常实际的脱体波情况(见图 7.13)。此处将产生正激波,管道将反映此处激波后的总压。在风洞的另一侧装一个管子可得波前的静压。由

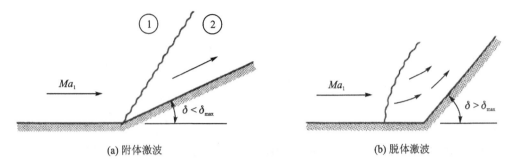

(a) 附体激波          (b) 脱体激波

**图 7.12 转角处的超声速流**

于激波的总压比 $p_{t2}/p_t$ 仅是 $Ma_1$ 的函数（见公式（6.28）），而 $p_{t1}/p_1$ 也仅是 $Ma_1$ 的函数（见公式（5.40）），所以比值 $p_{t2}/p_1$ 是只关于初始马赫数的函数，是可以在激波表中找到的参数。

$$\frac{p_{t2}}{p_1} = \frac{p_{t2}}{p_{t1}}\frac{p_{t1}}{p_1}$$

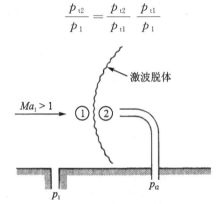

**图 7.13 超声速皮托管安装**

**例 7.6** 超声速皮托管显示总压为 30 psig，静压为 0。如果空气温度为 450 °R，确定自由流速度。

$$\frac{p_{t2}}{p_1} = \frac{30+14.7}{0+14.7} = \frac{44.7}{14.7} = 3.041$$

从激波表中发现 $Ma_1 = 1.398$。

$$a_1 = (1.4 \times 32.2 \times 53.3 \times 450)^{1/2} = 1\,040 \ (\text{ft/sec})$$
$$V_1 = Ma_1\,a_1 = 1.398 \times 1\,040 = 1\,454 \ (\text{ft/sec})（或 443.2 \ \text{m/s}）$$

到目前为止，前文已经讨论了由流动偏转引起的斜激波。接下来将以超声速飞机的发动机进气道为例。如图 7.14 所示的飞机简图，随着飞机和导弹速度的增加，通常会看到伴随激波系统的两个方向变化，如图 7.15 所示。穿过一系列所示激波的损失和比在相同初始马赫数下的单一正激波所产生的损失要小。将结果应用于圆形截面进口上，应注意将会有气流偏转的锥形尖峰，从而形成在 7.9 节分析的锥形激波。推进系统超声速扩压器的设计将在第 12 章中进一步讨论。

在多重激波进气道和超声速翼型等问题中，一般不关心激波角本身，而关心斜激波下游的马赫数和压力。附录 D 中的图表显示了这些变量作为 $Ma_1$ 和转角 $\delta$ 的函数关系。用适当的关系式可以推出滞止压力比。

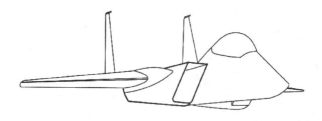

**图 7.14 矩形发动机进气道示意图(类似的图片可以在网上搜索"飞机发动机进气道矩形图片")**

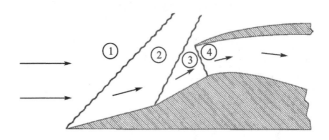

**图 7.15 超声速飞机多重激波进气道**

# 7.8 压力平衡边界条件

现在考虑这样一种情况,即利用现有的压力条件引起斜激波的产生。回想一下收缩-扩张喷管,当它在第二临界点运行时,正激波位于出口平面。这个跨激波所带来的压力上升,正是喷管内的低压到施加在系统上较高背压所需的压力。现有的工作压力比导致激波位于这个特定的位置(可回顾6.6节)。那么当实际压力比介于第二和第三临界点之间时会发生什么呢?当正激波强度过大,无法满足所需增加的压力时,所需要的是一个比正激波更弱的压缩过程,而斜激波正是产生这种作用的机制。无论需要升高多少压力,激波都可以形成一个角度,使压力从正激波上升到第三临界点(不需要增加工作压力)。图 7.16 给出了对称的二维喷管唇部典型的弱斜激波的下半部分。另一种处理是将中心线当作固体边界。

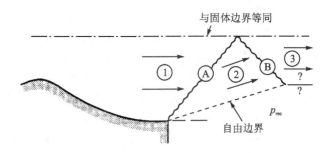

**图 7.16 超声速喷管介于第二和第三临界点之间工作**

区域 1 的流动与中心线平行,满足喷管的设计条件( 即流体是超声速且 $p_1 < p_{rec}$ )。弱斜激波 A 以适当的角度形成,使产生的压力上升刚好满足 $p_2 = p_{rec}$ 的边界条件。射流和周围环

境之间有一个自由边界,而不是物理边界。现在气流也偏离法线,在区域 2 中可以观察到气流的方向。这就产生了一个问题,因为区域 2 中的流体不能越过中心线,在弱斜激波 A 与中心线相遇的地方一定会产生其他现象,这个现象一定会使流体平行于中心线。这里流动方向的边界条件导致了另一个斜激波 B 的形成,它不仅改变了流动方向,而且使压力进一步增加。由于 $p_2 = p_{rec}$,$p_3 > p_2$,因此 $p_3 > p_{rec}$ 且在区域 3 和背压区之间压力不平衡。显然,弱斜激波 B 与自由边界相交的点处需要一定形式的膨胀。膨胀激波按道理来说可以满足要求,但实际上这种激波形式并不存在,读者试回顾其原因。在完成超声速喷管在第二和第三临界点之间运行的学习之前,将在第 8 章研究另一现象。

**例 7.7** 一个面积比为 5.9 的收缩-扩张喷管(见图 E7.7),该喷管由一腔室供给空气,该腔室的滞止压力为 100 psia。废气排放到 14.7 psia 的大气中。该喷管在第二和第三临界点之间工作,确定第一次激波后的情况。

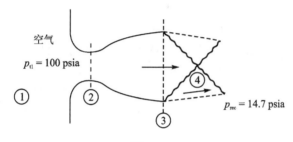

**图 E7.7**

第三临界点:

$$\frac{A_3}{A_3^*} = \frac{A_3}{A_2} \frac{A_2}{A_2^*} \frac{A_2^*}{A_3^*} = 5.9 \times 1 \times 1 = 5.9$$

$$Ma_3 = 3.35, \qquad \frac{p_3}{p_{t3}} = 0.016\,25$$

$$\frac{p_3}{p_{t1}} = \frac{p_3}{p_{t3}} \frac{p_{t3}}{p_{t1}} = 0.016\,25 \times 1 = 0.016\,25$$

第二临界点:激波处于

$$Ma_3 = 3.35, \qquad \frac{p_4}{p_3} = 12.926\,3$$

$$\frac{p_4}{p_{t1}} = \frac{p_4}{p_3} \frac{p_3}{p_{t1}} = 12.926\,3 \times 0.016\,25 = 0.210\,0$$

由于工作压力比(14.7/100 = 0.147)位于第二和第三临界点之间,形成的斜激波必然如图 E7.7 所示。记住,在这些条件下,喷管内部运行情况与第三临界点相同。因此,斜激波所需的压力比为

$$\frac{p_4}{p_3} = \frac{p_{rec}}{p_3} = \frac{14.7}{1.625} = 9.046$$

从正激波表可以看出,这个压力比要求 $Ma_{3n} = 2.81$,$Ma_{4n} = 0.487\,5$:

$$\sin \theta = \frac{Ma_{3n}}{Ma_3} = \frac{2.81}{3.35} = 0.838\,8 \Rightarrow \theta = 57°$$

由斜激波表可知,$\delta = 34°$ 且

$$Ma_4 = \frac{Ma_{4n}}{\sin(\theta - \delta)} = \frac{0.4875}{\sin(57° - 34°)} = 1.25$$

因此,为了与背压相匹配,斜激波角度为 57°。气流偏转 34°,且仍然是超声速的,马赫数为 1.25。

# 7.9　锥形激波

锥形激波在许多实际的设计问题中都很重要,例如,许多超声速飞机的进气口都有圆锥形的进口整流锥,如图 7.17 所示的 YF - 12 飞机。除了这种类型的进气口之外,导弹和超声速飞机的前体大部分都是锥形的。虽然对这种流动的详细分析超出了本书的范围,但结果与平面(楔形产生的)斜激波有关的流动有很大的相似之处。本书将在零攻角的情况下研究锥形流动。为了满足轴对称(三维)流动中的连续性方程,流线不再平行于锥面,而必须是弯曲的。锥形激波后,静压随着接近圆锥表面而增加,这种增加是等熵的。锥形激波是弱激波,并且没有与楔形流强斜激波相对应的激波。如果锥形的角度对来流的马赫数太大,使其无法转弯,那么气流发生与二维流动形式相似的脱体现象(见图 7.11)。图 7.18 所示为这两种激波脱体流动极限情况的比较。因为锥体对流体的阻碍较小,因此可以维持较大的流动转角。所以,与相同马赫数下的二维斜激波相比,它也会产生较弱的压缩或流动扰动。注意,流量变量($Ma$、$T$、$p$ 等)沿任意给定射线都是恒定的。

**图 7.17　YE - 12 飞机锥形进气口(Lockheed Martin 照片)**

在图 7.19 中,展示了零攻角对称锥上的锥形激波的相关几何结构。在本节中,下标 c 表示圆锥分析,下标 s 表示圆锥表面的变量值。(那些对远离圆锥表面锥形流的细节感兴趣的同学可以参阅参考文献[32-33]。)与图 7.19 相对应的是图 7.20,图 7.20 指出了对于任意锥半角 $\delta_c$ 的激波角 $\theta_c$ 是马赫数 $Ma_1$ 的函数。注意,这里只指出了弱激波的解决方案。在附录 E 中,有更多关于圆锥表面下游情况的图表。注意,这里只描述锥形激波下游的表面压力和表面静

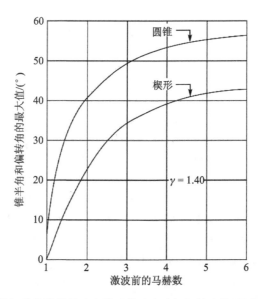

图 7.18  附加激波的斜激波和锥形激波流动极限的比较(见参考文献[20])

压,因为这些变量在流体中是不相同的。

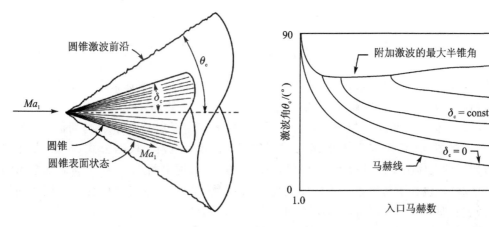

图 7.19  角度定义的锥形激波          图 7.20  锥形激波 $\theta_c$、$Ma_1$ 与 $\delta_c$ 之间的关系(详见附录 E)

例 7.8  在 $Ma_1 = 3.0$ 和 $p_1 = 0.404$ psia 时,空气流经 27°圆锥扩压器。求锥形激波角和表面压力。

由附录 E 中的图表可知,$Ma_1 = 3.0$, $\delta_c = 13.5°$,$\theta_c \approx 25°$,并且得到 $p_c/p_1 \approx 1.9$,所以

$$p_c = p_1/(p_c/p_1) = 1.9 \times 0.404 = 0.768 \text{(psia)(或 5.29 kPa)}$$

## 7.10  激波管

激波管一直是分析瞬态激波现象的常用工具,如果对其进行适当的仪器安装,可用于实验,该装置在相对较短的时间内将某些气体暴露在均匀的高温下,并将材料样品暴露在高温和高压下。7.3 节讨论了法向速度的叠加,使读者可以对匀速运动的正激波进行一些分析,但关

于瞬态波现象的其他方面不在本书的讨论范围之内。第6章中的公式(6.23)和公式(6.25)以隐式形式表示了稳态关系或以恒定速度运动的激波之间温度与压力之间的静态关系,通过消去它们之间的 $Ma_1$,得

$$\frac{T_2}{T_1} = \frac{1 + \left(\dfrac{\gamma-1}{\gamma+1}\right)\dfrac{p_2}{p_1}}{1 + \left(\dfrac{\gamma-1}{\gamma+1}\right)\dfrac{p_1}{p_2}} \tag{7.16}$$

当用公式(6.25)和公式(6.26)将激波的密度与压力比联系起来并消去 $Ma_1$ 时,就得到了 Rankine Hugoniot 方程(试推导)。

由于静止正激波将 $Ma_1 > 1.0$ 的上游区域(1)与区域(2) $Ma_2 < 1.0$ 的条件相关联(见图6.1),而激波管需要对中间区域进行描述,从区域(4)到(1),每种气体在激波开始前都处于其初始状态。激波作用导致压力差 $p_4 \gg p_1$(区域(3)和(2))将由公式(7.17)描述。由于驱动部分和从动部分中的气体成分可能不同,根据初始激波马赫数 $Ma_s$ 和两个 $\gamma$ 值,可以利用公式(7.17)表示 $p_4$ 和 $p_1$ 的关系(方程推导可参阅参考文献[18])。有

$$\frac{p_4}{p_1} = \left(\frac{p_4}{p_3}\right)\left(\frac{p_3}{p_2}\right)\left(\frac{p_2}{p_1}\right)$$

其中,$p_3 = p_2$,$V_3 = V_2$,$T_2 > T_1 \approx T_4 > T_3$。根据等熵膨胀方程(5.40)可求得 $p_4/p_3$;根据激波方程(6.25)、连续性方程(6.11)可求得 $p_2/p_1$。

$$\frac{p_4}{p_1} = \left(\frac{2\gamma_1}{\gamma_1+1}Ma_s^2 - \frac{\gamma_1-1}{\gamma_1+1}\right)\left[1 - \frac{\gamma_4-1}{\gamma_4+1}\left(\frac{a_1}{a_4}\right)\frac{(Ma_s^2-1)}{Ma_s}\right]^{-\frac{2\gamma_4}{\gamma_4-1}} \tag{7.17}$$

因为激波管不仅长而且厚壁,可容纳高压和高温气体,所以激波管通常水平安装。初始压力差越大,初始激波传播的路径越长,效果越好。装置需要一个物理隔板或隔膜来分隔高压区域和低压区域(气体成分不一定相同),并且必须迅速穿透该隔膜才能开始实验。图7.21所示为激波管的示意图,时间标度为横坐标,并且仅展示了第一组波。根据公式(4.5)或公式(4.10),所使用的气体类型及其温度决定了其局部声速"$a$"。观察图7.21中时间波形显示的初始设置,区域(1)包含了初始条件下的驱动气体;在区域(2)中驱动气体已被激波压缩和加热;区域(3)表示驱动气体在改进的高压下,但仍处于原始温度。接触面从物理层面上分离了驱动和从动气体。最后,在底端,驱动气体从其原始高压(4)等熵膨胀。随着时间的推进,等熵膨胀从下端反射出另一个扇形波,而激波从上端反射出额外的激波,如图7.21所示。

由于激波管实验的持续时间很短,因此很方便。最好找到最长的样品暴露时间位置,以检查高压或高温下被测气体或材料的行为。当将测试对象放置在图7.21所示的位置(×)时,它足以在最大时间间隔(通常为毫秒)内对适当的样本和仪器在均匀的条件下进行测量,具体可参阅习题7.22。作为高超声速流动中最重要的部分,激波管也可以用作风洞,以提供一种实用的手段来测试高焓气体。

下面将对图7.21中的不同编号区域进行详细说明。在将高压气体与低压区域分隔开的隔膜破裂后不久:

① 区域(1)受到有限压力脉冲的影响,以正激波的形式传播到激波管的从动端部分。该区域的冲击速度 $V_s$(或 $V_1'$)可以如7.3节所述,用公式(7.17)中的 $Ma_s$ 进行分析。

② 可以按7.3节中的图7.3和图7.4分析反射激波边界区域(2)(从激波管驱动端返回

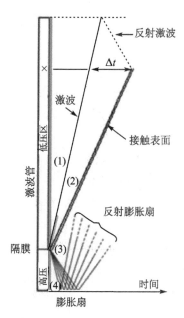

注:此处垂直显示该装置,以突出其有限跨度。位置(×)表示在均匀高温和压力条件下具有最长时间增量(Δt)的激波管试样位置。在大多数实验中,一般重点考虑前几个波的相互作用(激波管图像可通过搜索"激波管图像"找到)

**图 7.21 激波管图,横坐标表示时间**

的初始压力脉冲)。

③ 接触表面将区域(2)和(3)分开。它不是波,而是在激波后面跟随的一个界面,将激波压缩的驱动气体与膨胀冷却的驱动气体分开。因为这里的扩散相对较慢,所以气体不会明显地在表面上混合(如果驱动气体和被驱动气体的成分不同,它们仍然是不同的)。在接触面后面,压强保持不变,但温度下降。

④ 膨胀扇将区域(3)和(4)分开。作为压力降低的区域,向高压区域的末端传播。随着时间的推进,膨胀扇从驱动端反射回来,从而产生了许多复杂的波的相互作用。

# 7.11 (选学)计算程序方法

如第 5 章所述,人们可以通过使用计算机工具,如 MAPLE,来消除大量插值运算,并得到任意比热比 γ 和/或任意马赫数的准确答案。从正激波看,由于 γ 是不变的,因此在本章不研究这样的曲线。但是,斜激波问题的一个特有的困难是 θ 值需要非常精确,而图表往往不够精确。因此,通常会通过直接方法求解公式(7.15)(或其等价式)。下面的 MAPLE 程序实际上与公式(7.14)有关,θ 用隐式表示。该程序要求输入马赫数($Ma$)、楔半角($\delta$)、比热比($\gamma$)。因为对于每一个 $Ma$ 值通常都有两个 θ 值,所以需要引入一个指数($m$)来使计算机寻找弱激波解或强激波解。此外,需要注意这些区域并不是由 $m$ 或 θ 的唯一值所划分,此外,还有某些不存在解的 $\delta$ 和 $Ma$ 组合(即当激波必须脱体时,如图 7.11 所示)。除 $Ma=1.75$ 之外,可得到 $m \leqslant 1.13$ 时的弱激波解(以弧度计为 65°,见附录 D 的图表)和 $m > 1.13$ 的强激波解。在较小的马赫数下,因为弱激波区域变为主导,所以这个数值必须加以改进。值得注意的是,

MAPLE 是用弧度来计算角度的。

**例 7.9**　对于 $Ma_1=2.0$,偏转角为 10°的二维空气中的斜激波,计算两个可能的激波角,以度表示。

由公式(7.14)开始:

$$\frac{\tan\theta}{\tan(\theta-\delta)}=\frac{(\gamma+1)Ma_1^2\sin^2\theta}{(\gamma-1)Ma_1^2\sin^2\theta+2} \tag{7.14}$$

令

$$g\equiv\gamma,参数(比热比)$$
$$d\equiv\delta,参数(转角)$$
$$X\equiv自变量(在这种情况下是 Ma_1)$$
$$Y\equiv因变量(在这种情况下是\theta)$$

下面列出的是在计算机中使用的精确输入和程序。

首先,弱激波解:

```
[> g := 1.4 : x := 2.0 : m := 1.0 :
[> del := 10*Pi/180 :
  > fsolve ((tan(Y))/(tan(Y − de])) = ((g + 1) * (X* sin(Y))^2) /
    ((g − 1) * ((X* sin(Y))^2) + 2),   Y,   0…m)
                                                    .6861575526
  > evalf (0, 68615526 * 180/Pi);
                                                    39.31380048
```

接下来,强激波解:

```
[> m := 1.5 :
  > fsolve ((tan(Y))/(tan(Y − de1)) = ((g + 1) * (X* sin(Y))^2) /
    ((g − 1) * ((X* sin(Y)) ∧ 2) + 2), Y, 0…m)
                                                    1.460841987
```

因为 MAPLE 用弧度计算,所以必须把答案转换成角度。例如,对于强激波解,$\theta=1.460\ 84$ rad,可进行如下处理:

```
  > evalf (1.46084 * 180/Pi);
                83.69996652
```

也可以通过气体动力学计算器编程,根据所需精度对公式(7.15)求解。利用此方法可以求解其他 $\gamma$ 值下与例 7.9 类似的问题。

## 7.12　总　结

前面学习了如何通过在整个流场上叠加一个速度(激波前沿的法向),使一个静止的正激波变为一个移动的正激波。同样,在激波面上叠加一个相切的速度会将一个正激波变为一个斜激波。由于速度叠加不会改变流体流动的静态条件,所以在处理法向马赫数时,可以用正激波表来解决斜激波问题。然而,为了避免出错,可采用斜激波图表。以下是斜激波中各变量之间的重要关系:

$$\tan \delta = 2\cot \theta \left[ \frac{Ma_1^2 \sin^2\theta - 1}{Ma_1^2(\gamma + \cos^2\theta) + 2} \right] \tag{7.15}$$

另一个有帮助的关系是

$$Ma_2 = \frac{Ma_{2n}}{\sin(\theta - \delta)} \tag{7.5a}$$

斜激波的重要特征总结如下：

① 气流总是偏离正常方向。

② 对于给定的 $Ma_1$ 和 $\delta$ 值，可以得到两个 $\theta$ 值：

• 如果存在一个大的压比（或需要），在大 $\theta$ 处会发生强激波，而 $Ma_2$ 将是亚声速的。

• 如果存在小的压比（或需要），在小 $\theta$ 处会发生弱激波，$Ma_2$ 将是超声速（除了接近 $\delta_{max}$ 的小区域）。

③ 对于任何给定的马赫数，$\delta$ 都有一个最大值。如果 $\delta$ 物理上大于 $\delta_{max}$，则会形成脱体波。

重要的是，要认识到斜激波是由两个原因引起的：

① 为满足物理边界条件，使流动改变方向；

② 满足压力平衡的自由边界条件。

另一种说法是，流体必须与任意边界相切，无论是物理边界还是自由边界。如果是自由边界，那么在流动边界上也必须存在压力平衡。引入的锥形激波（三维）与斜激波（二维）在性质上相似，但解起来更复杂。

# 习　题

7.1　正激波以 1 800 ft/sec 的速度进入静止的空气中（14.7 psia 和 520 °R）。

（1）确定激波通过后的温度、压力和速度。

（2）熵变是多少？

7.2　据测定，某一原子爆炸波的速度相对于地面约为 46 000 m/s。假设它在 300 K 和 1 bar 的压强下移动到静止的空气中。爆震波通过后，静态和滞止温度和压力分别为多少？（提示：需要借助方程，因为该表没有涵盖这个马赫数范围。）

7.3　空气在管道中流动，阀门迅速关闭。观察到正激波以 1 010 ft/sec 的速度通过导管传播回来。空气静止状态的温度和压力分别为 600 °R 和 30 psia。求阀门关闭前空气的初始温度、压力和速度分别是多少？

7.4　氧气在 100 °F 和 20 psia 下以 450 ft/sec 的速度在管道中流动。阀门迅速关闭，导致正激波沿管道返回。

（1）确定运动激波的速度。

（2）氧气静止时的温度和压力分别是多少？

7.5　封闭管中含有氮气，温度为 20 ℃，压力为 $1 \times 10^4$ N/m²（见图 P7.5）。激波以 380 m/s 的速度通过管道。

（1）计算激波通过某一给定点后的条件。（提示：在管内这个条件只是一个正激波移动到静止的气体中。）

（2）当激波撞击端壁时，被反射回来。壁和反射激波之间气体的温度和压力分别是多少？反射的激波以什么速度传播？（这就像管道里的阀门突然关闭一样。）

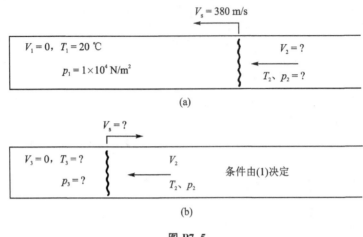

图 P7.5

7.6 斜激波在空气中以 $\theta = 30°$ 的角度形成。在通过激波之前，空气的温度为 60 °F，压力为 10 psia，运动速度为 $Ma = 2.6$。

（1）计算激波前后的法向和切向速度分量。

（2）确定激波后的温度和压力。

（3）偏转角是多少？

7.7 激波前的状态为 $T_1 = 40$ ℃，$p_1 = 1.2$ bar，$Ma_1 = 3.0$。来流产生 45° 的斜激波。

（1）确定激波后的马赫数和流向。

（2）激波后的温度和压力是多少？

（3）这是弱激波还是强激波？

7.8 800 °R 和 15 psia 的空气以 $Ma = 1.8$ 的马赫数流动，并以 15° 角发生偏转。方向的变化伴随着斜激波。

（1）可能的激波角是什么？

（2）对于每个激波角，计算激波后的温度和压力。

7.9 气体（$\gamma = 1.4$）的超声速流动接近一个角为 24°（$\theta = 24°$）的楔形。

（1）什么临界马赫数会使激波达到脱体？

（2）这个值是最小值还是最大值？

7.10 用一个总夹角为 28° 的简单楔形来测量超声速流动的马赫数。当插入到风洞中并与气流对齐时，可以观察到与自由流成 50° 角的斜激波（与图 7.10 类似）。

（1）风洞中的马赫数是多少？

（2）这个楔形在什么马赫数范围内有用？（提示：如果产生脱体波还会起作用吗？）

7.11 采用如图 7.13 所示的方式将皮托管安装在风洞中。风洞空气温度为 500 °R，静态阀（$p_1$）显示压力为 14.5 psia。

（1）如果滞止探头（$p_{t2}$）显示 65 psia，确定风洞内风速。

（2）假设 $p_{t2} = 26$ psia。在这种情况下，风洞的速度是多少？

7.12　在 $\gamma = 1.4$ 时,设计一种出口马赫数为 3.0 的收缩-扩张喷管。在第二临界点运行时,激波角为 90°,偏转角为 0°。称 $p_{exit}$ 为激波前喷管出口平面的压力。随着背压的降低,$\theta$ 和 $\delta$ 都发生变化。在第二和第三临界点之间的范围内:

（1）绘制 $\theta$ 与 $p_{rec}/p_{exit}$ 的曲线。

（2）绘制 $\delta$ 与 $p_{rec}/p_{exit}$ 的曲线。

7.13　图 P7.13 所示为喷气式飞机的进风口。飞机工作在 50 000 ft 的高度,压力为 243 psfa,温度为 392 °R。假设飞行速度为 $Ma_0 = 2.5$。

（1）空气经过正激波后的状态（温度、压力和熵变）是什么?

（2）为进气口画一个合理详细的 $T$-$s$ 图。从自由气流开始,到压缩机的亚声速扩压器入口结束。

（3）如果用 7° 和 8° 的双楔形代替单 15° 楔形（见图 7.15）,确定空气进入扩压器后的情况。

（4）比较（1）和（3）的损失。

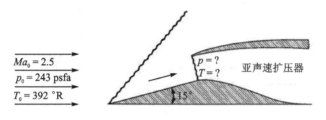

**图 P7.13**

7.14　在如图 7.16 所示的第二和第三临界点之间,有一个收缩-扩张喷管在工作。$Ma_1 = 205$，$T_1 = 150$ K，$p_1 = 0.7$ bar,背压为 1 bar,流体为氮气。

（1）计算区域 2 的马赫数、温度和流动偏转角。

（2）当气流通过激波 B 时发生偏转的角度是多少?

（3）确定区域 3 的状态。

7.15　对于如图 P7.15 所示的流动情况,$Ma_1 = 1.8$，$T_1 = 600$ °R，$p_1 = 15$ psia，$\gamma = 1.4$。

（1）假定在超声速的情况下,区域 2 内是什么条件?

（2）虚线上一定发生的情况是什么?

（3）找出区域 3 的条件。

（4）如果 $p_{t2} = 71$ psia,计算 $T_2$、$p_2$ 和 $Ma_2$ 的值。

（5）如果区域 2 是亚声速的,问题会如何变化?

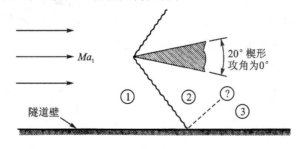

**图 P7.15**

7.16 如图 P7.16 所示,一氧化碳在管道中流动。第一个激波使气流偏转 15°,观察到激波以 40°角形成。众所周知,流动在区域 1 和 2 是超声速的,在区域 3 是亚声速的。

(1) 测定 $Ma_3$ 和 $\beta$。

(2) 确定压力比 $p_3/p_1$ 和 $p_{t3}/p_{t1}$。

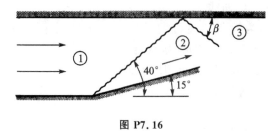

图 P7.16

7.17 均匀流动的空气的马赫数是 3.3。管道的底部以 25°角向上弯曲。在激波与上壁面相交处,边界向上弯曲 5°,如图 P7.17 所示。假设整个系统的气流都是超声速的。计算 $Ma_3$、$p_3/p_1$、$T_3/T_1$ 和 $\beta$。

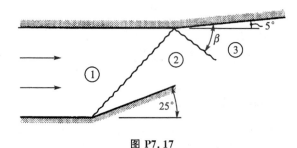

图 P7.17

7.18 在 −15 ℃的温度和 $1.8 \times 10^4$ N/m² 的压力下圆头射弹穿过空气。测得射弹前端滞止压力为 $2.1 \times 10^5$ N/m²。

(1) 射弹运动的速度(m/s)是多少?

(2) 射弹头的温度是多少?

(3) 现在假设鼻尖的形状像一个锥形。激波与之接触的最大锥角是多少?

7.19 习题 7.13(1)中当激波为相同半角的锥形激波时重新进行计算,并比较结果(这些结果只在圆锥表面有效)。

7.20 在一个激波管中,驱动与从动部分气体相同,并且对于相同的初始条件 $T_4/T_1$($T_1 = T_4 = 300$ K)和 $p_4/p_1 = 1\,000$,那么是氩气还是空气会导致更高的温度 $T_2$? 在相同的给定条件下,这两种不同气体的相应激波马赫数是否相等? 有关使用的下标,请参见图 7.21。

7.21 (1)计算产生激波的激波管所需的压力比($p_4/p_1$),已知马赫数 $Ma_s = 4.0$。膜片的两侧均以 20 ℃的空气为介质。有关使用的下标,请参见图 7.21。

(2) 参考图 7.1~图 7.4,使用上面计算的压力比计算初始激波速度($V_1'$或者 $V_s$)、接触表面速度($V_2$ 或者 $V_c$)和反射激波速度($V_2'$ 或者 $V_R$)。(提示:应用 7.10 节末尾列出的四个项目中的概念来计算所需的速度。)

7.22 (选做)图 7.21 显示了激波管区域,其中区域(2)最适合测试样品。激波管实验需要特殊的测试对象位置和高速仪器。在图 7.21 中的位置(×),测试对象暴露在高温下,达到最大

的 $\Delta t$；在接触面的第一交叉处发现了激波，该激波从管的封闭端反射回来。利用习题7.21中给出的相同条件（以及那些导致的波速），将测试对象放置在距隔膜下游 $L_1$ 处，当测试时间为 $\Delta t = 1.0$ ms 时，计算低压区域的总长度。

# 小　测

在不参考本章内容的情况下独立完成以下测试。

7.1　通过速度叠加，可以将图 CT7.1 所示的运动激波图转化为图中所示的静止激波问题。选择下列正确的陈述。

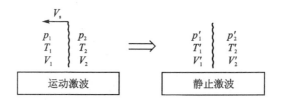

图 CT7.1

(1) $p_1 = p_1'$，$p_1 < p_1'$，$p_1 > p_1'$，$p_1' = p_2'$。

(2) $T_{t1}' > T_{t2}'$，$T_{t1}' = T_{t2}'$，$T_{t1}' < T_{t2}'$，$T_{t1}' = T_{t2}$。

(3) $\rho_1 > \rho_2$，$\rho_1 = \rho_2$，$\rho_1' < \rho_2$，$\rho_1' > \rho_2'$。

(4) $u_2' > u_1'$，$u_2' = u_1'$，$u_2' < u_1'$，$u_2' = u_2$。

其中，$u$ 恒等于内部能量。

7.2　从所给出的选项中填空。

(1) 激波将以大约____（小于、等于、大于）1 118 ft/sec 的速度通过标准空气（14.7 psia 和 60 ℉）。

(2) 如果斜激波分解成与波前垂直和相切的分量：

① 通过激波时，法向马赫数____（增加、减少、保持不变）。

② 通过激波时，切向马赫数____（增大、减小、不变）。（注意：这里计算马赫数，而不是速度。）

7.3　列出导致斜激波形成的条件。

7.4　通过绘制激波角与偏转角的关系图来描述斜激波分析的一般结果。

7.5　画出在如图 CT7.5 所示的二维楔形物头部上方产生的气流模式。

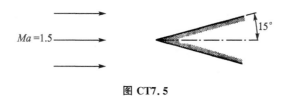

图 CT7.5

7.6　正激波以 2 500 ft/sec 的速度在 520 ℉R 和 14.7 psia 的静止空气中移动。激波经过后的速度是多少？

7.7　在 5 psia 和 450 ℉R 下，氧气以 $Ma = 2.0$ 的速度运动离开管道，如图 CT7.7 所示。

出口条件为 14.1 psia、600 °R。

(1) 第一次激波角度是多少？流体偏转了多少？

(2) 区域 2 的温度、压力和马赫数是多少？

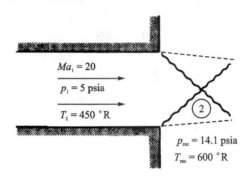

图 CT7.7

7.8　斜激波可以被认为是一维的吗？锥形激波呢？

# 第 8 章  Prandtl – Meyer 流

## 8.1  引  言

本章以考察弱激波为起点。已知对于非常弱的斜激波,压力变化与偏转角的一次方有关,而熵变化与偏转角的三次方有关。这将使读者能够解释如何通过平稳的转弯来实现等熵变化——一种称为 Prandtl – Meyer 流的情况。由于过程是可逆的,因此取决于环境情况,这种流动可能是膨胀的或压缩的。

本章针对理想气体的情况,对 Prandtl – Meyer 流进行了详细分析,并且像之前几章,利用附录表格数据来帮助我们解决问题。本章将讨论涉及 Prandtl – Meyer 流的典型流场。读者学习完本章后可以完全解释收缩-扩张喷管的性能以及物体周围的超声速流动情况。

## 8.2  学习目标

在完成本章学习后,读者应该能做到:

① 说明弱激波的熵和压力变化是如何随偏转角变化的。

② 解释在超声速流动中为何转弯的角度是有限的(具有无限压力比的情况下)。

③ 描述流体以超声速流过光滑凹角和光滑凸角时发生的情况。

④ 在 $T-s$ 图上展示 Prandtl – Meyer 流(包括膨胀和压缩两种情况)。

⑤ (选学)推导 Prandtl – Meyer 流发展马赫数($Ma$)与流转向角($\nu$)之间的微分关系。

⑥ 给定 Prandtl – Meyer 函数的方程(8.48),说明如何为 Prandtl – Meyer 流制作数据表格,并解释角度 $\nu$ 的意义。

⑦ 解释主要的边界条件,并分别展示激波和 Prandtl – Meyer 波在物理边界和自由边界上反射时的结果。

⑧ 随着迎角的变化,绘制由圆形和楔形机翼流产生的波形。能够求解每个区域中的流动特性。

⑨ 使用适当的方程和表格解决典型的 Prandtl – Meyer 流问题。

## 8.3  等熵转向流动

**1. 正激波的压力变化**

首先研究正激波的一些特殊特征。本节中假定介质是理想气体,能够建立一些精确的关系。首先回顾方程(6.25):

$$\frac{p_2}{p_1} = \frac{2\gamma}{\gamma+1}Ma_1^2 - \frac{\gamma-1}{\gamma+1}$$

(6.25)

等式两侧各减1得

$$\frac{p_2}{p_1} - 1 = \frac{2\gamma}{\gamma+1}Ma_1^2 - \frac{2\gamma}{\gamma+1} \tag{8.1}$$

很容易看到左侧是正激波的压力差除以初始压力,通分得

$$\boxed{\frac{p_2 - p_1}{p_1} = \frac{2\gamma}{\gamma+1}(Ma_1^2 - 1)} \tag{8.2}$$

这种关系表明,将其应用于非常小的马赫数的弱激波时,正激波下的压力上升与 $Ma_1^2 - 1$ 成正比。

**2. 正激波熵的变化**

对于任何具有理想气体的过程,其熵变均可以通过比体积和压力公式(1.42)来表示。更改比体积比为密度比并从公式(1.39)和公式(1.40)引入 $\gamma$:

$$\frac{s_2 - s_1}{R} = \frac{\gamma}{\gamma-1}\ln\frac{\rho_1}{\rho_2} + \frac{1}{\gamma-1}\ln\frac{p_2}{p_1} \tag{8.3}$$

由于正激波的熵变化纯粹是用 $Ma_1$、$\gamma$ 和 $R$ 表示的,所以使用公式(5.25)和公式(5.28)可变得简单。这些公式将激波的压力比和密度比表示为熵增 $\Delta s$ 以及马赫数和 $\gamma$ 的函数。为了得到想要的结果,公式(5.25)和公式(5.28)可做如下处理:

由公式(5.25)可得

$$\ln\frac{p_2}{p_1} = \frac{\gamma}{\gamma-1}\ln\left\{\frac{1+[(\gamma-1)/2]Ma_2^2}{1+[(\gamma-1)/2]Ma_1^2}\right\} - \frac{\Delta s}{R} \tag{8.4}$$

由公式(5.28)可得

$$\gamma\ln\frac{\rho_2}{\rho_1} = \frac{\gamma}{\gamma-1}\ln\left\{\frac{1+[(\gamma-1)/2]Ma_2^2}{1+[(\gamma-1)/2]Ma_1^2}\right\} + \gamma\frac{\Delta s}{R} \tag{8.5}$$

用公式(8.4)减去公式(8.5),消除括号中的项。下式为相减后所整理的结果:

$$\frac{s_2 - s_1}{R} = \ln\left[\left(\frac{p_2}{p_1}\right)^{\frac{1}{\gamma-1}}\left(\frac{\rho_2}{\rho_1}\right)^{\frac{-\gamma}{\gamma-1}}\right] \tag{8.6}$$

用公式(8.2)(稍有修改的形式)代替压力比,类似地,用公式(6.26)代替密度比,结果如下:

$$\frac{s_2 - s_1}{R} = \ln\left\{\left[1+\frac{2\gamma}{\gamma+1}(Ma_1^2-1)\right]^{\frac{1}{\gamma-1}}\left[\frac{(\gamma+1)Ma_1^2}{(\gamma-1)Ma_1^2+2}\right]^{\frac{-\gamma}{\gamma-1}}\right\} \tag{8.7}$$

为了进一步简化,令

$$m \equiv Ma_1^2 - 1 \tag{8.8}$$

因此,

$$Ma_1^2 = m + 1 \tag{8.9}$$

将公式(8.8)和公式(8.9)代入公式(8.7)得

$$\frac{s_2 - s_1}{R} = \ln\left\{\left(1+\frac{2\gamma m}{\gamma+1}\right)^{\frac{1}{\gamma-1}}(1+m)^{\frac{-\gamma}{\gamma-1}}\left[1+\frac{(\gamma-1)m}{\gamma+1}\right]^{\frac{\gamma}{\gamma-1}}\right\} \tag{8.10}$$

现在,公式(8.10)中的每一个项都具有 $(1+x)$ 的形式,利用泰勒展开式得

$$\ln(1+x) = x - \frac{x^2}{2} + \frac{x^3}{3} - \frac{x^4}{4} + \cdots \tag{8.11}$$

将公式(8.10)转换为公式(8.11)的形式并展开,保留到三阶导数,将发现所有涉及 $m$ 和 $m^2$ 的项都被抵消了,剩下的就是

$$\frac{s_2 - s_1}{R} = \frac{2\gamma m^3}{3(\gamma+1)^2} + 高阶项 \tag{8.12}$$

或者说,正激波的熵增与$(Ma_1^2-1)^3$成正比,再加上高阶项,即

$$\boxed{\frac{s_2 - s_1}{R} = \frac{2\gamma(Ma_1^2-1)^3}{3(\gamma+1)^2} + 高阶项} \tag{8.13}$$

**注意**: 当考虑的是 $Ma_1 \to 1$ 或 $m \to 0$ 时,可以忽略更高阶的项。

**3. 斜激波压力与熵的变化和偏转角的关系**

之前的推导是针对正激波的,但对于斜激波的正向分量一样适用。由于

$$Ma_{1n} = Ma_1 \sin\theta \tag{7.5}$$

故可重写公式(8.2)为

$$\frac{p_2 - p_1}{p_1} = \frac{2\gamma}{\gamma+1}(Ma_1^2 \sin^2\theta - 1) \tag{8.14}$$

且公式(8.13)变为

$$\frac{s_2 - s_1}{R} = \frac{2\gamma(Ma_1^2 \sin^2\theta - 1)^3}{3(\gamma+1)^2} + 高阶项 \tag{8.15}$$

对于斜激波非常弱的情况,将使$(Ma_1^2 \sin^2\theta - 1)$与偏转角相关。对于这种情况,

① $\delta$ 非常小并且 $\tan\delta \approx \delta$;

② $\theta$ 非常接近于马赫角 $\mu$。

因此,由公式(7.15)可得

$$\delta \approx 2(\cot\mu)\frac{Ma_1^2 \sin^2\theta - 1}{Ma_1^2(\gamma + \cos 2\mu) + 2} \tag{8.16}$$

现在对于一组给定的 $Ma_1$、$\mu_1$,公式(8.16)可变为

$$\delta \approx (\text{const})(Ma_1^2 \sin^2\theta - 1) \tag{8.17}$$

记住,公式(8.17)仅对与非常小的偏转角相关的非常弱的斜激波有效。下一节将要考虑的正是这种情况。如果将公式(8.17)代入公式(8.14)和公式(8.15)中(忽略高阶项),则得到以下关系:

$$\frac{p_2 - p_1}{p_1} \approx \frac{2\gamma}{\gamma+1}(\text{const})\delta \tag{8.18}$$

$$\frac{s_2 - s_1}{R} \approx \frac{2\gamma}{3(\gamma+1)^2}\left[(\text{const})\delta\right]^3 \tag{8.19}$$

这些结果说明,对于任意初始条件下的弱斜激波,

$$\boxed{\Delta p \propto \delta} \tag{8.20}$$

$$\boxed{\Delta s \propto \delta^3} \tag{8.21}$$

**4. 微弱激波的等熵转向**

图 8.1 对转角进行分段,每个匣均分为 $n$ 个相等的 $\delta$ 段。总转向角将由 $\delta_{\text{total}}$ 或 $\delta_T$ 表示,

因此

$$\delta_T = n\delta \tag{8.22}$$

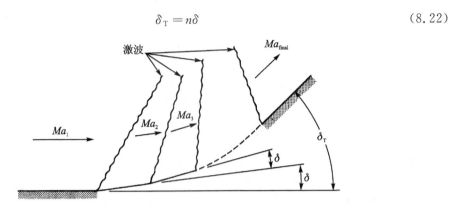

图 8.1　由许多小转角组成的有限转角

转角的每个部分都会形成激波,并且马赫数、压力、温度和熵等都会发生适当的变化。随着增加划分段的数量,$n$、$\delta$ 将变得十分小,这意味着每一小段激波都会变成非常弱的斜激波。因此,对于每个段,可以写出

$$\Delta p' \propto \delta \tag{8.23}$$

$$\Delta s' \propto \delta^3 \tag{8.24}$$

式中:$\Delta p'$ 和 $\Delta s'$ 是每个段的压力和熵的变化。现在对于整个流体转角,

$$\text{Total } \Delta p = \sum \Delta p' \propto n\delta \tag{8.25}$$

$$\text{Total } \Delta s = \sum \Delta s' \propto n\delta^3 \tag{8.26}$$

但公式(8.22)可以表示出 $\delta = \delta_T/n$。

取极限 $n \to \infty$:

$$\text{Total } \Delta p \propto \lim_{n \to \infty} n \left( \frac{\delta_T}{n} \right) \propto \delta_T \tag{8.27}$$

$$\text{Total } \Delta s \propto \lim_{n \to \infty} n \left( \frac{\delta_T}{n} \right)^3 \to 0 \tag{8.28}$$

在 $n \to \infty$ 的极限中,可得以下结论:

① 壁面平滑地转过角度 $\delta_T$;

② 产生的激波接近于马赫波;

③ 马赫数是连续变化的;

④ 压力的变化有限;

⑤ 熵没有变化。

最终结果如图 8.2 所示。注意,随着转角的增加,马赫数不断减少,因此马赫波处于不断增加的角度。(此外,$\mu_2$ 是从不断增加的基准线开始测量的。)所以,可观察到马赫线的包络。马赫波合并形成一个适当角度($\theta$)的斜激波,这对应于初始的马赫数和总偏转角 $\delta_T$。

在壁面附近,有无限数量的压缩波微元,实现了马赫数的减少和压力的增加,而熵没有任何变化。由于正在处理的是绝热流($ds_e = 0$),因此等熵过程($ds = 0$)表示没有损失($ds_i = 0$)(即该过程是可逆的)。反向过程(无限数量的膨胀波微元)如图 8.3 所示,在这种情况下,随着转弯的进行,马赫数增加。因此,马赫角减小,并且马赫波永远不会相交。如果转折剧烈,则所

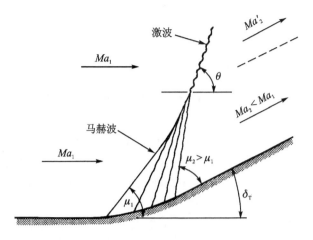

**图 8.2　光滑转角,注意壁面的等熵压缩**

有膨胀波都会从拐角发出,如图 8.4 所示。这称为中心膨胀扇。图 8.3 和图 8.4 描绘了相同的总体结果,但前提是壁面要旋转相同的角度。

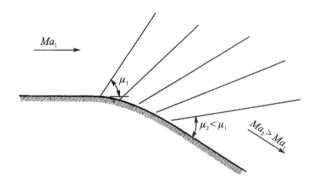

**图 8.3　光滑转角,注意等熵膨胀**

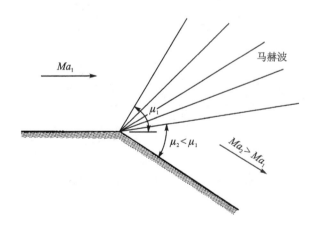

**图 8.4　在锐角处的等熵膨胀**

　　上面所有的等熵流都称为 Prandtl - Meyer 流。在光滑的凹壁上(见图 8.2),进行了 Prandtl - Meyer 压缩。这种类型的流动不太重要,因为边界层和其他实际气体效应会干扰壁附近的等熵区域。在光滑的凸壁上(见图 8.3)或在急剧的凸弯处(见图 8.4),都有 Prandtl - Meyer 膨胀。这些膨胀在超声速流中非常普遍,如本章稍后给出的示例所示。结合之前所学内容,问:可以改变超声速流的流动方向的两种方法分别是什么呢?

# 8.4 Prandtl - Meyer 流的分析

本书通过 Prandtl - Meyer 压缩或膨胀确定了流动是等熵的。如果知道最终的马赫数,则可以使用等熵方程和表格来计算任意给定初始条件集的最终热力学状态。因此,本节的目的是将马赫数的变化与 Prandtl - Meyer 流中的转角相关联。图 8.5 显示了由流动转过一个微小的转角 $\mathrm{d}\nu$ 所引起的单个马赫波。图中所示方向上的 $\nu$ 为正,这与膨胀波相对应。波前的压力差会导致动量变化,从而导致垂直于波前的速度变化。速度关系的详细信息如图 8.6 所示。

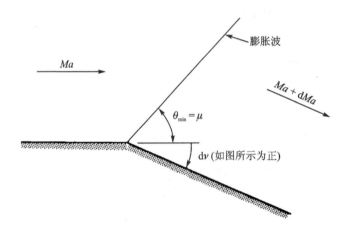

图 8.5 无穷小 Prandtl - Meyer 膨胀

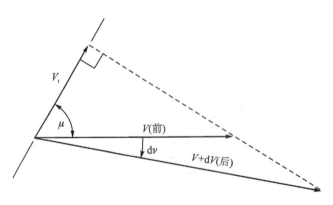

图 8.6 无穷小 Prandtl - Meyer 膨胀的速度

在图 8.6 中,$V$ 表示膨胀波之前的速度大小,$V+\mathrm{d}V$ 表示膨胀波之后的速度大小。在两种情况下,速度的切向分量都是 $V_{\mathrm{t}}$。从速度三角形中看到,

$$V_{\mathrm{t}} = V\cos\mu \tag{8.29}$$

得

$$V_{\mathrm{t}} = (V+\mathrm{d}V)\cos(\mu+\mathrm{d}\nu) \tag{8.30}$$

综上所述,可得

$$V \cos \mu = (V + dV)\cos(\mu + d\nu) \tag{8.31}$$

如果把 $\cos(\mu + d\nu)$ 展开:

$$V \cos\mu = (V + dV)(\cos \mu \cos d\nu - \sin \mu \sin d\nu) \tag{8.32}$$

由于 $d\nu$ 非常小,因此,

$$V \cos d\nu \approx 1, \quad \sin d\nu \approx d\nu$$

于是公式(8.32)变成

$$V \cos \mu = (V + dV)(\cos \mu - d\nu \sin \mu) \tag{8.33}$$

将等式右边展开得

$$V c\cancel{o}s \mu = V c\cancel{o}s \mu - V d\nu \sin \mu + dV \cos \mu - \overbrace{dV d\nu \sin \mu}^{高阶项} \tag{8.34}$$

略去高阶项化简得

$$d\nu = \frac{\cos \mu}{\sin \mu} \frac{dV}{V}$$

或

$$d\nu = \cot \mu \frac{dV}{V} \tag{8.35}$$

现在根据马赫数可轻松获得 $\mu$ 的余切。已知 $\sin \mu = 1/Ma$,从图 8.7 中的三角形可以看到,

$$\cot \mu = \sqrt{Ma^2 - 1} \tag{8.36}$$

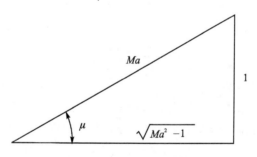

**图 8.7 三角形示意图**

将公式(8.36)代入公式(8.35)得

$$d\nu = \sqrt{Ma^2 - 1} \frac{dV}{V} \tag{8.37}$$

回想一下,之前的目标是获得马赫数($Ma$)和转向角($d\nu$)之间的关系,因此,寻求一种将 $dV/V$ 表示为马赫数的函数的方法。假定流体是理想气体。由公式(4.10)和公式(4.11)可知,

$$V = Ma = Ma \sqrt{\gamma g_c RT} \tag{8.38}$$

因此,

$$dV = dMa \sqrt{\gamma g_c RT} + \frac{Ma}{2} \sqrt{\frac{\gamma g_c R}{T}} dT \tag{8.39}$$

可得

$$\frac{\mathrm{d}V}{V} = \frac{\mathrm{d}Ma}{Ma} + \frac{\mathrm{d}T}{2T} \qquad (8.40)$$

已知

$$T_\mathrm{t} = T\left(1 + \frac{\gamma - 1}{2}Ma^2\right) \qquad (4.18)$$

综上可得

$$\mathrm{d}T_\mathrm{t} = \mathrm{d}T\left(1 + \frac{\gamma - 1}{2}Ma^2\right) + T(\gamma - 1)Ma\,\mathrm{d}Ma \qquad (8.41)$$

但是,由于在流体通过膨胀波时,没有热量传递给轴或从流体传递出轴功,因此滞止焓($h_\mathrm{t}$)保持恒定。对于理想气体,这意味着总温度保持不变,从而

$$T_\mathrm{t} = \mathrm{const} \quad 或 \quad \mathrm{d}T_\mathrm{t} = 0 \qquad (8.42)$$

由公式(8.41)和公式(8.42)可得

$$\frac{\mathrm{d}T_\mathrm{t}}{T} = -\frac{(\gamma - 1)Ma\,\mathrm{d}Ma}{1 + [(\gamma - 1)/2]Ma^2} \qquad (8.43)$$

如果将公式(8.43)代入公式(8.40)可得

$$\frac{\mathrm{d}V}{V} = \frac{\mathrm{d}Ma}{Ma} - \frac{(\gamma - 1)Ma\,\mathrm{d}Ma}{2\{1 + [(\gamma - 1)/2]Ma^2\}} \qquad (8.44)$$

进一步化简得

$$\frac{\mathrm{d}V}{V} = \frac{1}{1 + [(\gamma - 1)/2]Ma^2}\frac{\mathrm{d}Ma}{Ma} \qquad (8.45)$$

现在,可以通过将公式(8.45)代入公式(8.37)得到下面的结果:

$$\mathrm{d}\nu = \frac{(Ma^2 - 1)^{1/2}}{1 + [(\gamma - 1)/2]Ma^2}\frac{\mathrm{d}Ma}{Ma} \qquad (8.46)$$

上式说明

$$\mathrm{d}\nu = f(Ma, \gamma)$$

对于给定的流体,$\gamma$ 是固定的,并且可以对公式(8.46)进行积分得

$$\nu + \mathrm{const} = \left(\frac{\gamma + 1}{\gamma - 1}\right)^{1/2}\arctan\left[\frac{\gamma - 1}{\gamma + 1}(Ma^2 - 1)\right]^{1/2} - \arctan(Ma^2 - 1)^{1/2} \quad (8.47)$$

如果假设 $Ma = 1$ 时 $\nu = 0$,并且常数为零,则可得

$$\boxed{\nu = \left(\frac{\gamma + 1}{\gamma - 1}\right)^{1/2}\arctan\left[\frac{\gamma - 1}{\gamma + 1}(Ma^2 - 1)\right]^{1/2} - \arctan(Ma^2 - 1)^{1/2}} \qquad (8.48)$$

以上述方式将常数设置为零,将角度 $\nu$ 赋予特殊意义。这是从 $Ma = 1$ 的流动方向测量的角度,通过该角度,流体已转向(通过等熵过程)达到所示的马赫数。公式(8.48)称为 Prandtl – Meyer 函数。

## 8.5   Prandtl – Meyer 流的作用

公式(8.48)是解决所有涉及 Prandtl – Meyer 膨胀或压缩的问题的基础。如果知道马赫

数,则求解转角相对容易。但是,在一个典型的问题中,可能会已知转角,而没有明确的解决方案求解马赫数,但 Prandtl - Meyer 函数可以预先计算并制成表格。请记住,这种流动是等熵的,因此,函数($\nu$)已作为等熵表的一列。以下示例说明如何快速解决此类问题。

　　**例 8.1**　图 E8.1 中壁面拐角为 $28°$。最初为 $Ma=1.0$ 的流体必须顺着壁面移动,这样才能在拐角处执行 Prandtl - Meyer 膨胀。回想一下,$\nu$ 表示流已转向的角度(从 $Ma=1.0$ 的流向测量)。由于 $Ma_1$ 是统一的,因此 $\nu_2=28°$。

　　从等熵表(附录 G)中可以看到,此 Prandtl - Meyer 函数对应于 $Ma_2 \approx 2.06$。

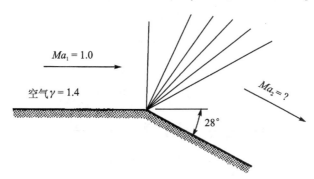

**图 E8.1　马赫数为 1.0 的 Prandtl - Meyer 膨胀**

　　**例 8.2**　现在考虑马赫数为 2.06 的流动,该流动膨胀角为 $12°$,如图 E8.2 所示,确定最终的马赫数 $Ma_2$。

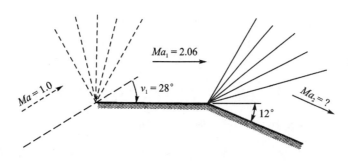

**图 E8.2　马赫数不为 1.0 的 Prandtl - Meyer 膨胀**

　　现在,无论 $Ma_1=2.06$ 的流动如何产生,都可以通过将 $Ma=1.0$ 的流膨胀到 $28°$ 的拐角处来获得。$Ma_1$ 来流的方向由虚线给定。显而易见,可以通过在 $Ma=1.0$ 处获取流并将其旋转 $28°+12°$ 的角度来获得区域 2 的流体,或者说,

$$\nu_2=28°+12°=40°$$

从等熵表中发现,这对应于 $Ma_2 \approx 2.54$ 处的流。从上面的示例中可看到 Prandtl - Meyer 流的一般规则:

$$\boxed{\nu_2 = \nu_1 + \Delta\nu} \tag{8.49}$$

式中:$\Delta\nu \equiv$ 转折角。

　　**注意**:对于膨胀(见图 E8.1 和图 E8.2),$\Delta\nu$ 是正数,因此 Prandtl - Meyer 函数和马赫数都会增加。一旦获得了最终的马赫数,由于它是等熵流,因此可以很容易地确定所有性质。反

之,$\Delta\nu$ 将为负,导致 Prandtl – Meyer 压缩。在这种情况下,Prandtl – Meyer 函数和马赫数都会减少。

**例 8.3**　$Ma_1=2.40$,$T_1=325$ K,$p_1=1.5$ bar 时的空气接近 20°的平滑凹弯,如图 E8.3 所示。前面已经讨论了靠近壁面的区域将如何进行等熵压缩。转弯后,确定流体的马赫数、压力以及温度。

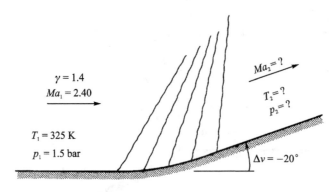

**图 E8.3　Prandtl – Meyer 压缩**

从附录 G 中可知,$\nu_1=36.7465°$。请记住,$\Delta\nu$ 为负。

$$\nu_2=\nu_1+\Delta\nu=36.7465°+(-20°)=16.7465°$$

同样,从附录 G 中可知该转角对应的马赫数为

$$Ma=1.664$$

由于流动是绝热的,没有轴功,气体为理想气体,滞止温度是恒定的($T_{t1}=T_{t2}$),且没有损失,因此滞止压力保持恒定($p_{t1}=p_{t2}$)。读者可以尝试使用适当的方程来验证这些陈述。

接着看该例题,以常用的方式来求解温度和压力:

$$p_2=\frac{p_2}{p_{t2}}\frac{p_{t2}}{p_{t1}}\frac{p_{t1}}{p_1}p_1=0.2139\times1\times\frac{1}{0.0684}\times1.5\times10^5$$

$$=4.69\times10^5(\text{N/m}^2)(\text{或 68.0 psia})$$

$$T_2=\frac{T_2}{T_{t2}}\frac{T_{t2}}{T_{t1}}\frac{T_{t1}}{T_1}T_1=0.6436\times1\times\frac{1}{0.4647}\times325=450\,(\text{K})(\text{或 810 °R})$$

当离开壁面时,马赫波将合并形成斜激波。激波将以什么角度将气流偏转 20°呢? 激波后温度和压力会是多少? 如果解决了斜激波问题,则应获得 $\theta=44°$,$Ma_{1n}=1.667$,$p_2'=4.61\times105$ N/m² 和 $T_2'=466$ K。由于在此自由边界上不存在压力平衡,所以另一波从压缩波合并成激波的区域发出。进一步的分析将超出本书的学习范围,但是有兴趣的读者可以参考 Shapiro 的第 16 章的内容(参考文献[19])。

## 8.6　过膨胀和欠膨胀喷管的分析

现在,已经掌握了完成收缩-扩张喷管分析的知识。之前,讨论了其在亚声速(文丘里管)状态及其设计操作中的等熵操作(见 5.7 节),还涵盖了非等熵运行,在扩张部分存在正激波(见 6.6 节)的情况。在 7.8 节中,看到当工作压力比低于第二临界点时,会产生斜激波,但在学习本章之前仍然无法完全解释喷管的所有情况。

图 8.8 显示了喷管的过膨胀，它在第二和第三临界点之间的某个地方运行。回想一下第 7 章的总结，必须满足两种边界条件：其中一个与流动方向有关，另一个与压力平衡有关。

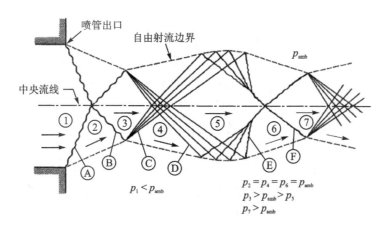

**图 8.8  弱斜激波的过膨胀喷管**

① 在对称方面，存在中心流线。接触此边界的任何流体都必须具有与流线相切的速度。在这方面，它与物理边界相同。

② 一旦射流离开喷管，便有一个与周围环境流体接触的外表面。由于这是一个自由或不受约束的边界，因此必须在该表面上存在压力平衡。

现在，从一个区域到另一个区域，并通过匹配适当的边界条件，确定必须存在的流动模式。

由于喷管在第二和第三临界点之间的压力比下运行，因此很明显，需要在出口处进行压缩，以便流体在喷管出口处的压力等于环境压力。然而，出口处的正激波会产生过大的压缩力，所以需要一个比正激波弱的激波过程，而斜激波正是如此。因此，在出口处，以适当的角度观察到斜激波 $A$，因此 $p_2 = p_{amb}$。

在继续学习之前，必须区分第二临界点和第三临界点之间流体的两个分支。如果斜激波很强（见图 7.9），则结果流场将变为亚声速，区域 2 不再可能或不再需要更多的波。区域 2 的压力与接收器的压力相匹配，亚声速流可以转向而不需要波，以避免任何中心线问题。另外，如果斜激波较弱，则超声速流将占主导地位（尽管衰减），并且需要附加波来使气流转向，如下所述。强激波和弱激波之间的确切边界很近，但与附录 D 中所示的表示贴体斜激波的最小 $Ma_1$ 的线不同。相反，该线显示为 $Ma_2 = 1.0$。

斜激波的流动总是偏离法线到激波前沿，因此区域 2 中的流动不再平行于中心线。波前 B 必须将流偏转回到其原始轴向。这可以很容易地通过另一斜激波来实现。（Prandtl - Meyer 膨胀将使流向为错误的方向。）另一种查看方式是，当喷管的上唇和下唇在中心线相遇时，来自喷管上下唇的斜激波会彼此通过。如果采用这种理论，则应该意识到，波在彼此通过的过程中，斜激波会略微改变或弯曲。

现在，由于 $p_2 = p_{amb}$，流体通过斜向冲击波 B 将使 $p_3 > p_{amb}$，并且区域 3 不能具有与周围环境接触的自由表面。因此，必须从波 B 遇到自由边界开始形成波形，并且通过这个波后压力必须减小。所以，现在知道波 C 必须是 Prandtl - Meyer 膨胀波，以使 $p_4 = p_{amb}$。

但是，流过膨胀扇 C 的气流导致其偏离中心线，并且区域 4 中的流体不再平行于中心线。

因此,当 Prandtl - Meyer 膨胀扇的每个波都遇到中心线时,必须发出一种波形以使气流再次平行于中心轴。如果波 D 是一个压缩波,则流体会朝哪个方向转向? 要满足流动方向的边界条件,波 D 必须是另一个 Prandtl - Meyer 膨胀。因此,区域 5 中的压力小于环境压力。

现在是否可以得出结论,从区域 5 到区域 6 并满足自由边界施加的边界条件,波 E 必须包含 Prandtl - Meyer 压缩波呢? 如图 8.8 所示,根据所涉及的压力,这些压力通常会合并为斜激波。然后,F 是另一个斜激波,以使来自区域 6 的流动转向与壁的方向匹配。现在,$p_7$ 与 $p_{amb}$ 的大小关系如何? 区域 7 中的条件与区域 3 中的条件相似,因此重复该循环。

现在分析一下喷管后压力不足的情况。这意味着工作压力比低于第三临界点或设计条件。图 8.9 显示了这种情况。离开该喷管的流体的压力大于环境压力,并且流体平行于中心轴。考虑一下,这种情况与过膨胀喷管中的区域 3 完全相同(见图 8.8)。因此,从这一点开始,流量模式是相同的。图 8.8 和图 8.9 都表示理想行为。我们可以通过特殊的流动可视化技术(例如 Schlieren 纹影)来查看所描述的一般波形。最终,在自由边界上存在较大的速度差会导致湍流的剪切层,而剪切层会很快消散波型。图 8.10 所示为在各种压力比下工作的渐缩式喷管的实际 Schlieren 图像。

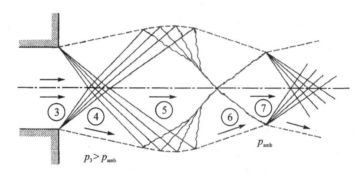

**图 8.9　欠膨胀的喷管**

**例 8.4**　以 2.5 的马赫数和 10 psia 的压力从喷管喷出氮气。环境压力为 5 psia。马赫数是多少? 通过第一个 Prandtl - Meyer 膨胀扇后,气流会转向多大角度?

参考图 8.9 可知,$Ma_3 = 2.5$,$p_3 = 10$ psia,$p_4 = p_{amb} = 5$ psia。

$$\frac{p_4}{p_{t4}} = \frac{p_4}{p_3} \frac{p_3}{p_{t3}} \frac{p_{t3}}{p_{t4}} = \frac{5}{10} \times 0.058\ 5 \times 1 = 0.029\ 3$$

因此,

$$Ma_4 = 2.952$$
$$\Delta\nu = \nu_4 - \nu_3 = 48.822\ 6° - 39.123\ 6° \approx 9.7°$$

### 波的反射

通过上面的讨论,不仅了解了在非设计条件下运行时喷管射流的细节,而且还研究了波的反射,尽管没有将其称为此类反射,但可以认为波是在自由边界上反射。同样,如果将中心流线可视化为实心边界,可能会认为波反射出了该边界。回顾一下,一些关于波反射的一般结论,如下:

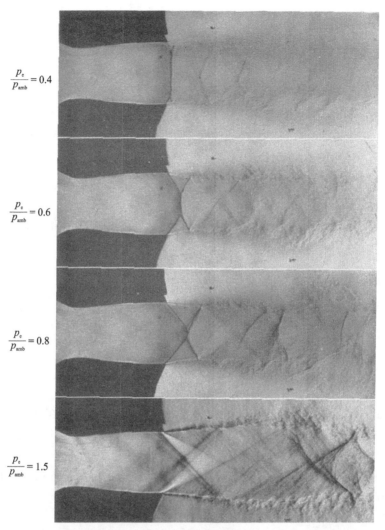

**图 8.10　喷管性能：在不同背压下从收缩‑扩张喷管流出（$p_e$ 为出口前的压力）（版权所有，经 HMSO 许可复制）（类似的图像可通过搜索"超声速喷管在膨胀下的图像"找到）**

① 来自物理或伪物理边界（边界条件与流动方向有关）的反射属于同一类波系，即激波反射为激波，压缩波反射为压缩波，膨胀波反射为膨胀波。

② 来自自由边界（压力平衡处）的反射属于相反的波系，即压缩波反射为膨胀波，而膨胀波反射为压缩波。

**警告**：注意将波视为反射，不仅它们的性质有时会发生变化（上述情况②），而且反射角与入射角也不完全相同。同样，波的强度也会有所变化。通过考虑斜激波从实心边界反射的情况，可以清楚地表明这一点。

**例 8.5**　马赫数为 2.2 时的空气以 35° 角通过斜激波。激波进入如图 E8.5 所示的物理边界。找到反射角并比较两个激波的强度。

$Ma_1 = 2.2$，并且 $\theta_1 = 35°$，可知 $\delta_1 = 9°$，

$$Ma_{1n} = 2.2 \sin 35° = 1.262$$

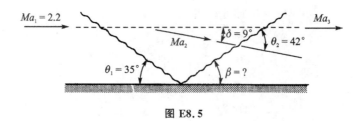

**图 E8.5**

因此,

$$Ma_{2n} = 0.806$$

$$Ma_2 = \frac{Ma_{2n}}{\sin(\theta - \delta)} = \frac{0.806}{\sin(35° - 9°)} = 1.839$$

反射的激波必须使流动方向平行于壁面。因此,从 $Ma_2 = 1.839$ 和 $\delta_2 = 9°$ 的图表中可确定 $\theta_2 = 42°$。

$$\beta = 42° - 9° = 33°$$

$$Ma_{2n} = 1.839 \times \sin 42° = 1.230$$

**注意:** 入射角(35°)与反射角(33°)不同。同样,表示波强度的马赫数也从 1.262 降至 1.230。

# 8.7 高超声速翼型

专为亚声速飞行设计的机翼具有圆角的前缘,可防止气流分离。在超声速下使用这种机翼会导致在前缘前方形成分离的激波(请参见 7.7 节)。因此,所有超声速机翼形状均具有锋利的前缘。另外,为了提供良好的空气动力学特性,超声速机翼非常薄。具有锋利前缘的薄机翼的极端例子就是如图 8.11 所示的平板翼型。尽管从结构上考虑是不切实际的,但它具有所有超声速翼型的典型特征。

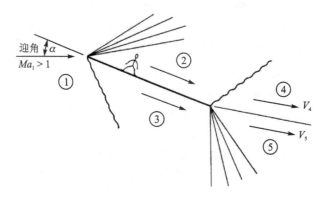

**图 8.11 平板翼型**

将机翼用作参考框架可产生稳定的流动图像。当以迎角($\alpha$)工作时,流体必须改变方向才能通过机翼表面。要通过上表面,则要求 Prandtl - Meyer 在前缘以角度 $\alpha$ 膨胀。因此,区域 2 中的压力小于大气压。要通过下表面,则需要偏转角 $\alpha$ 的弱斜激波(为什么斜激波强解不可能发生?请参见 7.7 节。)区域 3 中的压力大于大气压,作用在机翼的压力差产生了升力(参见例 8.6)。

现在考虑一下尾翼会发生什么。区域 4 和区域 5 之间必须保持压力平衡。因此,必须在上表面发生压缩,并且在下表面必须进行膨胀。相应的波形显示在图 8.11 中:从区域 2 到区域 4 为斜激波作用,从区域 3 到区域 5 为 Prandtl – Meyer 膨胀。区域 4 和区域 5 中的流动不一定与区域 1 中的平行,压力 $p_4$ 和 $p_5$ 也不一定是大气压。必须满足的边界条件是流向相切和压力平衡,或者

$$V_4 \text{平行于} V_5 \text{并且} p_4 = p_5$$

因为最终的流向和最终的压力未知,所以后缘采用试错法求解。

图 8.12 给出了压力分布示意图,可以很容易地看出压力中心在中弦位置。如果改变迎角,则上、下表面的压力值将发生变化,但压力中心仍处于中弦。对于所有超声速机翼,这几乎是正确的,因为它们非常薄,并且通常在较小的迎角下工作。(翼型截面的空气动力中心定义为俯仰力矩与迎角无关的点。对于亚声速翼型,大约在弦的 1/4 处,即从前缘向后缘测量为弦的 25%。)

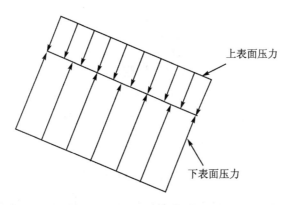

上表面压力

下表面压力

**图 8.12　平板翼型的压力分布**

**例 8.6**　如图 8.11 所示,计算在 $Ma = 1.8$ 且迎角为 5°时,弦长为 2 m 的平板翼型的单位跨度升力。环境气压为 0.4 bar。

通过 Prandtl – Meyer 膨胀将顶部的流体转向 5°。

$$\nu_2 = \nu_1 + \Delta\nu = 20.725\ 1° + 5° = 25.725\ 1°$$

因此,

$$Ma_2 = 1.976, \qquad \frac{p_2}{P_{t2}} = 0.132\ 7$$

斜激波使底部下方的流体转向 5°。从图 8.11 中可知 $Ma = 1.8$ 和 $\delta = 5°$,可得 $\theta = 38.5°$。(将此值与使用附录 D 中的相关数字所获得的值进行比较。)

$$Ma_{1n} = 1.8 \times \sin 38.5° = 1.20, \qquad \frac{p_3}{p_1} = 1.296\ 8$$

从附录 D 中我们能得到 $\dfrac{p_3}{p_1} = $ ____。

升力定义为垂直于自由流的分量,因此,每单位跨度的升力为

$$L = (p_3 - p_2) \times chord \times \cos\alpha = (0.518\ 7 - 0.305\ 1) \times 10^5 \times 2 \times \cos 5°$$

$$L = 4.26 \times 10^4 \text{ N/(unit span)(或 9 576 lbf/(unit span))}$$

图 8.13 所示为超声速翼型更实用的设计图。在此,波系的形成取决于迎角是否小于或大于前缘处楔形的半角。无论哪种情况,直至后缘的所有表面上都存在直接的解。只有求解区域 6 和 7 时,才需要反复验证求解,但这些区域仅具有学术意义,因为它们对箔上的压力分布没有影响。在实际设计中,常常在双楔翼型中部厚度不变的基础上进行调整。

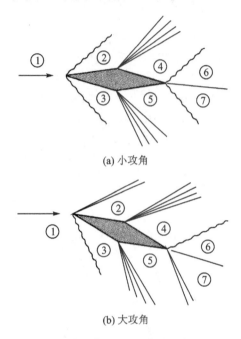

(a) 小攻角

(b) 大攻角

图 8.13  双楔型机翼

双凸面是另一种广泛使用的超声速翼型形状,如图 8.14 所示。通常由圆弧或抛物线弧构成。该波的形成与双楔形波的形成非常相似,因为前缘(和后缘)波的类型取决于迎角。同样,在双凸的情况下,膨胀分布在整个上下表面上。

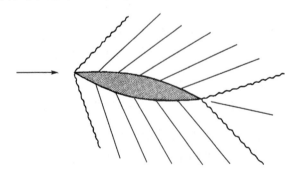

图 8.14  低攻角的双凸型机翼

**例 8.7**  有人建议将超声速机翼设计成等腰三角形,其底角为 10°,弦长为 8 ft。当以 5°迎角运行时,气流如图 E8.7 所示。在以 8 psia 的压力通过 $Ma = 1.5$ 的空气中飞行时,找出各个表面上的压力以及升力和阻力。

从附录的斜激波图中可以查到,当 $Ma_1 = 1.5$ 且 $\delta = 5°$ 时,$\theta = 48°$。

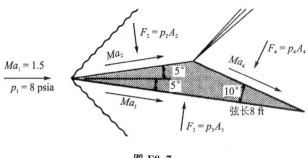

**图 E8.7**

$$Ma_{1n} = Ma_1 \sin\theta = 1.5 \times \sin 48° = 1.115$$

由激波表可知,

$$Ma_{2n} = 0.900, \quad \frac{p_2}{p_1} = 1.283\ 8$$

Prandtl - Meyer 流将流体的流向转过了 20°:

$$\nu_4 = \nu_2 + 20° = 26.721\ 3°, \quad Ma_4 = 2.012$$

**注意**:对于这个问题,区域 3 中的条件与区域 2 中的相同。接下来需要找到区域 2、3 和 4 的压力,以及它们作用的区域,并计算 $F_2$、$F_3$ 和 $F_4$(使用附录 G 和 H)。升力(垂直于自由流)$L$ 为

$$L = F_3 \cos 5° - F_2 \cos 5° - F_4 \cos 15°$$

证明每单位跨度的升力为 3 728 lbf(或 54.210 kN/m)。

阻力是与自由流速度平行的力。单位面积阻力为 999 lbf(或 4.443 kN)。(将上面的斜激波结果与使用附录 D 中相关图表获得的结果进行比较。)

# 8.8　塞式喷管

事实上,在过膨胀的喷管中,气流在流出时收缩(见图 8.8),在欠膨胀的喷管中,气流在流出时膨胀(见图 8.9),这些在火箭推进的航天运载火箭中有实际应用。为了将有效载荷置于地球轨道或太空,火箭必须穿越大气层,其作用于喷管出口的压力从海平面高度不断下降至真空。如图 5.9 和 12.8 节中讨论的那样,迄今为止,出口面积可变的喷管是不切实际的(参阅参考文献[24])。目前,所有火箭推进喷管均以固定的超声速比工作,并与固定的燃烧室推进剂流动条件一起使得喷管出口压力不变(试想其原因),而且因为每个火箭子单元(或级)都是为在给定高度的最佳性能而设计的,所以当火箭在大气中上升时,喷管出口将首先过膨胀,然后欠膨胀,这两种情况都没有达到最佳状态。目前,为了解决这一问题,一般采用两级或两级以上的助推器,每个助推器都配有不同的固定钟形喷管,但这种方法的时间成本与金钱成本耗费巨大。

另外,如果可以在没有任何移动部件的情况下实现可变的射流出口区域,那么该区域首先像图 8.8 中的区域 2 一样收缩,然后,当外部压力下降时,像图 8.9 中的区域 4 一样膨胀,并且如果喷管发生变化,排放外边界将自动匹配局部环境压力,然后可以在火箭飞行过程中获得最

佳膨胀。为了做到这一点,并且不延长其他部件或更换喷管,已有学者研究了线性塞式喷管的概念,该概念包含了固定的出口"中心体",该中心体塑造了排气流并将推力传递至设备。此设计是塞式喷管的更新版本,已针对美国宇航局的飞行器 X-33 进行了测试。图 8.15 所示为配置一对推进器的塞式喷管原理图。

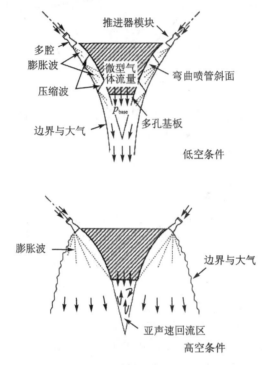

**图 8.15**　部分塞式喷管截面视图显示了在低海拔处的出口面积收缩和在高海拔处的膨胀。由于出口面积的变化是由周围的大气压力连续驱动的,因此整个喷管布局在飞行过程中几乎处于最佳状态(改编自参考文献[24])。(塞式喷管图像可以通过网络搜索找到)

这里显示了一种"截断"的中心体设计,其中每个推进器模块内的推进剂气体膨胀都保持固定(每个喷管横截面经过修改,从圆形喉道到矩形出口的变化并没有显示)。该飞行器包含多个单独的火箭室,这些火箭室线性布置在中心机身坡道的每一侧,每个火箭室都以超声方式排出总推进剂流量的一部分。为了承受高传热率,中心主体在其尾部被截断,即使由高温材料制成,也必须冷却。该中心体的形状使其能够引导各个排气喷管,将其轴向弯曲,从而将推力传递给飞行器,同时使射流外部区域自由收缩或膨胀,从而对不断变化的大气压力做出反应(见图 5.10,持续使 $p_3 = p_{rec}$)。

由于没有可移动的喷管硬件部件,而且这种布置允许火箭发动机在所有高度接近最佳条件下运行,因此这是一个有吸引力的方案,可以节省大量燃料。此外,整个 X-33 飞行器的概念是单级进入轨道并可重复使用(它将像现已退役的航天飞机一样返回地球),因此其运行成本应该比一次性多级飞行器低很多。此外,一个线性截断的塞式喷管更紧凑,并允许在不移动任何发动机部件的情况下进行某些火箭机动。

# 8.9 当 γ 不等于 1.4 时

如前所述,在等熵表中展示了 $\gamma=1.4$ 的 Prandtl - Meyer 函数。当 $\gamma=1.13$、$1.40$ 和 $1.67$ 时,该函数的走向如图 8.16 所示。可以看到,除 $Ma \leqslant 1.2$ 之外,对 $\gamma$ 的依赖相当明显。因此,在这个马赫数之下,附录 G 中的表格可以用在任何 $\gamma$ 上,误差很小。附录列表指出,$\nu$ 的值最终随 $Ma \to \infty$ 达到图中并没有标出的极限值,因为除其他因素之外,图像中任何 $\gamma$ 下的极限值都不符合实际。

严格地说,这些曲线只是在 $\gamma$ 变化可以忽略的情况下流动。然而,图像为在其他情况下可以预期的变化幅度提供了线索。在第 11 章中,讨论并分析了 $\gamma$ 变化是不可忽略的情况。

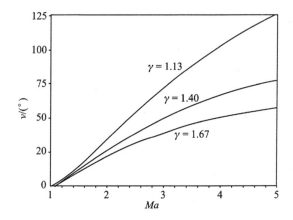

图 8.16 不同 γ 值的 Prandtl - Meyer 函数与马赫数关系

# 8.10 (选学)计算程序方法

如第 5 章所述,可以通过使用诸如 MAPLE 之类的计算机实用程序,消除许多内插并获得比热比 $\gamma$ 或任意马赫数的准确答案。我们可以从下面的示例中轻松获得 Prandtl - Meyer 函数的计算。该程序可以求解方程(8.48)中不同的 $\gamma$ 值,并可计算给定 $\gamma$ 和 $\nu$ 的 $Ma$。

**例 8.8** 计算 $\gamma=1.4$ 且 $Ma=3.0$ 时的函数 $\nu$。

从方程(8.48)开始:

$$\nu=\left(\frac{\gamma+1}{\gamma-1}\right)^{1/2} \arctan\left[\frac{\gamma-1}{\gamma+1}\left(Ma^2-1\right)\right]^{1/2}-\arctan\left(Ma^2-1\right)^{1/2} \qquad (8.48)$$

令

$$g \equiv \gamma,\text{一个参数(比热比)}$$
$$X \equiv \text{自变量(在这种情况下为 } Ma\text{)}$$
$$Y \equiv \text{因变量(在这种情况下为 } \nu\text{)}$$

下面列出的是计算机中的精确输入和程序。

```
[ > g := 1.4:   x := 3.0:
[ > Y := sqrt(((g + 1)/(g -1)))*arctan(sqrt(((g - 1)/(g + 1))
    *(X^2 -1)))  - arctan(sqrt(X^2 -1));
                              Y:= .868429529
```

将弧度转换为度,如下:

```
[ > evalf(Y*(180/Pi));
```

由上得出所需的结果,$\nu = 49.76°$。

例 8.8 也可以在气体动力学计算器上求解。

# 8.11　总　结

对非常弱的斜激波(偏转角较小)的详细推导表明:

$$\Delta p \propto \delta, \quad \Delta s \propto \delta^3 \qquad\qquad (8.20),(8.21)$$

尽管与壁面之间有一定距离会形成典型的斜激波,但超声速流可以等熵地实现平滑的凹弯。更重要的是,这是一个可逆的过程,并且可以通过等熵膨胀来完成相反凸性质的转向。上述现象称为 Prandtl‐Meyer 流。对理想气体的分析表明,转角与马赫数的变化有关,即

$$d\nu = \frac{(Ma^2 - 1)^{1/2}}{1 + [(\gamma - 1)/2]Ma^2} \frac{dMa}{Ma} \qquad\qquad (8.46)$$

积分时会产生 Prandtl‐Meyer 函数:

$$\nu = \left(\frac{\gamma + 1}{\gamma - 1}\right)^{1/2} \arctan^{-1} \left[\frac{\gamma - 1}{\gamma + 1}(Ma^2 - 1)\right]^{1/2} - \arctan(Ma^2 - 1)^{1/2} \qquad (8.48)$$

在建立方程(8.48)时,当 $Ma = 1.0$ 时 $\nu = 0$,这意味着 $\nu$ 表示从 $Ma = 1.0$ 的方向测量的角度,通过该角度,流体(等熵)转向达到指示的马赫数。上述关系已列在等熵表中,根据该关系可以解决一些问题,如:

$$\nu_2 = \nu_1 + \Delta\nu \qquad\qquad (8.49)$$

式中:$\Delta\nu$ 是转角。请记住,$\Delta\nu$ 对于膨胀是正的,对于压缩是负的。

必须理解,Prandtl‐Meyer 的膨胀和压缩是由控制斜激波形成的两种相同情况引起的(即流动必须与边界相切,并且压力平衡必须沿自由边界的边缘存在)。考虑这些边界条件以及任何给定的物理情况都能够帮助我们快速确定最终的流型。

有时可能会将波视为边界的反射,在这种情况下,记住以下几点会对我们有所帮助:

① 来自物理边界的反射波和原波属于同一类型;

② 来自自由边界的反射波和原波属于不同类型。

请记住,在处理 Prandtl‐Meyer 流时,可以使用所有等熵关系和等熵表。

# 习　题

8.1　空气以马赫数为 2.0、温度为 520 °R、压力为 14.7 psia 进入尖锐的 15°凸角(见图 8.4)。确定空气在拐角处膨胀后的马赫数、静温和总温,以及静压和总压。

8.2　围绕拐角处流动的 Schleiren 照片揭示了膨胀扇的边缘,如图 P8.2 中的角度所示。

假设 $\gamma = 1.4$。

　　(1) 确定拐角之前和之后的马赫数。

　　(2) 流体转过了多少角度? 膨胀扇的角度($\theta_3$)是多少?

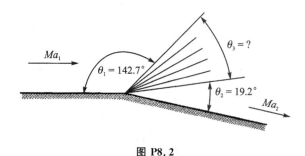

图 P8.2

　　8.3　超声速空气流的压力为 $1 \times 10^5$ N/m$^2$,温度为 350 K。经过 35°转弯后,马赫数为 3.5。

　　(1) 最终温度和压力是多少?

　　(2) 画出类似于图 P8.2 所示的示意图并确定角度 $\theta_1$、$\theta_2$ 和 $\theta_3$。

　　8.4　在类似于习题 8.2 的问题中,$\theta_1$ 是未知的,但 $\theta_2 = 15.90°$,$\theta_3 = 82.25°$。能确定初始马赫数吗?

　　8.5　25 psia 和 850 °R 的氮气以 2.54 的马赫数流动。在光滑的凸角周围膨胀后,发现氮气的速度为 4 000 ft/sec。流动转向了多少度?

　　8.6　类似于图 8.2 所示的光滑凹面转角,将气流转动 30°。流体是氧气,它在 $Ma_1 = 4.0$ 时接近转弯。

　　(1) 通过发生在壁附近的 Prandtl - Meyer 压缩来计算 $Ma_2$、$T_2/T_1$ 和 $p_2/p_1$。

　　(2) 计算 $Ma_2$、$T_2/T_1$ 和 $p_2/p_1$,其是通过远离墙壁的斜激波而产生的。假定该流动也偏转了 30°。

　　(3) 画出显示每个过程的 $T - s$ 图。

　　(4) 这两个区域可以并存吗?

　　8.7　一个简单的平板翼型,弦长为 8 ft,以 $Ma = 1.5$ 和 10°迎角飞行。环境气压为 10 psia,温度为 450 °R。

　　(1) 确定翼型上方和下方的压力。

　　(2) 计算每单位跨度的升力和阻力。

　　(3) 确定空气沿翼缘的压力和流向(见图 8.11 中的区域 4 和 5)。

　　8.8　如图 P8.8 所示,对称的菱形翼型的操作角为 3°。飞行速度为 $Ma = 1.8$,气压为 8.5 psia。

　　(1) 计算每个表面上的压力。

　　(2) 计算升力和阻力。

　　(3) 当攻角为 10°时计算(1)和(2)。

　　8.9　双凸面机翼(见图 8.14)由圆弧构成。如图 P8.9 所示,将上表面的曲线近似为10 个直线段。

　　(1) 在前缘受到斜激波后立即确定压力。

　　(2) 确定每个段的马赫数和压力。

　　(3) 计算每个段对升力和阻力的贡献。

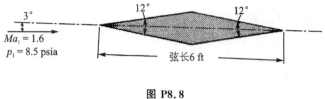

图 P8.8

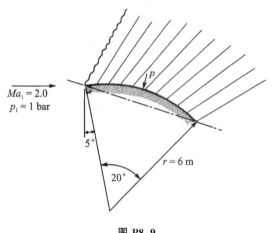

图 P8.9

8.10　流动性质在如图 P8.10 所示的二维管道的出口平面给出。接收器压力为 12 psia。
(1) 确定刚刚超过出口的马赫数和温度(在气流通过第一道波之后)。假设 $\gamma=1.4$。
(2) 绘制示意图,标出流向、波角等。

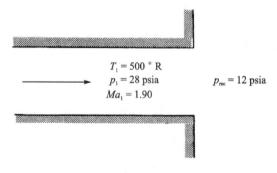

图 P8.10

8.11　在静止条件为 7 bar 和 420 K 的储存器中,仅收缩喷管将氮气从该装置输送到压力为 1 bar 的接收器中。
(1) 画出当氮气离开喷管时形成的第一道波。
(2) 求解氮气经过第一通波后的条件(包括 $T$、$p$、$V$)。

8.12　空气流经面积比为 3.5 的收缩-扩张喷管。喷管在其第三临界点(设计条件)下运行。如图 P8.12 所示,射流撞击总楔角为 40°的二维楔形。
(1) 绘制示意图以显示射流撞击楔形物所产生的初始波形。
(2) 显示由初始波系统与自由边界相互作用形成的附加波形。在每个波形之后的区域标

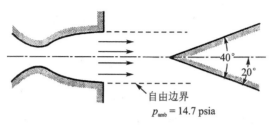

图 P8. 12

记流向,并显示自由边界发生了什么变化。

(3) 计算空气喷射流经过每个波系后的马赫数和流向。

8.13   空气在二维通道中流动并排入大气,如图 P8.13 所示。请注意,斜激波刚好碰到了上角。

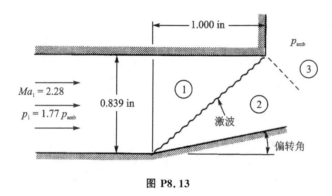

图 P8. 13

(1) 找到偏转角。

(2) 确定 $Ma_2$ 和 $p_2$(以 $p_{amb}$ 表示)。

(3) 从上部角出发划分区域 2 和 3 的波形的特性是什么?

(4) 计算 $Ma_3$、$p_3$ 和 $T_3$(就 $T_1$ 而言)。显示区域 3 中的流向。

8.14   超声速喷管在 $Ma_1=2.0$ 和 $p_1=0.7$ bar 时产生氮气流,排放到 1.0 bar 的环境压力中,从而产生如图 8.8 所示的流态。

(1) 计算区域 2、3 和 4 中的压力、马赫数和流向。

(2) 绘制出口示意图,显示所有比例缩放角度的射流(流线、冲击线和马赫线)。

8.15   考虑给定的 Prandtl - Meyer 函数的表达式(8.48)。

(1) 证明 $\nu$ 的最大可能值为

$$\nu_{max} = \frac{\pi}{2}\left(\sqrt{\frac{\gamma+1}{\gamma-1}}-1\right)$$

(2) 它以什么马赫数发生?

(3) 如果 $\gamma=1.4$,则初始马赫数分别为 1.0、2.0、5.0 和 10.0 的加速流动的最大转向角是多少?

(4) 如果空气来流 $Ma=2.0$,$p=100$ psia,$T=600$ °R 穿过最大转角,速度是多少?

8.16   单位马赫数的来流在拐角处通过角度 $\nu$ 膨胀并达到马赫数 $Ma_2$(见图 P8.16)。长

度 $L_1$ 和 $L_2$ 为垂直于壁面的长度,为同一条流线距离壁面的距离,如图 P8.16 所示。

(1) 得出 $L_2/L_1 = f(Ma_2, \gamma)$ 的方程。(提示:必须遵循什么基本概念? 这是什么样的过程?)

(2) 如果 $Ma_1 = 1.0, Ma_2 = 1.79, \gamma = 1.67$,计算比率 $L_2/L_1$。

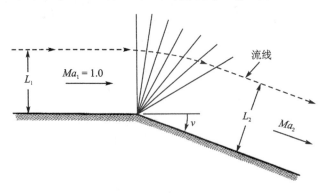

**图 P8.16**

8.17 氮气沿着水平面以 $Ma_1 = 2.5$ 流动。计算并绘制出恒定坡度的表面定向角(相对于水平方向),该角会因 Prandtl - Meyer 流而导致的变化为

(1) $Ma_{2a} = 2.9$;

(2) $Ma_{2b} = 2.1$;

(3) 这些变化是否应该相等? 说明为什么是这样或为什么不是这样。

8.18 一种实验性的无人机,其外形呈平板状,飞行时攻角为 $\alpha$。它以 3.0 的马赫数运行。

(1) 找到机翼上接触斜激波时的最大 $\alpha$,机翼上的马赫数不超过 5。

(2) 求在(1)中 $\alpha$ 处的翼型上升力与激波阻力的比值。我们可以假定任意的弦长 $c$。

8.19 在图 8.15 中,可以看到塞式喷管中出口射流的总宽度增加了大约 5 倍。忽略所有损失,假设图 8.15 的上方与海平面出口压力相匹配,估计下方与当地海拔相匹配的出口压力。假设所有喷管都阻塞并在 10.0 MPa 的腔室压力下工作且 $\gamma = 1.26$,并且有效的矩形喷管总出口面积具有恒定的常数 $L$。(提示:为了获得作为高度的最终出口压力,需要参考“标准大气”表。)

8.20 使用气体动力学计算器和附录 A 或 B 中的 $\gamma$,重新计算习题 8.1(介质分别为氮气、水蒸气和二氧化碳)。

# 小 测

在不参考本章内容的情况下独立完成以下测试。

8.1 对于非常弱的斜激波,请说明熵变化和压力变化与偏转角之间的关系。

8.2 解释 Prandtl - Meyer 函数代表什么。(也就是说,如果有人说 $\nu = 36.8°$,这意味着什么?)

8.3 陈述激波反射的规则。

(1) 激波从物理边界反射为____。

（2）激波从自由边界反射为____。

8.4 $Ma_1 = 1.5$ 和 $p_1 = 2 \times 10^5$ N/m² 的流体接近急转弯。经过转弯后，压力为 $1.5 \times 10^5$ N/m²。如果流体是氧气，请确定偏转角。

8.5 计算作用在平板机翼上的净力（每平方英尺面积），如图 CT8.5 所示。

**图 CT8.5**

8.6 （1）在图 CT8.6 中画出波形图。

（2）给所有的波形标注名称。

（3）陈述当气流从机翼后缘流出时必须满足的边界条件。

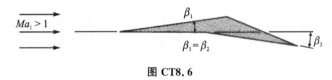

**图 CT8.6**

8.7 图 CT8.7 所示是 Schlieren 图像的示意图，显示正在运行的收缩-扩张喷管。说明区域 $a$、$b$、$c$、$d$ 和 $e$ 中的压力是否等于、大于或小于接收器压力。

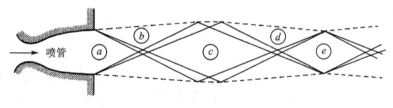

**图 CT8.7**

# 第 9 章 Fanno 流

## 9.1 引 言

在第 5 章开始时提到面积变化,摩擦和热传递是影响流动系统性能的最重要因素。到目前为止,虽然本书仅考虑了面积变化,但是也讨论了各种机制,通过这些机制可以调节流动以满足流向或压力均衡所施加的边界条件。接下来,本章将研究摩擦对流动系统的影响。

为了仅研究摩擦的影响,本书分析了不传热的恒定面积管道中的流动,对应于包括相当短的管道在内的许多实际的流动情况。首先考虑任意流体的流动,发现其特征遵循一种确定的模式,该模式取决于流体是处于亚声速还是超声速流态,针对理想气体的情况建立了工作方程,并引入参考点来构建表格,该表格可以快速解决许多此类问题。

## 9.2 学 习 目 标

① 列举在 Fanno 流分析中做出的假设。

②(选学)简化连续性、能量和动量的一般方程,以获得适用于 Fanno 流中任意流体的基本关系。

③ 在 $h-v$ 平面和 $h-s$ 平面绘制一条 Fanno 线,确定声速点和亚声速以及超声速流动的区域。

④ 描述亚声速和超声速流沿着 Fanno 线流动时的静压和滞止压力,静温和滞止温度,静密度和速度的变化。

⑤(选学)从连续性、能量和动量的基本原理出发,以马赫数($Ma$)和比热比($\gamma$)的形式导出诸如 $T_2/T_1$,$p_2/p_1$ 等性质比的表达式,用于理想气体的 Fanno 流动。

⑥ 描述(包括 $T-s$ 图)如何使用"$*$"表示参考位置来建立 Fanno 表。

⑦ 定义摩擦系数,当量直径,绝对和相对粗糙度,绝对和运动粘度,以及雷诺数,并知道如何确定它们。

⑧ 比较 Fanno 流和正激波之间的异同。绘制 $h-s$ 图显示一条典型的 Fanno 线以及相同质量流速的正激波。

⑨ 解释什么是摩擦拥塞。

⑩(选学)描述在拥塞的 Fanno 流情况下(对于亚声速流和超声速流)增加管道的可能后果。

⑪ 通过使用适当的表格和方程来展示求解典型 Fanno 流问题的能力。

## 9.3 一 般 流 体 分 析

首先考虑任意流体的一般行为。为了消除摩擦的影响,进行以下假设:

$$\text{稳定的一维流动}$$

$$\text{绝热的} \qquad \delta q = 0, ds_e = 0$$

$$\text{没有轴功} \qquad \delta w_s = 0$$

$$\text{忽略势能} \qquad dz = 0$$

$$\text{恒定面积} \qquad dA = 0$$

通过应用连续性、能量和动量的基本概念来继续分析。

**1. 连续性**

$$\dot{m} = \rho A V = \text{const} \tag{2.30}$$

由于流动面积是恒定的,因此上式化简为

$$\rho V = \text{const} \tag{9.1}$$

给这个常数(量 $\rho V$)分配一个新的符号 $G$,称为质量流速,因此

$$\boxed{\rho V = G = \text{const}} \tag{9.2}$$

$G$ 的典型单位是什么?

**2. 能　量**

从下式出发:

$$h_{t1} + \cancel{q} = h_{t2} + \cancel{w}_s \tag{3.19}$$

对于绝热且无功的情况,上式变为

$$h_{t1} = h_{t2} = h_t = \text{const} \tag{9.3}$$

如果忽略势能项,则意味着

$$h_t = h + \frac{V^2}{2g_c} = \text{const} \tag{9.4}$$

用方程(9.2)代替速度,得出

$$\boxed{h_t = h + \frac{G^2}{\rho^2 2g_c} = \text{const}} \tag{9.5}$$

现在,对于任何给定的流动,常数 $h_t$ 和 $G$ 都是已知的。因此,方程(9.5)建立了 $h$ 和 $\rho$ 之间的唯一关系。图 9.1 所示是对于 $G$ 的各种值(但对于相同的 $h_t$),该方程在 $h-v$ 平面上的曲线图。每条曲线都称为 Fanno 线,代表特定质量流速下的流动。请注意,这是常数 $G$ 而不是常数 $\dot{m}$。不同尺寸的管道可以通过相同的质量流率,但具有不同的质量流速。

一旦确定了流体,就可以在 $h-v$ 图上绘制等熵线。$s = \text{const}$ 的典型曲线在图中以虚线显示。在如图 9.2 所示的 $h-s$ 平面上绘制这些 Fanno 线更具指导意义。由于假设没有传热($ds_e = 0$),所以唯一可以产生熵的方法是通过不可逆性($ds_i$)。因此,非常明显的流动只能朝着熵增的方向进行(试想其原因)。可以在图 9.1 中找到每条 Fanno 线的最大熵点吗?

图 9.3 显示了给定的 Fanno 线以及典型的压力线。该线上的所有点表示的状态都具有相同的每单位面积的质量流速(质量速度)和滞止焓。由于摩擦作用的不可逆性,流动只能向右进行。因此,Fanno 线以最大熵的极限点为界限被分为上下两个不同的部分。

关于恒定面积管道中的绝热流动,通常认为,摩擦效应将表现为内部"热量"的产生,并相应降低了流体的密度。为了通过相同的流量(面积恒定),连续性会迫使速度增加。动能的这

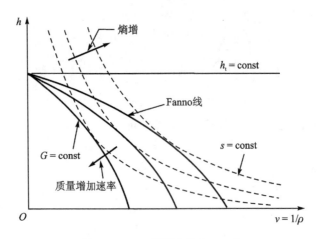

图 9.1  $h-v$ 平面内的 Fanno 线

种增加必定会引起焓的降低,因为滞止焓保持恒定。如图 9.3 所示,这与沿着 Fanno 线的上支部分的流动一致。同时可以清楚地看到,在这种情况下静压和滞止压力都在减少。

但是,沿着下支部分的流动呢?在下支部分上标记有两个点,并绘制箭头以指示沿 Fanno 线的正确移动。焓发生了什么变化吗?密度(见方程(9.5))呢?速度(见方程(9.2))呢?从图 9.3 中可以看出静压发生了什么变化呢?滞止压力呢?用增加、减少或保持不变来填写表 9.1。

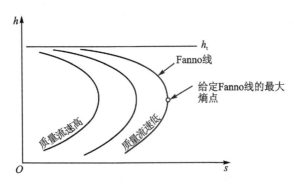

图 9.2  $h-s$ 平面内的 Fanno 线

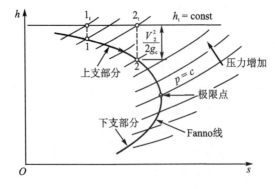

图 9.3  一条 Fanno 线的两个分支

**表 9.1　图 9.3 中 Fanno 流的分析**

| 参　数 | 上支部分 | 下支部分 |
| --- | --- | --- |
| 焓 | | |
| 密度 | | |
| 速度 | | |
| 静压 | | |
| 滞止压力 | | |

　　注意到在下支部分上,性质没有按照预测的方式变化,这种流态作用原理尚未熟悉。在研究将这两种流态分开的极限点之前,注意到这些流动确实有一个共同点。回忆一下第 3 章的滞止压力-能量方程:

$$\frac{dp_t}{\rho_t} + ds_e(T_t - T) + T_t ds_i + \delta w_s = 0 \tag{3.25}$$

对于 Fanno 流,$ds_e = \delta w_s = 0$。

　　因此,任何摩擦作用都必然导致总压力或滞止压力降低。图 9.3 验证了沿着 Fanno 线上支部分和下支部分流动的情况。

**3. 极限点**

　　根据得到的能量方程,

$$h_t = h + \frac{V^2}{2g_c} = \text{const} \tag{9.4}$$

求微分得

$$dh_t = dh + \frac{V dV}{g_c} = 0 \tag{9.6}$$

通过连续性发现

$$\rho V = G = \text{const} \tag{9.2}$$

对上式求微分得

$$\rho dV + V d\rho = 0 \tag{9.7}$$

上式可以解为

$$dV = -V \frac{d\rho}{\rho} \tag{9.8}$$

将方程(9.8)代入方程(9.6)得

$$dh = \frac{V^2 d\rho}{g_c \rho} \tag{9.9}$$

　　性质之间的关系为

$$T ds = dh - v dp \tag{1.31}$$

也可以写为

$$T ds = dh - \frac{dp}{\rho} \tag{9.10}$$

用公式(9.9)替换 $dh$ 得

$$T\,\mathrm{d}s = \frac{V^2\,\mathrm{d}\rho}{g_c\rho} - \frac{\mathrm{d}p}{\rho} \tag{9.11}$$

该表达式适用于任何流体,并且在沿着 Fanno 线的两个差分点之间的任何位置都是有效的。现在,将方程(9.11)应用于围绕最大熵极限点的两个相邻点。在这个位置 $s=\mathrm{const}$,因此 $\mathrm{d}s=0$,而方程(9.11)变为

$$\frac{V^2\,\mathrm{d}\rho}{g_c} = \mathrm{d}p, \quad 在极限点处 \tag{9.12}$$

或者

$$V^2 = g_c\left(\frac{\mathrm{d}p}{\mathrm{d}\rho}\right)_{极限点} = g_c\left(\frac{\partial p}{\partial \rho}\right)_{s=\mathrm{const}} \tag{9.13}$$

可以认识到速度在极限点处是声速。现在可以更明显地将上支部分称为亚声速分支,而将下支部分视为超声速分支。

通过第 5 章的研究发现,超声速流动中的流体行为常与预期背道而驰。这说明生活中大部分时间都属于"亚声速"的状态。实际上,目前对流体现象的了解主要来自不可压缩流体的经验,难以凭直觉来猜测超声速流态中会发生什么。

### 4. 动　量

前述分析仅利用连续性和能量关系建立。现在将动量概念应用于图 9.4 所示的控制体中。一维稳定流的动量方程的 $x$ 分量为

$$\sum F_x = \frac{\dot{m}}{g_c}(V_{out_x} - V_{in_x}) \tag{3.46}$$

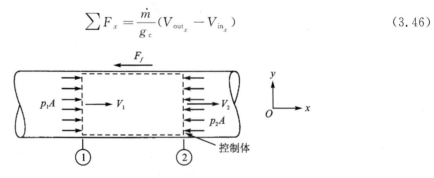

图 9.4　Fanno 流的动量分析

从图 9.4 中可以看出,合力为

$$\sum F_x = p_1 A - p_2 A - F_f \tag{9.14}$$

式中:$F_f$ 表示在部分 1 和 2 之间流体上的总壁面摩擦力。因此,流动方向上的动量方程变为

$$(p_1 - p_2)A - F_f = \frac{\dot{m}}{g_c}(V_2 - V_1) = \frac{\rho AV}{g_c}(V_2 - V_1) \tag{9.15}$$

方程(9.15)可以写为

$$p_1 - p_2 - \frac{F_f}{A} = \frac{\rho_2 V_2^2}{g_c} - \frac{\rho_1 V_1^2}{g_c} \tag{9.16}$$

或者

$$\left(p_1 + \frac{\rho_1 V_1^2}{g_c}\right) - \frac{F_f}{A} = p_2 + \frac{\rho_2 V_2^2}{g_c} \tag{9.17}$$

对于任何流体的稳定、一维、恒定面积的流动,如果存在摩擦力,则 $p + \rho V^2 / g_c$ 的值就不能恒定。这一情况将在本章后文中对比 Fanno 流与正激波时用到。

从图 9.3 中可以看出,上支部分渐近地接近恒定总焓的水平线,因此 Fanno 线的最左端几乎是水平的。这表明在非常低的马赫数下,流速几乎恒定。这验证了之前提到的,如果马赫数很小,则可以将气体视为不可压缩的流体。

## 9.4　理想气体的工作方程

上文分析了在亚声速和超声速流态下的 Fanno 流中发生的性质变化的一般趋势。现在,希望针对理想气体的情况建立一些具体的工作方程。这些方程是利用马赫数和比热比来表示流动系统任意部分性质之间的关系的。

**1. 能　量**

从 9.3 节中建立的能量方程入手,因为由该式可以立即导出温度比:

$$h_{t1} = h_{t2} \tag{9.3}$$

但是对于理想气体,焓仅是温度的函数,因此,

$$T_{t1} = T_{t2} \tag{9.18}$$

现在,对于具有恒定比热比的理想气体,

$$T_t = T\left(1 + \frac{\gamma - 1}{2} Ma^2\right) \tag{4.18}$$

因此,Fanno 流的能量方程可写为

$$T_1\left(1 + \frac{\gamma - 1}{2} Ma_1^2\right) = T_2\left(1 + \frac{\gamma - 1}{2} Ma_2^2\right) \tag{9.19}$$

或者

$$\frac{T_2}{T_1} = \frac{1 + [(\gamma - 1)/2] Ma_1^2}{1 + [(\gamma - 1)/2] Ma_2^2} \tag{9.20}$$

**2. 连续性**

在 9.3 节中有

$$\rho V = G = \text{const} \tag{9.2}$$

或者

$$\rho_1 V_1 = \rho_2 V_2 \tag{9.21}$$

如果引入理想的气体状态方程,即

$$p = \rho R T \tag{1.16}$$

马赫数的定义为

$$V = Maa \tag{4.11}$$

理想气体的声速为

$$a = \sqrt{\gamma g_c RT} \tag{4.10}$$

则方程(9.21)可解为

$$\frac{p_2}{p_1} = \frac{Ma_1}{Ma_2} \left(\frac{T_2}{T_1}\right)^{1/2} \tag{9.22}$$

现在从公式(9.20)引入温度比,将得到以下静压的工作关系:

$$\boxed{\frac{p_2}{p_1} = \frac{Ma_1}{Ma_2} \left\{\frac{1+\left[(\gamma-1)/2\right]Ma_1^2}{1+\left[(\gamma-1)/2\right]Ma_2^2}\right\}^{1/2}} \tag{9.23}$$

密度关系可以很容易地从公式(9.20)、公式(9.23)和理想气体定律得出,即

$$\boxed{\frac{\rho_2}{\rho_1} = \frac{Ma_1}{Ma_2} \left\{\frac{1+\left[(\gamma-1)/2\right]Ma_2^2}{1+\left[(\gamma-1)/2\right]Ma_1^2}\right\}^{1/2}} \tag{9.24}$$

### 3. 熵 变

从熵变的表达式开始,下述表达式在任意两点之间都是有效的:

$$\Delta s_{1-2} = c_p \ln\frac{T_2}{T_1} - R\ln\frac{p_2}{p_1} \tag{1.43}$$

公式(4.15)可以用来代替 $c_p$,将上式化为无量纲形式,即

$$\frac{s_2-s_1}{R} = \frac{\gamma}{\gamma-1}\ln\frac{T_2}{T_1} - \ln\frac{p_2}{p_1} \tag{9.25}$$

如果使用刚才获得的温度比方程(9.20)和压力比方程(9.23)建立的表达式,则熵变为

$$\frac{s_2-s_1}{R} = \frac{\gamma}{\gamma-1}\ln\left\{\frac{1+\left[(\gamma-1)/2\right]Ma_1^2}{1+\left[(\gamma-1)/2\right]Ma_2^2}\right\} - \ln\frac{Ma_1}{Ma_2}\left\{\frac{1+\left[(\gamma-1)/2\right]Ma_1^2}{1+\left[(\gamma-1)/2\right]Ma_2^2}\right\}^{1/2} \tag{9.26}$$

因此,在 Fanno 流中两点之间的熵变可以写成

$$\frac{s_2-s_1}{R} = \ln\frac{Ma_2}{Ma_1}\left\{\frac{1+\left[(\gamma-1)/2\right]Ma_1^2}{1+\left[(\gamma-1)/2\right]Ma_2^2}\right\}^{(\gamma+1)/[2(\gamma-1)]} \tag{9.27}$$

现在回想 4.5 节,将理想气体绝热无功流动的滞止压力-能量方程积分,得到的结果如下:

$$\frac{p_{t2}}{p_{t1}} = e^{-\Delta s/R} \tag{4.28}$$

因此,根据方程(4.28)和方程(9.27)可以得出滞止压力比的简单表达式,即

$$\frac{p_{t2}}{p_{t1}} = \frac{Ma_1}{Ma_2}\left\{\frac{1+\left[(\gamma-1)/2\right]Ma_2^2}{1+\left[(\gamma-1)/2\right]Ma_1^2}\right\}^{(\gamma+1)/[2(\gamma-1)]} \tag{9.28}$$

现在,如果知道某个上游点 1 的所有性质和下游点 2 的马赫数,就可以获得下游点 2 的所有性质。但是在许多情况下,我们并不知道这两个马赫数。一个典型的问题是在给定初始条件和有关管道长度、材料等信息的情况下,预测最终的马赫数。因此,下一个工作是将马赫数的变化与摩擦损失联系起来。

### 4. 动 量

在第 3 章中建立的动量方程的微分形式如下:

$$\frac{\mathrm{d}p}{\rho} + f\frac{V^2\mathrm{d}x}{2g_c D_e} + \frac{g}{g_c}\mathrm{d}z + \frac{\mathrm{d}V^2}{2g_c} = 0 \tag{3.63}$$

将该方程全部化为马赫数的形式。如果引入理想气体的状态方程以及马赫数和声速的表达式则可得

$$\frac{\mathrm{d}p}{p}(RT) + f\frac{\mathrm{d}x}{D_e}\frac{Ma^2\gamma g_c RT}{2g_c} + \frac{g}{g_c}\mathrm{d}z + \frac{\mathrm{d}Ma^2\gamma g_c RT + Ma^2\gamma g_c R\mathrm{d}T}{2g_c} = 0 \quad (9.29)$$

或者

$$\frac{\mathrm{d}p}{p} + f\frac{\mathrm{d}x}{D_e}\frac{\gamma}{2}Ma^2 + \frac{g\mathrm{d}z}{g_c RT} + \frac{\gamma}{2}\mathrm{d}Ma^2 + \frac{\gamma}{2}Ma^2\frac{\mathrm{d}T}{T} = 0 \quad (9.30)$$

方程(9.30)是动量方程的一种有用形式,它对所有包含理想气体的稳态流动问题均有效。现在,将其应用于 Fanno 流。由方程(9.18)和方程(4.18)可得

$$T_t = T + \left(1 + \frac{\gamma-1}{2}Ma^2\right) = \text{const} \quad (9.31)$$

取对数

$$\ln T + \ln\left(1 + \frac{\gamma-1}{2}Ma^2\right) = \ln(\text{const}) \quad (9.32)$$

然后求微分得

$$\frac{\mathrm{d}T}{T} + \frac{\mathrm{d}\{1 + [(\gamma-1)/2]Ma^2\}}{1 + [(\gamma-1)/2]Ma^2} = 0 \quad (9.33)$$

该式可以用来代替方程(9.30)中的 $\mathrm{d}T/T$。

用理想气体表示的连续性关系(见公式(9.2))变为

$$\frac{pMa}{\sqrt{T}} = \text{const} \quad (9.34)$$

通过对数微分(取自然对数然后微分)表明

$$\frac{\mathrm{d}p}{p} + \frac{\mathrm{d}Ma}{Ma} - \frac{1}{2}\frac{\mathrm{d}T}{T} = 0 \quad (9.35)$$

可以引入公式(9.33)来消除 $\mathrm{d}T/T$,结果是

$$\frac{\mathrm{d}p}{p} = -\frac{\mathrm{d}Ma}{Ma} - \frac{1}{2}\frac{\mathrm{d}\{1 + [(\gamma-1)/2]Ma^2\}}{1 + [(\gamma-1)/2]Ma^2} \quad (9.36)$$

可以用来代替公式(9.30)中的 $\mathrm{d}p/p$。

对动量方程中的 $\mathrm{d}p/p$ 和 $\mathrm{d}T/T$ 进行替换,忽略势能项,便可将方程(9.30)用以下形式表示:

$$f\frac{\mathrm{d}x}{D_e} = \frac{\mathrm{d}\{1 + [(\gamma-1)/2]Ma^2\}}{1 + [(\gamma-1)/2]Ma^2} - \frac{\mathrm{d}Ma^2}{Ma^2} + \frac{2}{\gamma}\frac{\mathrm{d}Ma}{Ma^3} +$$
$$\frac{1}{\gamma Ma^2}\frac{\mathrm{d}\{1 + [(\gamma-1)/2]Ma^2\}}{1 + [(\gamma-1)/2]Ma^2} \quad (9.37)$$

**注意**：使用下式可将上式最后一项积分进行化简,得

$$\frac{1}{\gamma Ma^2}\frac{\mathrm{d}\{1 + [(\gamma-1)/2]Ma^2\}}{1 + [(\gamma-1)/2]Ma^2} = \frac{\gamma-1}{2\gamma}\frac{\mathrm{d}Ma^2}{Ma^2} - \frac{\gamma-1}{2\gamma}\frac{\mathrm{d}\{1 + [(\gamma-1)/2]Ma^2\}}{1 + [(\gamma-1)/2]Ma^2} \quad (9.38)$$

现在,动量方程可以写成

$$f\frac{\mathrm{d}x}{D_e} = \frac{\gamma+1}{2\gamma}\frac{\mathrm{d}\{1 + [(\gamma-1)/2]Ma^2\}}{1 + [(\gamma-1)/2]Ma^2} + \frac{2}{\gamma}\frac{\mathrm{d}Ma}{Ma^3} - \frac{\gamma+1}{2\gamma}\frac{\mathrm{d}Ma^2}{Ma^2} \quad (9.39)$$

公式(9.39)限于稳定的一维流动理想气体,且没有热量或功的传递、面积恒定、势能变化可忽略不计的情况。现在,可以在流动中的两个点之间对此方程进行积分,可得

$$f\,\frac{(x_2-x_1)}{D_e}=\frac{\gamma+1}{2\gamma}\ln\frac{1+[(\gamma-1)/2]\,Ma_2^2}{1+[(\gamma-1)/2]\,Ma_1^2}-\frac{1}{\gamma}\left(\frac{1}{Ma_2^2}-\frac{1}{Ma_1^2}\right)-\frac{\gamma+1}{2\gamma}\ln\frac{Ma_2^2}{Ma_1^2}$$

(9.40)

**注意**:在执行积分时,保持摩擦系数为定值,之后本书将对此进行一些讨论。如果读者忘记了当量直径的概念,可回顾 3.8 节的最后一部分和方程(3.61)。

## 9.5 参考状态和 Fanno 表

在 9.4 节中建立的方程提供了一种可以通过其他位置的性质来计算一个位置的性质的方法。解决问题的关键是通过使用公式(9.40)预测新位置的马赫数。对于未知的 $Ma_2$,难以获得该方程的解,因为无法建立明确的关系。因此,可以转而使用一种类似于第 5 章中处理等熵流的技巧。

本书介绍了另一个"*"参考状态,该状态以与之前相同的方式定义(即"流体通过特定过程达到马赫数为 1 时将存在的热力学状态")。在这种情况下,假设继续进行 Fanno 流(即增加了更多的管道),直到速度达到 $Ma=1$。图 9.5 显示了一个物理系统及其亚声速 Fanno 流的 $T-s$ 图。如果沿着 Fanno 线继续前进(始终向右移动),最终将到达声速存在的极限点。虚线表示一个假想的管道,该管道的长度足以使流量穿过上分支的其余部分并到达极限点。这是 Fanno 流的"*"参考点。

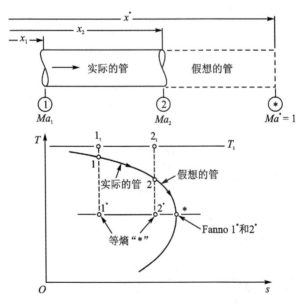

**图 9.5 Fanno 流的"*"参考点**

等熵"*"参考点也已包括在 $T-s$ 图中,用来强调 Fanno"*"参考是完全不同的热力学状态。同时,如果两个点(例如点 1 和点 2)之间存在熵差,则它们的等熵"*"参考条件不同,将

它们分别标记为 $1^*$ 和 $2^*$。但是,当达到马赫数为 1 时,通过 Fanno 流从点 1 或点 2 的进程最终将到达同一个地方。因此,在 Fanno 流的情况下,不必讨论 $1^*$ 或 $2^*$,而仅讨论"$*$"。思考:为什么所有三个"$*$"参考点都显示在图 9.5 的同一水平线上?(可回看 4.6 节。)

现在,根据 Fanno 流"$*$"参考条件重写工作方程。首先考虑

$$\frac{T_2}{T_1} = \frac{1 + [(\gamma - 1)/2] Ma_1^2}{1 + [(\gamma - 1)/2] Ma_2^2} \tag{9.20}$$

令点 2 为流动系统中的任意点,并使其 Fanno"$*$"参考条件为点 1。那么

$$T_2 \Rightarrow T \qquad Ma_2 \Rightarrow Ma(任意值)$$
$$T_1 \Rightarrow T^* \qquad Ma_1 \Rightarrow 1$$

公式(9.20)变为

$$\frac{T}{T^*} = \frac{(\gamma + 1)/2}{1 + [(\gamma - 1)/2] Ma^2} = f(Ma, \gamma) \tag{9.41}$$

由 $T/T^* = f(Ma, \gamma)$ 可以很容易地构造一个表,给出特定 $\gamma$ 下的 $T/T^*$ 与 $Ma$ 的值。公式(9.23)可以用类似的方式处理。在这种情况下,

$$p_2 \Rightarrow p \qquad Ma_2 \Rightarrow Ma(任意值)$$
$$p_1 \Rightarrow p^* \qquad Ma_1 \Rightarrow 1$$

公式(9.23)变为

$$\frac{p}{p^*} = \frac{1}{Ma} \left\{ \frac{(\gamma + 1)/2}{1 + [(\gamma - 1)/2] Ma^2} \right\}^{1/2} = f(Ma, \gamma) \tag{9.42}$$

密度比可根据公式(9.24)作为马赫数和 $\gamma$ 的函数获得,它也代表了速度比。为什么?

$$\frac{\rho}{\rho^*} = \frac{V^*}{V} = \frac{1}{Ma} \left\{ \frac{1 + [(\gamma - 1)/2] Ma^2}{(\gamma + 1)/2} \right\}^{1/2} = f(Ma, \gamma) \tag{9.43}$$

将相同的技巧应用于公式(9.28),得

$$\frac{p_t}{p_t^*} = \frac{1}{Ma} \left\{ \frac{1 + [(\gamma - 1)/2] Ma^2}{(\gamma + 1)/2} \right\}^{(\gamma+1)/[2(\gamma-1)]} = f(Ma, \gamma) \tag{9.44}$$

现在,对方程(9.40)执行相同类型的转换,也就是使

$$x_2 \Rightarrow x \qquad Ma_2 \Rightarrow Ma(任意值)$$
$$x_1 \Rightarrow x^* \qquad Ma_1 \Rightarrow 1$$

结果如下:

$$\frac{f(x - x^*)}{D_e} = \left( \frac{\gamma + 1}{2\gamma} \right) \ln \left\{ \frac{1 + [(\gamma - 1)/2] Ma^2}{(\gamma + 1)/2} \right\} - \frac{1}{\gamma} \left( \frac{1}{Ma^2} - 1 \right) - \frac{\gamma + 1}{2\gamma} \ln Ma^2 \tag{9.45}$$

但是,由图 9.5 可知,$x - x^*$ 始终是负值,因此更改公式(9.45)中的所有符号并将其简化为

$$\frac{f(x^* - x)}{D_e} = \left( \frac{\gamma + 1}{2\gamma} \right) \ln \left\{ \frac{[(\gamma + 1)/2] Ma^2}{1 + [(\gamma - 1)/2] Ma^2} \right\} + \frac{1}{\gamma} \left( \frac{1}{Ma^2} - 1 \right) = f(Ma, \gamma) \tag{9.46}$$

数值 $(x^* - x)$ 表示为了使流量达到 Fanno"$*$"参考条件而必须增加的管道长度,也可以将其视为在不改变某些流动条件的情况下可以增加的最大管道长度。因此表达式

$$\frac{f(x^*-x)}{D_e} 被称为 \frac{fL_{\max}}{D_e}。$$

与其他 Fanno 流参数一起列在附录 I 中:$T/T^*$,$p/p^*$,$V/V^*$,$p_t/p_t^*$。在 9.6 节中,借助该表格可以简化有关 Fanno 流问题的求解。但是,这里首先谈谈关于摩擦系数的确定。

流体流动问题的量纲分析表明,摩擦系数可以表示为

$$f = f(Re, \varepsilon/D) \tag{9.47}$$

式中:$Re$ 是雷诺数,

$$Re \equiv \frac{\rho V D}{\mu g_c} \tag{9.48}$$

和

$$\varepsilon/D \equiv 相对粗糙度$$

表 9.2 列出了 $\varepsilon$ 的典型值,壁面不规则的绝对粗糙度或平均高度。

**表 9.2 一般材料的绝对粗糙度**

| 材　料 | $\varepsilon/\mathrm{ft}$ |
|---|---|
| 玻璃、黄铜、铜、铅 | 光滑<0.000 01 |
| 钢、熟铁 | 0.001 5 |
| 镀锌铁 | 0.005 |
| 铸铁 | 0.008 5 |
| 铆接钢 | 0.03 |

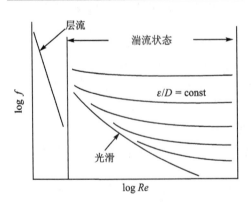

**图 9.6　圆管摩擦系数的 Moody 图(有关工作表请参阅附录 C)**

$f$、$Re$ 和 $\varepsilon/D$ 之间的关系是通过实验确定的,并绘制在类似于图 9.6 所示的图表(称为 Moody 图)中。更大的工作图在附录 C 中。如果知道流量以及管道尺寸和材料,就可以轻松地计算雷诺数和相对粗糙度,并从图表中获取摩擦系数的值。层流区域中的曲线可以表示为

$$f = \frac{64}{Re} (层流完全发展的管流) \tag{9.49}$$

对于非圆形横截面,可以使用 3.8 节中所述的当量直径,即

$$D_e \equiv \frac{4A}{P} \tag{3.61}$$

该当量直径可用于确定相对粗糙度和雷诺数,从而确定摩擦系数。但是,在所有计算中都必须

注意使用实际平均速度。经验表明,在湍流区使用当量直径效果很好。在层流区域中,还必须考虑管道的纵横比。

在某些问题中,由于流量未知,因此采用了试错的解决方案。只要给出管道尺寸,求解就会相对容易。通过选取与 $\varepsilon/D$ 曲线开始趋于平稳的位置相对应的值,可以很好地逼近摩擦系数。由于大多数工程问题都在湍流范围内,所以可以很快收敛到最终答案。

附录 I 的最后一项是 $S_{\max}/R$。为了将沿 Fanno 线的熵变化方程(9.27)制成表格,需要通过引入" * "参考条件来表示马赫数为 1.0 时的熵最大值。通过方程(9.27),定义位置 2 在最大值处,位置 1 是可变的。

令 $s_2 = s$(此时 $Ma = 1.0$), $s_1 = s(Ma)$, $S_{\max} \equiv s^* - s$,可得

$$\frac{S_{\max}}{R} = \frac{s^* - s}{R} = \ln \frac{1}{Ma} \left\{ \frac{1 + [(\gamma - 1)/2]Ma^2}{1 + \dfrac{\gamma - 1}{2}} \right\}^{\frac{\gamma + 1}{2(\gamma - 1)}} \tag{9.50}$$

公式(9.50)已在附录 I 中列成表格,当空气介质假设为 $\gamma = 1.4$ 时,可得 $\dfrac{S_{\max}}{R} = \ln(0.833\ 3 + 0.166\ 7Ma^2)^3/Ma$。

# 9.6 应 用

建议采取以下步骤来解题:

① 绘制出物理情况(包括假设的" * "参考点);

② 标记出已知条件与待求解内容;

③ 列出所有带单位的已知信息;

④ 计算当量直径、相对粗糙度和雷诺数;

⑤ 从 Moody 图中找到摩擦系数;

⑥ 确定未知的马赫数;

⑦ 计算待求的其他属性。

根据已知的信息类型,可能需要更改上述步骤,并且偶尔需要采用试错的方法。一旦掌握了基本的直接解决方案,就可以轻松地合并这些功能。在复杂流动系统中,该系统可能不止存在 Fanno 流,这时 $T$-$s$ 图通常有助于解决这样复杂的问题。

对于以下示例,要处理稳定的一维空气流($\gamma = 1.4$),可以将其视为理想气体。假设 $Q = W_s = 0$ 且势能变化可忽略不计,管道的横截面积保持恒定,例 9.1~例 9.3 均围绕图 E9.1 求解。

**例 9.1** 给定 $Ma_1 = 1.80$, $p_1 = 40$ psia, $Ma_2 = 1.20$,求 $p_2$ 和 $f\Delta x/D$。

由于两个马赫数都是已知的,故可以立即求解,如下:

$$p_2 = \frac{p_2}{p^*} \frac{p^*}{p_1} p_1 = 0.804\ 4 \times \frac{1}{0.474\ 1} \times 40 = 67.9 \ (\text{psia})$$

查图 E9.1 得

$$\frac{f\Delta x}{D} = \frac{fL_{1\max}}{D} - \frac{fL_{2\max}}{D} = 0.241\ 9 - 0.033\ 6 = 0.208$$

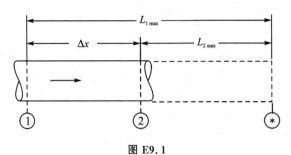

**图 E9.1**

**例 9.2** 给定 $Ma_2 = 0.94$，$T_1 = 400$ K，$T_2 = 350$ K，求 $Ma_1$ 和 $p_2/p_1$。

要确定图 E9.1 中第 1 部分的条件，确定比率，即

$$\frac{T_1}{T^*} = \frac{T_1}{T_2}\frac{T_2}{T^*} = \frac{400}{350} \times 1.019\ 8 = 1.165\ 5$$

上式中 $T_2$ 已知，$T^*$ 可在 Fanno 表中由已知条件 $Ma_2 = 0.94$ 得到。

在 Fanno 表(附录 I)中查找 $T/T^* = 1.165\ 5$，确定 $Ma_1 = 0.385$，从而

$$\frac{p_2}{p_1} = \frac{p_2}{p^*}\frac{p^*}{p_1} = 1.074\ 3 \times \frac{1}{2.804\ 6} = 0.383$$

这些示例确认了有关静压变化的陈述。在亚声速流中，静压减小；而在超声速流中，静压增大。计算滞止压力比，表明摩擦损失在每种情况中都将导致 $p_{t2}/p_{t1}$ 减小。

对于例 9.1，

$$\frac{p_{t2}}{p_{t1}} = \qquad\qquad (p_{t2}/p_{t1} = 0.716)$$

对于例 9.2，

$$\frac{p_{t2}}{p_{t1}} = \qquad\qquad (p_{t2}/p_{t1} = 0.611)$$

**例 9.3** 空气在直径 6 in 的绝缘镀锌铁管中流动。初始条件为 $p_1 = 20$ psia，$T_1 = 70$ ℉，$V_1 = 406$ ft/sec。70 ft 后，确定最终马赫数、温度和压力。

由于管道是圆形的，因此不必计算等效直径。根据表 9.2，绝对粗糙度 ε 为 0.000 5。因此，相对粗糙度为

$$\frac{\varepsilon}{D} = \frac{0.000\ 5}{0.5} = 0.001$$

在第 1 节(见图 E9.1)中计算雷诺数，因为这是唯一信息已知的位置。

$$\rho_1 = \frac{p_1}{RT_1} = \frac{20 \times 144}{53.3 \times 530} = 0.102\ (\text{lbm/ft}^3)$$

$\mu_1 = 3.8 \times 10^{-7}$ lbf · sec/ft$^2$(参见附录 A 中的表)

因此，

$$Re_1 = \frac{\rho_1 V_1 D_1}{\mu_1 g_c} = \frac{0.102 \times 406 \times 0.5}{3.8 \times 10^{-7} \times 32.2} = 1.69 \times 10^6$$

根据 Moody 图(见附录 C)，当 $Re = 1.69 \times 10^6$ 且 $\varepsilon/D = 0.001$ 时，确定摩擦系数为 $f = 0.019\ 8$。

$$a_1 = (\gamma g_c RT_1)^{1/2} = (1.4 \times 32.2 \times 53.3 \times 530)^{1/2} = 1\ 128\ (\text{ft/sec})$$

$$Ma_1 = \frac{V_1}{a_1} = \frac{406}{1\,128} = 0.36$$

从 Fanno 表(见附录 I)中在 $Ma_1 = 0.36$ 处发现

$$\frac{p_1}{p^*} = 3.004\,2, \qquad \frac{T_1}{T^*} = 1.169\,7, \qquad \frac{fL_{1\,max}}{D} = 3.180\,1$$

解决问题的关键是确定出口马赫数,这是通过摩擦长度来完成的,即

$$\frac{f\Delta x}{D} = \frac{0.019\,8 \times 70}{0.5} = 2.772$$

观察图 9.1,很明显有(因为 $f$ 和 $D$ 是常数)

$$\frac{fL_{2\,max}}{D} = \frac{fL_{1\,max}}{D} - \frac{f\Delta x}{D} = 3.180\,1 - 2.772 = 0.408$$

利用以上述摩擦长度查询 Fanno 表,发现

$$Ma_2 = 0.623, \qquad \frac{p_2}{p^*} = 1.693\,9, \qquad \frac{T_2}{T^*} = 1.113\,6$$

因此,

$$p_2 = \frac{p_2}{p^*}\frac{p^*}{p_1}p_1 = 1.693\,9 \times \frac{1}{3.004\,2} \times 20 = 11.28\,(\text{psia})(或\,77.75\,\text{kPa})$$

和

$$T_2 = \frac{T_2}{T^*}\frac{T^*}{T_1}T_1 = 1.113\,6 \times \frac{1}{1.169\,7} \times 530 = 505\,(°\text{R})(或\,280.5\,\text{K})$$

在上面的示例中,摩擦系数被假定为常数。实际上,当将方程(9.39)积分以获得方程(9.40)时就做出了这种假设,并且随着引入"*"参考状态,变成方程(9.46),并在 Fanno 表中列出。这是一个合理的假设吗?摩擦系数是雷诺数的函数,而雷诺数又取决于速度和密度——两者在 Fanno 流中的变化都非常快。计算例 9.3 中出口处的速度,并将其与入口处的速度进行比较。($V_2 = 686$ ft/sec,$V_1 = 406$ ft/sec。)

通过连续性可知,$\rho V$ 的乘积始终是常数,因此雷诺数的唯一变量是粘度。若气体粘度想有显著改变,就需要极大的温度变化,因此对于任何给定的问题,雷诺数的变化都很小。此外,幸运的是,大多数工程问题都处于湍流范围内,在该范围内,摩擦系数对雷诺数相对不敏感。管道粗糙度的估计中涉及更大的潜在误差,这对摩擦系数具有更大的影响。

**例 9.4** 面积比为 5.42 的收缩-扩张喷管与一条 8 in 长的恒定面积矩形管道相连(见图 E9.4)。管道的横截面为 8 in×4 in,摩擦系数为 $f = 0.02$。如果在整个管道中的流动为超声速且排气压力为 14.7 psia,则喷管进口的最低滞止压力是多少?

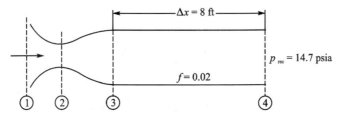

**图 E9.4**

$$D_e = \frac{4A}{P} = \frac{4 \times 32}{24} = 5.334 \text{ (in)}$$

$$\frac{f\Delta x}{D} = \frac{0.02 \times 8 \times 12}{5.334} = 0.36$$

要满足 $A_3/A_2 = 5.42, Ma_3 = 3.26, p_3/p_{t3} = 0.018\,5, p_3/p^* = 0.190\,1$ 和 $fL_{3\,max}/D = 0.558\,2$ 的超声速流动,则

$$\frac{fL_{4\,max}}{D} = \frac{fL_{3\,max}}{D} - \frac{f\Delta x}{D} = 0.558\,2 - 0.36 = 0.198\,2$$

因此,

$$Ma_4 = 1.673, \quad \frac{p_4}{p^*} = 0.524\,3$$

和

$$p_{t1} = \frac{p_{t1}}{p_{t3}} \frac{p_{t3}}{p_3} \frac{p_3}{p^*} \frac{p^*}{p_4} p_4 = 1 \times \frac{1}{0.018\,5} \times 0.190\,1 \times \frac{1}{0.524\,3} \times 14.7 =$$
$$228 \text{ (psia)(或 1.57 MPa)}$$

任何高于 288 psia 的压力都将维持特定的流量系统,但管道外会出现膨胀波(回想一下欠膨胀喷管)。如果入口滞止压力降至 288 psia 以下,则会发生什么呢?(回想一下过膨胀喷管的操作。)

## 9.7　与激波的关联

在学习本章的过程中,可能已经注意到 Fanno 流与正激波之间的某些相似之处,将接下来总结一些相关内容。

正激波前后的点代表的状态具有相同的每单位面积质量流量,相同的 $p + \rho V^2/g_c$ 值,相同的滞止焓。这些是将连续性、动量和能量的基本概念应用于任意流体的结果。通过该分析可得到方程(6.2)、方程(6.3)和方程(6.9)。

方程(9.2)和方程(9.5)证实了 Fanno 线表示具有相同的每单位面积质量流量和相同滞止焓的状态。沿着 Fanno 线移动需要摩擦,在 9.3 节(见方程(9.17))的结尾指出,正是这种摩擦导致 $p + \rho V^2/g_c$ 的值发生变化。

$p + \rho V^2/g_c$ 沿着 Fanno 线的变化非常有趣。如图 9.7 所示,对于 Fanno 线的超声速分支上的每个点,在亚声速分支上都有一个点与其对应,且 $p + \rho V^2/g_c$ 的值相同。因此,这两个点

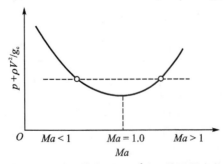

图 9.7　Fanno 流中 $p + \rho V^2/g_c$ 的不同变化

满足正激波端点的三个条件,并且可以通过这种激波连接。

现在,可以想象超声速的 Fanno 流导致的正激波。如果后面再添加一段导管,则会产生亚声速 Fanno 流,如图 9.8a 所示。注意,激波仅会使流动从同一 Fanno 线的超声速分支跳到亚声速分支(见图 9.8b)。

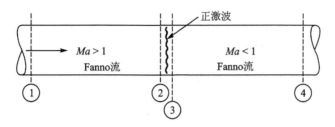

图 9.8a Fanno 流和正激波的关联(物理系统)

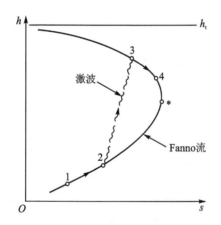

图 9.8b Fanno 流和正激波的关联

**例 9.5** 一个大腔室中装有温度为 300 K、压力为 8 bar abs. 的空气(见图 E9.5)。空气进入面积比为 2.4 的收缩-扩张喷管。固定面积的管道连接到喷管,并且正激波位于出口平面。背压为 3 bar abs.。假设整个系统是绝热的,并且忽略了喷管中的摩擦。计算管道的 $f\Delta x/D$。

为了使激波按规定产生,管道的流动必须是超声速的,这意味着喷管在其第三临界点工作。入口条件和喷管面积比满足位置 3 的条件。可以在 Fanno 线的顶端找到 $p^*$,然后计算比率 $p_5/p^*$,并从 Fanno 表中找到激波后的马赫数。如果不绘制 $T-s$ 图并认识到点 5 与点 3、点 4 和"$*$"在同一 Fanno 线上,那么可能无法解决该问题。

已知 $A_3/A_2=2.4$,$Ma_3=2.4$,$p_3/p_{t3}=0.068\,40$,可计算 $p_5/p^*$:

$$\frac{p_5}{p^*}=\frac{p_5}{p_{t1}}\frac{p_{t1}}{p_{t3}}\frac{p_{t3}}{p_3}\frac{p_3}{p^*}=\frac{3}{8}\times1\times\frac{1}{0.068\,4}\times0.311\,1=1.705\,6$$

从 Fanno 表中可以发现,$Ma_5=0.619$,然后从激波表中查得 $Ma_4=1.789$。回到 Fanno 表,$fL_{3\,max}/D=0.409\,9$ 和 $fL_{4\,max}/D=0.238\,2$,从而

$$\frac{f\Delta x}{D}=\frac{fL_{3\,max}}{D}-\frac{fL_{4\,max}}{D}=0.409\,9-0.238\,2=0.172$$

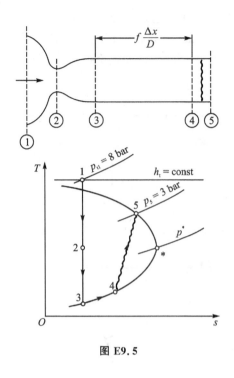

图 E9.5

# 9.8 摩擦拥塞

第 5 章讨论了在恒定滞止进口条件下进气喷管的工作(见图 5.6 和图 5.8)。随着背压的降低,通过喷管的流量增加,当工作压力比达到一定值时,最小面积截面将达到 $Ma=1$。这就是所谓的喷管拥塞。压力比的进一步降低不会增加流速。这是区域拥塞的一个例子。

亚声速 Fanno 流与上述情况非常相似。图 9.9 显示了由气室和收缩喷管进气到给定长度的管道。如果背压低于气室压力,则会产生流动,从而生成 $T$-$s$ 图,如图 9.10 中的路径 1—2—3 所示。请注意,管道入口处有等熵流,然后沿着 Fanno 线移动。随着背压的进一步降低,当系统移至更高质量流速的 Fanno 线(显示为路径 1—2′—3′)时,流速和出口马赫数继续增加。重要的是,要认识到背压(或更恰当地说应是工作压力比)正在控制流动。这是因为在亚声速流中,管道出口处的压力必须等于接收器的压力。

最终,当达到一定的压力比时,管道出口处的马赫数将达到 1(路径 1—2″—3″)。这称为摩擦拥塞,背压的任何进一步降低都不会影响系统内部的流动情况。思考:当流动离开管道并进入减压区域时会发生什么?

接下来考虑最后一种拥塞流动的情况,出口压力等于背压。现在假设背压保持在该值,但是更多的管道被添加到系统中,会发生什么?虽然不能绕 Fanno 线移动,但是必须以某种方式反映出增加的摩擦损失,这可以通过以更低的流速移至新的 Fanno 线来完成。其 $T$-$s$ 图显示为图 9.11 中的路径 1—2″—3″—4。请注意,尽管流速已降低,但出口处仍保持压力平衡,系统不再拥塞。思考:如果现在降低背压,会发生什么?

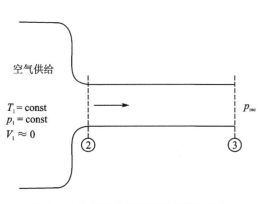

图 9.9　收缩喷管和定面积管道的连接

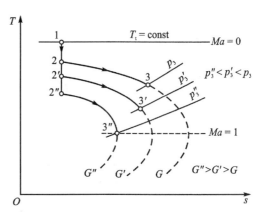

图 9.10　喷管-管道连接体的 $T-s$ 图

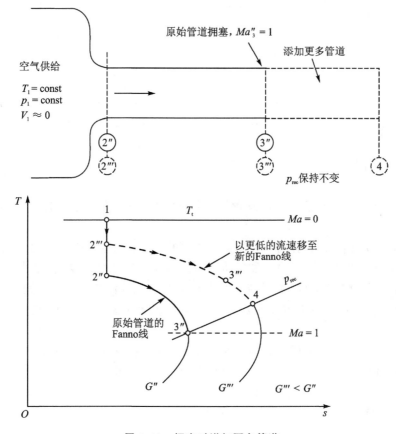

图 9.11　拥塞时增加更多管道

　　总而言之,当亚声速的 Fanno 流变为摩擦拥塞,并且向系统中添加了更多管道时,流速必须降低。它减少多少以及出口速度是否保持声速取决于增加了多少管道以及施加在系统上的背压。

　　现在,假设正在处理摩擦拥塞的超声速 Fanno 流。在这种情况下,增加更多的管道会在管道内部形成正激波,所产生的亚声速流可以在相同流速下适应增加的管道长度。例如,图 9.12 显示了 $Ma=2.18$ 的流动,其 $fL_{max}/D$ 的值为 0.356。如果在该点产生正激波,则激波后的马赫数约为 0.550,对应于 $fL_{max}/D$ 的值为 0.728。因此,在这种情况下,激波的出现使达到拥塞点的管道长度变为亚声速 Fanno 流的两倍以上。随着达到更高的马赫数,这种差异将变得更大。

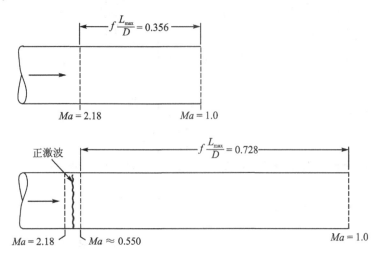

图 9.12　最大管道长度处激波的影响

　　激波的位置取决于所增加的管道长度。随着增加更多的管道,激波会向上游移动并以更高的马赫数发生。最终,激波将移动到系统中等面积管道之前的部分。(最有可能的是,使用了收缩-扩张喷管以产生超声速流。)如果增加足够的摩擦长度,则整个系统将变为亚声速,同时流量会降低。出口速度是否保持为声速将再次取决于背压。

# 9.9　(选学)如何得到方程(9.40)左端项

　　内部流动不仅具有大量的摩擦,还受流动方向的长度和流动外壳的横截面的影响,并且因为流动可以是"入口流动"或"完全发展",所以指定相关的尺寸变得复杂,此外,"完全发展"情况取决于基于管径的雷诺数($Re$),其流动状态可以是层流或湍流。当在方程(3.59)中引入壁面的剪应力($\tau_w$)时,它乘以微分面积 $P\,dx$(其中,$P$ 是管道的周长;$dx$ 是流动长度增量,是总长度 $L$ 的一部分)来表示作用在内部流动中的不同摩擦力。流体流动阻力取决于"润湿面积",即流体接触的总表面,或圆形管的表面积 $\pi DL$(通过在方程(3.61)中定义等效直径可将这种情况扩展到非圆形横截面)。由于涉及具有相同基本尺寸的两个独立长度,因此不知道应将哪一个用作无量纲化方程(3.59)的参考。读者可能会问为什么选择 $D$ 来求得雷诺数、方程(9.48)(以及绝对管道粗糙度比 $\varepsilon/D$)的无量纲形式,而不是选择 $L=x_2-x_1$ 作为参考长度?

　　如方程(3.60)中所定义的,摩擦系数仅取决于雷诺数。在完全发展的内部流动中,传统上根据直径使用雷诺数 $Re$,而对于外部和发展中的内部流动,使用 $Re_L$(基于沿流动的长度)。就 Moody 图中的 ($\rho VD/\mu$,$\varepsilon/D$) 而言,Fanno 流问题有很好的经验数据可用,因此使用 $D$ 相对方便些。在方程(9.40)中,利用了两个无量纲数的等效乘积,而不是直接使用像 $\pi DL$ 这样的相关变量;利用了摩擦系数 $f$ 和 ($x_2-x_1$)/$D$ 来正确模拟内摩擦力,正如所定义的那样,明确 $f$ 与附录 C 中的雷诺数相关。这种方法较为实用,可以很好地代表几乎所有的气体和液体。

# 9.10　当 $\gamma$ 不等于 1.4 时

如前所述,附录 I 中的 Fanno 流表适用于 $\gamma = 1.4$ 的情况。图 9.13 中分别给出了马赫数升至 $Ma = 5$ 时 $\gamma = 1.13$、1.4 和 1.67 的 $fL_{max}/D$,即摩擦函数的特性,可以看到,$Ma \geqslant 1.4$ 的流动对 $\gamma$ 的依赖相当明显。因此,在该马赫数以下,附录 I 中的表格对于任何 $\gamma$ 使用起来都只有很小的误差。这意味着对于亚声速流而言(大多数 Fanno 流问题发生的地方),各种气体之间的差异很小。

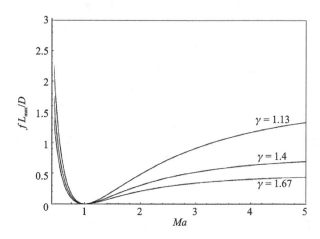

图 9.13　Fanno 流中不同的 $\gamma$ 值时 $fL_{max}/D$ 相对马赫数的变化

严格来说,图 9.13 中的曲线仅代表在流动中 $\gamma$ 变化可忽略的情况。但是,它们为在其他情况下预期有多大的改变提供了参考。在第 11 章中处理了 $\gamma$ 变化不可忽略的流动。

# 9.11　(选学)计算程序方法

如第 5 章所指出的,通过使用诸如 MAPLE 之类的计算机应用,可以消除许多内插并获得任何比率的比热比 $\gamma$ 或任何马赫数的准确答案。该应用可用于评估方程(9.46)。例 9.6 就是一个这样的应用。

**例 9.6**　在不使用 Fanno 表的情况下重新计算例 9.3。当 $Ma_1 = 0.36$ 时,计算 $fL_{max}/D$ 的值。

该过程遵循方程(9.46):

$$\frac{f(x^* - x)}{D_e} = \left(\frac{\gamma + 1}{2\gamma}\right) \ln \frac{[(\gamma + 1)/2] Ma^2}{1 + [(\gamma - 1)/2] Ma^2} + \frac{1}{\gamma}\left(\frac{1}{Ma^2} - 1\right) \qquad (9.46)$$

令

$\qquad\qquad g \equiv \gamma$,参数(比热比)

$\qquad\qquad X \equiv$ 自变量(在这种情况下为 $Ma_1$)

$\qquad\qquad Y \equiv$ 因变量(在这种情况下为 $fL_{max}/D$)

下面列出的是在计算机中使用的精确输入和程序。

```
[ > g := 1.4:    X := 0.36:
> Y := ((g + 1)/(2*g))*log(((g + 1)*(X^2)/2)/(1 +
  (g - 1)*(X^2) + (1/g)*((1/X^2) - 1);
                    Y: = 3.180117523
```

读者可以继续在位置 2 处找到马赫数。$Y$ 的新值是 $3.180\,1-2.772=0.408$。现在使用相同的方程(9.46),但用来求解 $Ma_2$,如下所示。注意,由于 $Ma$ 在方程中是隐式的,所以将使用"fsolve"。令

$$g \equiv \gamma, 参数(比热比)$$
$$X \equiv 自变量(在这种情况下为 Ma_2)$$
$$Y \equiv 因变量(在这种情况下为 fL_{max}/D)$$

下面列出的是计算机中使用的精确输入和程序。

```
[ > g2 := 1.4:    Y2 := 0.408:
> fsolve(Y2 = ((g2 + 1)/(2*g2))*log(((g2 + 1)*(X2^2)/2)/(1 +
  (g2 - 1)*(X2^2)/2)) + (1/g2)*((1/X2^2) - 1), X2, 0..1);
                    .6227097475
```

$Ma_2=0.622\,7$ 的答案与例 9.3 中获得的答案一致。接下来读者可以计算所需的静属性。

# 9.12   总   结

本章分析了在恒定面积的管道中有摩擦但没有传热的流动。流体性质以可预测的方式变化,具体取决于流动状态,如表 9.3 所列。亚声速 Fanno 流的特性变化遵循一种直观模式,但注意到,超声速流的特性是完全不同的。唯一共同的情况是滞止压力的降低,这由损失造成。

表 9.3   Fanno 流的流动性能变化

| 参　数 | 亚声速 | 超声速 |
| --- | --- | --- |
| 速度 | 增加 | 减少 |
| 马赫数 | 增加 | 减少 |
| 焓 * | 减少 | 增加 |
| 滞止焓 * | 不变 | 不变 |
| 压力 | 减少 | 增加 |
| 密度 | 减少 | 增加 |
| 滞止压力 | 减少 | 减少 |

注:* 如果流体是理想气体,温度也一样。

也许最重要的方程是那些适用于所有流体的方程:

$$\rho V = G = \text{const} \tag{9.2}$$

$$h_t = h + \frac{G^2}{\rho^2 2g_c} = \text{const} \tag{9.5}$$

除了上述方程之外,还应牢记 $h$-$v$ 图和 $T$-$s$ 图中 Fanno 线的形状(见图 9.1 和图 9.2)记住每条 Fanno 线代表具有相同质量速度($G$)和滞止焓($h_t$)的点,并且正激波可以连接 Fanno 线相对分支上的两个点,它们具有相同的 $p+\rho V^2/g_c$ 值。Fanno 线可以代表:

① $h_t$ 值相同，$G$ 值不同（见图 9.10）；

② $G$ 值相同，$h_t$ 值不同（见习题 10.17）。

为理想气体建立详细的工作方程，参考点"＊"的引入使得可以构造 Fanno 表，从而简化对问题的求解。Fanno 流的"＊"条件与以前在等熵流动中使用的条件无关（一般定义除外）。所有的 Fanno 流都朝着 $Ma=1$ 的极限点前进。在 Fanno 流中，可能会发生流道的摩擦拥塞，就像在变面积等熵流中发生面积拥塞一样。$h-s$ 图（或 $T-s$ 图）对于分析复杂的流动系统非常有帮助，读者应养成绘制这些图的习惯。

**注意**：许多带有摩擦的亚声速流在很长的管道中都倾向于等温，这是因为流动有足够的机会与环境进行热交换。非绝热流动在天然气管道中很常见，可以用类似于 Fanno 流的方式进行建模，这种分析可以在参考文献[16,19-20]等中找到。

# 习　题

在接下来的问题中，可能会假定所有系统都是完全绝热的。除非另有说明，否则所有管道的面积均为恒定。可以忽略变面积区域中的摩擦；也可以假定，当使用当量直径概念并且流动湍流时，附录 C 中所给的摩擦系数适用于非圆形横截面。

9.1　管道入口处的条件为 $Ma_1=3.0$ 和 $p_1=8\times10^4$ N/m²。一定长度后，流动已达到 $Ma_2=1.5$。如果 $\gamma=1.4$，请确定 $p_2$ 和 $f\Delta x/D$。

9.2　氮气流从导管中排出，其中 $Ma_2=0.85$，$T_2=500$ °R，$p_2=28$ psia。入口温度为 560 °R。计算入口处的压力和质量速度（$G$）。

9.3　空气以 $Ma=3.0$ 进入圆形管道，摩擦系数为 0.01。

(1) 将马赫数降低至 2.0 需要多长的导管（以直径衡量）？

(2) 温度、压力和密度的百分比变化是多少？

(3) 确定空气的熵增。

(4) 假设管道的长度与(1)中计算的相同，但初始马赫数为 0.5。计算这种情况下的温度、压力、密度和熵增的百分比变化。比较亚声速流和超声速流在相同长度管道中的变化。

9.4　氧气以 $T_1=600$ °R，$p_1=50$ psia 和 $V_1=600$ ft/sec 的状态进入直径为 6 in 的管道。摩擦系数为 $f=0.02$。

(1) 在不改变进气口任何条件的情况下，允许管道的最大长度是多少？

(2) 确定在(1)中找到的最大管道长度下的 $T_2$、$p_2$ 和 $V_2$。

9.5　空气流入内径 8 cm、长 4 m 的管道中。空气以 $Ma=0.45$ 和 300 K 的温度进入。

(1) 什么样的摩擦系数会导致出口处速度为声速？

(2) 如果管道由铸铁制成，请估计入口压力。

9.6　在恒定面积管道中的一个截面处，滞止压力为 66.8 psia，马赫数为 0.80。在另一截面，压力为 60 psia，温度为 120 °F。

(1) 如果流体是空气，计算第一截面的温度和第二截面的马赫数。

(2) 空气流向哪个方向？

(3) 管道的摩擦长度（$f\Delta x/D$）是多少？

9.7　50 cm×50 cm 的管道长度为 10 m。氮以 $Ma_1=3.0$ 进入而以 $Ma_2=1.7$ 离开，

$T_2 = 280$ K，$p_2 = 7 \times 10^4$ N/m²。

(1) 求解入口处静止和滞止的条件。

(2) 管道的摩擦系数是多少?

9.8 截面为 2 ft×1 ft 的管道由铆接钢制成，长 500 ft。空气以 174 ft/sec 的速度进入，$p_1 = 50$ psia，$T_1 = 100$ °F。

(1) 确定出口处的温度、压力和速度。

(2) 假设流动不可压缩，计算压降。使用进口条件和公式(3.29)。注意，方程(3.64)可以很容易地通过积分来计算。

$$\int T \, \mathrm{d}s_i = f \frac{\Delta x}{D_e} \frac{V^2}{2g_c}$$

(3)(1)和(2)的结果如何比较?

9.9 当 $T_1 = 520$ °R 和 $p_1 = 20$ psia 时，空气以质量流量为 35 lbm/sec 的状态进入管道。管道为正方形，面积为 0.64 ft²。出口马赫数为 1。

(1) 计算出口处的温度和压力。

(2) 如果管道是钢制的，求其长度。

9.10 考虑沿 Fanno 线的理想气体流动。证明"*"参考状态下的压力由以下关系给出：

$$p^* = \frac{\dot{m}}{A} \left[ \frac{2RT_t}{\gamma g_c (\gamma + 1)} \right]^{1/2}$$

9.11 直径为 12 in、长 10 ft 的管道包含有以 80 lbm/s 的速度流动的氧气。入口处的测量结果为 $p_1 = 30$ psia 和 $T_1 = 800$ °R。出口处的压力为 $p_2 = 23$ psia。

(1) 计算 $Ma_1$、$Ma_2$、$V_2$、$T_{t2}$ 和 $p_{t2}$。

(2) 确定摩擦系数并估算管道材料的绝对粗糙度。

9.12 在直径为 25 cm 的管道出口处，空气以声速传播，温度为 16 ℃，压力为 1 bar。管道非常光滑，长 15 m。管道入口处可以存在两种可能的情况。

(1) 找出每种进口条件的静止温度、滞止温度和压力。

(2) 假设周围的空气压力为 1 bar，则每种情况下需要多少马力才能将环境中的空气引入管道?（可以假设工作过程中没有损失）

9.13 60 °F 和 14.7 psia 的环境空气等熵地加速进入直径为 12 in 的管道。100 ft 后，管道过渡为马赫数为 0.50，8 in×8 in 的正方形截面。忽略除恒定面积管道(其中 $f = 0.04$)之外的所有摩擦效应。

(1) 确定管道入口处的马赫数。

(2) 方形截面的温度和压力是多少?

(3) 在流动拥塞之前可以增加多长的 8 in×8 in 的方形管道?（假设在此管道中，$f = 0.04$）

9.14 $p_t = 7 \times 10^5$ N/m² 且 $T_t = 340$ K 的氮气进入面积比为 4.0 的无摩擦收缩-扩张喷管。该喷管以超声速排出到一个恒定面积的管道中，该管道的摩擦长度为 $f\Delta x/D = 0.355$。确定管道出口处的温度和压力。

9.15 正激波之前的条件是 $Ma_1 = 2.5$，$p_{t1} = 67$ psia 和 $T_{t1} = 700$ °R。随后是一段长度的 Fanno 流和一个收缩的喷管，如图 P9.15 所示。面积变化使得系统拥塞。此外，已知 $p_4 = p_{amb} = 14.7$ psia。

（1）绘制系统的 $T-s$ 图。

（2）求解 $Ma_2$ 和 $Ma_3$。

（3）管道的 $f\Delta x/D$ 是多少？

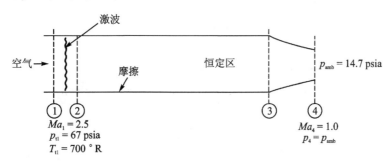

图 P9.15

9.16　收缩-扩张喷管（见图 P9.16）的面积比为 3.0。进口气体的滞止条件为 150 psia 和 550 °R。长度为直径 12 倍的恒定面积管道连接到喷管出口。管道中的摩擦系数为 0.025。

（1）计算会产生激波的背压：

（i）在喷管的喉道；

（ii）在喷管出口；

（iii）在管道出口。

（2）什么样的背压会导致整个管道内流动超声速且系统内（或管道出口后）无激波？

（3）绘制类似于图 6.3 所示的示意图,标注（1）和（2）中各个工作点的压力分布。

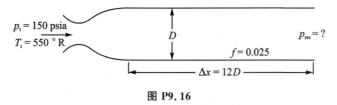

图 P9.16

9.17　对于类似于习题 9.16 的喷管-管道系统,设计喷管以产生马赫数为 2.8 且 $\gamma=1.4$ 的流动。入口条件为 $p_{t1}=10$ bar 和 $T_{t1}=370$ K。管道的长度为直径的 8 倍,但管道的摩擦系数未知。已知背压固定为 3 bar,并且管道出口处已形成正激波。

（1）绘制系统的 $T-s$ 图。

（2）确定管道的摩擦系数。

（3）系统熵的总变化是多少？

9.18　一个大腔室包含压力为 65 bar、温度为 400 K 的空气。空气通过纯收缩的喷管进入恒定面积的管道。管道的摩擦长度为 $f\Delta x/D=1.067$,管道出口处的马赫数为 0.96。

（1）绘制系统的 $T-s$ 图。

（2）确定管道入口处的参数。

（3）背压是多少？（提示:这与管道出口压力有什么关系？）

（4）如果管道的长度加倍,并且腔室和接收器的条件保持不变,那么管道入口和出口的新马赫数是多少？

9.19 如图 P9.19 所示,恒定面积的管道由纯收缩的喷管供气。喷管从大腔室中接收 $p_1 = 100$ psia 和 $T_1 = 1\,000$ °R 的氧气。管道的摩擦长度为 5.3,并在出口处拥塞。背压与管道出口处的压力完全相同。

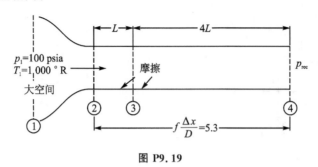

**图 P9.19**

(1) 管道末端的压力是多少?

(2) 移去 4/5 的管道(现在管道末端在位置 3)。腔室压力、背压和摩擦系数保持不变。现在管道出口处的压力是多少?

(3) 在同一 $T\text{-}s$ 图上画出以上两种情况。

9.20 (1)空气以马赫数为 0.20、静压为 100 psia、静温为 540 °R 的状态进入管道。按比例在 $T\text{-}s$ 平面上画出该情况的 Fanno 线。在曲线的各个点上标出马赫数。

(2) 在同一张图上,绘制另一条总焓相同、进口熵相同但质量速度加倍的流动 Fanno 线。

9.21 如果 Fanno 表中列出的比率($T/T^*$、$p/p^*$、$p_t/p_t^*$ 等)可以用相同的数值在等熵表中列出,那么是上述的哪一个?

9.22 收缩器将来自压缩机的气源连接到 21 ft 外的测试设备上。压缩机的出口直径为 2 in,测试设备的入口具有 1 in 直径的管道。收缩器可以选择在压缩机上安装减速器,之后接 1 in 或 2 in 的软管,并将减速器放在测试设备的入口。由于较小的软管便宜且不易拥塞,因此收缩器倾向于使用 1 in 的软管,工程人员需要根据选择实施操作。从压缩机流出的空气温度为 520 °R,压力为 40 psia,流速为 0.7 lbm/sec。考虑每种尺寸软管的有效 $f = 0.02$。对于每种尺寸的软管,测试设备入口处的条件是什么?(可以假设除了管道 21 ft 的地方之外,流动处处等熵。)

9.23 (选做)计算对应马赫数下的 $(s^*-s)/R$,并将结果与附录 I 中的 Fanno 表进行比较,验证方程(9.50)下给出的 $S_{max}/R$ 关系确实与 $\gamma = 1.4$ 相对应。

9.24 使用气体动力学计算器和附录 A 中 $\gamma$ 和 $R$ 的值,对氦、水蒸气和二氧化碳这些不同的介质重新计算习题 9.4。

# 小 测

在不参考本章内容的情况下独立完成以下测试。

9.1 在 $h\text{-}v$ 平面中绘制 Fanno 线。根据需要包括足够的附加信息,以定位声速点,然后确定亚声速流和超声速流的区域。

9.2 填写表 CT9.2 中的空白,表明在 Fanno 流的情况下这些量是增加、减少还是保持不变。

**表 CT9.2　Fanno 流的分析**

| 参　　数 | 亚声速区域 | 超声速区域 |
|---|---|---|
| 速度 | | |
| 温度 | | |
| 压力 | | |
| 推力函数 | | |
| $(p+\rho V^2/g_c)$ | | |

9.3　在图 CT9.3 所示的系统中,管道的摩擦长度为 $f\Delta x/D=12.40$,出口处的马赫数为 0.8。$A_3=1.5\ \text{in}^2$,$A_4=1.0\ \text{in}^2$。如果背压为 15 psia,则箱体中的气压是多少?

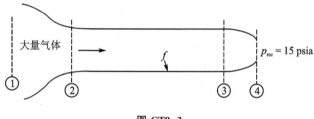

**图 CT9.3**

9.4　在如图 CT9.4 所示的系统内,背压在什么范围内时,正激波会在某处发生? 喷管的面积比为 $A_3/A_2=2.403$,导管 $f\Delta x/D=0.30$。

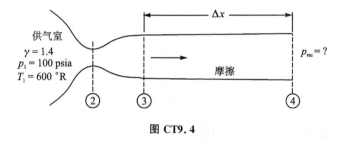

**图 CT9.4**

9.5　在如图 CT9.5 所示的系统中,除了从 3 到 4 和从 6 到 7 的恒定面积管道之外,没有摩擦。画出整个系统的 $T-s$ 图。

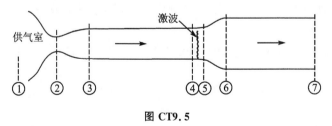

**图 CT9.5**

9.6　从连续性、能量等基本原理出发,以理想气体 Fanno 流的马赫数和比热比的形式来推导属性比 $p_2/p_1$ 的表达式。

9.7　计算习题 9.18。

# 第 10 章　Rayleigh 流

## 10.1　引　言

本章考虑了热量越过系统边界的情况。为了区别传热的影响与其他主要因素,假设流动在恒定面积的管道中且没有摩擦。虽然这并不符合真实情况,但却是许多实际问题的初步近似值,因为大多数热交换器都具有恒定面积的流道。对于恒定面积的燃烧室,这也是一个简单合理的等效过程。

在这些实际系统中,存在摩擦效应,然而在热传递速率很高的系统中,由热传递引起的熵变远大于由摩擦引起的熵变,或者

$$dS_e \gg ds_i \tag{10.1}$$

因此,

$$ds \approx ds_e \tag{10.2}$$

摩擦作用可以忽略不计。显然,对于某些流动,这种假设并不合理,因此需要其他方法来实现系统更准确的预测。

首先,关注任意流体的一般行为,再次分析亚声速和超声速状态下不同情况的性质变化,接下来考虑理想气体的流动以及由现在所熟悉的构建表得到的最终结果。这类研究流体传热情况的问题称为 Rayleigh 流问题。

## 10.2　学习目标

① 陈述在 Rayleigh 流分析中所做的假设。

②（选学）简化连续性、能量和动量的一般公式,以获得对 Rayleigh 流中任何流体都有效的基本关系。

③ 在 $p - v$ 平面中绘制 Rayleigh 线、等熵线和等温线(对于典型的气体),标明熵和温度增加的方向。

④ 在 $h - s$ 平面中绘制 Rayleigh 线,并绘制对应的滞止曲线,确定声速点以及亚声速流和超声速流的区域。

⑤ 描述在加热和冷却情况下,流体沿着 Rayleigh 线流动时发生的流体性质变化,比如亚声速流和超声速流。

⑥（选学)对理想气体的 Rayleigh 流,从连续性、能量和动量的基本原理入手,以马赫数 $(Ma)$ 和比热比的形式推导诸如 $T_2/T_1, p_2/p_1$ 等的表达式。

⑦ 描述(包括 $T - s$ 图)如何借助“＊”参考位置来建立 Rayleigh 表。

⑧ 比较 Rayleigh 流和正激波之间的异同。在质量速度相同的情况下,绘制典型 Rayleigh 线和正激波的 $h - s$ 图,去说明随着激波路径熵的增加,正激波的端点可由 Fanno 线和 Rayleigh 线的两个交点表示。

⑨ 解释热拥塞的含义。

⑩ （选学）描述在拥塞的 Rayleigh 流情况下（对于亚声速流和超声速流）增加更多热量所带来的一些可能后果。

⑪ 通过使用适当的表格和方程来求解典型 Rayleigh 流问题。

# 10.3　一般流体分析

首先,考虑任意流体的一般行为。为了隔离传热的影响,做出以下假设:

稳定的一维流

忽略摩擦　　　　　$ds_i \approx 0$

无轴功　　　　　　$\delta w_s = 0$

忽略势能　　　　　$dz = 0$

恒定面积　　　　　$dA = 0$

通过应用连续性、能量和动量的基本概念进行分析。

**1. 连续性**

$$\dot{m} = \rho A V = \text{const} \tag{2.30}$$

由于流动面积是恒定的,上式化简为

$$\rho V = \text{const} \tag{10.3}$$

在第 9 章的知识表明这个常数是质量速度 $G$,因此,

$$\boxed{\rho V = G = \text{const}} \tag{10.4}$$

**2. 能量**

由

$$h_{t1} + q = h_{t2} + w_s \tag{3.19}$$

可知,若没有轴功则变为

$$\boxed{h_{t1} + q = h_{t2}} \tag{10.5}$$

这是首个总焓不恒定的重要流动类别。到目前为止,所有这些知识都是基于 $h_t = \text{const}$ 的流动。

**3. 动量**

将动量方程应用于控制体,如图 10.1 所示。一维稳定流的动量方程的 $x$ 分量为

$$\sum F_x = \frac{\dot{m}}{g_c}(V_{\text{out}_x} - V_{\text{in}_x}) \tag{3.46}$$

由图 10.1 可得

$$p_1 A - p_2 A = \frac{\rho A V}{g_c}(V_2 - V_1) \tag{10.6}$$

消去面积,得

$$p_1 - p_2 = \frac{\rho V}{g_c}(V_2 - V_1) = \frac{G}{g_c}(V_2 - V_1) \tag{10.7}$$

上式可以写成

$$p + \frac{GV}{g_c} = \text{const} \tag{10.8}$$

公式(10.8)的其他形式是

$$p + \frac{G^2}{g_c \rho} = \text{const} \tag{10.9a}$$

$$p + \frac{G^2}{g_c} v = \text{const} \tag{10.9b}$$

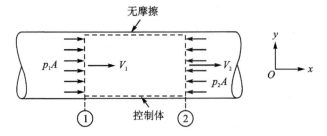

**图 10.1　Rayleigh 流的动量分析**

同时,通过比对正激波的表达式(6.9),发现公式(10.9b)与其相同,如下:

$$p + \rho \frac{V^2}{g_c} = \text{const} \tag{6.9}$$

由于两种分析方法在处理恒定面积问题时均假定摩擦忽略不计,因此得出的结果相同。

如果将方程(6.9)或方程(10.8)乘以恒定面积,可得

$$pA + \frac{(\rho VA)V}{g_c} = \text{const} \tag{10.10}$$

或者

$$pA + \frac{\dot{m}V}{g_c} = \text{const} \tag{10.11}$$

方程(10.11)中的常数被称为脉冲函数或推力函数。本书在第 12 章中研究推进装置时将进一步学习。现在,仅考虑推力函数在 Rayleigh 流和正激波时保持恒定的情况。

回到方程(10.9b),它将在 $p - v$ 平面上绘制为一条直线(见图 10.2)。这种线称为 Rayleigh 线,代表特定质量速度($G$)的流动。如果流体已知,则可以在同一张图中绘制恒温线。通过假设理想气体状态方程,可以轻松获得典型的等温线。其中一些 $pv = \text{const}$ 的线也显示在图 10.2 中。

然而,该图描述的信息意义何在? 通过简单加热提高温度并降低密度会使得结果符合预期。如图 10.2 所示,似乎从点 1 到点 2 的过程符合上述情况。如果增加更多的热量,则沿着 Rayleigh 线越远,温度将增加得越多,很快就会达到温度最高点 3。试想这是某种极限点吗? 这满足某种拥塞的条件了吗?

换个思路,回想一下,热量的增加将导致流体的熵增加,因为

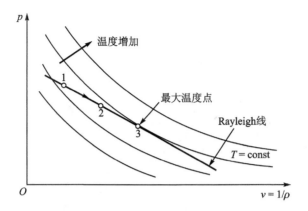

**图 10.2　$p-v$ 平面内的 Rayleigh 线**

$$\mathrm{d}s_e = \frac{\delta q}{T} \tag{3.10}$$

根据基本假设,摩擦可以忽略不计,即

$$\mathrm{d}s \approx \mathrm{d}s_e \tag{10.2}$$

因此,真正的限制条件通常涉及到熵。随着热量的增加,流动将达到最大熵的状态。然而,可能是在最大温度点之前就到达了最大熵点,在这种情况下,将永远无法到达点 3(见图 10.2)。所以,需要研究 $p-v$ 图中等熵线的形状。可以很容易地用理想气体的例子来说明总的趋势。

对于 $T=$const 的曲线,

$$pv = RT = \text{const} \tag{10.12}$$

求微分得

$$p\,\mathrm{d}v + v\,\mathrm{d}p = 0 \tag{10.13}$$

和

$$\frac{\mathrm{d}p}{\mathrm{d}v} = -\frac{p}{v} \tag{10.14}$$

对于 $s=$const 的线,

$$pv^{\gamma} = \text{const} \tag{10.15}$$

求导得

$$v^{\gamma}\mathrm{d}p + p\gamma v^{\gamma-1}\mathrm{d}v = 0 \tag{10.16}$$

和

$$\frac{\mathrm{d}p}{\mathrm{d}v} = -\gamma\,\frac{p}{v} \tag{10.17}$$

比较方程(10.14)和方程(10.17),注意到 $\gamma$ 总是大于 1.0,且等熵线的负斜率更大,因此这些线的绘制如图 10.3 所示。(实际上,它们以这种方式显示在图 1.2 中。)

上述结果表明,不仅可以达到最高温度,而且通过增加更多的热量可以超过此温度。如果需要,可以(通过加热)一直移动到最大熵点。然而,在点 3 至点 4 的区域中,向系统增加热量,温度降低,这似乎与前面提到的不符,因此还需要进一步分析。在前面的讨论中,由于添加热量通常被认为会导致流体密度降低,所以连续性 $\rho V=$ const,会要求速度增加。这种速度增加会自动将流体的动能提高一定量。因此,由热量添加引起的连锁反应迫使动能显著增加。添

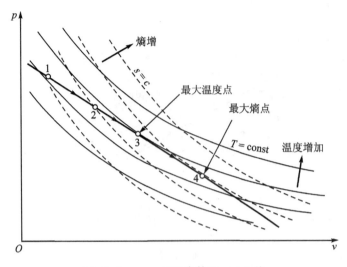

图 10.3 $p-v$ 平面内的 Rayleigh 线

加到系统中的一些热量转化为这种流体动能的增加,而超过此热量的热能可用于增加流体的焓。

由于动能与速度的平方成正比,随着速度的提高,热量的增加会伴随着更多动能的增加。最终,所有添加的热能都被来增加动能,达到极限点。此时,没有剩余的热能,系统处于最大焓点(理想气体的最高温度)。热量的进一步增加导致动能比所添加的热能增加了更大的量。因此,从这一点开始,必须减小焓以保证适当的能量平衡。

如果将 Rayleigh 线绘制在 $h-s$ 平面中,则上述讨论可能会更加清楚。对于任意给定的流体,典型结果如图 10.4 所示,等压线也在图上绘出。Rayleigh 线上的所有点代表的是每单位面积的质量流量(质量速度)相同,脉冲(或推力)函数相同的状态。为了增加热量,熵必须增加并且流动向右移动。因此,Rayleigh 线(类似于 Fanno 线)看起来被最大熵的极限点划分为两个不同的分支。

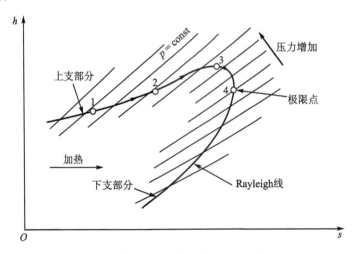

图 10.4 $h-s$ 平面内的 Rayleigh 线

前面一直在沿上支部分讨论加热过程。那下支部分呢? 在下支部分上标记两个点,并绘制箭头以指示加热过程的正确运动。焓、静压、密度、速度、滞止压力分别怎样变化呢？利用图中可用的信息以及已建立的任何方程,用增加、减少或保持不变来填写表 10.1。

**表 10.1　加热过程中对 Rayleigh 流的分析**

| 参　数 | 上支部分 | 下支部分 |
| --- | --- | --- |
| 焓 | | |
| 密度 | | |
| 速度 | | |
| 静压 | | |
| 滞止压力 | | |

与 Fanno 流一样,沿着 Rayleigh 线下支部分的流动作用原理尚未熟悉。最大熵点是将这两种流动状态分开的某种极限点。

**4. 极限点**

从之前提到的 Rayleigh 线方程可知：

$$p + \frac{G^2}{g_c \rho} = \text{const} \tag{10.9a}$$

求导得

$$dp + \frac{G^2}{g_c}\left(-\frac{d\rho}{\rho^2}\right) = 0 \tag{10.18}$$

引入方程(10.4),上式变为

$$\frac{dp}{d\rho} = \frac{G^2}{g_c \rho^2} = \frac{V^2}{g_c} \tag{10.19}$$

因此,对任意流体有

$$V^2 = g_c \frac{dp}{d\rho} \tag{10.20}$$

上式在 Rayleigh 线上的任何位置都有效。在最大熵的极限点处进行微分,$ds = 0$ 或 $s = \text{const}$,则该点方程(10.20)变为

$$V^2 = g_c \left(\frac{\partial p}{\partial \rho}\right)_{s=\text{const}} \quad (\text{极限点}) \tag{10.21}$$

注意到上式与声速表达式一致。Rayleigh 线的上支部分(在此处性质变化似乎合理)被视为亚声速流的区域,下支部分用于超声速流。而超声速流动中发生的情况常常与预期相反。

而公式(10.21)在极限点上是正确的。由方程(10.19)有

$$dp = \frac{V^2}{g_c} d\rho \tag{10.22}$$

通过微分方程(10.4),可以证明

$$d\rho = -\rho \frac{dV}{V} \tag{10.23}$$

结合方程(10.22)和方程(10.23),可得

$$dp = -\rho \frac{V}{g_c} dV \tag{10.24}$$

这可以引入到性质关系中,如下:

$$T\mathrm{d}s = \mathrm{d}h - \frac{\mathrm{d}p}{\rho} \tag{1.41}$$

并获得

$$T\mathrm{d}s = \mathrm{d}h + \frac{V\mathrm{d}V}{g_c} \tag{10.25}$$

在极限点处,$Ma = 1$,$\mathrm{d}s = 0$,并且方程(10.25)变为

$$0 = \mathrm{d}h + \frac{V\mathrm{d}V}{g_c}(\text{极限点}) \tag{10.26}$$

如果忽略势能,则对滞止焓的定义是

$$h_t = h + \frac{V^2}{2g_c} \tag{3.18}$$

求导得

$$\mathrm{d}h_t = \mathrm{d}h + \frac{V\mathrm{d}V}{g_c} \tag{10.27}$$

因此,通过比较方程(10.26)和方程(10.27),可得

$$\mathrm{d}h_t = 0(\text{极限点}) \tag{10.28}$$

因此,极限点表示为最大滞止焓的点。通过方程(10.5)可以很容易地确认这一点。只要增加热量,滞止焓就会增加。由于在最大熵的点上无法添加热量,所以 $h_t$ 在此位置达到最大值。

对于滞止焓,前文仅表明它一直在改变。图 10.5 显示了 Rayleigh 线(代表静止状态的轨迹)以及相应的滞止曲线。对于理想气体,此 $h-s$ 图等效于 $T-s$ 图。对于两条滞止曲线,下支部分应用于亚声速流动,上支部分用于超声速流动。下面利用能量方程的微分形式来证明超声速滞止曲线为上支部分。

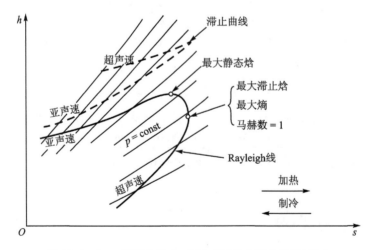

图 10.5　$h-s$ 平面内的 Rayleigh 线(包含滞止曲线)滞止

$$\delta q = \delta w_s + \mathrm{d}h_t \tag{3.20}$$

或者

$$\delta q = \mathrm{d}h_{\mathrm t} \tag{10.29}$$

已知

$$\delta q = T\mathrm{d}s_{\mathrm e} \tag{3.10}$$

又

$$\mathrm{d}s_{\mathrm e} \approx \mathrm{d}s \tag{10.2}$$

对于 Rayleigh 流，有

$$\mathrm{d}h_{\mathrm t} = T\mathrm{d}s_{\mathrm e} = T\mathrm{d}s \tag{10.30}$$

或者

$$\boxed{\frac{\mathrm{d}h_{\mathrm t}}{\mathrm{d}s} = T} \tag{10.31}$$

**注意**：方程(10.31)给出了静温形式的滞止曲线斜率。

在图 10.5 上绘制一条等熵线，与穿过超声速分支温度相比，该线以更高温度穿过（静态）Rayleigh 线的亚声速分支。因此，亚声速滞止曲线的斜率将大于超声速滞止曲线的斜率。由于两条滞止曲线必须在最大熵点汇合，这意味着超声速滞止曲线是一条位于亚声速滞止曲线之上的单独曲线。10.7 节将说明其原因。

试想冷却过程分别沿 Rayleigh 线的亚声速分支和超声速分支朝哪个方向移动？从图 10.5 中可以看出，冷却过程中滞止压力将增加。亦可从滞止压力-能量方程来证实：

$$\frac{\mathrm{d}p_{\mathrm t}}{\rho_{\mathrm t}} + \mathrm{d}s_{\mathrm e}(T_{\mathrm t} - T) + T_{\mathrm t}\mathrm{d}s_{\mathrm i} + \delta w_{\mathrm s} = 0 \tag{3.25}$$

根据 Rayleigh 流做出的假设，将上式化简为

$$\frac{\mathrm{d}p_{\mathrm t}}{\rho_{\mathrm t}} + \mathrm{d}s_{\mathrm e}(T_{\mathrm t} - T) = 0 \tag{10.32}$$

其中，$(T_{\mathrm t} - T)$ 始终为正。因此，$\mathrm{d}p_{\mathrm t}$ 的符号仅取决于 $\mathrm{d}s_{\mathrm e}$。

对于加热过程，

$$\mathrm{d}s_{\mathrm e}+，因此 \mathrm{d}p_{\mathrm t}-，或者 p_{\mathrm t} 减少$$

对于冷却过程，

$$\mathrm{d}s_{\mathrm e}-，因此 \mathrm{d}p_{\mathrm t}+，或者 p_{\mathrm t} 增加$$

在实际操作中，后一种条件很难实现，除非冷却是通过注入液体的汽化完成的，否则不可避免地存在摩擦，从而导致滞止压力的下降比冷却过程产生的上升更大。（请参阅 A. H. Shapiro 等人于 1956 年 4 月发表在 *Transactions of the ASME* 上的《气动热力压缩器：一种用于改善燃气轮机发电厂性能的装置》）

## 10.4　理想气体的工作方程

通过分析亚声速和超声速 Rayleigh 流中发生的性质变化，发现沿着 Rayleigh 线前进的方向取决于热量在系统中是被添加还是被移除。接着分析任意截面处性质之间的关系，并用马赫数和比热比的形式来表示这些工作方程。为了获得明确的关系，假设流体是理想气体。

**1. 动　量**

由 10.3 节中建立的动量方程得

$$p + \frac{GV}{g_c} = \text{const} \tag{10.8}$$

或根据方程(10.4),可将上式写成

$$p + \frac{\rho V^2}{g_c} = \text{const} \tag{10.33}$$

用状态方程代替密度,即

$$\rho = \frac{p}{RT} \tag{10.34}$$

对于方程(4.9)和方程(4.11)的速度项,

$$V^2 = Ma^2 a^2 = Ma^2 \gamma g_c RT \tag{10.35}$$

则方程(10.33)变为

$$p(1 + \gamma Ma^2) = \text{const} \tag{10.36}$$

在任意两点之间应用上式,则有

$$p_1(1 + \gamma Ma_1^2) = p_2(1 + \gamma Ma_2^2) \tag{10.37}$$

上式也可以化为

$$\boxed{\frac{p_2}{p_1} = \frac{(1 + \gamma Ma_1^2)}{(1 + \gamma Ma_2^2)}} \tag{10.38}$$

### 2. 连续性

由 10.3 节有

$$\rho V = G = \text{const} \tag{10.4}$$

同样,如果引入理想的气体状态方程以及马赫数和声速的定义,则方程(10.4)可以表示为

$$\frac{p Ma}{\sqrt{T}} = \text{const} \tag{10.39}$$

在两点之间应用上式,可得

$$\frac{p_1 Ma_1}{\sqrt{T_1}} = \frac{p_2 Ma_2}{\sqrt{T_2}} \tag{10.40}$$

导出温度比:

$$\frac{T_2}{T_1} = \frac{p_2^2 Ma_2^2}{p_1^2 Ma_1^2} \tag{10.41}$$

从方程(10.38)中引入压力比得出下面关于静温的工作方程:

$$\boxed{\frac{T_2}{T_1} = \left( \frac{1 + \gamma Ma_1^2}{1 + \gamma Ma_2^2} \right)^2 \frac{Ma_2^2}{Ma_1^2}} \tag{10.42}$$

由方程(10.38)和方程(10.42)以及理想气体的状态方程可容易得出密度关系,如下:

$$\frac{\rho_2}{\rho_1} = \frac{Ma_1^2}{Ma_2^2} \left( \frac{1 + \gamma Ma_2^2}{1 + \gamma Ma_1^2} \right) \tag{10.43}$$

除了密度比之外,试想上式还代表什么?(请参见方程(10.4)。)

### 3. 滞止参数

由于这是第一类滞止焓,不会保持恒定的流动,因此需要适用于理想气体的滞止温度比。

已知

$$T_t = T\left(1 + \frac{\gamma-1}{2}Ma^2\right) \tag{4.18}$$

在每个位置列出该方程,可得

$$\frac{T_{t2}}{T_{t1}} = \frac{T_2}{T_1}\left\{\frac{1+\left[(\gamma-1)/2\right]Ma_2^2}{1+\left[(\gamma-1)/2\right]Ma_1^2}\right\} \tag{10.44}$$

由静温比方程(10.42)可知,上式可写成

$$\boxed{\frac{T_{t2}}{T_{t1}} = \left(\frac{1+\gamma Ma_1^2}{1+\gamma Ma_2^2}\right)^2 \frac{Ma_2^2}{Ma_1^2}\left\{\frac{1+\left[(\gamma-1)/2\right]Ma_2^2}{1+\left[(\gamma-1)/2\right]Ma_1^2}\right\}} \tag{10.45}$$

同样,可以得到滞止压力比的表达式,因为

$$p_t = p\left(1 + \frac{\gamma-1}{2}Ma^2\right)^{\gamma/(\gamma-1)} \tag{4.21}$$

这表明

$$\frac{p_{t2}}{p_{t1}} = \frac{p_2}{p_1}\left\{\frac{1+\left[(\gamma-1)/2\right]Ma_2^2}{1+\left[(\gamma-1)/2\right]Ma_1^2}\right\}^{\gamma/(\gamma-1)} \tag{10.46}$$

用方程(10.38)代替压力比得

$$\boxed{\frac{p_{t2}}{p_{t1}} = \frac{1+\gamma Ma_1^2}{1+\gamma Ma_2^2}\left\{\frac{1+\left[(\gamma-1)/2\right]Ma_2^2}{1+\left[(\gamma-1)/2\right]Ma_1^2}\right\}^{\gamma/(\gamma-1)}} \tag{10.47}$$

这个滞止压力比是否可以按前面的方式与熵的变化有关呢?滞止压力:

$$\frac{p_{t2}}{p_{t1}} \stackrel{?}{=} e^{-\Delta s/R} \tag{4.28}$$

若建立方程(4.28),则假设是什么?这些假设与 Rayleigh 流的假设相同吗?如果不同,如何确定两点之间的熵变化?第 9 章中用于 Fanno 流的方法是否适用于此?(见方程(9.25)～方程(9.27)。)

总而言之,如果知道其他位置(1)的所有性质和位置(2)的马赫数,则可以求解位置(2)的所有性质。实际上,已知位置(2)的任何信息也可以。例如,已知位置(2)处的压力,则从方程(10.38)中得到位置(2)处的马赫数,进而可以按照通常的方式来求解其他性质。

还有一些下游位置信息未知的问题,需要根据给定的初始条件和系统的热量信息来预测最终马赫数。

**4. 能　量**

由 10.3 节有

$$h_{t1} + q = h_{t2} \tag{10.5}$$

对于理想气体,将焓表示为

$$h = c_p T \tag{1.38}$$

应用于滞止条件,即

$$h_t = c_p T_t \tag{10.48}$$

因此,能量方程写成

$$c_p T_{t1} + q = c_p T_{t2} \tag{10.49}$$

或者

$$q = c_p(T_{t2} - T_{t1}) \qquad (10.50)$$

注意:

$$q = c_p \Delta T_t \neq c_p \Delta T \qquad (10.51)$$

在以上所有建立的方程中,不仅介绍了理想气体的状态方程,而且假设比热比为常数。在某些情况下,传热速率极高,并且会导致较大的温度变化,需要使用变化 $c_p$ 的平均值。此外,如果 $\gamma$ 发生显著变化,则有必要返回基本方程并将 $\gamma$ 视为变量来导出新的工作关系。有关适用于此类真实气体分析的方法,请参见第 11 章。

## 10.5　参考状态和 Rayleigh 表

如果已知有关 Rayleigh 流系统的足够信息,则在 10.4 节中建立的方程可提供一种预测某个位置性质的方法。尽管关系很简单,但是使用通常很麻烦,通过先前介绍的方法,可以简化问题的求解。

引入前面定义的另一个"＊"参考状态,通过某些特定过程必须达到单位马赫数。在这种情况下,假设 Rayleigh 流一直持续(即增加了更多的热量),直到速度达到声速为止。图 10.6 显示了添加热量的亚声速 Rayleigh 流的 $T - s$ 图,还显示了物理系统的示意图。如果增加更多热量,熵将继续增加,最终将达到一个声速存在的极限点。图中虚线表示发生额外热传递的假想管道。最后,达到 Rayleigh 流的"＊"参考点。

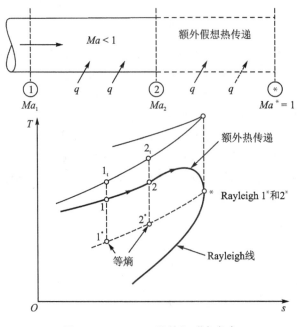

图 10.6　Rayleigh 流的"＊"参考点

等熵"＊"参考点也包括在 $T - s$ 图中,值得注意的是:Rayleigh"＊"参考是与以前遇到的完全不同的热力学状态。同时注意到,在达到马赫数为 1.0 时,由图 10.6 在通过 Rayleigh 流条件下,无论以点 1 或点 2 开始,其最终状态都是相同的。因此,对于 Rayleigh 流,不需要写 $1^*$ 或 $2^*$,而只需写"*"。(回顾上文,对于 Fanno 流也是如此,并且 Rayleigh 流的"*"参考与 Fanno 流中使用的"*"参考无关。)然而,在图 10.6 中,各个上标带有"*"的参考位置不像对于 Fanno 流那样位于水平线上(见图 9.5)。试想为什么会这样呢?

图 10.6 给出了亚声速加热的示例,图 10.7 显示的是物理管道,考虑超声速状态下的冷却情况。在随附的 $T-s$ 图上标出点 1 和点 2,同时,显示物理系统上的假想管道和"*"参考点。现在,根据 Rayleigh 流"*"参考条件重写工作方程,首先考虑

$$\frac{p_2}{p_1} = \frac{1 + \gamma Ma_1^2}{1 + \gamma Ma_2^2} \tag{10.38}$$

令点 2 为流动系统中的任意点,令其 Rayleigh 流"*"参考条件为点 1,那么有

$$p_2 \Rightarrow p, \quad Ma_2 \Rightarrow Ma (任意值)$$
$$p_1 \Rightarrow p^*, \quad Ma_1 \Rightarrow 1$$

方程(10.38)变为

$$\frac{p}{p^*} = \frac{1 + \gamma}{1 + \gamma Ma^2} = f(Ma, \gamma) \tag{10.52}$$

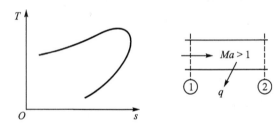

**图 10.7　Rayleigh 流中的超声速降温**

注意到 $p/p^* = f(Ma, \gamma)$,因此对于特定的 $\gamma$ 可以计算 $p/p^*$ 与 $Ma$ 的对应表。简单证明如下:

$$\frac{T}{T^*} = \frac{Ma^2(1 + \gamma)^2}{(1 + \gamma Ma^2)^2} = f(Ma, \gamma) \tag{10.53}$$

$$\frac{\rho}{\rho^*} = \frac{1 + \gamma Ma^2}{(1 + \gamma)Ma^2} = f(Ma, \gamma) \tag{10.54}$$

$$\frac{T_t}{T_t^*} = \frac{2(1 + \gamma)Ma^2}{(1 + \gamma Ma^2)^2}\left(1 + \frac{\gamma - 1}{2}Ma^2\right) = f(M, \gamma) \tag{10.55}$$

$$\frac{p_t}{p_t^*} = \frac{1 + \gamma}{1 + \gamma Ma^2}\left\{\frac{1 + [(\gamma - 1)/2]Ma^2}{(\gamma + 1)/2}\right\}^{\gamma/(\gamma-1)} = f(Ma, \gamma) \tag{10.56}$$

附录 J 的 Rayleigh 表中列出了用方程(10.52)~方程(10.56)表示的函数值。下面给出使用此表的示例。

## 10.6　应　用

除了 Rayleigh 流中两个位置之间的联系是由传热因素决定的,而不是由管道摩擦决定的之外,解决 Rayleigh 流问题的过程与用于 Fanno 流的方法非常相似。因此,参考步骤如下:

① 绘制物理信息(包括假设的"＊"参考点);

② 在条件已知或待求的地方注上标签;

③ 列出所有已知信息的单位;

④ 确定未知的马赫数;

⑤ 计算其他待求的性质。

上述过程的变量往往包含在步骤④中,这取决于已知的信息。例如,可能已知传递的热量,求解下游马赫数。另外,可能已知下游性质之一,计算传热。在包含 Rayleigh 流和其他现象(例如激波、喷管等)组合的流动系统中,$T$-$s$ 图有时可以极大地有助于解决问题。

对于以下示例,要处理稳定的一维空气流($\gamma = 1.4$),可将其视为理想气体。假设 $w_s = 0$,忽略摩擦、恒定面积、势能变化。图 E10.1 适用于例 10.1 和例 10.2。

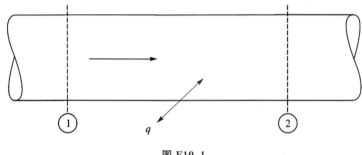

**图 E10.1**

**例 10.1** 对于图 E10.1,给定 $Ma_1 = 1.5$,$p_1 = 10$ psia,$Ma_2 = 3.0$,求 $p_2$ 和传热方向。

由于两个马赫数都是已知的,可求得

$$p_2 = \frac{p_2}{p^*} \frac{p^*}{p_1} p_1 = 0.176\ 5 \times \frac{1}{0.578\ 3} \times 10 = 3.05\ (\text{psia})$$

流动更加远离"＊"参考点。观察图 10.5 可以确认熵正在减小,因此热量正在向系统外排出;或者可以计算比率 $T_{t2}/T_{t1}$,即

$$\frac{T_{t2}}{T_{t1}} = \frac{T_{t2}}{T_t^*} \frac{T_t^*}{T_{t1}} = 0.654\ 0 \times \frac{1}{0.909\ 3} = 0.719$$

由于该比率小于1,因此是冷却过程。

**例 10.2** 在给定 $Ma_2 = 0.93$,$T_{t2} = 300$ ℃ 和 $T_{t1} = 100$ ℃ 的情况下,求解 $Ma_1$ 和 $p_2/p_1$。

为了确定图 E10.1 中截面 1 的条件,必须确定比率,即

$$\frac{T_{t1}}{T_t^*} = \frac{T_{t1}}{T_{t2}} \frac{T_{t2}}{T_t^*} = \frac{273 + 100}{273 + 300} \times 0.996\ 3 = 0.648\ 6$$

在 Rayleigh 表中查得 $T_t/T_t^* = 0.648\ 6$,确定 $Ma_1 = 0.472$,从而

$$\frac{p_2}{p_1} = \frac{p_2}{p^*} \frac{p^*}{p_1} = 1.085\ 6 \times \frac{1}{1.829\ 4} = 0.593$$

**例 10.3** 向一个恒定面积的燃烧室提供 400 °R 和 10.0 psia 的空气(见图 E10.3)。气流的速度为 402 ft/sec。如果在燃烧过程中添加了 50 Btu/lbm,并且此时燃烧室处理了可能的最大空气量,则确定出口条件。

为了使燃烧室能够处理最大量的空气,给定入口处不会发生溢出,并且 2 处的条件将与自由流的条件相同。

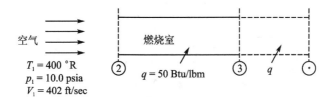

**图 E10.3**

$$T_2 = T_1 = 400 \ ^\circ\text{R}, \quad p_2 = p_1 = 10.0 \ \text{psia}, \quad V_2 = V_1 = 402 \ \text{ft/sec}$$

$$a_2 = \sqrt{\gamma g_c R T_2} = (1.4 \times 32.2 \times 53.3 \times 400)^{1/2} = 980 \ (\text{ft/sec})$$

$$Ma_2 = \frac{V_2}{a_2} = \frac{402}{980} = 0.410$$

$$T_{t2} = \frac{T_{t2}}{T_2} T_2 = \frac{1}{0.967\,5} \times 400 = 413 \ (^\circ\text{R})$$

由 Rayleigh 表可知,在 $Ma_2 = 0.41$ 处,

$$\frac{T_{t2}}{T_t^*} = 0.546\,5, \quad \frac{T_2}{T^*} = 0.634\,5, \quad \frac{p_2}{p^*} = 1.942\,8$$

为了确定腔室末端的条件,必须通过热传递来确定出口的滞止温度:

$$\Delta T_t = \frac{q}{c_p} = \frac{50}{0.24} = 208 \ (^\circ\text{R})$$

因此,

$$T_{t3} = T_{t2} + \Delta T_t = 413 + 208 = 621 \ (^\circ\text{R})(或 229.4 \ \text{K})$$

所以有

$$\frac{T_{t3}}{T_t^*} = \frac{T_{t3}}{T_{t2}} \frac{T_{t2}}{T_t^*} = \frac{621}{413} \times 0.546\,5 = 0.821\,7$$

通过 $T_t/T_t^*$ 的值查询 Rayleigh 表,发现

$$Ma_3 = 0.603, \quad \frac{T_3}{T^*} = 0.919\,6, \quad \frac{p_3}{p^*} = 1.590\,4$$

因此,

$$p_3 = \frac{p_3}{p^*} \frac{p^*}{p_2} p_2 = 1.590\,4 \times \frac{1}{1.942\,8} \times 10.0 = 8.19 \ (\text{psia})(或 56.5 \ \text{kPa})$$

所以有

$$T_3 = \frac{T_3}{T^*} \frac{T^*}{T_2} T_2 = 0.919\,6 \times \frac{1}{0.634\,5} \times 400 = 580 \ (^\circ\text{R})(或 332.2 \ \text{K})$$

**例 10.4** 在例 10.3 中,在不改变管道入口条件的情况下,可以再增加多少热量(燃料)?已知随着热量的增加,沿着 Rayleigh 线移动直到达到最大熵点。这里假设 $Ma_3 = 1.0$(见图 E10.4)。

例 10.3 中有 $Ma_2 = 0.41$ 和 $T_{t2} = 413 \ ^\circ\text{R}$,从而

$$T_{t3} = T_t^* = \frac{T_t^*}{T_{t2}} T_{t2} = \frac{1}{0.546\,5} \times 413 = 756 \ (^\circ\text{R})$$

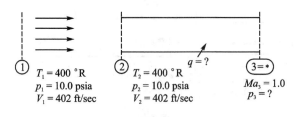

图 E10.4

$$p_3 = p^* = \frac{p^*}{p_2} p_2 = \frac{1}{1.942\ 8} \times 10.0 = 5.15\ (\text{psia})$$

所以有

$$q = c_p \Delta T_t = 0.24 \times (756 - 413) = 82.3\ (\text{Btu/lbm})(\text{或}\ 191.4\ \text{kJ/kg})$$

或者说比原来的 50 Btu/lbm 高 32.3 Btu/lbm。

在最后两个示例中,已假定出口压力保持为计算值。实际上,在例 10.4 中,由于出口处存在声速,因此背压可能在任何地方都低于 5.15 psia。

## 10.7 与激波的关联

本章指出了 Rayleigh 流和正激波之间的一些相似之处。回顾之前所学:

① 正激波前后的端点表示具有相同的单位面积质量流量、相同的脉冲功能和相同的滞止熵的状态。

② Rayleigh 线表示具有相同的单位面积质量流量和相同的脉冲功能的状态。由于涉及传热,Rayleigh 线上的所有点都不会具有相同的滞止熵,沿着 Rayleigh 线移动需要这种热传递。

将正激波的方程(6.2)、方程(6.3)和方程(6.9)与 Rayleigh 流方程(10.4)、方程(10.5)和方程(10.9)进行比较。观察图 10.8,发现在 Rayleigh 线超声速分支上的每个点,在亚声速分支上都有一个具有相同滞止熵的对应点。因此,这两个点满足正激波的三个条件(回顾第 6 章内容),并且可以通过这种激波连接。

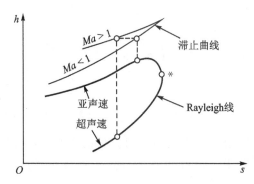

图 10.8 Rayleigh 流的静止曲线和滞止曲线

可以想象出超声速 Rayleigh 流之后是一个正激波,而附加的热传递以亚声速发生。这种情况如图 10.9 所示。注意,激波只是使流动从同一 Rayleigh 线的超声速分支跳到亚声速分支,这也揭示了超声速滞止曲线必须位于亚声速滞止曲线上方的另一个原因,否则激波将表现出熵的降低,这显然是错误的。

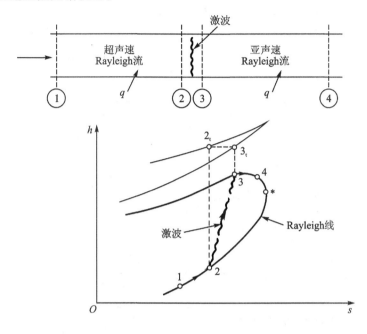

**图 10.9　关联 Rayleigh 流和正激波**

回到 9.7 节中有关 Fanno 流与激波相关性的信息,正激波的端点可以代表 Fanno 线和 Rayleigh 线的交点这一事实现在一目了然,如图 10.10 所示。要记得这些 Fanno 线和 Rayleigh 线的质量速度相同(单位面积的质量流量)。

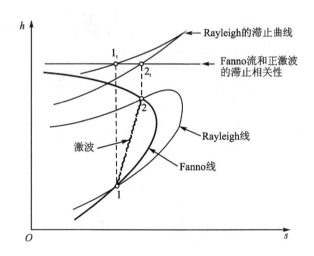

**图 10.10　相同质量流量时 Fanno 流、Rayleigh 流和正激波的相关性**

**例 10.5**　在恒定面积管道内,来流进入正激波,已知 $Ma_1 = 2.65$。在整个冲击过程中,忽略任何摩擦和热传递。利用方程(9.50)和方程(10.57)计算熵,说明范诺线和 Rayleigh 线的两个交点的意义,描述激波的路径。在"匹配"之后,绘制熵线作为马赫数的函数。

由附录 H 可知，$Ma_2 \approx 0.5$ 且比率 $p_{t2}/p_{t1}$ 减小反映了熵的增加(见方程(4.28))。因为 Fanno 线和 Rayleigh 线的参考点不同，需要对其进行匹配才能在同一张图中绘制这些曲线，这可以通过在 $Ma_2 = 2.65$ 处从它们的相应熵值中减去方程(9.50)和方程(10.57)来实现。图 E10.5 所示为结果图，激波的终点落在 Fanno 线和 Rayleigh 线的交点处。此外，结果值与激波表中的值精确对应。因为没有观察到从亚声速到超声速条件的激波，所以该图进一步强调了 $\Delta s_i$ 在不可逆过程方向上的增加。

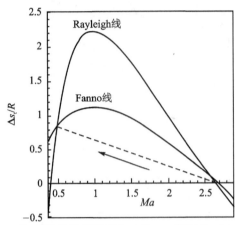

**图 E10.5  在 $Ma_1 \approx 2.65$ 处，将来流的熵设置为 0，Fanno 线和 Rayleigh 线的交点表示正激波。**

**需注意，$Ma_2 \approx 0.5$ 且 $\Delta s_t/R = \ln(p_{t1}/p_{t2}) \approx 0.82$，与附录表 H 中的值一致**

**例 10.6**  空气以马赫数为 1.6、温度为 200 K、压力为 0.56 bar 的状态进入一恒定面积管道(见图 E10.6)。在进行一些热传递之后，在如图 E10.6 所示面积减小处将产生正激波。在出口处，马赫数为 1.0，压力为 1.20 bar。计算传热的量和方向。

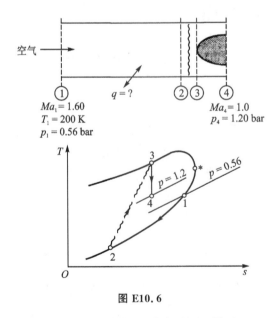

**图 E10.6**

由于涉及加热或冷却过程是未知的，故假设冷却发生，构造 $T\text{-}s$ 图，并检验该假设是否正确。从点 3 到点 4 的流动是等熵的，从而

$$p_{t3} = p_{t4} = \frac{p_{t4}}{p_4} p_4 = \frac{1}{0.528\ 3} \times 1.20 = 2.271\ 4\ (\text{bar})$$

点 3 与点 1 在同一条 Rayleigh 线上,通过 Rayleigh 表来计算 $Ma_2$。

$$\frac{p_{t3}}{p_t^*} = \frac{p_{t3}}{p_1} \frac{p_1}{p_{t1}} \frac{p_{t1}}{p_t^*} = \frac{2.271\ 4}{0.56} \times 0.235\ 3 \times 1.175\ 6 = 1.122\ 0$$

由 Rayleigh 表可知,$Ma_3 = 0.481$;由激波表可知,$Ma_2 = 2.906$。现在可以计算出滞止温度:

$$T_{t1} = \frac{T_{t1}}{T_1} T_1 = \frac{1}{0.661\ 4} \times 200 = 302\ (\text{K})$$

$$T_{t2} = \frac{T_{t2}}{T_t^*} \frac{T_t^*}{T_{t1}} T_{t1} = 0.662\ 9 \times \frac{1}{0.884\ 2} \times 302 = 226\ (\text{K})$$

热传递为

$$q = c_p (T_{t2} - T_{t1}) = 1\ 000 \times (226 - 302) = -7.6 \times 10^4 (\text{J/kg})(\text{或} -32.68\ \text{Btu/lbm})$$

其中,负号表示与马赫数从 1.60 增加到 2.906 一致的冷却过程。

## 10.8　加热引起的热拥塞

5.7 节讨论了面积拥塞,9.8 节讨论了摩擦拥塞。在 Fanno 流中,一旦添加了足够的导管,或者背压降得足够低,在导管末端就会达到单位马赫数。背压的进一步降低不会影响流动系统中的参数,添加更多的管道会导致气流以降低的流速沿新的 Fanno 线移动。图 9.11 显示了这种物理情况以及相应的 $T$-$s$ 图。

这与亚声速 Rayleigh 流非常相似。图 10.11 显示了给定的管道,该管道由一个大气箱和一个收缩的喷管供给,添加足够的热量后,在管道末端达到 $Ma=1$,其 $T$-$s$ 图显示为路径 1—

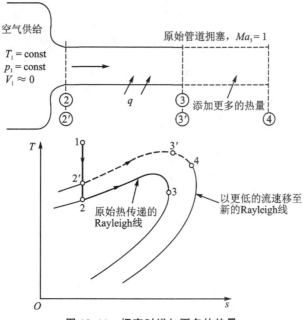

图 10.11　拥塞时增加更多的热量

2—3,称为热拥塞。假定背压为 $p_3$ 或更低,将背压降到 $p_3$ 以下不会影响系统内部的流量条件,但增加更多的热量则会改变这些条件。

当通过原始管道壁的传热速率增加,或者如图 10.11 所示添加一条额外的管道表示额外的热传递(传递速率与原始速率一样)时,系统会增加更多的热量。系统能够反映所需额外熵变化的唯一方法是以降低的流速移动到新的 Rayleigh 线。这在 $T$ - $s$ 图上显示为路径 1—$2'$—$3'$—4。出口速度是否保持声速取决于添加了多少额外的热量以及施加在系统上的背压。

作为拥塞流的一个具体示例,回到例 10.4 的燃烧室,该燃烧室可能具有最大的添加热量,假定来流以不变的速度进入燃烧室。当添加更多的燃料(热量)时,具体情况会如何呢?

**例 10.7** 接着例 10.4,添加足够的燃料将出口滞止温度提高到 3 000 °R。假定背压非常低,以至于出口处仍为声速。因为多余的燃料产生的额外熵只能通过降低的流速移动到新的 Rayleigh 线来容纳,所以降低了入口马赫数。如果腔室由相同的空气流供气,则入口处一定会发生溢出。如图 E10.7 所示,这会产生一个等熵的外部扩散区域。试求入口处的马赫数和出口处的压力。

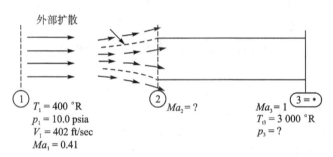

图 E10.7

由于从自由流到入口是等熵的,可得

$$T_{t2} = T_{t2} = 413 \text{ °R}$$

由于 $Ma_3 = 1$,得 $T_{t3} = T_t^*$。因此,通过计算可确定位置 2 的参数,即

$$\frac{T_{t2}}{T_t^*} = \frac{T_{t2}}{T_{t3}} \frac{T_{t3}}{T_t^*} = \frac{413}{3\ 000} \times 1 = 0.137\ 7$$

由 Rayleigh 表查得,$Ma_2 = 0.176$,$p_2/p^* = 2.300\ 2$。

为了计算出口处的压力,需要同时使用等熵表和 Rayleigh 表。

首先,

$$p_2 = \frac{p_2}{p_{t2}} \frac{p_{t2}}{p_{t1}} \frac{p_{t1}}{p_1} p_1 = 0.978\ 6 \times 1 \times \frac{1}{0.890\ 7} \times 10.0 = 10.99 \text{ (psia)}$$

接下来,

$$p_3 = \frac{p_3}{p^*} \frac{p^*}{p_2} p_2 = 1 \times \frac{1}{2.300\ 2} \times 10.99 = 4.78 \text{ (psia)(或 32.95 kPa)}$$

为保持腔室出口处的声速,必须将背压至少降至 4.78 psia。

假设在例 10.6 中无法将背压降低到 4.78 psia。如果添加燃料将滞止温度提高到 3 000 °R,则接收器中的压力保持在其先前的 5.15 psia。当移动到另一条具有更低质量速度的 Rayleigh 线时,会导致流速进一步降低,出口速度将不会恰好是声速。尽管 $Ma_2$ 和 $Ma_3$ 都未知,但是在出口处却给出了两条信息,可以编写两个联立方程求解,并且使用表格和反复试验的解决方案,这样会更为简单。一旦亚声速流发生热拥塞,添加的更多热量就会导致流速降低,它减少多少以及出口是否保持声速将取决于出口后的压力。

拥塞的 Rayleigh 流和 Fanno 流之间的平行并没有完全扩展到超声速状态。回想一下,对于拥塞的 Fanno 流,增加更多的管道会在管道中产生激波,从而使到声速点的摩擦长度大大增加(见图 9.12)。图 10.12 显示了马赫数为 3.53 的流动,其 $T_t/T_t^* = 0.613\ 9$。对于本节给定的总温度,$T_t/T_t^*$ 的值直接表示可以增加到拥塞点的热量。如果在该点发生正激波,则激波后的马赫数将为 0.450,其 $T_t/T_t^* = 0.613\ 9$。因此,激波后增加的热量与没有激波时的热量完全相同。

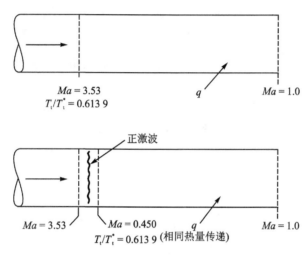

**图 10.12　最大热量传递处激波的影响**

因为热传递是滞止温度的函数,并且在整个激波过程中都不会改变(请参阅习题 10.11),因此会发生上述情况。为了发挥作用,必须在 Rayleigh 流之前的某个位置发生激波,可能是在收缩-扩张喷管(在其中产生超声速流);或者如果这是与例 10.4(仅超声速)类似的情况,在管道之前的自由流中将产生脱体激波。在任何一种情况下,产生的亚声速流都可以容纳额外的热传递。

# 10.9　当 γ 不等于 1.4 时

如前所述,附录 J 中的 Rayleigh 流表适用于 $\gamma = 1.4$ 的情况。直到 $Ma = 5$ 为止,图 10.13 中分别给出了 $\gamma = 1.13$、1.40 和 1.67 时主要的加热函数 $T_t/T_t^*$ 的状态。可以看到,当 $Ma \geqslant$ 1.4 时,对 γ 的依赖性变得相当明显。因此,在该马赫数以下,对任何 γ 都可以使用附录 J 中的表格且误差很小。这意味着对于大多数 Rayleigh 流问题出现的亚声速流,各种气体之间的差异很小。结果所需的准确性将决定这种近似值带到超声速区域的范围,其中 Gasdynamics Calculator 的计算范围为 $1.0 < \gamma \leqslant 1.67$。

严格来说,这些曲线仅代表流动中 γ 的变化可以忽略的情况。但是,它们暗示了在其他情况下可预期的变化。第 11 章将分析 γ 的变化不可忽略的流动。

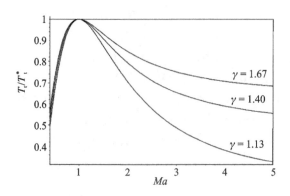

图 10.13　不同 $\gamma$ 值时 Rayleigh 流的 $T_t/T_t^*$ 相对马赫数的变化

# 10.10　(选学)计算程序方法

如第 5 章所述,可以通过使用诸如 MAPLE 之类的计算机软件消除许多插值,并获得任意比热比 $\gamma$ 和/或任何马赫数的准确答案,可见方程(10.55)。

**例 10.8**　不使用 Rayleigh 表的情况下重新处理例 10.3 的部分内容。当 $Ma_2 = 0.41$ 时,计算 $T_t/T_t^*$ 的值。

该过程遵循方程(10.55):

$$\frac{T_t}{T_t^*} = \frac{2(1+\gamma)Ma^2}{(1+\gamma Ma^2)^2}\left(1 + \frac{\gamma-1}{2}Ma^2\right) \tag{10.55}$$

令

$g \equiv \gamma$,参数(比热比)

$X \equiv$ 自变量(在这种情况下为 $Ma_2$)

$Y \equiv$ 因变量(在这种情况下为 $T_t/T_t^*$)

下面列出的是在计算机中使用的程序。

```
[ > g2 := 1.4:    X2 := 0.41:
[ > Y2 := (((2*(1 + g2)*X2^2)/(1 + g2*X2^2)^2))*((1 + (g2 -
   1)*(X2^2)/2));
                    Y2 := .5465084066
```

现在可以继续在位置 3 处找到新的马赫数。$Y$ 的新值是 $621 \times 0.546\,5/413 = 0.827$。利用方程(10.55),求解 $Ma_3$。注意,由于 $Ma$ 在方程中是隐式的,所以使用" fsolve"。令

$g \equiv \gamma$,参数(比热比)

$X \equiv$ 因变量(在这种情况下为 $Ma_3$)

$Y \equiv$ 自变量(在这种情况下为 $T_t/T_t^*$)

下面列出在计算机中使用的程序。

```
[ > g3 := 1.4:     Y3 := 0.8217:
[ > fsolve(Y3 = (((2*(1 + g3)*X3^2)/(1 + g3*X3^2)^2))*((1 + (g3 -
   1)*(X3^2)/2)),X3, 0..1);
                    .6025749883
```

$Ma_3 = 0.602\,6$ 的答案与例 10.3 获得的答案一致。读者可以继续练习计算所需的静态性质。

## 10.11　总　结

本章分析了在恒定面积的管道中具有传热但摩擦可忽略的稳定一维流。流体的性质可以以多种方式变化,这取决于流动是亚声速的还是超声速的,另外还要考虑传热的方向。Rayleigh 流的流动参数变化如表 10.2 所列。

表 10.2　Rayleigh 流的流动参数变化

| 参　数 | 加　热 | | 冷　却 | |
|---|---|---|---|---|
| | $Ma<1$ | $Ma>1$ | $Ma<1$ | $Ma>1$ |
| 速度 | 增加 | 减少 | 减少 | 增加 |
| 马赫数 | 增加 | 减少 | 减少 | 增加 |
| 焓 * | 增加/减少 | 增加 | 增加/减少 | 减少 |
| 滞止焓 * | 增加 | 增加 | 减少 | 减少 |
| 压力 | 减少 | 增加 | 增加 | 减少 |
| 密度 | 减少 | 增加 | 增加 | 减少 |
| 滞止压力 | 减少 | 减少 | 增加 | 增加 |
| 熵 | 增加 | 增加 | 减少 | 减少 |

注：* 如果流体是理想气体,温度也一样。

亚声速 Rayleigh 流中发生的特性变化遵循一种直观的模式,但超声速系统的特性却完全不同,即使没有摩擦,加热也会导致滞止压力下降。另外,冷却过程会导致 $p_t$ 增加。由于不可避免地存在摩擦效应,在实际情况中直观的特性变化很难实现(潜冷除外)。

本章的重点方程:

$$\rho V = G \tag{10.4}$$

$$h_{t1} + q = h_{t2} \tag{10.5}$$

$$p + \frac{GV}{g_c} = \text{const} \tag{10.8}$$

另一种方法是脉冲函数保持恒定:

$$pA + \frac{mV}{g_c} = \text{const} \tag{10.11}$$

除了这些方程之外,还应牢记在 $p-v$ 图和 $h-s$ 图中的 Rayleigh 线(见图 10.2 和图 10.4)以及滞止曲线(见图 10.5)。每条 Rayleigh 线代表具有相同质量速度和脉冲函数的点,正激波可以连接在 Rayleigh 线相对分支上具有相同滞止焓的两个点上。

首先,建立理想气体的工作方程,然后通过引入"＊"参考点进行简化,这样就可以建立对解决问题有巨大帮助的表格。Rayleigh 流的"＊"条件与用于等熵流或 Fanno 流的条件不同。热拥塞在热量增加问题中发生,并且拥塞系统对增加热量的反应方式与拥塞的 Fanno 系统对增加管道的反应方式非常类似。切记:绘制良好的 $T-s$ 图有助于阐明解决任何给定问题的思路。

# 习　题

在接下来的问题中,除非另有明确说明,否则可以假定所有管道的面积均不变。在这些恒定面积管道中,当涉及传热时,可以忽略摩擦;而当存在摩擦时,可以忽略传热。在变面积的部分,可以将传热和摩擦一并忽略。

10.1　空气以 $Ma_1 = 2.95$ 和 $T_1 = 500$ °R 的状态进入一恒定面积管道。传热使出口马赫数减小到 $Ma_2 = 1.60$。

(1) 计算出口的静温和滞止温度。

(2) 确定传热的量和方向。

10.2　在管道入口处,氮气压力为 1.5 bar,滞止温度为 280 K,马赫数为 0.80。经过一些热传递后,静压变为 2.5 bar。确定传热的方向和传热量。

10.3　空气以 39.0 lbm/sec 的速度流动,马赫数为 0.30,压力为 50 psia,温度为 650 °R。管道的横截面积为 0.5 ft²。如果以 290 Btu/lbm 的空气速率添加热量,试求出最终的马赫数、滞止温度比 $T_{t2}/T_{t1}$ 和密度比 $\rho_2/\rho_1$。

10.4　在空气流中,$\rho_1 = 1.35 \times 10^5$ N/m²,$T_1 = 500$ K,并且 $V_1 = 540$ m/s。传热发生在恒定面积的管道中,直到比率 $T_{t2}/T_{t1} = 0.639$。

(1) 计算最终参数 $Ma_2$、$p_2$ 和 $T_2$。

(2) 空气的熵变是多少?

10.5　在氧气流动系统的某个点上,$Ma_1 = 3.0$,$T_{t1} = 800$ °R,$p_1 = 35$ psia。在管道截面某处,马赫数通过传热降低至 $Ma_2 = 1.5$。

(1) 找到下游截面的静态和滞止温度及压力。

(2) 确定发生在这两个截面之间的传热方向和传热量。

10.6　证明对于理想气体的恒定面积、无摩擦、稳定的一维流动,可添加到系统的最大热量由以下公式给出:

$$\frac{q_{max}}{c_p T_1} = \frac{(Ma_1^2 - 1)^2}{2Ma_1^2(\gamma + 1)}$$

10.7　从方程(10.53)入手,证明在马赫数为 $\sqrt{1/\gamma}$ 时,Rayleigh 流(静态)温度为最高(提示:请参见习题5.21)。(注意,这与在有摩擦的等温流动中出现的极限是相同的。参见参考文献[16]。)

10.8　空气以 120 m/s 的速度进入直径为 15 cm 的管道。压力为 1 atm,温度为 100 ℃。

(1) 必须向气流中添加多少热量才会产生最高(静态)温度?

(2) 确定对于(1)的最终温度和压力。

10.9　如图 P10.9 所示,直径为 12 in 的风管摩擦系数为 0.02。从截面 1 到截面 2 没有传热,从截面 2 到截面 3 的摩擦可以忽略,在后面的部分中添加了足够的热量以致刚好使流动在出口处拥塞。已知流体是氮气。

(1) 绘制系统的 $T$-$s$ 图,具有相关的完整 Fanno 线和 Rayleigh 线。

(2) 在截面 2 处确定马赫数和滞止参数。

(3) 在截面 3 处确定静止和滞止参数。

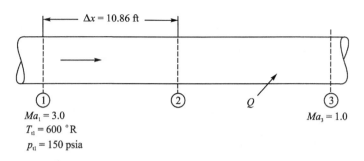

图 P10.9

(4) 向流动中添加了多少热量？

10.10 空气中位于正激波之前的参数是 $Ma_1 = 3.53$，温度为 650 °R，压力为 12 psia。

(1) 计算刚好在激波后的参数。

(2) 证明这两个点位于同一 Fanno 线上。

(3) 证明这两个点位于同一 Rayleigh 线上。

10.11 空气以马赫数为 2.0 的速度进入一个管道，温度和压力分别为 170 K 和 0.7 bar。热传递在流动向管道下游前进时发生。如图 P10.11 所示，收缩部分（$A_2/A_3 = 1.45$）连接到出口，出口马赫数为 1.0。假设入口条件和出口马赫数保持不变。在以下条件下找到传热的量和方向：

(1) 如果系统中没有激波。

(2) 如果在管道中某处有正激波。

(3) 对于(2)，不同的激波位置会产生什么不同吗？

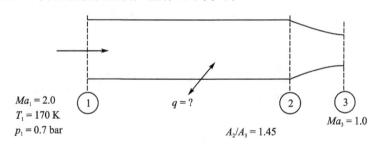

图 P10.11

10.12 在图 P10.12 所示的系统中，摩擦仅存在于截面 2 到截面 3 和截面 5 到截面 6。热量在截面 7 到截面 8 之间被除去。截面 9 的马赫数为 1。绘制系统的 $T - s$ 图，同时显示静态曲线和滞止曲线。点 4 和点 9 在同一水平线上吗？

10.13 氧气储存在一个大箱中，压力为 40 psia，温度为 500 °R。面积比为 3.5 的 DeLaval 喷管安装在箱体上，并排放到传热的恒定面积管道中。管道出口处的压力为 15 psia。如果在喷管连接到管道的地方存在正激波，请确定传热的量和方向。

10.14 滞止参数为 $35 \times 10^5$ N/m² 和 450 K 的空气进入一个收缩-扩张喷管。喷管的面积比为 4.0。通过喷管后，流体进入管道，在管道中有热量增加。在管道末端有正激波，激波后的静温为 560 K。

(1) 绘制系统的 $T - s$ 图。

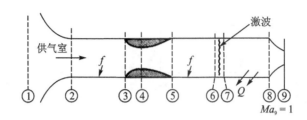

图 P10.12

(2) 找出激波后的马赫数。

(3) 确定管道中添加的热量。

10.15　在与图 10.11 所示类似的系统中,纯收缩的喷管会向恒定面积的管道供气。氮气在供应室中的条件是 $p_1 = 100$ psia 和 $T_1 = 600$ °R。添加足够的热量以使流动($Ma_3 = 1.0$)拥塞,已知管道入口处的马赫数为 $Ma_2 = 0.50$,出口处的压力等于背压。

(1) 计算背压。

(2) 传递了多少热量?

(3) 假设随着管道中热量的增加,背压保持为(1)中计算的值。如图 10.11 所示,流速必须降低,并且流向新的 Rayleigh 线。出口处的马赫数是否仍然为 1,还是小于 1?(提示:假定任意低于截面 2 马赫数的值,由此可以计算出一个新的 $p^*$。然后,可以计算传递的热量,并证明其大于初始值。$T$-$s$ 图也可能有帮助。)

10.16　在图 10.11 所示的两条 Rayleigh 线上绘制滞止曲线。

10.17　回忆表达式 $p_t A^* = \text{const}$(见方程(5.35))。

(1) 对于图 P10.17 所示的系统,请说明以下方程的对错。

(i) $p_{t1} A_1^* = p_{t3} A_3^*$

(ii) $p_{t3} A_3^* = p_{t5} A_5^*$

(2) 为图 P10.17 所示的系统绘制 $T$-$s$ 图,包括静态曲线和滞止曲线。试想从 1 到 2 和从 4 到 5 的流动是否位于同一 Fanno 线上?

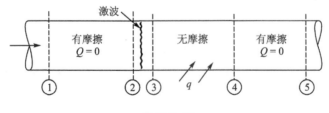

图 P10.17

10.18　在图 P10.18 中,点 1 和点 2 代表同一 Rayleigh 线上的流动(相同的质量流率,相同的面积,相同的脉冲函数),并且位置如图所示,有 $s_1 = s_2$。假设将点 1 参数下的流体等熵膨胀到点 3。此外,假设点 2 处的流体等熵压缩到点 4。

(1) 如果点 3 和点 4 是重合的状态点($T$ 和 $s$ 相同),证明 $A_3$ 是大于、等于还是小于 $A_4$。

(2) 现在假设点 3 和点 4 不一定重合,但是已知马赫数在每个点上都是 1(即 $3 \equiv 1_s^*$,$4 \equiv 2_s^*$)。

(i) $V_3$ 是等于、大于还是小于 $V_4$?

(ii) $A_3$ 是等于、大于还是小于 $A_4$？

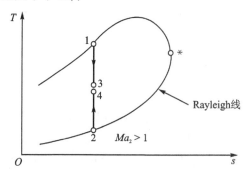

图 P10.18

10.19　(1)对于以马赫数为 0.25、静压为 100 psia、静温为 400 °R 进入管道的气流，在 $T - s$ 图中绘制一条 Rayleigh 线，在曲线的各个点上标出马赫数。

(2)将滞止曲线添加到 $T - s$ 图中。

10.20　图 P10.20 所示为系统的 $T - s$ 图的一部分，该系统具有理想气体的稳定一维流，且没有摩擦。热量在 1 至 2 的恒定面积管道中添加到亚声速流中。2 至 3 为等熵的变面积流。在 3 到 4 的恒定面积管道中添加更多的热量。系统中没有激波。

(1)完成物理系统图。(提示：为此，必须证明 $A_3$ 是大于、等于还是小于 $A_2$。)

(2)在 $p - v$ 图上绘制整个流动系统。

(3)完成系统的 $T - s$ 图。

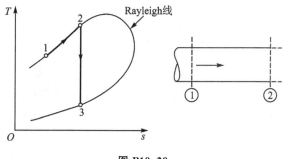

图 P10.20

10.21　考虑理想气体的稳定一维流经过无穷小长度（dx）且恒定面积（$A$）和恒定周长（$P$）的水平管道。已知该流动是等温的，并且具有热传递和摩擦。从以下形式的基本动量方程入手：

$$\sum F_x = \frac{\dot{m}}{g_c}(V_{\text{out}_x} - V_{\text{in}_x})$$

考察管道的无穷小长度，并（根据需要引入基本定义）证明

$$\frac{\mathrm{d}p}{p} + \frac{\gamma Ma^2 f}{2}\frac{\mathrm{d}x}{D_e} + \frac{\gamma Ma^2}{2}\frac{\mathrm{d}V^2}{V^2} = 0$$

10.22　(1)通过 9.4 节中使用的方法(见方程(9.25)~方程(9.27))，证明如果流体是理想气体，则 Rayleigh 流中两点之间的熵变可以用以下表达式表示：

$$\frac{s_2 - s_1}{R} = \ln\left\{\frac{Ma_2}{Ma_1}\right\}^{2\gamma/(\gamma-1)}\left(\frac{1 + \gamma Ma_1^2}{1 + \gamma Ma_2^2}\right)^{(\gamma+1)/(\gamma-1)}$$

(2) 引入"$*$"参考条件并获得$(s^* - s)/R$的表达式。

(3)（选做）对(2)建立的表达式进行编程，并建立$(s^* - s)/R$与马赫数的表格($\gamma = 1.4$)。用附录J中列出的值检验计算结果。

# 小　测

在不参考本章内容的情况下独立完成以下测试。

10.1　Rayleigh线表示具有相同的____和____的点的轨迹。

10.2　填写表CT10.2中的空白以标出在Rayleigh流的情况下性质是增加、减小还是保持不变。

表 CT10.2　Rayleigh 流的流动参数变化

| 参　数 | 加　热 | | 制　冷 | |
| --- | --- | --- | --- | --- |
| | $Ma<1$ | $Ma>1$ | $Ma<1$ | $Ma>1$ |
| 马赫数 | | | | |
| 密度 | | | | |
| 熵 | | | | |
| 滞止压力 | | | | |

10.3　在$p$-$v$平面中绘制 Rayleigh 线以及等熵线和等温线(对于典型的理想气体)，标出熵和温度增加的方向，表示出亚声速流和超声速流的区域。

10.4　系统中的空气流动如图 CT10.4 所示。

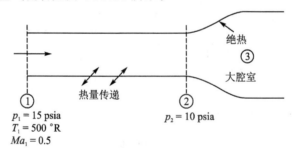

图 CT10.4

(1) 求解 3 处大腔室内的温度。

(2) 计算传热的量和方向。

10.5　为图 CT10.5 所示的系统绘制 $T$-$s$ 图，图中包含静态曲线和滞止曲线。

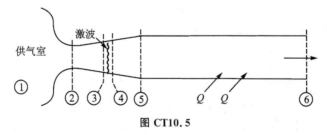

图 CT10.5

10.6　求解习题 10.14。

# 第 11 章   真实气体效应

## 11.1   引   言

根据先前的章节介绍,对任意两个位置间一维定常流动控制体方程的一般形式总结如下:
首先将关系纳入 $0^2$ 定律。

状态方程:

$$P = Z\rho RT \tag{1.16 改}$$

$$du = c_v dT, \quad dh = c_p dT \tag{1.33, 1.34}$$

接着写出连续性方程、能量方程和动量方程。

连续性方程:

$$\rho_1 A_1 V_1 = \rho_2 A_2 V_2 \tag{2.30}$$

能量方程:

$$h_{t1} + q_{1-2} = h_{t2} \qquad (式(3.19) 注:无轴功条件下)$$

动量方程:

$$\sum \boldsymbol{F} = \frac{\dot{m}}{g_c}(\boldsymbol{V}_{out} - \boldsymbol{V}_{in}) \tag{3.45}$$

**注意**:方程(1.16)通过引入压缩系数 $Z$ 加以修正,该系数一直默认设为 1。虽然第二定律没有明确地表现该系数,但它会对不可逆进程的方向产生影响。

上述方程组是研究具有真实气体效应的气体动力学的出发点。首先,需要指出真实气体与理想气体的性质任何可能存在的偏差,这点一般通过在温度和压力上乘以系数 $Z$ 来实现,11.5 节将会进一步学习。此外,需要找出公式(1.34)中的焓,因为即使是气体遵循公式(1.16),当温度改变足够大时,其比热比也会随着温度而变化。这点在由 Keenan 和 Kay 完善的气体热力性质表中已经给出(见参考文献[31])。

本章从气体微观结构入手,解释为什么单原子分子气体与双原子分子气体(如空气)的 $\gamma$ 不同,以及多原子分子气体也可能有不同的比热比的原因。同时,本章介绍了非完全气体,或者说真实气体的概念,并且详细描述了为什么温度可能决定比热容。本书规定,气体在高超声速条件下没有发生分解反应(分子的分解)。因此,比热容的变化主要是由双原子和多原子分子温度激发的振动内能引起的。接下来将讨论如何处理本章开头给出的非完全气体方程。

## 11.2   学习目标

① 确定哪些微观特性会影响温度、压力等宏观性质。
② 描述对比热容有影响的 3 种分子运动形式。
③ 列出单原子、双原子、多原子分子运动形式。

④ 定义:

  · 相对压力和相对体积;

  · 对比压力和对比温度。

⑤ 利用气体热力性质表对非完全气体做一些简单的过程计算(比如 $s = $const, $p = $const 等)。

⑥ 在气体热力性质表的帮助下,计算多变过程的熵、焓和内能变化。

⑦ 给定压力和温度,运用广义压缩性表判断给定数量的气体的体积。

⑧ 在给定了静压状态所有条件以及出口温度、出口压力或出口马赫数的情况下,分析有真实气体效应的超声速喷管问题。

⑨ (选学)当激波上游所有的性质都已知时,能够解决有真实气体效应的正激波问题。

# 11.3 真实气体

由于假设比热比始终不会变化,因此 $\gamma$ 在任何流动过程中均保持为常数。对于 $Z \approx 1.0$ 的完全气体来说,该假设可以得到可用的、封闭的方程。这要求分析在流动中如果 $\gamma$ 值改变会发生什么,因为在许多实际情况下需要更精确的表述(尤其是在喷气式发动机或者火箭发动机中)。$\gamma$ 值发生变化的原因可能与气体化学组成(原子或分子)的改变有关,同时也和温度以及工作的压力范围有关。另外,促使流动达到平衡状态的动力也可以影响 $\gamma$ 的改变,这样问题就相对复杂了。理论上说,$\gamma$ 不会等于或小于 1,同时也不会超过 5/3(见参考文献[26])。实际上,$\gamma$ 被限制于 1.1~1.7 之间,这几乎包括所需考虑的所有气体。鉴于 $\gamma$ 经常是以指数的形式出现,因此 $\gamma$ 的变化影响较大。

**1. 气体的微观模型**

常规的宏观方法(在第 1 章中提到)可以用来处理一些可观察、可测量的性质。由此引出的热力学的公理化方法可在重要的热力学定律和推论中见到。但是,一般气体实际包含极大数量的原子和/或分子,除了遵照给定坐标系的均匀运动之外,彼此间还会做连续随机运动。

这种随机运动的动能形成了温度的基础,也就是说,随机粒子运动形成了气体的静态温度,而且均匀运动的动能是造成其静温与总温不同的唯一因素。这些分子会因碰撞而不断改变方向并互相交换动量,当撞击到物面时,动量的交换会使压力增加。

由于这些能量分散在数目巨大的组成粒子中,所以必须在趋于完全可预测的平衡状态下观察其平均值。然而,在非平衡条件下,温度的概念会变得相当复杂,因为所谓的内部自由度会有不同的松弛时间。

**2. 分子结构**

单原子分子气体:分子由单一原子组成,如标准压力下的惰性气体(比如氦气、氖气、氩气)。它们在较宽的温度范围以及常压下显示出恒定的 $\gamma$ 值。(其他气体会在足够高的温度和足够低的压力下生成单原子成分,即发生分解反应。)

双原子分子气体:分子由两个原子组成。作为最常见的气体种类,氧气和氮气(空气的主要成分)是其最好的例子。双原子分子气体比单原子分子气体更复杂,因为它们有着更加活跃的内部结构,并且除了平移之外,还可能发生自旋,甚至还能振动。(参考文献[27]对双原子分子气体热力学行为进行了讨论。)

多原子分子气体:分子含有 3 个或以上的原子(如二氧化碳)。除了取决于每个分子含有的原子个数的振动模态之外,多原子分子和双原子分子气体有相同的特性。

所以,分子至少存在 3 种自由度:平移、旋转和振动。因为每种自由度都是气体能量的储存方式,所以每种都会增加比热容。换句话说,每个自由度都增加了分子吸收能量的能力,从而影响最终的气体温度。图 11.1 阐释了一个双原子分子的内部自由度。其中,单原子分子不会激发振动自由度,而包含 3 个或以上原子的分子都有不止一种振动自由度。(额外的信息参见参考文献[28-30])。

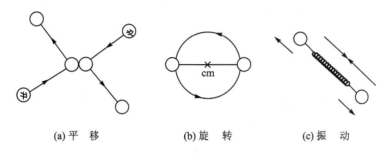

(a) 平 移　　　　　(b) 旋 转　　　　　(c) 振 动

**图 11.1　双原子分子的平移、旋转和振动**

### 3. 气体动力学的非平衡效应

在喷管中,随着马赫数达到超声速范围,整体的温度和压力显著下降。同时,非平衡效应会开始变得明显。这里指的是某些性质的滞后变化,比如时间滞后或比热容随着局部温度瞬时变化的滞后惯性,因为 $\gamma$ 基本可认为保持不变,所以气体通过足够短的喷管膨胀时气体性质变化会受到影响。在这种情况下($\gamma$ 保持为常数)对其分析可参考冻结流限制,这比平衡流动计算更为简单,因为平衡流中,性质会根据当地静温和压力状态迅速做出反应。冻结流涉及激发、松弛,或者反应的时间与通过喷管或其他流动装置相比,其标准可在相关文献中找到(比如参考文献[26])。

例如,在火箭推进中,因其简易性,所有的初步运算都使用了冻结流限制。根据 Sutton 和 Biblarz 的研究(见参考文献[24]),这种方法会低估典型火箭的性能水平。另外,瞬时化学平衡极限(也被称为作动平衡)要复杂得多,它会高估典型火箭的性能水平。由于在理想系统中的等熵流动假设(即无流动分离、无摩擦、无激波和主流失稳)会带来 10% 的固有误差,因此冻结流分析是首选的方法。非燃烧系统,比如电热火箭和高超声速风洞与化学火箭也同样采用冻结流方法,因为高温下,空气会分解并开始化学反应。例如,11.8 节中介绍的气动激光器(GDL)存在的问题,这些问题在几乎所有高超声速条件下的非平衡流动都会存在。第 6 章的正激波结果如图 6.9 和图 6.10 所示。对于给定的马赫数,压比随 $\gamma$ 的变化率明显小于穿过激波的温度比变化率。然而,需要说明的是,穿过波前的性质变化将反应激波上游的 $\gamma$ 值。温度变化不大,一是可能发生在激波内,二是发生在下游的松弛区,即穿过波前的流动本身是冻结的。然而,气体的性质最后还是会在激波之后很小的区域达到其平衡值。上述过程同样适用于斜激波。

另外,Prandtl-Meyer 膨胀波更不易产生非平衡状态,因为其流动总是起始并结束于超声速状态。这意味着温度的波动是受限的,而且更重要的是,气体温度会足够低,以至于其分子的振动模态不会被激活。

## 11.4 半完全气体的性质和气体热力性质表的发展

半完全的气体可以用完全气体状态方程描述,但却有比热比随温度变化的限制条件。它们在一些文献中也被称作热完全气体或不完全气体,目前在不同的作者之中并未达成一致。图 11.2 展示了双原子(空气)和多原子分子($CO_2$)的半完全气体中 $c_p$ 和 $\gamma$ 值随温度变化的函数关系。$\gamma$ 的大小取决于储能所激发的旋转模态和振动模态。振动模态是最关键的,因为它们在更高的温度时会显现出来。例如,即使低于室温,空气分子(大多为氮气)仍具有完全活跃的平移和旋转自由度,但是只有在高于 1 000 K 左右的温度时,振动自由度才会显著地改变 $\gamma$ 值(由于其具有相对更高的激发能量)。

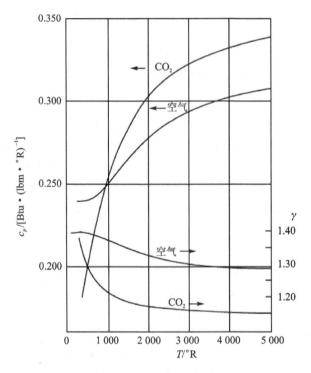

**图 11.2 两种常见气体在恒压下的比热容以及比热比**

当温度和压力均降低时,双原子和多原子分子气体的分子结构可能会发生本质上的变化,如穿过超声速喷管的流动。在燃烧室中,由于发生化学反应也会发生此类现象。另外,振动激发和分解反应(比如分子的分解)对 $\gamma$ 值的影响经常以复杂的方式相互抵消(参考文献[29-30])。而当流动动力明显地影响到自身时,比如高速流动,就只能在计算机的帮助下解决。不过,可以引进一个常数或者有效平均数 $\gamma$,而且对推进系统的初步分析也经常以此为基础,在11.6 节中将做更多的讨论。

**1. 气体热力性质表**

完全气体状态方程是相对准确的,而且适用于很广的温度范围。但是,半完全气体方法在燃气动力推进系统中是不可避免的。附录 L 中的表(见参考文献[31]中的表 2)展示了空气在低压下 $c_p$ 和 $\gamma$ 随温度变化的关系。

回想一下,假定 $P=\rho RT$,那么内能和焓就只是温度的函数。由第 1 章可知:

$$\mathrm{d}u=c_v\mathrm{d}T,\quad \mathrm{d}h=c_p\mathrm{d}T \qquad (1.33,1.34)$$

当 $T=0$ 时,令 $u=0,h=0$,可得

$$u=\int_0^T c_v\mathrm{d}T,\quad h=\int_0^T c_p\mathrm{d}T \qquad (11.1,11.2)$$

如果温度变化足够大,则需要获得比热比和温度间的函数关系来完成积分。对于常用气体,可参考气体热力性质表(见参考文献[31])。

如果气体热力性质表内已经纳入了某种特定气体,便可以在气体热力性质表中直接获得任意所需温度下的 $u$ 和 $h$ 的值。试想如何计算熵变? 考虑到对于任意物质:

$$T\mathrm{d}s=\mathrm{d}h-v\mathrm{d}p \qquad (1.31)$$

如果该物质遵循完全气体定律,可知:

$$\mathrm{d}h=c_p\mathrm{d}T \qquad (1.34)$$

说明熵变可以写成

$$\mathrm{d}s=c_p\frac{\mathrm{d}T}{T}-R\frac{\mathrm{d}p}{p}$$

对每项进行积分得

$$\int_1^2\mathrm{d}s=\int_1^2 c_p\frac{\mathrm{d}T}{T}-\int_1^2 R\frac{\mathrm{d}p}{p}$$

定义

$$\varPhi\equiv\int_0^T c_p\frac{\mathrm{d}T}{T} \qquad (11.3)$$

则

$$\boxed{\Delta s_{1-2}=\varPhi_2-\varPhi_1-R\ln\frac{p_2}{p_1}} \qquad (11.4)$$

**注意**:既然 $c_p$ 是已知的关于温度的函数,以上列出的积分就可以求解,并且其结果(只是温度的函数)可以添加到气体热力性质表中。对应温度的 $u$、$h$ 和 $\varPhi$ 的列表见附录 K。

**例 11.1**　空气在 40 psia 和 500 ℉的条件下,经过热交换的不可逆过程,状态变为 20 psia 和 1 000 ℉,计算熵变。

从空气热力性质表(附录 K)中可得

$$500\ ℉时,\varPhi_1=0.740\ 3\ \mathrm{Btu/(lbm\cdot ℉R)}$$
$$1\ 000\ ℉时,\varPhi_2=0.847\ 0\ \mathrm{Btu/(lbm\cdot ℉R)}$$

因此,

$$\Delta s_{1-2}=0.847\ 0-0.740\ 3-\frac{53.3}{778}\ln\frac{20}{40}$$
$$=0.106\ 7+0.068\ 5\ln 2$$
$$=0.154\ 2\ (\mathrm{Btu/(lbm\cdot ℉R)})$$

考虑等熵过程,方程(11.4)变为

$$\Delta s_{1-2}=0=\varPhi_2-\varPhi_1-R\ln\frac{p_2}{p_1}$$

或者

$$\Phi_2 - \Phi_1 = R \ln \frac{p_2}{p_1} \tag{11.5}$$

根据已知信息,许多等熵过程可以使用方程(11.5)直接求解。比如:

① 给定 $p_1$、$p_2$ 和 $T_1$,求解 $\Phi_2$ 并查找 $T_2$;

② 给定 $T_1$、$T_2$ 和 $p_1$,直接求解 $p_2$。

如果已知 $v_1$、$v_2$ 和 $T_1$,求解 $T_2$ 就会变为一个反复计算逐步逼近的问题。如图 11.3 所示,创建一个参考点。对于从 0 到 1 的等熵过程,由方程(11.5)有

$$\Phi_1 - \Phi_0 = R \ln \frac{p_1}{p_0} \tag{11.6}$$

但是,由方程(11.3)

$$\Phi_0 = \int_0^{T_0} c_p \frac{\mathrm{d}T}{T} = f(T_0) \tag{11.7}$$

可知,一旦参考点被选好,$\Phi_0$ 就是已知的常数,同时方程(11.6)可变为

$$\Phi_1 - \mathrm{const} = R \ln \frac{p_1}{p_0} \tag{11.8}$$

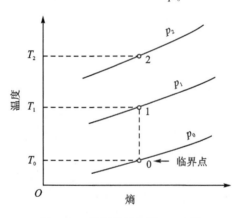

图 11.3　标明临界点的 $T$–$S$ 图

由于 $\Phi_1$ 是已知的关于 $T_1$ 的函数,故方程(11.8)对于该过程 $p_1/p_0$ 也仅为温度 $T_1$ 的函数,称该比率为相对压力 (relative pressure)。一般而言,

$$相对压力 \equiv p_r \equiv \frac{p}{p_0} \tag{11.9}$$

这些相对压力可以求解并可以引入气体热力性质表中作为其中的一列。

注意到

$$\frac{p_2}{p_1} = \frac{p_2/p_0}{p_1/p_0} = \frac{p_{r2}}{p_{r1}}$$

或

$$\frac{p_2}{p_1} = \frac{p_{r2}}{p_{r1}} \tag{11.10}$$

现在可以在等熵过程中使用方程(11.10)和气体热力性质表了。

**例 11.2**　空气经过一等熵压缩,从 50 psia、500 °R 变化为 150 psia。求最后的温度。

由附录 K 中的空气热力性质表可知:

$$在 500 °R 时, p_{rl} = 1.059\ 0$$

根据方程(11.10)有

$$p_{r2} = p_{rl}\left(\frac{p_2}{p_1}\right) = 1.059\ 0 \times \frac{150}{50} = 3.177$$

在空气热力性质表中对应着 $p_r = 3.177$,可知 $T_2 = 684$ °R。

沿着类似推论思路来定义相对体积(relative volume),它是仅与温度有关的函数,并且也可以写为

$$相对体积 \equiv v_r \equiv \frac{v}{v_0} \tag{11.11}$$

注意到

$$\frac{v_2}{v_1} = \frac{v_{r2}}{v_{rl}} \tag{11.12}$$

相对体积可用来快速求解等熵过程,恰好和使用相对压力是相同的方法。

综上所述,如下变量的列表仅为关于温度的函数:$h$、$u$、$\Phi$、$p_r$ 和 $v_r$。其中,

① $h$、$u$ 和 $\Phi$ 可用于任意过程中;

② $p_r$ 和 $v_r$ 只能用于等熵过程中。

有关空气和其他气体的完整表格可参考 Keenan 和 Kaye 制成的气体热力性质表(见参考文献[31])。附录 K 给出了关于空气的简表,该表展示了空气 $h$、$p_r$、$u$、$v_r$ 和 $\Phi$ 在 200~6 500 °R 之间的变化。对于吸气式发动机,使用这种表格是足够的,因为燃烧产物的成分与原始的空气仅略有区别。但是,该表中欠缺一定的气体动力学关系,比如马赫数和等熵面积比。以上将在 11.6 节中进行阐述。

**2. 由公式得出的性质**

对于一些简单的问题,通过图表进行操作是十分简便的。但涉及更复杂的问题时,人们经常使用计算机来求解。这种情况下,对于流体性质最好有简单的方程。比如,一组符合空气最常见性质的多项式:

$c_p$ 从 180 °R 到 2 430 °R:

　$c_p = 0.242\ 333 - (2.152\ 56E-5)T + (3.65E-8)T^2 - (8.439\ 96E-12)T^3$

$c_v$ 从 300 °R 到 3 600 °R:

　$c_v = 0.164\ 435 + (7.692\ 84E-6)T + (1.214\ 19E-8)T^2 - (2.612\ 89E-12)T^3$

$\gamma$ 从 198 °R 到 3 420 °R:

　$\gamma = 1.426\ 16 - (4.215\ 05E-5)T - (7.939\ 62E-9)T^2 + (2.403\ 18E-12)T^3$

$h$ 从 200 °R 到 2 400 °R:

　$h = 0.239\ 788T - (6.713\ 11E-6)T^2 + (9.693\ 39E-9)T^3 - (1.607\ 94E-12)T^4$

$u$ 从 200 °R 到 2 400 °R:

　$u = 0.171\ 225T - (6.686\ 51E-6)T^2 + (9.677\ 06E-9)T^3 - (1.604\ 77E-12)T^4$

$\Phi$ 从 200 °R 到 2 400 °R:

‖

$$\Phi = 0.232\ 404 + (8.564\ 94\text{E} - 4)\ T - (4.080\ 16\text{E} - 7)\ T^2 + (7.640\ 68\text{E} - 11)\ T^3$$

以上公式使用了指数计数法,例如,E-7 意思是 $\times 10^{-7}$。

以上所有公式都使用英制单位,并且自始至终使用绝对温度。以上公式可从 J. R. Andrews 和 O. Biblarz 的报告 *Gas Properties Computational Procedure Suitable for Electronic Calculators*,NPS-57Zi740701A,July 1,1974 中获取。同一作者后来以 SI 单位制进行了拓展,参考文献为 *Temperature Dependence of Gas Proper-ties in Polynomial Form*,NPS67-81-001,January 1981,获取网址为 https://core.ac.uk/download/pdf/36723064.pdf。

# 11.5　真实气体性能、状态方程和压缩性系数

气体存在于 3 个独特的形态:蒸气态、完全气体和超临界流体。这些特性可以按需划分得更严格(参见图 11.4,其描述了某一典型纯物质不同相的压力-体积的图表)。蒸气态存在于将近凝结或者两相分界区。超临界流体存在于两相分界区以上的高压区域。理想气体的代表是在足够高的温度和足够低的压力下,可以存在于远离这两个区域的任何气体。因此,本质上,按完全气体进行处理并不是全部情况。

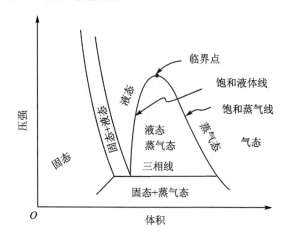

**图 11.4　典型的纯物质的两相拱形图**

**1. 状态方程**

如果进入到完全气体方程不再有效的区域,则需要其他的更加复杂的性质关系进行分析。最早的表达式之一是于 1873 年引入的范德瓦耳斯方程(van der Waals equation),即

$$\left(p + \frac{a}{v^2}\right)(v - b) = RT \tag{11.13}$$

其中,对于每种气体,常数 $a$ 和 $b$ 都是特定的,一些参考文献列出了相对应的表格(见参考文献[6])。$a/v^2$ 是用于修正分子间引力的。高压下,$a/v^2$ 与 $p$ 有很小的关联性,因此可被忽略。常数 $b$ 是用于描述分子占据的体积的。低压下,在含有比体积的项中 $b$ 可以被忽略。常数 $a$ 和 $b$ 的引入使得范德瓦耳斯方程的使用更加方便。然而,正如 Obert 论证的,随着密度的增加,该方程的精确度有待提高。

其他形式的状态方程可以有效提高其准确度,其中最通用的可能是维里状态方程(virial equation of state),形式如下:

$$\frac{pv}{RT} = 1 + \frac{B}{v} + \frac{C}{v^2} + \frac{D}{v^3} + \cdots \tag{11.14}$$

其中,常数 $B$、$C$、$D$ 等叫作维里系数(virial coefficient),假设其仅为温度的函数。维里方程大概于 1901 年提出,并且对密度在临界点以下的情况描述的准确度较高。试想:对于完全气体来说,维里方程是怎样的呢?

上述内容表明:在 $p - v - T$ 曲面的限制区域内,总能找到足够准确的表达式来满足 $0^2$ 定律。读者可参见参考文献[6]中的"$pvT$ 的关系(the $pvT$ Relationships)"。

**2. 可压缩性图**

还有其他方法能用来解决状态方程问题的吗? 这些性质间的关系能用一种简单的方式描述吗? 观察公式(11.14)的右侧,对于任意给定的状态点(对于给定的气体),整个右侧表示某值,以符号 $Z$ 表示,并称其为压缩性系数(compressibility factor):

$$p = Z\rho RT \tag{1.16 改}$$

不同的气体具有不同的图表,我们可以把压缩性系数显示为温度和压力的函数。用一张图来表示所有的气体也是可能的,通过略微损失精确度的折算性质(reduced property)的概念来实现。定义:

$$折算压力 \equiv p_r \equiv \frac{p}{p_c} \tag{11.15}$$

$$折算温度 \equiv T_r \equiv \frac{T}{T_c} \tag{11.16}$$

而

$$p_c \equiv 临界压力$$
$$T_c \equiv 临界温度$$

**注意**:上述折算压力与 11.4 节中的相对压力有相同的符号,希望不会造成混淆。

现在可以画出压缩性系数与折算温度以及折算压力的图,如图 11.5 所示。这表明该图对于大多数气体几乎完全相同,可适用于所有气体。

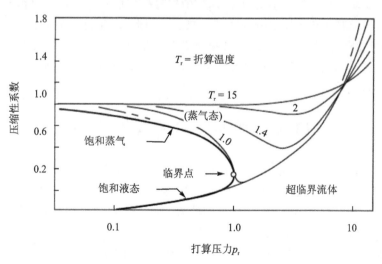

**图 11.5　简略的广义可压缩性图(工程用图见附录 F)**

在大多数工程热力学文章中可以看到广义的可压缩性图(见附录 F)。在临界点附近,这些图的精确度最低,取平均的过程中会引入一些误差,因为对于该点的不同气体,$Z$ 会在 $0.23\sim0.33$ 之间变化。(需要指出的是,对于蒸气和一些其他气体,凭经验导出的表格是可用的,而且比可压缩图更准确。)当 $0.95\leqslant Z\leqslant1.05$ 时,定义其为完全气体范围。

大气中的气体是 79% 的 $N_2$、20% 的 $O_2$ 和其他微量气体的混合物。当温度超过 20 ℉(480 ℃R)时,完全气体在空气(例如,当 $Z$ 保持在单元量的 ±5% 时)中不发生分解和化合反应,其压力可能达到 4 100 psia(279 atm)。当温度低于 −160 ℉(300 ℃R)时,完全气体在空气中将能达到 1 000 psia(74 atm)。对于其他气体,这些压力和温度的值会变化非常大,但是完全气体的性能在空气中是十分常见的。

**例 11.3** 已知一定量空气为 227 ℃R、9.3 atm。使用附录 F 中的广义可压缩性图并将其与完全气体计算相对比。对于空气的准临界常数(pseudo-critical constant)为 $T_c=239$ ℃R,$p_c=37.2$ atm(546 psia),见附录 A。

$$T_r=\frac{227}{239}=0.95$$

$$p_r=\frac{9.3}{37.2}=0.25$$

由可压缩性图可知,$Z=0.889$,故

$$v=\frac{ZRT}{p}=\frac{0.889\times53.3\times227}{9.3\times14.7\times144}=0.546\ (\text{ft}^3/\text{lbm})$$

如果使用完全气体状态方程,则

$$v=\frac{RT}{p}=\frac{53.3\times227}{9.3\times14.7\times144}=0.615\ (\text{ft}^3/\text{lbm})$$

完全气体状态方程对于气体动力学中许多重要的状态都是准确的。在很多应用中高压通常伴随着相对高的温度,而低温通常伴随着相对低的压力,以至于像气态冷凝这样的现象是很少发生的。而且,气体分子也会保持在彼此适当远离的状态,燃烧室后的超声速喷管即为此类。风洞、喷气发动机和火箭发动机也可以使用此半完全气体方法进行分析,即使用完全气体状态方程参数,但随温度和气体组分改变其比热容。因此,对于许多实际例子,偏离完全气体的情况大部分可忽略,然后令 $Z\approx1.0$。如果 $Z$ 没有足够接近 1,则以 $Z=1$ 为起始的迭代运算开始执行,因为 $Z=1$ 通常会迅速地收敛。这里最常用的是表格或图形形式的信息(额外信息参见参考文献[30,32])。

## 11.6 变 $\gamma$——变截面流动

第 5 章阐述的等熵结果展示在图 5.14(a)~(c)中。$\gamma$ 变化带来的影响可由 $\gamma$ 为不同量值条件下的曲线的拓展延伸得出。例如,当马赫数达到约 2.5 时,$p/p_t$ 曲线对于 $\gamma$ 值的变化相对不太敏感(对于空气变化小于 10%)。这意味着,对于变量 $\gamma$,涉及压力的计算(在此马赫数范围内)本质上与假设 $\gamma$ 为常数的计算是相同的。另外,温度比在 $Ma=1.0$ 以上时显示出相当大的变化,因此涉及温度计算的独立性方面更受限于 $\gamma$ 的变化。密度比的敏感程度介于温度和压力之间。当 $A/A^*$ 在 $Ma=1.5$ 以下时,不会与 $\gamma$ 有很强的关联性。在前文的假设下,单原子分子气体不会表现出变化的 $\gamma$,因为它们没有内部振动模式。所以,只有双原子和多原

子分子气体应用下文所述的计算技巧。

目前，已经有集中方法用于解决变 $\gamma$ 变截面的问题。选择哪种方法取决于已知信息以及所需结果的准确度。这里讨论两种方法：第一种方法是基于前几章中的简单拓展；第二种方法的要求更加严苛。但两种方法都没有考虑到 $Z \approx 1.0$ 的误差。

**方法 1**：平均 $\gamma$ 法。此方法假设自始至终均满足完全气体关系，但是适当地在滞止焓以及制止压力方程中插入平均 $\gamma$。

**方法 2**：真实气体法。该方法假设完全气体状态方程使用的是半完全气体，但是其性质值要取自气体热力性质表（这表示的是可变的比热比。）

两种方法本质上要共同使用，但方法 1 更加简易和迅速，已经被众多超声速喷管流动的实例所证实。它基于如下公式：

$$c_p = \frac{\gamma R}{\gamma - 1} \tag{4.15}$$

$$h = \int_0^T c_p \mathrm{d}T \approx c_p T = \left( \frac{\gamma R}{\gamma - 1} \right) T \tag{11.17}$$

$$T_t = T \left( 1 + \frac{\gamma - 1}{2} Ma^2 \right) \tag{4.18}$$

$$p_t = p \left( 1 + \frac{\gamma - 1}{2} Ma^2 \right)^{\frac{\gamma}{\gamma - 1}} \tag{4.21}$$

$$\dot{m} = pAMa \sqrt{\frac{\gamma g_c}{RT}} = \mathrm{const} \tag{4.13}$$

由于这些公式仅在完全气体中严格有效（因为比热容为常数），所以还需要引进一个修改的/平均的 $\gamma$ 来得到更加准确的解。本书以等熵喷管问题为讨论对象，其部分位置定义在图 11.6 中。

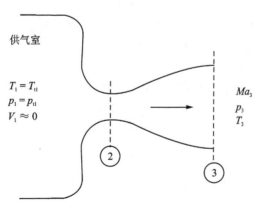

**图 11.6　超声速喷管**

对于该问题，假设有如下信息：

给定：气体成分，$T_{t1} \approx T_1$，$p_{t1} \approx p_1$，$p_3$。

找出：① 出口温度和出口马赫数（$T_3$ 和 $Ma_3$）；

② 产生该条件所需的面积比（$A_3 / A_2$）。

求解：

① 由完全气体、常数 $\gamma$ 的解来假设 $T_3$。

② 从附录 L 中查找 $\gamma_3$($\gamma$ 只是静温的函数)。作为备选项,可以选择绕开此步,假设足够低的温度以至于振动模态没有被激活。对于空气来说,这意味着 $\gamma_3 \approx 1.4$(另外,高温下,$\gamma \rightarrow 1.3$)。

③ 利用下式计算位置 3 处的平均 $\gamma$:

$$\bar{\gamma}_3 = \frac{\gamma_3 + \gamma_1}{2} \tag{11.18}$$

④ 因为 $h_{t3} = h_{t1}$,由能量方程可得

$$\bar{c}_{p3} T_{t3} \approx c_{p1} T_{t1}$$

$$\left( \frac{\bar{\gamma}_3 \not{R}}{\bar{\gamma}_3 - 1} \right) T_{t3} \approx \left( \frac{\gamma_1 \not{R}}{\gamma_1 - 1} \right) T_{t1} \tag{11.19}$$

$$T_{t3} \approx T_{t1} \left[ \frac{\gamma_1 (\bar{\gamma}_3 - 1)}{\bar{\gamma}_3 (\gamma_1 - 1)} \right]$$

通过上式可以在超声速区域预估 $T_{t3}$ 的值。

⑤ 在位置 3 处使用平均 $\gamma$,只要这些性质不是基于当地的状态(取决于上游的值)。使用方程(4.21)获得 $Ma_3$ 的预估值。(记住,滞止压力会保持不变,因为膨胀过程是等熵的。)

$$Ma_3 = \sqrt{ \frac{2}{\bar{\gamma}_3 - 1} \left[ \left( \frac{p_{t1}}{p_3} \right)^{(\bar{\gamma}_3 - 1)/\bar{\gamma}_3} - 1 \right] } \tag{11.20}$$

⑥ 已知 $Ma_3$ 和 $T_{t3}$,可用方程(4.18)求 $T_3$。

⑦ 检验步骤⑥中算出的 $T_3$,将其与步骤①的假设值进行比较。

⑧ 在新的 $T_3$ 基础上重新预估一个 $\gamma_3$,看它和最初假设的值是否有明显偏差。注意,如果处于图 11.2 显示的低温区,则 $\gamma$ 会保持几乎相等的值。

⑨ 如果有改进 $\gamma_3$ 的需要,则回到步骤③;否则,$T_3$ 的计算值就是可行的,继续往下进行。

对于面积比,针对位置 2 和位置 3 可作出方程(4.13)。对于位置 3 处的超声速流动,$Ma_2 = 1.0$,而在等熵流动中,$T_{t1} \approx T_{t2}$,$p_{t1} \approx p_{t2}$,$A_1^* = A_2^* = A_3^*$。同时,亚声速区 $p/p_t$、$T/T_t$ 和 $A/A^*$ 对于 $\gamma$ 的变化相对不敏感(见图5.14(c))。这意味着在位置 1 与 2 之间,可以使用等熵流动表中的值,即 $\gamma = 1.4$(见附录 G),而不会产生明显误差;也可以令 $\gamma_1 = \gamma_2$。

$$p_2 A_2 Ma_2 \sqrt{\frac{\gamma_2 g_c}{R T_2}} = p_3 A_3 Ma_3 \sqrt{\frac{\gamma_3 g_c}{R T_3}} \quad \text{或} \quad \frac{A_3}{A_2} = \frac{1}{Ma_3} \frac{p_2}{p_3} \sqrt{\frac{\gamma_2 T_3}{\gamma_3 T_2}}$$

$$p_2 = \frac{p_2}{p_{t2}} \times \frac{p_{t2}}{p_{t1}} \times \frac{p_{t1}}{p_1} p_1 \approx 0.528\,28\, p_1$$

$$T_2 = \frac{T_2}{T_{t2}} \times \frac{T_{t2}}{T_{t1}} \times \frac{T_{t1}}{T_1} T_1 \approx 0.833\,33\, T_1$$

⑩ 把这些值代入方程(4.13),然后重新整理,可推出在此类流动中,对于喷管面积比的有用关系,如下:

$$\frac{A_3}{A_2} = \frac{A_3}{A_3^*} \approx \frac{0.579}{Ma_3} \frac{p_1}{p_3} \sqrt{\frac{\gamma_1 T_3}{\gamma_3 T_1}} \tag{11.21}$$

**例 11.4**　空气通过超声速喷管时等熵膨胀,从滞止状态为 $p_1 = 455$ psia 和 $T_1 = 2\,400\,°R$

到出口压力为 $p_3 = 3$ psia。使用完全气体的结果和方法 1 计算出口马赫数、喷管的面积比以及出口温度,然后与方法 2 进行比较。

到目前为止,完全气体的解法已经阐述很清楚了,以这些结果作为起始。

$$Ma_3 = 4, \quad A_3/A_3^* = 10.72, \quad T_3 = 571 \ {}^\circ R$$

首先,应用方法 1。

① 假设 $T_3 = 571 \ {}^\circ R$。

② 由附录 L(或者图 11.2)可得 $\gamma_3 = 1.399\ 5$ 和 $\gamma_1 = 1.317$。

③ 现在,

$$\bar{\gamma}_3 = \frac{\gamma_3 + \gamma_1}{2} = \frac{1.399\ 5 + 1.317}{2} = 1.358\ 25$$

④ $T_{t3} \approx T_{t1} \dfrac{\gamma_1}{\bar{\gamma}_3} \times \dfrac{\bar{\gamma}_3 - 1}{\gamma_1 - 1} = 2\ 400 \times \left( \dfrac{1.321\ 7}{1.358\ 25} \times \dfrac{1.358\ 25 - 1}{1.317 - 1} \right)$

$$= 2\ 400 \times 1.095\ 8 = 2\ 629.93 \ ({}^\circ R)$$

⑤ 马赫数为

$$Ma_3 = \sqrt{\frac{2}{\gamma_3 - 1} \left[ \left( \frac{p_{t3}}{p_3} \right)^{(\gamma_3 - 1)/\gamma_3} - 1 \right]} = \frac{2}{1.399\ 5 - 1} \times \left[ \left( \frac{455}{3} \right)^{0.285\ 459} - 1 \right] = 3.998\ 3$$

在位置 3 处使用方程(4.21)。

⑥ 现在计算 $T_3$:

$$T_3 = \frac{T_{t3}}{\left( 1 + \dfrac{\gamma_3 - 1}{2} Ma_3^2 \right)} = \frac{2\ 629.93}{\left( 1 + \dfrac{1.399\ 5 - 1}{2} 3.998\ 3^2 \right)} = 627.16 \ ({}^\circ R)$$

**注意**: $\gamma_3$ 对于该新 $T_3$ 值保持不变(保留 3 位有效数字)。二次迭代后 $T_{t2} = 2\ 627\ {}^\circ R$, $Ma_3 = 3.996\ 5$, $T_3 = 628.1\ {}^\circ R$。

其次,应用方法 2。利用例 11.2 中的附录 K 中的空气热力性质表,根据方程(11.10)可计算:

$$p_{r3} = p_{r1} \frac{p_3}{p_1} = 367.6 \times \frac{3}{455} = 2.424$$

得 $T_3 = 635.5\ {}^\circ R$。此时还需要计算 $A_3/A_3^*$,由于该计算不需要运用空气热力性质表,所以利用方法 1 的步骤⑩,得

$$\frac{A_3}{A_2} = \frac{A_3}{A_3^*} \approx \frac{0.579}{Ma_3} \frac{p_1}{p_3} \sqrt{\frac{\gamma_1 T_3}{\gamma_3 T_1}} = \frac{0.579}{3.996\ 5} \times \frac{455}{3} \sqrt{\frac{1.317 \times 628.1}{1.399\ 5 \times 2\ 400}} \approx 10.904$$

通过对比结果,发现在位置 3 处计算出的静温,与使用方法 1 和方法 2 的结果吻合得较好(2% 以内),但是完全气体的计算结果与使用方法 2 的结果没有吻合得非常好(10% 以内)。由于方法 2 基于空气热力性质表,它的结果是最准确的,所以完全气体的结果需要完善。

当穿过喷管的压比未知,出口温度($T_3$)、出口马赫数($Ma_3$)或喷管的面积比($A_3/A_2$)给定时,上述解题方法仍是可适用的。例如:

给定:气体成分,$T_{t1} = T_1$,$p_{t1} = p_1$,$T_3$。

求解:① 出口压力和马赫数($p_3$ 和 $Ma_3$);

② 产生此状态所需的面积比($A_3/A_2$)。

既然 $T_3$ 是给定的,所以没有必要去迭代计算,$\gamma_3$ 可以直接获取。继续进行方法 1 中的步骤②。从步骤④找出 $T_{t3}$ 之后,利用方程(4.18)计算 $Ma_3$:

$$Ma_3 \approx \sqrt{\frac{2}{\gamma_3 - 1}\left(\frac{T_{t3}}{T_3} - 1\right)} \tag{4.18}$$

静压可由与方法 1 中的步骤⑤相同的方程(11.20)计算出,但需要使用平均 $\bar{\gamma}$,因为在位置 1 处表示的滞止压力为

$$p_{t1} \approx p_3\left(1 + \frac{\bar{\gamma}_3 - 1}{2}Ma_3^2\right)^{\frac{\bar{\gamma}_3}{\bar{\gamma}_3 - 1}}$$

最后,面积比可由方法 1 中的步骤⑩的方程估算得到。这些技巧基本上是相同的,不同的是最初在位置 3 所不确定的比热比的值。

另一个问题是:

给定:气体成分,$T_{t1} = T_1$,$p_{t1} = p_1$,$Ma_3$。

求解:① 出口压力和温度($p_3$ 和 $T_3$)。

② 产生此状态所需的面积比($A_3/A_2$)。

由于喷管出口的温度未知,这类问题需要迭代计算。可以运用方法 1,然后将其与方法 2 比较。该方法已被 Zucrow 和 Hoffman 所做的示例详细说明(见参考文献[20]:183-187)。

**例 11.5** 在图 E11.5 中,假设空气性质是由完全气体状态方程所关联的,但其比热比可变。已知等熵、集气室条件为 2 000 K 和 3.5 MPa 的排空风洞中以 $Ma = 6$ 的速度输送空气。判断其喉道和出口处的状态,以及面积比。

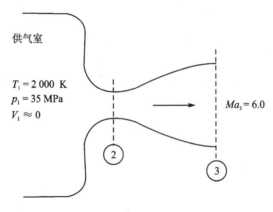

供气室

$T_1 = 2\ 000\ K$
$p_1 = 35\ MPa$
$V_1 \approx 0$

$Ma_3 = 6.0$

②

③

**图 E11.5**

以完全气体常用计算作为整个过程的开始。对于方法 1,从步骤①开始往下进行,由步骤④得到 $T_{t3}$。步骤⑤有所不同,既然 $Ma_3$ 是已知的,就可以使用方程(4.18)来求解 $T_3$。出口压力 $p_3$ 可由方程(4.21)利用上游的 $p_{t1}$ 算出。这里不再重复部分细节,比如计算喉道处(位置 2)的值的过程并没有直接展示出来。其实已假设它们由 $\gamma_2 \approx \gamma_1 = 1.30$ 的完全气体计算过程很好地表示了。

① 假设 $T_3 = 243.9$ K,为完全气体的数值。

② 对于空气,可以推测其比热比为 $\gamma_3 = 1.401$,$\gamma_1 = 1.298$。

③ 平均值为

$$\bar{\gamma}_3 = \frac{1.401 + 1.298}{2} = 1.349\ 5$$

④ 可以估算出 $T_{t3}$ 的值：

$$T_{t3} \approx T_{t1}\left(\frac{\gamma_1}{\bar{\gamma}_3} \frac{\bar{\gamma}_3 - 1}{\gamma_1 - 1}\right) = 2\ 000 \times \frac{1.298}{1.349\ 5} \times \frac{1.349\ 5 - 1}{1.298 - 1} = 2\ 256.123\ (\text{K})$$

⑤ 利用 $Ma_3$ 和 $p_{t1}$ 可计算 $p_3$：

$$p_3 \approx \frac{p_{t1}}{\left(1 + \dfrac{\bar{\gamma}_3 - 1}{2}Ma_3^2\right)^{\frac{\bar{\gamma}_3}{\bar{\gamma}_3 - 1}}} = \frac{3.5 \times 10^6}{\left[1 + \left(\dfrac{1.349\ 5 - 1}{2}\right) \times 6^2\right]^{3.861\ 2}} = 1.631\ 73 \times 10^3\ (\text{N/m}^2)$$

⑥ 利用 $Ma_3$ 和 $T_{t3}$ 可继续往下找出 $T_3$：

$$T_3 = \frac{T_{t3}}{1 + \dfrac{\gamma_3 - 1}{2}Ma_3^2} = \frac{2\ 256.123}{1 + \left(\dfrac{1.401 - 1}{2}\right) \times 6^2} = 274.53\ (\text{K})$$

由于对 $\gamma_3$ 的猜想足够准确，所以可以继续计算面积比。

⑦ 使用已经得出的面积比公式：

$$\frac{A_3}{A_2} = \frac{A_3}{A_3^*} = \frac{0.579}{Ma_3} \frac{p_1}{p_3} \sqrt{\frac{\gamma_1 T_3}{\gamma_3 T_1}} = \frac{0.579}{6.0} \times \frac{3.5 \times 10^6}{1.631\ 73 \times 10^3} \times \sqrt{\frac{1.298 \times 274.53}{1.401 \times 2\ 000}} = 73.82$$

表 11.1 给出了 Zucrow 和 Hoffman 对于完全气体或常数比热比的求解方法以及上述方法 1 的计算结果。感兴趣的读者可以翻阅参考文献[20]，查看用方法 2 计算的更多细节。

表 11.1　例 11.5 的算例总结

| 性　质 | 单　位 | 完全气体 | 方法 1 | 方法 2（见参考文献[20]） |
|---|---|---|---|---|
| $p_2$ | MPa | 1.910 1 | 1.92 | 1.907 3 |
| $T_2$ | K | 1 739.1 | 1 739 | 1 738.3 |
| $\rho_2$ | kg/m$^3$ | 3.826 3 | 3.83 | 3.822 5 |
| $V_2$ | m/s | 805.57 | 806 | 806.52 |
| $G_2$ | kg/(s·m$^2$) | 3 082.4 | 3 090 | 3 082.9 |
| $p_3$ | N/m$^2$ | 2 216.8 | 1 631.73 | 1 696.4 |
| $T_3$ | K | 243.9 | 274.53 | 273.23 |
| $\rho_3$ | kg/m$^3$ | 0.031 664 | 0.020 68 | 0.021 63 |
| $V_3$ | m/s | 1 878.4 | 1 992.64 | 1 989.0 |
| $G_3$ | kg/(s·m$^2$) | 59.478 | 41.29 | 43.022 |
| $A_3/A_2$ | | 53.18 | 75.21 | 71.659 |

对表 11.1 所列的结果仔细观察，可以得出关于此类问题的如下结论：

① 在喷管的收缩段（流动为亚声速），完全气体解法是十分恰当的。

② 在喷管的扩张段（流动为超声速），需要考虑半完全气体效应。

③ 方法 1 对于计算出口压力和温度会产生迅速且良好的结果，但对于计算面积比会稍有

误差。

通过回顾例 11.4 和例 11.5 可知,当应用静压与滞止压力的方程时,有时会使用平均 $\gamma$ (比如方程(11.20)),有时会使用当地 $\gamma$(比如方程(4.21))。原因很简单,如果有了在位置 3 处的可用的当地数值,就使用 $\gamma_3$,如例 11.4。而在例 11.5 中,给定了出口马赫数以及上游压力(非当地),需要求解出口压力。作为一种经验方法,该方法已经发展得可以更好地解释 $\gamma$ 随温度和压力的变化。注意,在使用当地数值计算 $T_3$ 时,要坚持使用 $\gamma_3$。

最后一个问题,当给定 $A_3/A_2$ 时,可以参照上述不同的情况求解。对于步骤②,读者计算应该没有什么问题,但是在步骤③中,没有给出任何当地气体性质,因此必须从上游值推断这些所有性质。在各种可能的方法中,最简单的方法可能是将方法 1 中的方程(11.18)中的平均值 $\gamma$ 直接用于等熵方程中。这里就不详细叙述了,可以通过习题 11.13 以及例 11.7 来自行做出。

从滞止压力可以看出,在足够高的马赫数和相对较短的超声速喷管下,动力学滞止效应会变得越来越明显,以至于在组成和 $\gamma$ 方面该流动的最终状态好像被冻住一般。这种效应在气体动态激光器中得到了利用,详见 11.8 节。准确了解燃烧室中的集气室性质并使用冻结流分析,就可以对绝热喷管流动有很好的工程预估。唯一的不同在于,此 $\gamma$ 值是热气体的 $\gamma$ 值,对于空气来说会比通常的 1.4 要低。

# 11.7　变 $\gamma$——等截面流动

### 1. 激　波

对于激波,无论是正激波还是斜激波,这里都将详细说明 11.1 节给出的具有恒定面积和无摩擦的绝热流动方程组。实际上,这些是第 6 章的方程与修正后的状态方程(1.16 改)一起整合的方程(如方程(6.2)、方程(6.4)和方程(6.9))。根据可压缩性表,当 $Z$ 取决于 $T$ 和 $p$,且 $c_p$ 随温度变化时(见参考文献[32]中的示例),激波问题会变得更加复杂。在没有分解反应且马赫数低于 5 的空气中,完全气体的计算与真实气体值的差值在 10% 以内,可被用来做估算。

如图 6.10 所示,激波的压比对 $\gamma$ 的变化最不敏感,这样完全气体的计算对于压力计算来说会变得很合理。现在,为了完善温度的计算,可以借助之前介绍的平均 $\gamma$ 的概念。这会涉及质量速度的引进,即 $G = \rho v = \text{const}$,将方程(11.17)代入方程(6.2)、方程(6.4)和方程(6.9)中,得

$$h_2 = h_1 + \frac{G^2}{2g_c}\left(\frac{1}{\rho_1^2} - \frac{1}{\rho_2^2}\right) \tag{11.22}$$

且

$$T_2 = \frac{\bar{\gamma}_2 - 1}{\bar{\gamma}_2}\left[\frac{\gamma_1}{\gamma_1 - 1}T_1 + \frac{G^2}{2Rg_c}\left(\frac{1}{\rho_1^2} - \frac{1}{\rho_2^2}\right)\right] \tag{11.23}$$

当位置 1 处的所有条件已知时,计算步骤如下:

① 由完全气体的解得到 $\rho_2$ 和 $T_2$。

② 找出 $\gamma_1$ 和 $\gamma_2$(从附录 L 中),利用方程(11.8)计算 $\bar{\gamma}_2$。

③ 由位置 1 给定的信息计算 $G$。

④ 根据方程(11.23),利用 $\bar{\gamma}_2$ 得到 $T_2$。这个新的 $T_2$ 值应该比完全气体的结果更准确。

⑤ 如果需要,在完全气体定律中利用新的 $T_2$ 值计算改进的 $\rho_2$ 的估算值。假设 $p_2$ 与从完全气体激波的解中找出的值一致。

**例 11.6**　运用上述步骤,解决 Zucrow 和 Hoffman 书中的例 7.7(见参考文献[20]:353-356)。空气以 $Ma_1 = 6.2691$ 流动经过一道正激波。另一边上游的静止状态为 $T_1 = 216.65\,K$,$p_1 = 12\,112\,N/m^2$。假设没有分解反应,找出激波下游的性质。由于温度较低,$\gamma_1 = 1.402$。

完全气体的结果为 $T_2 = 1\,859.6\,K$,$p_2 = 0.5534\,MPa$,$\rho_2 = 1.0366\,kg/m^3$,$V_2 = 347.57\,m/s$。接下来,基于完全气体的温度,预估 $\gamma_2$ 为 1.301。

$$\bar{\gamma}_2 = \frac{1.301 + 1.402}{2} = 1.3515$$

质量速度为

$$G = \rho_1 V_1 = p_1 Ma_1 \sqrt{\frac{\gamma_1}{RT_1}} = 12\,112 \times 6.2691 \sqrt{\frac{1.402}{287 \times 216}} = 361\,(kg/(s \cdot m^3))$$

新的温度值可由方程(11.23)计算:

$$T_2 = \frac{\bar{\gamma}_2 - 1}{\bar{\gamma}_2}\left[\frac{\gamma_1}{\gamma_1 - 1}T_1 + \frac{G^2}{2Rg_c}\left(\frac{1}{\rho_1^2} - \frac{1}{\rho_2^2}\right)\right]$$

$$= \frac{1.36 - 1}{1.36} \times \left[\frac{1.4}{1.4 - 1}T_1 + \frac{360^2}{2 \times 287} \times (26.2 - 0.925)\right] = 1\,710\,(K)$$

该结果与参考文献[20]($T_2 = 1\,701\,K$)的答案相差在 1% 之内,因此无需再进一步计算。为了计算改进的密度预估值,有

$$\rho_2 = \frac{p_2}{RT_2} = \frac{5.51 \times 10^5}{287 \times 1\,710} = 1.12\,(kg/m^3)$$

与参考文献[20]($\rho_2 = 1.1614\,kg/m^3$)的答案相比,相差在 4% 以内。

当真实气体效应显著时,计算会变得更加复杂,因此可压缩性表或者其他数据表中的信息会变得尤为重要。这种情况下,读者需要查阅参考文献[20]或参考文献[32]来获得具体的细节。

**2. Fanno 流**

对于 Fanno 流,11.1 节给出的针对等截面管道的绝热流动方程组,可用于图 9.4 所示的有摩擦的等面积管道中的绝热流动。对于变化的 $\gamma$ 值,Fanno 流曲线在亚声速范围内显示了很小的变化,这就是典型的最常用的有摩擦等截面流动。

**3. Rayleigh 流**

对于 Rayleigh 流,这里只研究 11.1 节给出的无摩擦但有热传递的等截面流动的方程组。在一般的燃烧室内的 Rayleigh 流,在亚声速马赫数下就是典型的等截面流动。注意,其性质的变化与所发生的化学反应密切相关。随着流动在燃烧器内达到平衡,气体成分达到了其给定的特有的平衡状态值,该值即表现为气体性质。对于变化 $\gamma$ 值的 Rayleigh 流曲线(见图 10.13),表明在亚声速范围内表现出的滞止温度依赖 $\gamma$ 变化的关系可以忽略。

由上述内容可以推断出,对于 Fanno 流和 Rayleigh 流,只要流动保持亚声速,定常 $\gamma$ 的方法就是可取的。目前,大多数针对该流动的应用都在此范围内,仅需使用恰当的 $\gamma$ 值。

# 11.8 高能气体激光器

几种实用的高能气体激光器是基于连续激光输出(CW)的气流设备,常见为气体动态激光器(GDL)和放电激光器(EDL)。在 GDL 中,气流是超声速流动的,而在 EDL 中,气流仅是亚声速流动的(激光介质仅出于冷却目的而流动)。顾名思义,电激光从放电中获取能量输入,而 GDL 则依赖于先前已被压缩和加热(加热方式来自燃烧源、放电或其他方式)的特殊气体混合物,这些气体产生相对较快的超声速膨胀。这两种高能量激光器通常使用 $CO_2$ 作为激光介质并在红外光中输出,而且已应用于材料加工(即切割和焊接)和军事中。激光器产生非常纯净的单色射束输出,为了"选择性地泵送较高能级的激光介质",需要特定的能量输入。激光器是固有的非绝热设备,其能量输出是一束强烈的、狭窄聚焦的电磁光子束,比自然辐射源(如燃烧的火焰或太阳)具有更多有用和独特的性质。

这里将重点介绍气体动态激光器,该激光器采用了一种不寻常的喷管设计来实现其超声速气体膨胀,其中 11.1 节与 11.4 节示出了控制分子比热比 $\gamma$ 行为所引起分子的非平衡特性。GDL 较快的超声速膨胀是通过图 11.7 所示的特殊设计的短喷管阵列实现的。通常,红外激光器取决于分子自由度之间的内部不平衡,这与振动模态相对应(对于像 $N_2$ 这样的双原子分子,其振动模态如图 11.1 所示)。热氮气是主要的气体混合物成分,因为它有效地(在碰撞过程中)将能量转移到 $CO_2$(具有 3 个振动自由度的三原子分子)的某些振动模式中,从而在激光发射过程中有效地弥补了所需的较高振动水平。激光发射后,会以较低的振动能量产生 $CO_2$,因此将微量的 $H_2O$ 水蒸气添加到混合气体中,以减少 $CO_2$ 的较低激光能级寿命并将其恢复到基态。从本质上讲,GDL 中的快速超声速膨胀冻结了膨胀冷却之前在其原始气体温度下耦合的 $N_2/CO_2$ 分子的最高激光能级,随后这些激发的分子通过在激光腔内辐射能量而达到平衡。只有在 $H_2O$ 分子碰撞的帮助下,$CO_2$ 气体混合物才能最终平衡到较低的腔体温度。激光

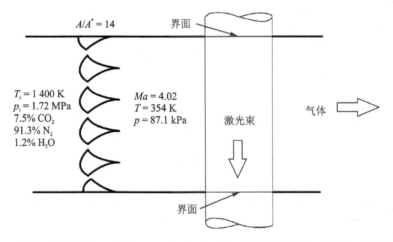

注:该图显示了其快速膨胀的超声速喷管阵列的一部分的俯视图(请注意喉道处的不连续性)。高密度光子以光束的形式通过激光口离开腔室。气体在内部流过该光束,然后进入扩压器(未显示)排放到大气中。所包含的数据来自 E. T. Gerry(IEEE Spectrum,1970 年 11 月)。激光器的光学元件未显示。(可通过在网上搜索"气体动态激光图像"来找到气体动态激光图像)

**图 11.7 气体动力学激光器**

气体在大多数流量激光器中都会被回收,但在原始 GDL 设计中却没有被回收。

　　因为这里处理的是微观现象,只有特定的分子状态能够选择性地相互作用,而这些状态在 GDL 气体混合物中相对较少。虽然激光功率输出可以很高,但热效率很低(CO$_2$ 激光器的电导率可以接近 30%,GDL 的电导率低于 10%),但由于 CO$_2$ 激光器和 GDL 具有高相干性和高功率被广泛使用,直到高功率连续波光纤激光器出现。还有一些分子激光器更直接地利用化学反应(称为化学激光器),因此效率更高;如图 11.7 所示,这类激光器采用了类似的流扩展原则。

　　**例 11.7**　估计并比较图 11.7 中所示的快速膨胀喷管产生的参数。假设已知的气体特性值在激光能量输出之前,并且系统中的损耗可以忽略不计。提示:利用给定的滞止特性和面积比。

　　假定可以直接应用 5.6 节中的等熵方程,并在整个平均 $\gamma$ 方法中考虑较大的温度变化(方法 1,参见 11.6 节)。气体混合物主要为 N$_2$,因此可以将附录 L 中的空气值或方程中的多项式属性(参见 11.5 节中所学内容)或图 11.2 中的多项式属性用作第一近似值($\gamma \approx 1.36$)。在给定的成分和温度下参阅参考文献[31]会得到更准确的结果。对于所描述的混合物:

$$\gamma(1\ 400\ \text{K}) = 1.305, \quad \gamma(354\ \text{K}) = 1.387$$

所以

$$\bar{\gamma} = (1.305 + 1.387)/2 = 1.35$$

对应于 $A/A^* = 14.0$,方法 1 计算得到的等熵流动关系为 $Ma = 4.08$,$p/p_t = 0.005\ 1$,$T/T_t = 0.255$,与给定的 $Ma = 4.02$,$p/p_t = 0.005\ 1$,$T/T_t = 0.253$ 吻合较好。

　　图 11.7 中的信息代表激光后的气体条件,但由于能量转换效率较低,不会对估计产生太大的影响。值得注意的是,如果只使用 $\gamma = 1.4$,结果(见附录 G)将是相当不同的。

# 11.9　总　结

　　本书首先表明微观的性状和分子的结构对气体动力学有重要的影响,当像空气、CO$_2$ 等气体的工作温度升高到远大于室温时,由于振动模式的激发,它们的微观性状会变得更加复杂。对于单原子分子气体,之前章节中的方程仍是可用的,但是对于双原子和多原子分子气体则必须加以修正。另外,随着马赫数增加到超声速范围,非平衡效应可能会开始起作用。

　　半完全气体遵循完全气体的规律但却具有可变的比热比。切记,只要 $p = \rho R T$ 是有效的,焓和内能就只是温度的函数。这里指定在 $T = 0$ 时,$u = 0$ 且 $h = 0$,所以

$$u = \int_0^T c_v \mathrm{d}T, \quad h = \int_0^T c_p \mathrm{d}T \tag{11.1,11.2}$$

熵的变化可由下式计算:

$$\Delta s_{1-2} = \Phi_2 - \Phi_1 - R \ln \frac{p_2}{p_1} \tag{11.4}$$

式中:

$$\Phi \equiv \int_0^T c_p \frac{\mathrm{d}T}{T} \tag{11.3}$$

等熵问题在此帮助下可以更简单地解决,如下:

$$相对压力 \equiv p_r \equiv \frac{p}{p_0} \tag{11.9}$$

$$相对体积 \equiv v_r \equiv \frac{v}{v_0} \tag{11.11}$$

所有这些函数均为温度的特定的函数,可以预先计算和使用表格(见附录 K)。切记:

① $h$、$u$ 和 $\Phi$ 可用于任何过程;

② $p_r$ 和 $v_r$ 只能用于等熵过程。

当完全气体的规律不够准确时,相关学者还发展了许多其他的状态方程。一般来说,越复杂的表达式其适用范围就越广,但是,大多在临界点附近就丧失其准确性了。

一种能解决对完全气体性状有偏差问题的有效方法涉及使用可压缩性系数:

$$p = Z\rho RT \tag{1.16 改}$$

除非在临界点附近需要极高的精确度,否则单独一个广义可压缩性表即可适用于所有的气体。这种条件下,$Z$ 就是关于以下变量的函数:

$$折算压力 \equiv p_r \equiv \frac{p}{p_c} \tag{11.15}$$

$$折算温度 \equiv T_r \equiv \frac{T}{T_c} \tag{11.16}$$

$p_c$ 和 $T_c$ 是什么呢?

计算机可以计算复杂的状态方程,同时,简单多项式可适用于在一定温度范围内的常见气体的几乎所有性质。如果可以,建议使用相关的性质表(比如蒸气表),因为根据大量的实验,它们在蒸气以及超临界流体范围内更准确。

传统的等熵喷管问题中 $\gamma$ 值变化的问题得到了修正。最重要的就是关于滞止和静止压力以及温度的改进。这里既可以使用气体热力性质表(见参考文献[31]),又可以使用方法 1 中的方程。在喷管出口,即位置 3 处有

$$T_{t3} \approx T_{t1} \frac{\gamma_1}{\bar{\gamma}_3} \frac{\bar{\gamma}_3 - 1}{\gamma_1 - 1} \tag{11.19}$$

式中:

$$\bar{\gamma}_3 = \frac{\gamma_3 + \gamma_1}{2} \tag{11.18}$$

与方法 1 中的其他方程联立,如

$$Ma_3 \approx \sqrt{\frac{2}{\bar{\gamma}_3 - 1} \left[ \left( \frac{p_{t1}}{p_3} \right)^{\frac{\bar{\gamma}_3 - 1}{\bar{\gamma}_3}} - 1 \right]} \tag{11.20}$$

和

$$\frac{A_3}{A_2} \approx \frac{0.579}{Ma_3} \frac{p_1}{p_3} \sqrt{\frac{\gamma_1 T_3}{\gamma_3 T_1}} \tag{11.21}$$

使用方法 1,正激波问题也是可以解决的,完全气体计算的精度通常是符合要求的。Fanno 流和 Rayleigh 流主要在亚声速区,如果选择恰当的 $\gamma$ 值,那么可以应用第 9 章和第 10 章的完全气体方法。当 $\gamma$ 值不同于表格时,则推荐使用气体动力学计算器进行计算。

# 习　题

**11.1**　以温度为 60 ℉、体积为 10 ft³ 为初始条件,2 lbm 的空气经过等压过程,被加热到 1 000 ℉。该过程无轴功。利用空气热力性质表(见附录 K),找出功、内能的变化和焓变,以及该进程的熵增。

**11.2**　在两步的流程中,一定量的空气可逆地等压加热,直到其体积变为原来的 2 倍,接着可逆地等体积加热直到其压力变为原来的 2 倍。如果空气初始温度是 70 ℉,使用空气热力性质表,找出其直到最终状态的总功、总传热和总熵增。

**11.3**　使用 11.4 节中的方程,计算空气在 2 000 ℉R 的 $c_p$、$c_v$、$h$ 和 $u$。利用附录 K 中的空气热力性质表验算所求比热比、焓和内能的值。

**11.4**　空气在 2 500 ℉R,150 psia 经过一个涡轮等熵流动,膨胀到压力为 20 psia。判定其最终的温度和焓的变化。(提示:使用空气热力性质表。)

**11.5**　空气在 1 000 ℉R,100 psia 经过加热过程直到 1 500 ℉R、80 psia。计算其熵增。如果不做功,计算其增加的热量。(提示:使用空气热力性质表。)

**11.6**　使用 11.4 节最后一部分给出的方程,计算空气在 300 ℉R 时的 $\gamma$ 值。

**11.7**　对于遵循完全气体状态方程而有着可变比热比的气体,方程

$$s_2 - s_1 = \int_1^2 c_p \frac{\mathrm{d}T}{T}$$

适用于以下哪种过程?

(1) 任意可逆过程。

(2) 任意等压过程。

(3) 只有不可逆过程。

(4) 任意等体积过程。

(5) 方程不正确。

**11.8**　利用可压缩性表,计算空气在 360 ℉R、1 000 psia 的密度。(空气的准临界点为 238.7 ℉R,37.2 atm。)

**11.9**　氧气状态为 100 atm、150 ℉R。使用可压缩性表和完全气体规律,计算其比体积。

**11.10**　丙烷气体的化学式为 $C_3H_8$,相对分子质量为 44.094。使用广义可压缩性表,判定丙烷在 1 200 psia、280 ℉ 下的比体积,并将其与完全气体计算结果相比较。丙烷的临界温度为 665.9 ℉R,临界压力为 42 atm。

**11.11**　计算例 11.4 中的 $p_3$。$p_{t1} = 455$ psia,$T_{t1} = 2\,400$ ℉R,$T_3$ 给定为 640 ℉R。

**11.12**　计算例 11.4 中的 $p_3$。$p_{t1} = 455$ psia,$T_{t1} = 2\,400$ ℉R,$Ma_3$ 给定为 3.91。

**11.13**　计算例 11.4 中的 $p_3$。$p_{t1} = 455$ psia,$T_{t1} = 2\,400$ ℉R,$A_3/A_2$ 给定为 11.17。(提示:由 $\bar{\gamma}_3$ 与已知区域比例利用 Gasdynamics 计算器得到 $Ma_3$。)

**11.14**　计算例 11.4,将其中的空气全部变为氩气。$p_{t1} = 3.0$ MPa,$T_{t1} = 1\,500$ K,$p_3 = 0.02$ MPa。

**11.15**　考虑例 11.5 中的喷管控制在第二临界点(即在出口处有一正激波)。当 $Ma_1 = 6.0$,$T_1 = 272$ K,$p_1 = 1\,696$ N/m² 时,计算波后性质。

11.16 对于类似于图 11.7 所示的超声速喷管阵列,使用相同的 $p_1/p_3$,就可能的 $\gamma$ 范围检查由方程(4.21)引起的 $Ma_3$ 的变化。以 $p_1/p_3 = 200$ 为例,其中 $\gamma = 1.67$($N_2$,任何温度)、$1.40$($N_2$ 和 $CO_2$,室温),将结果与在热膨胀系数为 $\gamma = 1.28$($N_2$,高温)、$1.19$($CO_2$,高温)的条件下使用方程(11.20)得出的结果进行比较。(使用的所有温度均应低于解离或电离的温度。)

# 小　测

在不参考本章内容的情况下独立完成以下测试。

11.1 双原子和多原子分子中,哪种内部自由度涉及比热容随温度的变化以及影响半完全气体性状(在本章的假设下)?

11.2 列举 3 种不同气体形态的物质,描述真实气体呈现不同性状可能的微观原因(即当 $Z$ 不等于 1 时)。

11.3 当空气从 460 °R 等压加热到 3 000 °R 时,计算空气的焓变。分别使用气体热力性质表(见附录 K)和完全气体关系。如果存在,其差异的本质是什么?

11.4 判断对错:相对压力($p_r$)的概念和相对比体积的概念($v_r$)对于任何半完全气体经过任何过程都是有效的。

11.5 利用可压缩性表和完全气体关系,找出水蒸气在 500 °F、500 psia 下的密度。蒸气性质表的答案为 1.008 lbm/ft³,与所求结果相比如何?

11.6 计算例 11.4 中针对氩气和二氧化碳的亚声速部分,并比较这些答案。

11.7 (选做)求解习题 11.12。

11.8 压力是一个动态量,温度是一个热力学量,理想的气体状态方程通过气体密度和单个气体常数将它们联系起来。半完全气体可引入更多系数,但遵循相同的模式。试想:为什么不使用动量原理将压力与分子的平均动能(代表温度)动态地联系起来?

# 第 12 章　推进系统

## 12.1　引　言

所有通过流动介质的飞行器都必须靠某种形式的推进系统运行。本书将关注飞机或导弹的推进系统和普遍认为的喷气推进系统。研究这些系统可以使相关领域的读者更加了解气体动力学的应用。这些发动机又被称为火箭发动机，可分为吸气式（比如涡轮喷气式、涡轮风扇式、冲压式和脉冲喷射式）和非喷气式。目前，已经有多种火箭推进形式被提出，这里主要讨论化学火箭发动机。

许多吸气式发动机工作在相同的基础热力学循环上，所以首先研究布雷顿循环（Brayton cycle）来找出其相关特点。本书将会简略地介绍每种推进系统，并且就其中的一些运行特点加以讨论，进而将动量定理应用于一种任意的推进装置中，来求解净推力的一般关系。其他有效性能参数，比如功率和效率标准，也会进行定义并进行讨论。在本章末，将会分析固定几何形状的超声速空气进气道，以加深读者的理解。

## 12.2　学习目标

① 画出布雷顿循环的原理图，画出理想和实际的动力设备的 $h$-$s$ 图。

② 分析理想和实际的布雷顿循环，计算总功和总热量以及循环效率。

③ 陈述布雷顿循环适用于涡轮机械的区别性特征，解释为什么机械效率在该循环中如此关键。

④ 讨论开式循环和闭式循环的区别。

⑤ 画出原理图以及 $h$-$s$ 图（适当位置），描述以下推进系统的运行方式：涡轮喷气式、涡轮风扇式、涡轮螺旋桨式、冲压式、脉冲喷气式和火箭式。

⑥ 给定适当的运行参数、组件效率和其他参数，计算涡轮喷气发动机或者冲压发动机中循环的所有状态点。

⑦ 陈述对于不同种类推进系统的标准运行方法。

⑧ （选学）对于任意的推进系统，推导其净推力表达式。

⑨ （选学）定义输入功率、推进功率、推力功率、热效率、推进效率、总效率和比燃油消耗率。

⑩ 给定适当的速度、面积、压力以及其他参数，计算吸气式推进系统的有效性能参数。

⑪ （选学）根据速比 $\nu$ 推导吸气式发动机理想推进效率的表达式。

⑫ 定义或给出有效排气速度和比冲的表达式。

⑬ 给定适当的速度、面积、压力等，计算火箭发动机的有效性能参数。

⑭ （选学）推导火箭发动机理想推进效率的关于速比 $\nu$ 的表达式。

⑮ 解释为什么固定几何形状的收缩-扩张扩压器不会用在超声速飞机空气进气道上?

# 12.3　布雷顿循环

**1. 基本闭式循环**

许多小型动力设备和大多数吸气式喷气推进系统都工作在一个循环中,该循环于约 100 年前由 George B. Brayton 推导出来。尽管他的第一个理论模型是一个活塞式发动机,但是该循环的某些特点使其能够应用于所有燃气涡轮装置的基本循环。通过基本的理想闭式循环,可以推导出一些特征运行参数。图 12.1 显示了该循环的原理图,其包括以下几个过程:从 1 到 2 的压缩过程,其输入功记作 $w_c$;从 2 到 3 的等压加热过程,添加的热记作 $q_a$;从 3 到 4 的膨胀过程,其输出功记作 $w_t$;从 4 到 1 的等压排热,其排热记作 $q_r$。

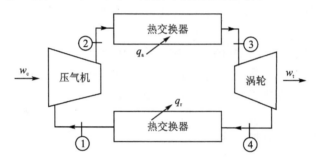

图 12.1　基本布雷顿循环的示意图

对于初步分析来说,可以假设在热交换中没有压降,在压缩机和涡轮中没有热量损失,且所有过程均可逆。因此,该循环包括的过程如下:

① 两个可逆的绝热过程;

② 两个可逆的等压过程。

图 12.2 显示了关于该循环的 $h-s$ 图。切记该循环的工质为气体形态,因此其 $h-s$ 图与 $T-s$ 图相似。事实上,对于完全气体来说,两种图除了纵坐标之外,其他部分是完全相同的。

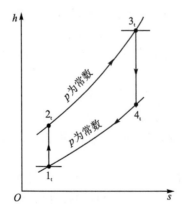

图 12.2　理想布雷顿循环的 $h-s$ 图

接着对此循环的各部分做定常流动分析。

涡轮:

$$h_{t3} + \cancel{q} = h_{t4} + w_s \qquad (12.1)$$

因此,

$$\boxed{w_t \equiv w_s = h_{t3} - h_{t4}} \qquad (12.2)$$

压气机:

$$h_{t1} + \cancel{q} = h_{t2} + w_s \qquad (12.3)$$

定义 $w_c$ 为压缩机对该系统所做功的(正的)量,有

$$\boxed{w_c \equiv -w_s = h_{t2} - h_{t1}} \qquad (12.4)$$

输出的净功为

$$w_n \equiv w_t - w_c = (h_{t3} - h_{t4}) - (h_{t2} - h_{t1}) \qquad (12.5)$$

添加的热:

$$h_{t2} + q = h_{t3} + \cancel{w_s} \qquad (12.6)$$

因此,

$$\boxed{q_a \equiv q = h_{t3} - h_{t2}} \qquad (12.7)$$

释放的热:

$$h_{t4} + q = h_{t1} + \cancel{w_s} \qquad (12.8)$$

定义 $q_r$ 为系统排出的(正的)热量,则

$$\boxed{q_r \equiv -q = h_{t4} - h_{t1}} \qquad (12.9)$$

净添加热为

$$q_n \equiv q_a - q_r = (h_{t3} - h_{t2}) - (h_{t4} - h_{t1}) \qquad (12.10)$$

循环的热力学效率定义为

$$\eta_{th} \equiv \frac{\text{净功}}{\text{热输入}} = \frac{w_n}{q_a} \qquad (12.11)$$

对于布雷顿循环来说,上式变为

$$\left. \begin{array}{l} \eta_{th} = \dfrac{(h_{t3}-h_{t4})-(h_{t2}-h_{t1})}{h_{t3}-h_{t2}} = \dfrac{(h_{t3}-h_{t2})-(h_{t4}-h_{t1})}{h_{t3}-h_{t2}} \\[4mm] \eta_{th} = 1 - \dfrac{h_{t4}-h_{t1}}{h_{t3}-h_{t2}} = 1 - \dfrac{q_r}{q_a} \end{array} \right\} \qquad (12.12)$$

**注意**:效率可由热量唯一表示。后面结果可以更快地求出来,因为对于任意一个循环,有

$$w_n = q_n \qquad (1.17)$$

很快得到循环效率:

$$\eta_{th} = \frac{w_n}{q_a} = \frac{q_n}{q_a} = \frac{q_a - q_r}{q_a} = 1 - \frac{q_r}{q_a} \qquad (12.13)$$

如果该工作介质假设是完全气体,额外的关系就可以添加进该过程。例如,以上所有热量和功均可由温度差的形式表示,因为

$$\Delta h = c_p \Delta T \qquad (1.36)$$

类似地，

$$\Delta h_{\mathrm{t}} = c_p \Delta T_{\mathrm{t}} \tag{12.14}$$

方程(12.12)可由此写成

$$\eta_{\mathrm{th}} = 1 - \frac{c_p (T_{\mathrm{t4}} - T_{\mathrm{t1}})}{c_p (T_{\mathrm{t3}} - T_{\mathrm{t2}})} = 1 - \frac{T_{\mathrm{t4}} - T_{\mathrm{t1}}}{T_{\mathrm{t3}} - T_{\mathrm{t2}}} \tag{12.15}$$

通过一些操作，可让上式变为非常简洁且有效的形式。这里偏离一下主题来推导这是如何做到的。

如图 12.2 所示，注意点 2 到点 3 间的熵变和点 1 到点 4 间的相同。现在对于任意两点间的熵变命名为 $A$ 和 $B$，可由下式计算：

$$\Delta s_{A-B} = c_p \ln \frac{T_B}{T_A} - R \ln \frac{p_B}{p_A} \tag{1.43}$$

如果处理的是等压过程，最后一项是 0，那么作为结果的简单表达式在点 2 到点 3 以及点 1 到点 4 都是适用的。因此，

$$\Delta s_{2-3} = \Delta s_{1-4} \tag{12.16}$$

$$c_p \ln \frac{T_{\mathrm{t3}}}{T_{\mathrm{t2}}} = c_p \ln \frac{T_{\mathrm{t4}}}{T_{\mathrm{t1}}} \tag{12.17}$$

如果认为 $c_p$ 为常数(由方程(1.43)导出)，

$$\frac{T_{\mathrm{t3}}}{T_{\mathrm{t2}}} = \frac{T_{\mathrm{t4}}}{T_{\mathrm{t1}}} \tag{12.18}$$

那么在方程(12.18)所表示的条件下，可以写出

$$\frac{T_{\mathrm{t4}} - T_{\mathrm{t1}}}{T_{\mathrm{t3}} - T_{\mathrm{t2}}} = \frac{T_{\mathrm{t1}}}{T_{\mathrm{t2}}} \tag{12.19}$$

且循环效率方程(12.15)可以表示为

$$\eta_{\mathrm{th}} = 1 - \frac{T_{\mathrm{t1}}}{T_{\mathrm{t2}}} \tag{12.20}$$

现在，既然在点 1 到点 2 之间的压缩过程是等熵的，温度比就可与压比建立联系。定义压缩过程的压比为 $r_p$，则

$$r_p \equiv \frac{p_{\mathrm{t2}}}{p_{\mathrm{t1}}} \tag{12.21}$$

完全气体的理想布雷顿循环效率(通过方程(1.47))为

$$\eta_{\mathrm{th}} = 1 - \left(\frac{1}{r_p}\right)^{\frac{\gamma-1}{\gamma}} \tag{12.22}$$

切记，该关系仅适用于理想循环有效且工作介质被认为是完全气体的情况。方程(12.22)在图 12.3 中绘制出来，显示了压缩机压比对循环效率的影响。即使是真实的原动机，压比也被认为是最有意义的基础参数。

通常在闭式循环中，流动管道中的所有的速度(位置 1、2、3 和 4)相对较小并可以忽略。因此，以上所有的焓、温度和压力表示的是静止以及滞止状态量。然而，对于推进系统的开式循环来说，情况并非如此。对不同的推进系统的分析所需要的修正将在 12.4 节中讨论。

**例 12.1** 空气以 15 psia、550 °R 的状态进入压气机，其压比为 10。最大容许循环温度为

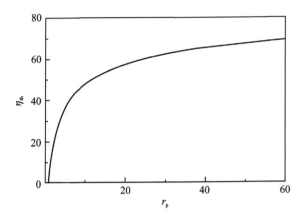

图 12.3　理想布雷顿循环（$\gamma=1.4$）的热力学效率

2 000 °R（见图 E12.1）。将该循环看作忽略速度的理想循环，并把空气当作等比热比的理想气体。判定涡轮和压气机所做的功以及循环效率。由于速度可忽略，所以在所有方程中采用静止状态。

利用方程（1.43）有
$$T_2=1.931\times550=1\,062\ (°R)$$
同样地，

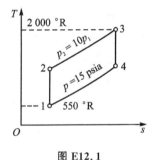

图 E12.1

$$T_4=\frac{2\,000}{1.931}=1\,036\ (°R)$$
$$w_t=c_p(T_3-T_4)=0.24\times(2\,000-1\,036)=231\ (Btu/lbm)（或\ 537\ kJ/kg）$$
$$w_c=c_p(T_2-T_1)=0.24\times(1\,062-550)=123\ (Btu/lbm)（或\ 286\ kJ/kg）$$
$$w_n=w_t-w_c=231-123=108\ (Btu/lbm)$$
$$q_a=c_p(T_3-T_2)=0.24\times(2\,000-1\,062)=225\ (Btu/lbm)$$
$$\eta_{th}=\frac{w_n}{q_a}=\frac{108}{225}=48\%$$

即使在理想循环中，净功也只占涡轮功的很小一部分，在 Rankine 循环中（用于蒸气动力装置），超过 95% 的涡轮功剩下来作为可用功。其根本原因是，在 Rankine 循环中工作介质被压缩成液体，而在布雷顿循环中为气体。

这种大比例的储备功（back work）解释了布雷顿循环的基本特点，如下：

① 必须使用极大体积的气体来获得合理的做功能力。因此，该循环用于叶轮机械是非常合适的。

② 机械效率是经济运行的关键。事实上，气体循环所容许的效率可能使布雷顿循环输出的净功减为零（见例 12.2）。

多年来特点 2 阻碍了该循环的开发利用，尤其是对于飞机和导弹推进的应用。高效的、轻量化的、高压比的压气机直到 1950 年才得以应用。另一个问题是气体进入涡轮的温度极限，即涡轮叶片必须要能在高压条件下持续地承受该温度。

**2. 循环的改进**

基本布雷顿循环的性能可通过几种技术来改进。如果涡轮出口温度 $T_4$ 比压气机出口温

度 $T_2$ 明显要高,则可以用部分排掉的热量来补偿所增加的部分热量。该过程称为回热(regeneration),可以减少必须由外部提供的热量,显著地提高了效率。试问:回热器可以用于例 12.1 中吗?

压缩过程可通过中间冷却(每一阶段中都有热量流动)分阶段完成。该过程减少了压缩功。类似地,膨胀过程也可以通过再热(每一阶段中都有热添加)分阶段完成。该过程增加了涡轮功。不过,该类分段进行的方式略微降低了循环效率,但可以增加每单位质量流体流动产生的净功。该系数称为比输出(specific output),这是一个衡量给定功率下单位需求量的指标。回热和伴有中间冷却与再热分段进行的技术只在固定的能源装置中适用,因此这里不进行深入讨论。想了解更多细节可查阅讲述气体涡轮动力装置的文章或 Zucrow 所著书的第二卷(见参考文献[25])。

### 3. 真实循环

由于该循环假设为理想循环,所以例 12.1 中计算的 48% 的热力学效率是很高的。为了获得更有意义的结果,必须考虑流动损失。前文已经阐述具有高机械效率的重要性,相对而言,这在涡轮中实现起来不会很困难,因为在涡轮中发生了膨胀。但是,建造一个高效的压气机的任务是艰巨的。另外,所有管道流动以及热交换器(燃烧器、中间冷却器、回热器、蓄热器等)中都会有压降。图 12.4 给出了真实布雷顿循环的 $h$-$s$ 图,显示了机械效率以及压降的影响。注意,不可逆的影响会在压气机和涡轮中引起熵增。

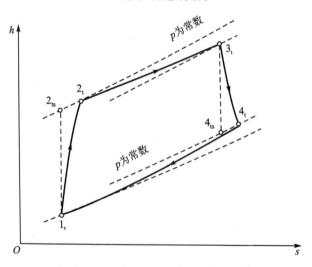

**图 12.4　真实布雷顿循环的 $h$-$s$ 图**

假设不考虑热量损失,则涡轮效率(turbine efficiency)变为

$$\eta_t \equiv \frac{实际输出功}{理想输出功} = \frac{h_{t3} - h_{t4}}{h_{t3} - h_{t4s}} \tag{12.23}$$

对于有着定比热比的完全气体,该值也可由温度的形式表示:

$$\eta_t \equiv \frac{c_p(T_{t3} - T_{t4})}{c_p(T_{t3} - T_{t4s})} = \frac{T_{t3} - T_{t4}}{T_{t3} - T_{t4s}} \tag{12.24}$$

**注意**:实际的和理想的涡轮都工作于相同压力下。

类似地,压气机效率(compressor efficiency)变为

$$\eta_c \equiv \frac{理想输入功}{实际输入功} = \frac{h_{t2s} - h_{t1}}{h_{t2} - h_{t1}} \tag{12.25}$$

$$\eta_c = \frac{T_{t2s} - T_{t1}}{T_{t2} - T_{t1}} \tag{12.26}$$

同样,注意实际的和理想的装置工作于相同的压力下(见图 12.4)。

**例 12.2**　假设与例 12.1 给定的信息相同,除了压气机和涡轮的效率均为 80% 之外。忽略热交换器中所有的压降。该结果仅显示出低机械效率对布雷顿循环的影响。这里取例 12.1 计算的理想值。

$$T_1 = 550 \text{ °R}, \quad T_3 = 2\,000 \text{ °R}, \quad \eta_t = \eta_c = 0.8$$

$$T_{2s} = 1\,062 \text{ °R}, \quad T_{4s} = 1\,036 \text{ °R}$$

$$w_t = 0.8 \times 0.24 \times (2\,000 - 1\,036) = 185.1 \text{ (Btu/lbm)} (或 431 \text{ kJ/kg})$$

$$w_c = \frac{0.24 \times (1\,062 - 550)}{0.8} = 153.6 \text{ (Btu/lbm)} (或 357 \text{ kJ/kg})$$

$$w_n = 185.1 - 153.6 = 31.5 \text{ (Btu/lbm)}$$

$$T_2 = 550 + \frac{153.6}{0.24} = 1\,190 \text{ (°R)}$$

$$q_a = 0.24 \times (2\,000 - 1\,190) = 194.4 \text{ (Btu/lbm)}$$

$$\eta_{th} = \frac{w_n}{q_a} = \frac{31.5}{194.4} = 16.2\%$$

**注意:**引入 80% 的机械效率会使净功和循环效率剧烈地降低,分别降到各自理想值的约 29% 和 34%。试问:当机械效率为 75% 时,净功和循环效率会怎样?

**4. 推进系统的开式布雷顿循环**

大多数固定式燃气轮机电厂采用图 12.1 所阐述的闭式循环运行。用于飞机和导弹推进的燃气轮机采用开式循环运行,也就是说,排热过程(从涡轮出口到压气机进口)不会发生在发动机内部,而是发生在大气中。从热力学上讲,开式和闭式循环是完全相同的,但实际上都存在一些明显的区别,如下:

① 空气以很高的速度进入系统中,需在进入压气机之前进行扩压。很大一部分压缩发生在扩压器中。如果飞机速度达到超声速,那么气体穿过进气道前缘的激波系也会有增压。

② 热添加是由带有燃烧器或燃烧室的内部燃烧过程完成的。因此,燃烧产物会流经系统剩余的部分。

③ 流经涡轮之后,空气通过喷管进一步膨胀而离开系统。此项增加了排出气体的动能,有助于产生推力。

④ 尽管压缩和膨胀过程一般分阶段发生(尤其是轴流式压气机),但通常不涉及中间冷却过程。通过加力燃烧室来增加推力可视作在最后一级涡轮和喷管膨胀之间的一种再热的过程。对于飞机推进系统,蓄热器装置是不切实际的。

扩压器和压气机之间压缩过程的划分以及涡轮内和出口喷管中发生膨胀过程的程度变化很大程度上取决于推进系统的类型。12.4 节会对此进行详细的讨论,同时也将描述几个常见的推进装置。

## 12.4　推进装置

**1. 涡轮喷气发动机**

尽管第一个关于喷气发动机的专利于 1922 年就颁发了,但是实用的涡轮喷气发动机直到 10 年后才开始制造。其发展工作于 1930 年在英国和德国同时展开,英国人在 1937 年获得了第一台可操作的机器,然而,直到 1941 年才被用于为飞机提供动力。该机器的推力大概为 850 lbf(3 781 N)。德国人于 1939 年实现第一次真正的涡喷式飞机的飞行,该发动机有着 1 100 lbf 的推力。(有关各种发动机的历史注释摘自参考文献[25]。)

图 12.5 显示了一个典型涡喷发动机的剖面图。图 12.6 展示的原理图有助于识别其基础部件,并且标明了其重要部分的位置。空气进入扩压器,并且随着速度的降低稍微被压缩。扩压器中发生压缩的程度取决于飞行器的飞行速度,飞行速度越快,扩压器内压力升高得越大。

**图 12.5　涡轮喷气发动机剖面图(由普惠飞机公司提供)**

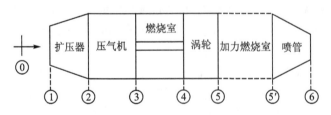

**图 12.6　涡轮喷气发动机的基本部件**

穿过扩压器之后,空气进入绝热的压气机中,在那里产生其余的压力增压过程。早期的涡喷发动机使用离心式压气机,因为这是当时最有效的形式。从那时起,热力学知识的推广导致高效轴流式压气机的迅速发展,直到在喷气发动机中广泛应用。

一部分空气接着进入燃烧室,通过内部燃烧进行加热,理想状态下是在等压条件下进行。燃烧室分为几种结构,其中一些为环形燃烧室,但是大多数都由围绕中心的小型室组成。余下的空气用于冷却燃烧室,然后最终所有多余的气体会与燃烧产物混合,并在进入涡轮前将其冷却。在整个机器中,该处对温度的要求是最严格的,因为涡轮叶栅会在高温以及很高的压力水平下降低强度。随着更好的材料的发展,涡轮前最大容许温度的提高以及叶片冷却法的应用很大程度上缓解了该问题,从而使发动机更高效。

　　涡轮中气体不会膨胀回大气压力,而只会膨胀到产生足够的轴功来驱动压气机以及其他的发动机辅助装置。该膨胀过程本质上是绝热的。在大多数喷气式发动机中,气体接下来会通过喷管排放到大气中。在这里,膨胀使焓转变为动能,因而产生很高的速度来产生推力。一般来说,使用的是单纯的收缩喷管,并工作于拥塞状态。

　　许多军用飞机的喷气发动机在涡轮和尾喷管间还有一个部分,为加力燃烧室。由于气体中含有大量的多余空气,所以可以在该部分添加部分额外的燃料。同时,由于其周围材料工作于很低的压力水平,所以其温度会被提升得很高。加力燃烧室的使用使得发动机从喷管内获得更大的排气速度以产生推力。然而,此种增加推力的方法是以极高的燃油消耗速度为代价的。

　　图 12.7 展示了涡喷发动机的 $h$ - $s$ 图,为了简单起见,该图表示的所有过程都是理想的,点位的数字参照图 12.6 中的标注。该图表示的是静止状态值。自由流位于位置 0 且有着很高的速度(相对于发动机)。这些相同的状态并不确定是否存在于实际发动机的进气道。具有溢出作用的外部扩散或者外部激波系会导致点 1 的热力学状态偏离自由流。注意,点 1 甚至未出现在该 $h$ - $s$ 图中。这是因为空气进气道的性能通常根据自由流的状态给定,这样可以迅速计算出位置 2 的性质。

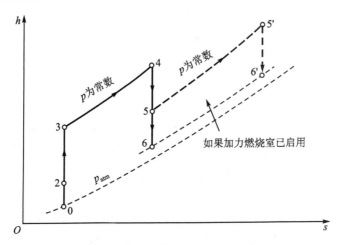

**图 12.7　理想涡喷发动机的 $h$ - $s$ 图(示意图见图 12.6)**

　　图 12.7 展示了有无加力燃烧室的工作特性,从点 5 到点 5′ 的过程表示使用了加力燃烧室,点 5′ 到点 6′ 的过程代表后续通过排气喷管的流动。这种情况下,就需要一种带有可变出口面积的喷管以适应加力模式的流动状态。由于收缩喷管通常会拥塞,所以令点 6(和点 6′)处的压力高于大气压。在进口和出口处(点 0、点 1 和点 6 或点 6′)存在较高的速度,而其他截面均存在相对较低的速度。因此,点 2 到点 5(和点 5′)也代表近似的滞止状态。(这些内部流速不一定总是可以忽略的,尤其是在加力燃烧室区域。)对涡喷发动机详细的分析与对基本的空气通过涡扇发动机的分析相同。例 12.3 解决了一种与之相关的问题。

　　涡喷发动机有很高的燃油消耗,因为它是通过把相对少量的空气加速而得到很大的速度差来产生推力的。除非飞行速度特别高,否则这种方法会产生很低的推进效率。因此,涡喷发动机适宜的应用速度范围是从 $Ma_0 = 1.0$ 一直到 $Ma_0 = 2.5$ 或 3.0。当飞行速度高于 $Ma_0 =$ 3.0 附近时,冲压发动机会变得符合要求。在亚声速范围,涡喷发动机的其他变形会更加具有经济性,这将在后续的章节中进行讨论。

### 2. 涡扇发动机

有一种观点:让更多的空气通过更小的速度差来移动,以此在低速时增加推进效率。通过在发动机上增加一个覆盖很大的风扇可实现类似功能。图 12.8 显示了一个典型的涡扇发动机的剖面图。如图 12.9 所示的原理图有助于读者辨认其基础部件与要分析的重要位置。

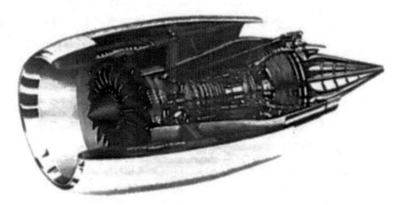

**图 12.8　涡扇发动机剖面图(由通用电气飞机引擎公司提供)**
**(可以通过在网上搜索"涡轮喷气发动机涡轮风扇"得到其他图片)**

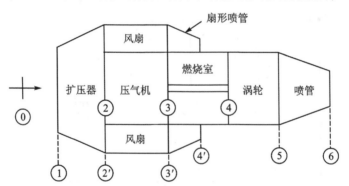

**图 12.9　涡扇发动机的基本部件**

穿过中心部分或燃气发生器的流动(0—1—2—3—4—5—6),与之前讨论的单纯的喷气式流动(无加力燃烧室)相同。额外的空气,也经常被称为次级空气(secondary air)或旁通空气(bypass air)(1—2′—3′—4′),通过一个扩压器引入并流经风扇部分,在这里空气会被压缩到相对较低的压比,接着会由喷管排放到大气中。目前,有很多这种结构的变形形式,例如,有些风扇靠近尾部,与其进气道以及扩压器在一起。在一些形式中,从风扇引入的旁通空气会与从涡轮流出的主流相混合,总气流通过一个共同的喷管流出。

涵道比(bypass ratio)定义为

$$\beta \equiv \frac{\dot{m}'_a}{\dot{m}_a} \tag{12.27}$$

式中:

$$\dot{m}_a \equiv 一次空气质量流量(压气机)$$

$$\dot{m}'_a \equiv 二次空气质量流量（风扇）$$

图 12.10 所示为初级空气的 $h-s$ 图，图 12.11 所示为次级空气的 $h-s$ 图。在这些图中，实际过程和理想过程均被显示出来，这样可以获得表示损失的更加准确的图形。这些图针对的是如图 12.9 所示的结构形式，在这种形式中，所有进入的空气都使用共同的扩压器，且对于风扇和涡轮排出的空气，各自使用单独的喷管。

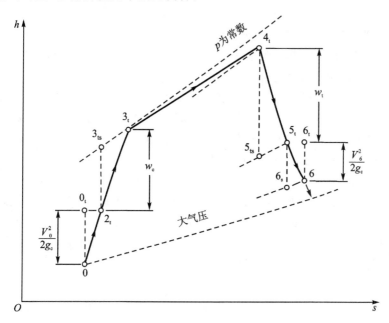

图 12.10　涡扇初级空气的 $h-s$ 图（示意图见图 12.9）

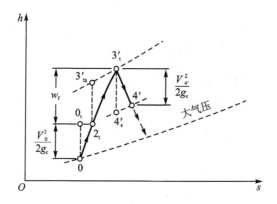

图 12.11　涡扇次级空气的 $h-s$ 图（示意图见图 12.9）

除了涡轮的尺寸之外，涡扇发动机的分析与单纯的涡喷发动机的分析是相同的。在涡扇发动机中，涡轮必须产生足够的功来驱动压气机和风扇：

$$涡轮发动机做功 = 压气机做功 + 风扇做功$$

$$\left. \begin{array}{l} \dot{m}_a(h_{t4} - h_{t5}) = \dot{m}_a(h_{t3} - h_{t2}) + \dot{m}'_a(h_{t3'} - h_{t2}) \end{array} \right\} \tag{12.28}$$

如果除以 $\dot{m}_a$，并引入涵道比 $\beta$（见方程（12.7）），则上式变为

$$(h_{t4} - h_{t5}) = (h_{t3} - h_{t2}) + \beta(h_{t3'} - h_{t2}) \tag{12.29}$$

**注意**：在计算涡轮功时忽略了燃油的质量。这一点是有现实意义的，因为从压气机引出的用于客舱增压和空调系统以及辅助动力装置操作的空气质量总和，大约相当于添加到燃烧室中燃油的质量。

以下示例可以用来阐述涡喷发动机和涡扇发动机的分析方法。其中做了一些简化，如工作介质被认为是有定常比热比的完全气体。如果使用了两种$c_p$(和$\gamma$)的值：一种针对冷的部位(扩压器、压气机、风扇和扇形喷管)，另一种针对热的部分(涡轮和涡轮喷管)，那么该假设实际上会产生较好的结果。为了简单起见，下面示例中只使用一种$c_p$(和$\gamma$)的值。如果需要更加准确的结果，可以借助气体热力性质表，表中不但会给出入口空气精确的随温度变化的焓值关系，还会给出流经涡轮和其他部分的特定的燃烧产物的值(见参考文献[31])。

**例 12.3**　一涡扇发动机工作于马赫数为 0.9，高度为 33 000 ft 的条件下，当地温度和压力为 400 °R 和 546 psia(3.79 psia)。该发动机涵道比为 3.0，且初级空气流速为 50 lbm/sec。对于主流和旁通流动的喷管都为收缩喷管。从事推进系统的工人一般使用与效率有关的总压恢复系数来计算组件的性能，而在本例中使用以下效率：

$$\eta_c = 0.88, \quad \eta_f = 0.90, \quad \eta_b = 0.96, \quad \eta_t = 0.94, \quad \eta_n = 0.95$$

扩压器(与自由流相连)的总压恢复系数为 $\eta_r = 0.98$，压气机的总压比为 15，风扇的总压比为 2.5，涡轮进口最大允许温度为 2 500 °R，燃烧室中的总压损失为 3%，燃油的热值为 18 900 Btu/lbm。假设工质为空气且视作有定常比热比的完全气体。计算每一部位的性质(部位序号见图 12.9)。然后，把空气视为真实气体，并比较其结果。

扩压器：

$$Ma_0 = 0.9, \quad T_0 = 400 \ °R, \quad p_0 = 546 \ (\text{psfa})$$

$$a_0 = \sqrt{1.4 \times 32.2 \times 53.3 \times 400} = 980 \ (\text{ft/sec})$$

$$V_0 = Ma_0 a_0 = 0.9 \times 980 = 882 \ (\text{ft/sec})$$

$$p_{t0} = \frac{p_{t0}}{p_0} p_0 = \frac{1}{0.591\ 3} \times 546 = 923 \ (\text{psfa})$$

$$T_{t0} = \frac{T_{t0}}{T_0} T_0 = \frac{1}{0.860\ 6} \times 400 = 465 \ (°R) = T_{t2}$$

通常，空气进气道的性能计算基于自由流条件，故

$$p_{t2} = \eta_r p_{t0} = 0.98 \times 923 = 905 \ \text{psfa}$$

压气机：

$$p_{t3} = 15 p_{t2} = 15 \times 905 = 13\ 575 \ (\text{psfa})$$

$$\frac{T_{t3s}}{T_{t2}} = \left(\frac{p_{t3}}{p_{t2}}\right)^{\frac{\gamma-1}{\gamma}} = 15^{0.286} = 2.170$$

$$T_{t3s} = 2.17 \times 465 = 1\ 009 \ (°R)$$

$$\eta_c = \frac{h_{t3s} - h_{t2}}{h_{t3} - h_{t2}} = \frac{T_{t3s} - T_{t2}}{T_{t3} - T_{t2}}$$

因此，

$$T_{t3} - T_{t2} = \frac{1\ 009 - 465}{0.88} = 618 \ (°R)$$

且

$$T_{t3} = T_{t2} + 618 = 465 + 618 = 1\ 083\ (^{\circ}R)$$

风扇：

$$p_{t3'} = 2.5 p_{t2} = 2.5 \times 905 = 2\ 263\ (psfa)$$

$$\frac{T_{t3's}}{T_{t2}} = \left(\frac{p_{t3'}}{p_{t2}}\right)^{\frac{\gamma-1}{\gamma}} = 2.5^{0.286} = 1.300$$

$$T_{t3's} = 1.3 \times 465 = 604 (^{\circ}R)$$

$$T_{t3'} - T_{t2} = \frac{T_{t3's} - T_{t2}}{\eta_f} = \frac{604 - 465}{0.90} = 154.4\ (^{\circ}R)$$

且

$$T_{t3'} = T_{t2} + 154.4 = 465 + 154.4 = 619\ (^{\circ}R)$$

燃烧器：

$$p_{t4} = 0.97 p_{t3} = 0.97 \times 13\ 575 = 13\ 168\ (psfa)$$

$$T_{t4} = 2\ 500\ ^{\circ}R(允许的最大值)$$

对于燃烧器的能力分析表明：

$$(\dot{m}_f + \dot{m}_a) h_{t3} + \eta_b (HV) \dot{m}_f = (\dot{m}_f + \dot{m}_a) h_{t4} \tag{12.30}$$

式中：

$$HV \equiv 燃料热值$$

$$\eta_b \equiv 燃烧效率$$

令 $f \equiv \dot{m}_f / \dot{m}_a$，表示油气比，则

$$\eta_b (HV) f = (1 + f) c_p (T_{t4} - T_{t3}) \tag{12.31}$$

或

$$f = \frac{1}{\dfrac{\eta_b (HV)}{c_p (T_{t4} - T_{t3})} - 1} = \frac{1}{\dfrac{0.96 \times 18\ 900}{0.24 \times (2\ 500 - 1\ 083)} - 1} = 0.019\ 1$$

涡轮：

如果忽略添加的燃油质量，由方程(12.29)(定常比热比)可得

$$(T_{t4} - T_{t5}) = (T_{t3} - T_{t2}) + \beta (T_{t3'} - T_{t2})$$

$$T_{t4} - T_{t5} = (1\ 083 - 465) + 3 \times (619 - 465) = 1\ 080\ (^{\circ}R)$$

且

$$T_{t5} = T_{t4} - 1\ 080 = 2\ 500 - 1\ 080 = 1\ 420\ (^{\circ}R)$$

且

$$\eta_t = \frac{h_{t4} - h_{t5}}{h_{t4} - h_{t5s}} = \frac{T_{t4} - T_{t5}}{T_{t4} - T_{t5s}}$$

$$T_{t4} - T_{t5s} = \frac{1\ 080}{0.94} = 1\ 149\ (^{\circ}R)$$

且

$$T_{t5s} = T_{t4} - 1\ 149 = 2\ 500 - 1\ 149 = 1\ 351\ (^{\circ}R)$$

$$\frac{p_{t4}}{p_{t5}} = \left(\frac{T_{t4}}{T_{t5s}}\right)^{\frac{\gamma}{\gamma-1}} = \left(\frac{2\ 500}{1\ 351}\right)^{3.5} = 8.62$$

$$p_{t5} = \frac{p_{t4}}{8.62} = \frac{13\ 168}{8.62} = 1\ 528\ (\text{psfa})$$

涡轮喷管：

喷管的工作压比为

$$\frac{p_0}{p_{t5}} = \frac{546}{1\ 528} = 0.357 < 0.528$$

这意味着该喷管拥塞，并在出口处达到声速。

$$T_{t6} = T_{t5} = 1\ 420\ °R, \quad Ma_6 = 1, 因此 \frac{T_6}{T_{t6}} = 0.833\ 3$$

$$T_6 = 0.833\ 3 \times 1\ 420 = 1\ 183\ (°R)$$

$$V_6 = a_6 = \sqrt{1.4 \times 32.2 \times 53.3 \times 1\ 183} = 1\ 686\ (\text{ft/sec})$$

$$\eta_n = \frac{h_{t5} - h_6}{h_{t5} - h_{6s}} = \frac{T_{t5} - T_6}{T_{t5} - T_{6s}}$$

因此，

$$T_{t5} - T_{6s} = \frac{1\ 420 - 1\ 183}{0.95} = \frac{237}{0.95} = 249\ (°R)$$

且

$$T_{6s} = T_{t5} - 249 = 1\ 420 - 249 = 1171\ (°R)$$

$$\frac{p_{t5}}{p_{6s}} = \left(\frac{T_{t5}}{T_{6s}}\right)^{\frac{\gamma}{\gamma-1}} = \left(\frac{1\ 420}{1\ 171}\right)^{3.5} = 1.964$$

$$p_6 = p_{6s} = \frac{p_{t5}}{1.964} = \frac{1\ 528}{1.964} = 778\ (\text{psfa})$$

扇形喷管：

$$\frac{p_0}{p_{t3'}} = \frac{546}{2\ 263} = 0.241 < 0.528(\text{喷管拥塞})$$

$$T_{t4'} = T_{t3'} = 619\ °R$$

$$Ma_{4'} = 1, \quad T_{4'} = 0.833\ 3 \times 619 = 516\ (°R)$$

$$V_{4'} = a_{4'} = \sqrt{1.4 \times 32.2 \times 53.3 \times 516} = 1\ 113\ (\text{ft/sec})$$

$$T_{t3'} - T_{4's} = \frac{T_{t3'} - T_{4'}}{\eta_n} = \frac{619 - 516}{0.95} = 108\ (°R)$$

$$T_{4's} = 619 - 108 = 511\ (°R)$$

$$\frac{p_{t3'}}{p_{4's}} = \left(\frac{T_{t3'}}{T_{4's}}\right)^{\frac{\gamma}{\gamma-1}} = \left(\frac{619}{511}\right)^{3.5} = 1.956$$

$$p_{4'} = p_{4's} = \frac{2\ 263}{1.956} = 1\ 157\ (\text{psfa})$$

12.6 节中将继续使用这个例子来确定发动机的推力和其他性能参数，12.7 节中将会把结果与计算机软件进行比较。

### 3. 涡桨发动机

图 12.12 所示为一个典型的涡桨发动机的剖面图。图 12.13 所示的原理图有助于识别其

基础部件,并且已标明其重要部分的位置。除了以下几点之外,它与涡扇发动机很相似:

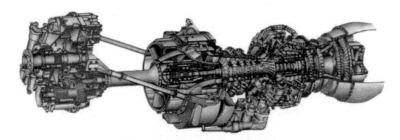

图 12.12　涡桨发动机剖面图(由通用电气飞机公司提供)

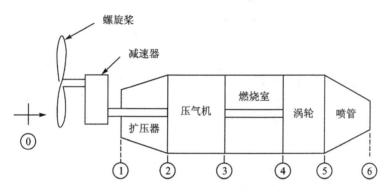

图 12.13　涡桨发动机的基本部件

① 涡轮提供了更多的能量,并因此有更多的能量可用于驱动螺旋桨。实际上,该发动机是作为固定原动机而工作的,但工作于开式循环。

② 涡轮螺旋桨是通过减速齿轮而工作于一个相对较低的转速(与风扇相比)的。

由于从涡轮中提取了巨大的能量,导致喷管中只能产生很小的膨胀,进而出口速度相对较小,因此从喷管喷气中仅能得到很小的推力(占总量的 10%~20%)。

另外,螺旋桨会给非常大量的空气加速到一非常小的速度差(相比于涡扇式和涡喷式),这使得该种推进装置在低亚声速飞行范围内变得非常高效。具有螺旋桨动力的飞机的另一个工作特性是具有高推力和起飞所需的功率。与同等输出功率的活塞式发动机相比,涡桨发动机的直径和重量都要小得多。

**4. 冲压发动机**

冲压喷气式的循环基本上与涡喷式的相同。空气进入扩压器并将大部分动能转换为压力上升。如果飞行速度达到超声速,部分压缩实际上会通过一组位于进气道前的激波系产生(见图 7.15)。当飞行速度很高时,在进气道和扩压器中会得到充分的压缩,因此是不需要压气机的。一旦取消了压气机,涡轮也就不再需要了,也可将其省略,其结果就是一台冲压发动机,图 12.14 所示为其原理图。

一般来说,冲压发动机的燃烧室部分是一个较大的单室结构,与加力燃烧室类似。因为其截面面积相对较小,燃烧区的速度比涡喷发动机的更高,因此必须引入火焰稳定器(flame holders)(与加力燃烧室中使用的相似)来使火焰稳定并防止燃料井喷。最近已经开展了有关固体燃料的冲压发动机的实验工作。超声速燃烧室可以简化扩压器的设计(并减少大量损

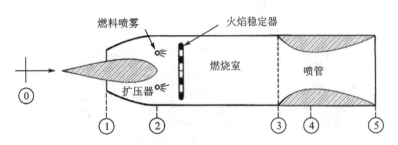

**图 12.14　冲压发动机的基本部件**

失），但迄今为止，还未取得丰硕的成果。

　　冲压发动机可以在低至 $Ma_0 = 0.2$ 的速度下运行，在低速度下的油耗性能很差。只有达到大约 $Ma_0 = 2.5$ 或以上的速度，冲压发动机的运行才能与涡喷发动机竞争。冲压发动机的另一个缺点是，它不能在零飞行速度下运行，因此需要一些辅助起飞手段；它需要从运载飞机上降落，或者用火箭辅助发射。将涡喷发动机和冲压发动机适当组合用于高速驾驶飞行器时将解决发射问题以及低速运行效率低下的问题。如图 7.17 所示，YF-12 在 $Ma_0 > 2.0$ 时往加力燃烧室注入空气，从而起到冲压发动机的作用。

　　尽管冲压发动机可以在 $Ma_0 = 0.2$ 的低速下工作，但该状态下，燃油消耗量很大。在速度达到 $Ma_0 = 2.5$ 或以上前，冲压发动机与涡喷发动机相比毫无竞争力。冲压发动机的另一缺点是，它不能在零速度下工作，因此需要一些辅助的启动方式，可以由飞机携带并丢下或者可以由火箭助推发射。当前正在研究一种对于高速有人驾驶飞行器的涡喷和冲压组合的发动机。这将会解决其发射问题以及低速下低效率的工作问题。

　　冲压发动机是在 1913 年由法国人 Lorin 发明的，而其他各种专利在 20 世纪 20 年代于英国和德国产生。首架由冲压发动机驱动的飞机由 Leduc 于 1938 年在法国设计出来，但其制造工作一直推迟到第二次世界大战，直到 1949 年才进行试飞。冲压喷气式发动机结构简单且质量轻，因此用于高速靶机或导弹的一次性发动机是非常合适的。

　　**例 12.4**　一台冲压发动机飞行速度为 $Ma_0 = 1.8$，高度为 13 000 m，当地温度为 218 K，压力为 $1.7 \times 10^4$ N/m²。假设有二维进气道，偏转角为 10°（见图 E12.4）。忽略扩压器和燃烧室的摩擦损失。进口面积为 $A_1 = 0.2$ m²。在其中添加了足够多的燃料，使总温增加到 2 225 K。燃料的热值为 $4.42 \times 10^7$ J/kg，且 $\eta_b = 0.98$。喷管中膨胀到大气压力以产生最大推力，其 $\eta_n = 0.96$。进入燃烧室的速度控制得尽可能大，但不会超过 $Ma_2 = 0.25$。

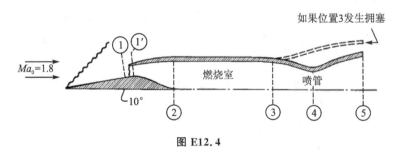

**图 E12.4**

　　假设该流体为空气，并视作理想气体，$\gamma = 1.4$。计算每一部分的有效性质、质量流量和扩压器的总压恢复系数。

斜激波:

由 $Ma_0 = 1.8, \delta = 10°, \theta = 44°$ 可得

$$Ma_{0n} = Ma_0, \quad \sin\theta = 1.8, \quad \sin 44° = 1.250$$

$$Ma_{1n} = 0.812\ 6, \quad \frac{p_1}{p_0} = 1.656\ 2, \quad \frac{T_1}{T_0} = 1.159\ 4$$

$$Ma_1 = \frac{Ma_{1n}}{\sin(\theta - \delta)} = \frac{0.812\ 6}{\sin(44° - 10°)} = 1.453$$

正激波:

由 $Ma_1 = 1.453$ 可得

$$Ma_{1'} = 0.718\ 4, \quad \frac{p_{1'}}{p_1} = 2.296\ 4, \quad \frac{T_{1'}}{T_1} = 1.289\ 2$$

$$p_{1'} = \frac{p_{1'}}{p_1}\frac{p_1}{p_0}p_0 = 2.296\ 4 \times 1.656\ 2 \times p_0 = 3.803 p_0$$

$$T_{t2} = T_{t0} = T_0 \frac{T_{t0}}{t_0} = 218 \times \frac{1}{0.606\ 8} = 359.3\ (\text{K})$$

Rayleigh 流:

如果 $Ma_2 = 0.25$,则

$$T_t^* = T_{t2}\frac{T_t^*}{T_{t2}} = 359.3 \times \frac{1}{0.256\ 8} = 1\ 399\ (\text{K})$$

因此,加入燃料使 $T_{t3} = 2\ 225\ \text{K}$,意思是该流动会发生拥塞($Ma_3 = 1.0$)且 $Ma_2 < 0.25$。这里接着找 $Ma_2$。

$$\frac{T_{t2}}{T_t^*} = \frac{T_{t2}}{T_{t3}}\frac{T_{t3}}{T_t^*} = \frac{359.3}{2\ 225} \times 1 = 0.161\ 5$$

$$Ma_2 = 0.192$$

扩压器:

$$p_2 = \frac{p_2}{p_{t2}}\frac{p_{t2}}{p_{t1'}}\frac{p_{t1'}}{p_{1'}}p_{1'} = 0.974\ 6 \times 1 \times \frac{1}{0.709\ 1} \times 3.803 p_0 = 5.227 p_0$$

$$T_2 = \frac{T_2}{T_{t2}}T_{t2} = 0.992\ 7 \times 359.3 = 356.7\ (\text{K})$$

燃烧室:

$$p_3 = p^* = \frac{p^*}{p_2}p_2 = \frac{1}{2.282\ 2} \times 5.227 p_0 = 2.29 p_0$$

$$T_3 = T_{t3}\frac{T_3}{T_{t3}} = 2\ 225 \times 0.833\ 3 = 1\ 854\ (\text{K})$$

喷管:

因为 $Ma_3 = 1.0$,喷管立即扩张。

$$T_{5s} = T_3\left(\frac{p_3}{p_{5s}}\right)^{\frac{1-\gamma}{\gamma}} = 1\ 854 \times \left(\frac{2.29 p_0}{p_0}\right)^{\frac{1-1.4}{1.4}} = 1\ 463\ (\text{K})$$

$$T_5 = T_3 - \eta_n(T_3 - T_{5s}) = 1\ 854 - 0.96 \times (1\ 854 - 1\ 463) = 1\ 479\ (\text{K})$$

$$\frac{T_5}{T_{t5}} = \frac{1\ 479}{2\ 225} = 0.664\ 7, \quad Ma_5 = 1.588$$

流率：

$$p_1 = \frac{p_1}{p_0} p_0 = 1.656\ 2 \times (1.7 \times 10^4) = 2.816 \times 10^4 (\text{N/m}^2)$$

$$T_1 = \frac{T_1}{T_0} T_0 = 1.159\ 4 \times 218 = 253\ (\text{K})$$

$$\rho_1 = \frac{p_1}{RT_1} = \frac{2.816 \times 10^4}{287 \times 253} = 0.388\ (\text{kg/m}^3)$$

$$V_1 = Ma_1 a_1 = 1.453 \times (1.4 \times 1 \times 287 \times 253)^{1/2} = 463\ (\text{m/s})$$

$$\dot{m} = \rho_1 A_1 V_1 = 0.388 \times 0.2 \times 463 = 35.9\ (\text{kg/s})$$

油气比：

$$f = \frac{1}{\dfrac{\eta_b (\text{HV})}{c_p (T_{t3} - T_{t2})} - 1} = \frac{1}{\dfrac{0.98 \times (4.42 \times 10^7)}{1\ 000 \times (2\ 225 - 359.3)} - 1} = 0.045\ 0$$

总压恢复系数：

$$\eta_r = \frac{p_{t2}}{p_{t0}} = \frac{p_{t2}}{p_2} \frac{p_2}{p_0} \frac{p_0}{p_{t0}} = \frac{1}{0.974\ 6} \times \frac{5.227 p_0}{p_0} \times 0.174\ 04 = 0.933$$

12.6 节将继续使用该例来计算推力和其他性能参数。

**5. 脉冲喷气发动机**

涡喷发动机、涡扇发动机、涡桨发动机和冲压发动机均工作于布雷顿循环的各种变形形式。脉冲喷气发动机则是完全不同的装置，如图 12.15 所示。

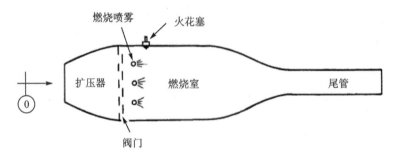

**图 12.15　脉冲喷气发动机的基本部件**

设计脉冲喷气发动机的关键特点是利用一组弹簧止回阀，在扩压器和燃烧室之间形成墙。这些阀通常是关闭的，但是如果存在预先设定的压力差，它们就会开启，使扩压器部分中的高压气体进入燃烧室中，且不会使燃烧室中的气流回流到扩压器中。火花塞用于启动燃烧，该过程与等体积过程相类似。由此产生的高温高压使得气体以高速流出排气尾管，排出气体的惯性在燃烧室中造成一段轻微的真空。该真空与扩压器中产生的冲击压力一起产生极大的压差用于打开阀门。一团新的空气进入燃烧室内，使循环重复进行。上述循环的频率取决于发动机的尺寸，而阀门的动力学特征必须与该频率严格匹配。小型发动机工作转速高达 300～400 r/s，大型发动机工作转速低至 40 r/s。

脉冲喷气发动机的想法在 1906 年起源于法国，但其现代构型直到 20 世纪 30 年代早期才在德国产生。可能最著名的脉冲发动机就是 V‑1 发动机,其在第二次世界大战中为德国的 "V 形飞弹"提供动力。由于其所需的较大的前缘(因为空气是间歇地进入)产生大推力,脉冲喷气发动机的飞行速度限制在亚声速范围。由于极高的噪声级以及振动级致使其不能用于载人飞行器,但是,它能在零速度下产生推力的能力使其与冲压发动机相比有明显优势。

### 6. 火箭发动机

目前为止讨论的所有推进系统均属于吸气式发动机。它们的适用高度限制在约 100 000 ft 或者更低。另外,火箭本身会携带氧化剂和燃料,因此在大气层内外均可以驱动。图 12.16 所示为火箭发动机的原理图。化学火箭的推进剂既可以是固体,也可以是液体。在液体系统下,燃料和氧化剂会分别储存,并在高压(300~800 psia)下喷射到组织燃烧的燃烧室中。当使用固体推进剂时,燃料和氧化剂均会装在药柱中,且燃烧会在推进剂表面进行,因此燃烧室体积会持续增加。如图 12.16(a)所示,一些固体推进剂的形式为内部燃烧(internal burning),而其他的形式为末端燃烧(end burning)(就像香烟)。固体推进剂会使燃烧室的压力由 500 psia 升高到 3 000 psia。

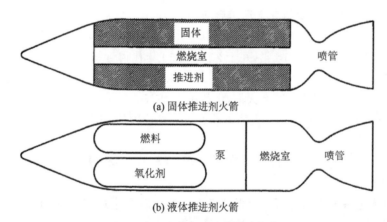

(a) 固体推进剂火箭

(b) 液体推进剂火箭

**图 12.16　火箭发动机的基本部件**

(也可以参照图 5.9 和图 5.10)(火箭发动机图像可通过搜索"火箭固液推进剂图像"找到)

图 12.17 所示为最常见的可产生内部燃烧的推进形式。中性燃烧(neutral burning)的基础是等燃烧截面,由特定的推进剂几何形状来实现。类似地,增面燃烧(progressive burning)与减面燃烧(regressive burning)均取决于推进剂的横截面。所有这些推进形式都会影响火箭的加速性能,所以最终的任务设计必须取决于推进剂药柱结构。燃烧生成物会通过一种收扩喷管排放出去,其出口速度范围为 5 000~10 000 ft/sec。燃烧过程中所达到的极高的温度加上其极高的燃油消耗率使火箭发动机的使用限制在较短的时间内(在秒或分钟的量级)。

液体推进剂的消耗是可以控制的,这一点对于相关的任务,尤其是载人任务来说相当重要。液体推进剂要明显优于固体推进剂,且可以调节推力范围从极小值到极大值。尽管非常复杂,但可以在工作前彻底地进行检查,且其喷出气体可以是无毒的。另外,固体推进剂会比液体便宜很多,且可作为一次性任务,比如发射火箭或军用火箭的首选。尽管对于固体推进剂,其推进形式在预编好的情况下是可变的,但一般来说,一旦固体推进剂发动机被启动,无论意外与否,都不会被切断。此外,固体推进剂可持续储存数年,这一点使它们与低温冷却液体推进剂相比有很大的优势。所有的固体推进系统都可以非常紧密地包装起来,且不会有太大

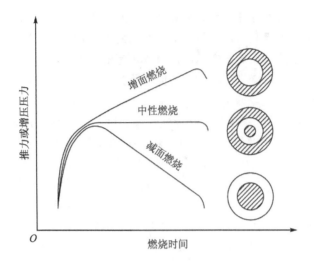

**图 12.17 固体推进剂的典型推力剖面及相应截面**

阻碍,而且它们也可以在必要情况下迅速启动。

火箭的发明一般可追溯到约 1200 年的中国。现代火箭之父一般被认为是美国人 Robert Goddard。他的实验起始于 1915 年,并于 20 世纪 30 年代得到推广。在战争中首批成功的美国火箭中,有些是 JATO(喷气助推起飞)单元(1941 年的固体火箭和 1942 年的液体火箭)。同样著名的是 1942 年首飞的 V-2 火箭,由德国人 Wernher von Braun 发明,采用液体推进系统来提供 56 000 lbf 的推力。首架火箭驱动的飞机是德国的 ME-163。

## 12.5 一般性能参数:推力、功率和效率

本节将对推进系统进行分析以获得其净推力的一般表达式,并且得出一些有效的性能参数,如功率和效率。

**1. 推力的考量**

考虑一架飞机或导弹以定常速度 $V_0$ 向左飞行,如图 12.18 所示。其推力大小是流体与推进装置相互作用的结果。流体推动推进装置并提供向左的推力,或者说是该方向的动量,与此同时,推进装置会将流体向飞行相反的方向推动。

**图 12.18 飞行方向和净推进力**

**2. 对流体的分析**

首先分析流经推进装置的流体。这里定义一个控制体,该控制体包含推进系统中所有的流体(见图 12.19)。显示的速度是相对于推进装置的,并作为参照系使用,这样即可得出定常流动的图像。定常流动的动量方程的 $x$ 分量(根据方程(3.42))为

$$\sum F_x = \int_{cs} \frac{\rho V_x}{g_c} (\boldsymbol{V} \cdot \boldsymbol{n}) \, \mathrm{d}A \tag{12.32}$$

对于一维流动,上式变为

$$\sum F_x = \frac{\dot{m}_2 V_{2x}}{g_c} - \frac{\dot{m}_1 V_{1x}}{g_c} \qquad (12.33)$$

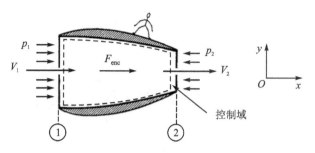

**图 12.19  推进系统内部流体的力**

定义外壳力(enclosure force)为摩擦力和控制体内流体施加给壁面的压力的合向量,指定 $F_{enc}$ 为该控制体内流体的外壳力的 $x$ 分量,则

$$\sum F_x = F_{enc} + p_1 A_1 - p_2 A_2 \qquad (12.34)$$

且

$$p_1 A_1 - p_2 A_2 + F_{enc} = \frac{\dot{m}_2 V_2}{g_c} - \frac{\dot{m}_1 V_1}{g_c} \qquad (12.35)$$

或者

$$F_{enc} = \left( p_2 A_2 + \frac{\dot{m}_2 V_2}{g_c} \right) - \left( p_1 A_1 + \frac{\dot{m}_1 V_1}{g_c} \right) \qquad (12.36)$$

**注意**:该外壳力是内部压力以及摩擦力极其复杂的组合,借助于动量方程,可由进出口的已知质量的形式简单地表达出来。回顾本书第 10 章内容(方程(10.11))可知,本章方程(12.36)中建立的变量的组合叫作推力函数。

**3. 对外壳的分析**

接下来分析作用在外壳上或者推进装置上的力。如果外壳以大小为 $F_{enc}$ 的力向右推动流体,那么流体一定会以一个相等大小的力向左推动该外壳。这是流体的内部反应,在图 12.20 中显示为 $F_{int}$。

$$\left.\begin{array}{l} F_{int} \equiv 内力作用在外壳上的正向力 \\ |F_{int}| = |F_{enc}| \end{array}\right\} \qquad (12.37)$$

在图 12.20 中,定义外力为作用在整个外壳上的环境压力。因为压力在外表面上不是常数,所以这样的定义不是很严谨,同时并没有展示出外表面上任何的摩擦力。实际上,当计算阻力时,该差异会被考虑进去,因为阻力包括沿表面的切应力的积分以及压差阻力,一般写成如下形式:

$$压差阻力 = \int_1^2 (p - p_0)\, \mathrm{d}A_x \qquad (12.38)$$

在方程(12.38)中,该积分是在装置的整个外表面上进行的,且 $\mathrm{d}A_x$ 代表垂直于 $x$ 轴的平面面积增量的投影。

定义 $F_{ext}$ 为由外力引起且作用于外壳上的正向力:

$$F_{ext} \equiv 外力作用在外壳上的正向力$$

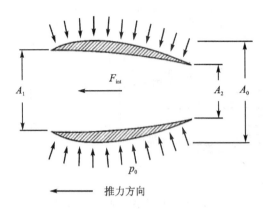

图 12.20　推进装置上的力

因为其已经被表示为定常压力,所以这些力的积分形式就变得十分简单:

$$F_{ext} = p_0(A_0 - A_2) - p_0(A_0 - A_1) = p_0(A_1 - A_2) \tag{12.39}$$

上述表达式中的第一项表示由作用在推进系统后部的压力引起的正向推力;第二项表示由作用在头部的压力引起的负向推力。

　　作用在推进装置上的正向净推力为内部力和外部力的和,即

$$F'_{net} = F_{int} + F_{ext} \tag{12.40}$$

　　表面正向净推力可被表示为

$$F'_{net} = \left(p_2 A_2 + \frac{\dot{m}_2 V_2}{g_c}\right) - \left(p_1 A_1 + \frac{\dot{m}_1 V_1}{g_c}\right) + p_0(A_1 - A_2) \tag{12.41}$$

或

$$\boxed{F'_{net} = \frac{\dot{m}_2 V_2}{g_c} - \frac{\dot{m}_1 V_1}{g_c} + A_2(p_2 - p_0) - A_1(p_1 - p_0)} \tag{12.42}$$

　　**注意:**方程(12.42)表示的是一般形式,且这种形式可适用于所有的情况(即当希望计算燃料的添加时,$\dot{m}_2$ 与 $\dot{m}_1$ 会有不同;当出现声速或超声速排气时,$p_2$ 和 $p_0$ 会有不同,且 $p_1$ 与 $p_0$ 不会相同)。如果 $p_1 \neq p_0$,则 $V_1 \neq V_0$。图 12.21 所示为一个亚声速飞行的例子,这里流动系统发生了拥塞并出现了流动溢出向外扩散的现象。实际进入发动机的流体可以说是包含在预入流管(pre-entry streamtube)中。

　　在推进领域内,习惯上认为系统在实际进口前的较远位置上以自由流条件工作($p_0$ 和 $V_0$)。因此,通过在位置 0 和 2 之间(与位置 1 到 2 之间的对比)利用方程(12.42),可以获得一个更简单的表达式,使用起来更加方便。我们称之为净推力公式:

$$\boxed{F_{net} = \frac{\dot{m}_2 V_2}{g_c} - \frac{\dot{m}_0 V_0}{g_c} + A_2(p_2 - p_0)} \tag{12.43}$$

　　需要明确注意的是,实际上,方程(12.42)和方程(12.43)不是等价的,因为实际上方程(12.43)从 0 到 1 的区域被视作推进装置的一部分。因此,方程(12.43)包括预入推力(pre-entry thrust),或者内部流体施加于预入流管边界上的推进力。当计算阻力时,该误差会得到补偿,因为压差阻力从位置 0 积分到位置 2:

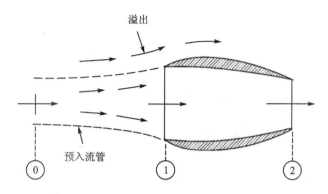

图 12.21　入口前的外部扩散

$$压差阻力 = \int_0^1 (p - p_0)\,\mathrm{d}A_x + \int_1^2 (p - p_0)\,\mathrm{d}A_x \tag{12.44}$$

如果流动如图 12.21 所示,从 0 到 1 的积分叫作预入阻力(pre-entry drag)或附加阻力(additive drag),则其恰好平衡预入推力。

**4. 功率因素**

有 3 种不同的与推进系统关联的功率测量方法:

① 输入功率;

② 推进功率;

③ 推力功率。

为了考量这些功率大小的差别,这里把热力循环性能与推进单元性能区分开。这些不同功率的一般关系如图 12.22 所示。热力循环与输入功率和推进功率有关,而推进装置将推进功率和推力联系在一起。

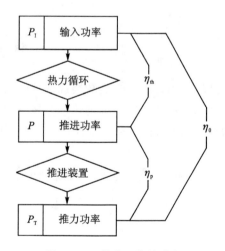

图 12.22　推进系统的功率

输入工作流体的功率记作 $P_I$,是热能或化学能提供给该系统的速率。该能量作为热力学循环的输入:

$$P_I = \dot{m}_f (\mathrm{HV}) \tag{12.45}$$

循环的输出量即为推力单元的输入且记作 $P$,称作推进功率。在螺旋桨驱动系统中,推进

功率就是供给螺旋桨的轴功。对于其他系统,推进功率可被视作当工作介质流经系统时其动能的变化速率:

$$P = \Delta \dot{K}E = \frac{\dot{m}_2 V_2^2}{2g_c} - \frac{\dot{m}_0 V_0^2}{2g_c} \tag{12.46}$$

推进装置输出的推力功率则是做有用功的实际速率,记作 $P_T$:

$$P_T = F_{net} V_0 \tag{12.47}$$

一般来说,计算推进功率是很简单的,值得注意的是,推进功率与推力功率的差别为损失功率 $P_L$,或者

$$P = P_T + P_L \tag{12.48}$$

其主要损失是出口喷射的绝对动能,且即使是对理想推进系统,这也是不可避免的损失。除了这一点之外,其他的能量可能不可用于产生推力。例如,排气喷射不会全部轴向传播,或者可能有涡向的分量。无论何种情况,最小功率损失可按下式计算:

$$\left. \begin{array}{l} V_2 - V_0 = 出口射流绝对速度 \\[2mm] P_{L\,min} = \dfrac{\dot{m}_2}{2g_c}(V_2 - V_0)^2 \end{array} \right\} \tag{12.49}$$

**5. 效率的考量**

在图 12.22 中可以看到,功率的量区分为 $P_I$、$P$、$P_T$。

热力学效率:

$$\eta_{th} \equiv \frac{P}{P_I} \tag{12.50}$$

推进效率:

$$\eta_p \equiv \frac{P_T}{P} = \frac{P_T}{P_T + P_L} \tag{12.51}$$

总效率:

$$\eta_0 \equiv \frac{P_T}{P_I} = \eta_{th} \eta_p \tag{12.52}$$

热力学效率表示热力学循环把燃料的化学能转换成推进可用功的程度。推进效率表示该功实际上被推力装置用于推进飞行器的程度。推进效率的另一种形式以功率损失表示。总效率是整个推进系统的性能指标。当计算这些效率因子时,要注意使用统一的单位。

# 12.6　吸气式推进系统

**1. 性能参数**

从基本推力方程出发:

$$F_{net} = \frac{\dot{m}_2 V_2}{g_c} - \frac{\dot{m}_0 V_0}{g_c} + A_2(p_2 - p_0) \tag{12.43}$$

出于检验吸气式喷气发动机特点的目的,这里引入两个简化假设:

① 大多数在低油气比下运行,一些高压空气溢出以驱动辅助设备。所以假设流量 $\dot{m}_2$ 和 $\dot{m}_0$ 近似相等。

② 对于大多数系统,压差推力项 $A_2(p_2-p_0)$ 只是总的净推力中很小的一部分且可以省略。

在这些假设下,净推力变为

$$F_{\text{net}} = \frac{\dot{m}}{g_c}(V_2 - V_0) \tag{12.53}$$

该形式的推力方程揭露了所有吸气式推进系统的一个特点:当它们的飞行速度达到排气速度时,推力趋近于零。甚至在达到该点前很长时间内,推力会低于阻力(阻力会随着飞行速度迅速增加)。因此,没有一种吸气式推进系统的速度会比其出口排气速度快。

该方程同样有助于解释不同发动机的自然操作速度范围。回想一下,涡桨发动机使大量空气的速度差变化很小,其出口排气速度很低,使得系统只能限制在低速工作上。涡轮喷气发动机(或单纯的喷气式发动机)可以为相对较小量的气体提供较大的速度增量。因此,该装置工作于更高的飞行速度。

回到基本推力方程(见方程(12.43)),利用方程(12.47),推力功率可写为

$$P_{\text{T}} = F_{\text{net}} V_0 = \left[\frac{\dot{m}_2 V_2}{g_c} - \frac{\dot{m}_0 V_0}{g_c} + A_2(p_2 - p_0)\right]V_0 \tag{12.54}$$

首先分析理想喷气推进系统,该系统没有不可避免的损失。像以前一样,忽略 $\dot{m}_0$ 和 $\dot{m}_2$ 的差异并假设压差对推力有贡献。方程(12.54)变为

$$P_{\text{T}} = \frac{\dot{m}_0 V_0}{g_c}(V_2 - V_0) \tag{12.55}$$

由方程(12.55)可知,当飞行速度等于零或等于 $V_2$ 时,吸气式发动机的推力功率为零。在前一种情况下,将产生很大的推力,但没有运动,因此没有推力功率;而在后一种情况下,推力减小为零。

在这两个极端之间一定有一个最大推力功率点。为了找到这个状态,可将方程(12.55)对 $V_0$ 求导,并保持 $V_2$ 为常数,令方程等于零,就能得到最大的推力功率,该状态如下:

$$V_2 = 2V_0$$

由方程(12.51)、方程(12.49)和方程(12.47)可知,推进效率变为

$$\eta_{\text{p}} = \frac{P_{\text{T}}}{P_{\text{T}} + P_{\text{L}}} = \frac{\left[\dfrac{\dot{m}_2 V_2}{g_c} - \dfrac{\dot{m}_0 V_0}{g_c} + A_2(p_2 - p_0)\right]V_0}{\left[\dfrac{\dot{m}_2 V_2}{g_c} - \dfrac{\dot{m}_0 V_0}{g_c} + A_2(p_2 - p_0)\right]V_0 + \dfrac{\dot{m}_2}{2g_c}(V_2 - V_0)^2} \tag{12.56}$$

接下来忽略 $\dot{m}_0$ 和 $\dot{m}_2$ 间的差并去掉压力项。由这些假设可将推进效率变为

$$\eta_{\text{p}} = \frac{V_0}{V_0 + \dfrac{1}{2}(V_2 - V_0)} \tag{12.57}$$

通过引入速比,可以进一步简化这种关系:

$$\nu \equiv \frac{V_0}{V_2} \tag{12.58}$$

这表明在此条件下,方程(12.57)可表示为

$$\eta_p = \frac{2\nu}{1+\nu} \tag{12.59}$$

结果表明,随着飞行速度的增加,吸气式发动机的推进效率不断提高,当 $\nu=1.0$(或 $V_0 = V_2$(见方程(12.53)))时,达到最大。在这种情况下,出口射流的绝对速度是零,并且没有出口损失(见方程(12.49))。

至此,可以开始看到在喷气推进系统的优化过程中涉及的一些问题。之前推出,当 $V_2 = 2V_0$ 时获得最大推力功率;而现在知道,当 $V_2=V_0$ 时,推进效率最大。然而对于后一种情况,其推力为零。切记,本节中的关系只适用于吸气式推进系统。方程(12.59)进一步确定了各种涡喷发动机的自然运行速度范围。回想一下,单纯的喷气式发动机对相对较小的空气质量提供了一个很大的速度变化。因此,如前所述,为获得很高的推进效率($\nu \to 1$),必须以高速飞行。涡扇发动机可以为更大质量的空气提供中等的速度增量。因此,它在中等飞行速度的情况下会更有效。通过向大量空气提供较小的速度增量,涡桨发动机能够很好地适用于低速运行。

**2. 燃油消耗率**

燃油消耗率对于吸气式发动机来说是一个良好的整体性能指标。对于螺旋桨驱动的发动机,燃油效率基于轴功率,称作制动燃油消耗率(brake-specific fuel consumption,bsfc):

$$\text{bsfc} \equiv \frac{每小时消耗的单位燃油}{轴马力} = \frac{\text{lbm}}{\text{hp} \cdot \text{hr}} \left( 或 \frac{\text{kg}}{\text{N} \cdot \text{h}} \right) \tag{12.60}$$

对于其他的吸气式发动机,燃油效率基于推力,并称作推力燃油消耗率(trust specific fuel consumption,tsfc):

$$\text{tsfc} \equiv \frac{每小时消耗的单位燃油}{产生的单位推力} = \frac{\text{lbm}}{\text{lbf} \cdot \text{hr}} \left( 或 \frac{\text{kg}}{\text{N} \cdot \text{h}} \right) \tag{12.61}$$

或者

$$\text{tsfc} = \frac{\dot{m}_f \times 3\ 600}{F_{net}} \tag{12.62}$$

将公式(12.62)与公式(12.52)、公式(12.45)进行比较,可以看出,推力燃油消耗率也可以写成

$$\text{tsfc} = \frac{V_0 \times 3\ 600}{\eta_0(\text{HV})} \tag{12.63}$$

上式是整体效率的直接体现。因此,认识到 tsfc 是任何吸气式推进系统的主要经济参数并不奇怪。公式(12.63)还表明,随着飞行速度的提高,必须开发更高效的推进方案,否则燃料消耗巨大乃至难以承受。

**例 12.5**　继续分析例 12.3,并计算涡扇发动机的推力和其他性能参数。为方便起见,相关信息再次列出,如下:

$$\dot{m}_a = 50 \text{ lbm/sec} \qquad \dot{m}'_a = 150 \text{ lbm/sec}$$
$$f = 0.019\ 1 \qquad \text{HV} = 18\ 900 \text{ Btu/lbm}$$
$$V_0 = 882 \text{ ft/sec} \qquad p_0 = 546 \text{ psfa} \qquad T_0 = 400\ °\text{R}$$
$$V_{4'} = 1\ 113 \text{ ft/sec} \qquad p_{4'} = 1\ 157 \text{ psfa} \qquad T_{4'} = 516\ °\text{R}$$
$$V_6 = 1\ 686 \text{ ft/sec} \qquad p_6 = 778 \text{ psfa} \qquad T_6 = 1\ 183\ °\text{R}$$

计算出口密度和面积。

$$\rho_{4'} = \frac{p_{4'}}{RT_{4'}} = \frac{1\ 157}{53.3 \times 516} = 0.042\ 1\ (\text{lbm/ft}^3)$$

$$A_{4'} = \frac{\dot{m}'_a}{\rho_{4'} - V_{4'}} = \frac{150}{0.042\ 1 \times 1\ 113} = 3.20\ (\text{ft}^2)$$

$$\rho_6 = \frac{p_6}{RT_6} = \frac{778}{53.3 \times 1\ 183} = 0.012\ 34\ (\text{lbm/ft}^3)$$

$$A_6 = \frac{\dot{m}_a}{\rho_6 V_6} = \frac{50}{0.012\ 34 \times 1\ 686} = 2.40\ (\text{ft}^2)$$

**注意**：为计算净推力，必须考虑来自纯推力以及风扇推力两方面的影响。

$$F_{net} = \frac{\dot{m}_a V_6}{g_c} + A_6(p_6 - p_0) + \frac{\dot{m}'_a V_{4'}}{g_c} + A_{4'}(p_{4'} - p_0) - (\dot{m}_a + \dot{m}'_a)\frac{V_0}{g_c}$$

$$= \frac{50 \times 1\ 686}{32.2} + 2.40 \times (778 - 546) + \frac{150 \times 1\ 113}{32.2} + 3.20 \times (1\ 157 - 546) -$$

$$(50 + 150) \times \frac{882}{32.2}$$

$$= 4\ 840\ (\text{lbf})$$

推力马力（利用方程(12.47)）：

$$P_T = F_{net} V_0 = \frac{4\ 840 \times 882}{550} = 7\ 760 (\text{hp})$$

输入马力（（利用方程(12.45)）：

$$P_I = \dot{m}_f(\text{HV}) = \dot{m}_a(f)(\text{HV}) = \frac{50 \times 0.019\ 1 \times 18\ 900 \times 778}{550} = 25\ 530\ (\text{hp})$$

总效率（利用方程(12.52)）：

$$\eta_0 = \frac{P_T}{P_I} = \frac{7\ 760}{25\ 530} \times 100\% = 30.4\%$$

推力燃油消耗率（利用方程(12.62)）：

$$\text{tsfc} = \frac{\dot{m}_f \times 3\ 600}{F_{net}} = \frac{50 \times 0.019\ 1 \times 3\ 600}{4\ 840} = 0.71[\text{lbm/(lbf} \cdot \text{hr)}]$$

即使是涡扇发动机，这一燃料消耗率也有些略低。如果在高温部件处（涡轮和涡轮喷管）改为更高数值的比热比，需注意以下两点：

① 油气比会增加，因为进入涡轮的焓会增加；

② 由于排气速度和出口压力增加，推力会上升。

与油气比的增加相比，推力的增加是很小的。其最终效果将 tsfc 提高到 0.8 左右。

**例 12.6**　继续分析例 12.4 中冲压发动机的性能参数。为了方便起见，在此重复下列有关信息：

$$\dot{m}_a = 35.9\ \text{kg/s}, \quad f = 0.045, \quad \text{HV} = 4.42 \times 10^{-7}\ \text{J/kg}$$

$$Ma_0 = 1.8, \quad T_0 = 218\ \text{K}, \quad Ma_5 = 1.588, \quad T_5 = 1\ 479\ \text{K}$$

$$V_0 = Ma_0 a_0 = 1.8 \times (1.4 \times 1 \times 287 \times 218)^{\frac{1}{2}} = 533\ (\text{m/s})$$

$$V_5 = Ma_5 a_5 = 1.588 \times (1.4 \times 1 \times 287 \times 1\ 479)^{\frac{1}{2}} = 1\ 224\ (\text{m/s})$$

如果忽略添加燃料的质量和压力项,则净推进推力为

$$F_{net} = \frac{\dot{m}}{g_c}(V_5 - V_0) = \frac{35.9}{1} \times (1\,224 - 533) = 24\,800\,(N)$$

推力燃油消耗率为

$$tsfc = \frac{\dot{m}_f \times 3\,600}{F_{net}} = \frac{0.045 \times 35.9 \times 3\,600}{24\,800} = 0.235\,(kg/N \cdot h)$$

这相当于 tsfc=2.3 lbm/(lbf·hr),与例 12.5 中的涡扇发动机相比是很高的。这说明冲压发动机在低速飞行时是不经济的。

## 12.7　结合实际气体效应的吸气式推进系统

名为 Gas Turb GmbH ("Design and Off-Design Performance of Gas Turbines.")的计算机程序已经使用了很长一段时间(http://www.gasturb.de/Gtb12Manual/GasTurb12.pdf)。该程序利用现代台式计算机的功能来计算涡喷发动机、涡桨发动机、涡扇发动机和冲压发动机的性能,这些计算假定比热比是温度而不是压力的函数。这与 11.4 节关于高温 γ 的半完全气体性能的假设相同,并且该程序广泛使用多项式拟合满足温度的依赖性。

这个程序已在例 12.3 和例 12.5 用到的涡扇发动机的计算中详细说明,在此不再赘述。在本例中,指定流量(50 lbm/sec 的初级空气和 150 lbm/sec 的旁路空气)。在例子中,结果为净推力 4 840 lbf,而程序输出的是 5 460 lbf。程序输出的是真实气体发动机的计算。二者的对比如表 12.1 所列,从中可以看出,理想气体的结果在一定程度上可以合理地比较,差距大约在 11% 之内。通过对比这些结果可以得出结论,对于较冷的部件,γ=1.4 的计算结果有效。然而,在较热的部件中(在高马赫数下),其结果明显偏离了 Gas Turb,尤其在喷管出口处。(这与在 11.6 节中的示例中发现的一致。)

**表 12.1　完全气体与真实气体的涡扇发动机的计算结果**

| 位　置 | 变量(单位) | 完全气体<br>例 12.3 和例 12.5 | 真实气体<br>Gas Turb 程序 |
|---|---|---|---|
| 扩压器出口 | $T_{t2}(°R)$ | 465 | 466 |
| | $p_{t2}(psia)$ | 6.29 | 6.30 |
| 压气机出口 | $T_{t3}(°R)$ | 1 083 | 1 082 |
| | $p_{t3}(psia)$ | 94.3 | 94.5 |
| | Flow(lbm/sec) | 50 | 50.2 |
| 风扇出口 | $T_{t3'}(°R)$ | 619 | 621 |
| | $p_{t3'}(psia)$ | 15.71 | 15.75 |
| | Flow(lbm/sec) | 150 | 150.6 |
| 燃烧室出口 | $T_{t4}(°R)$ | 2 500 | 2 500 |
| | $p_{t4}(psia)$ | 91.4 | 91.6 |
| 涡轮出口 | $T_{t5}(°R)$ | 1 420 | 1 614 |
| | $p_{t5}(psia)$ | 10.6 | 12.76 |

续表 12.1

| 位　置 | 变量(单位) | 完全气体 例 12.3 和例 12.5 | 真实气体 Gas Turb 程序 |
|---|---|---|---|
| 喷管出口 | $T_6$(°R) | 1 183 | 1 400 |
| | $p_6$(psia) | 5.4 | 5.0 |
| | $V_6$(ft/sec) | 1 686 | 1 |
| 净推力 | $F_{net}$(lbf) | 4 840 | 5 460 |
| SFC | (lbm · hr)/lbf | 0.71 | 0.75 |

# 12.8　火箭推进系统的性能参数

从基本推力方程开始:

$$F_{net} = \frac{\dot{m}_2 V_2}{g_c} - \frac{\dot{m}_0 V_0}{g_c} + A_2(p_2 - p_0) \qquad (12.43)$$

在这种情况下没有进气道,可以简单地应用于火箭系统。此外,对于火箭,需要将符号更改为更合适的喷管位置进行标记(如图 5.10 和图 12.16 所示),其中 $p_{rec} = p_0$ 代表周围或环境压力。$V_3$、$A_3$、$p_3$ 分别表示出口速度、出口面积和出口压力。位置 2 表示喷管喉道。把等式(12.43)中的流入项去掉,得

$$F_{net} = \frac{\dot{m}_2 V_2}{g_c} + A_2(p_2 - p_0) \qquad (12.64)$$

**注意**:此处只有一个质量流率(源自推进器的质量流率,该质量流率存储在火箭内部),推进推力与飞行速度无关,因此火箭可以轻松地比它的出口射流飞得更快。

**1. 有效排气速度**

在火箭推进系统中,出口压力($p_3$)可能比环境压力($p_0$)大得多,所以方程(12.64)中的压力项不可忽略,因为它可以表示相当大的正推力。如果忽略这个压力推力项,则需要一个更高的排气速度来产生相同的净推力。这个虚拟的速度称为有效排气速度(也称为等效排气速度),给定符号为 $V_e$($V_e = V_3$,当且仅当 $p_3 = p_0$),如下:

$$\frac{\dot{m} V_3}{g_c} + A_3(p_3 - p_0) \equiv \frac{\dot{m} V_e}{g_c} \qquad (12.65)$$

引入这一概念,可以简化推力方程:

$$\boxed{F_{net} = \frac{\dot{m} V_e}{g_c}} \qquad (12.66)$$

推力功率(利用方程(12.47))变为

$$\boxed{P_T = F_{net} V_0 = \frac{\dot{m}}{g_c} V_e V_0} \qquad (12.67)$$

在这里没有达到最大值,因为功率随飞行速度不断增加。

将方程(12.49)和方程(12.67)代入方程(12.51)可得火箭推进效率:

$$\eta_{\mathrm{p}} = \frac{\dfrac{\dot{m}}{g_{\mathrm{c}}} V_{\mathrm{e}} V_0}{\dfrac{\dot{m}}{g_{\mathrm{c}}} V_{\mathrm{e}} V_0 + \dfrac{\dot{m}}{2g_{\mathrm{c}}} (V_3 - V_0)^2} \qquad (12.68)$$

为了更深入地了解火箭的推进效率,这里作与吸气式发动机相同的假设(即从压力项不会得到显著的推力,因此 $V_{\mathrm{e}} \approx V_3$)。做出上述替换并引入速度比 $\nu \equiv V_0/V_3$,方程(12.68)变为

$$\eta_{\mathrm{p}} = \frac{2\nu}{1 + \nu^2} \qquad (12.69)$$

与吸气式发动机的方程(12.59)不同,当 $\nu = 1.0$ 时,该表达式是最大的,对于火箭来说,这个条件实际上是可以达到的。在地球大气层中飞行时,这种推进效率是最重要的,因为在太空中,火箭留下的射流没有明显的相对速度,也没有涡流损失。

**2. 比 冲**

由于发动机的推力取决于它的尺寸大小,因此仅使用推力作为性能标准是没有意义的。此外,与空气呼吸器不同的是,化学火箭必须利用飞船上的氧化剂和燃料进行加速,而这些通常是火箭质量的大部分。反映实现给定推力所需推进剂用量的有用性能指标是单位质量流量的净推力,称为比推力或比冲,其符号为 $I_{\mathrm{sp}}$:

$$I_{\mathrm{sp}} \equiv \frac{\text{thrust}}{(\text{mass flow rate}) g_0} = \frac{F_{\mathrm{net}} g_{\mathrm{c}}}{\dot{m} g_0} \qquad (12.70)$$

式中、$g_0$ 是地球表面的重力值(32.174 ft/sec$^2$ 或 9.807 ft/sec$^2$)。公式(12.70)与公式(12.62)中给出的"tsfc"指标相似。

使用乘数 $1/g_0$ 纯粹是为了将 $I_{\mathrm{sp}}$ 的单位更改为"秒"。值得注意的是,公式(12.70)与火箭在重力场中的位置无关。从公式(12.66)引入 $F_{\mathrm{net}}$,得

$$I_{\mathrm{sp}} = \frac{\dot{m} V_{\mathrm{e}}}{g_{\mathrm{c}}} \frac{1}{\dot{m}} \frac{g_{\mathrm{c}}}{g_0}$$

或者简写成

$$I_{\mathrm{sp}} = \frac{V_{\mathrm{e}}}{g_0} \qquad (12.71)$$

一些欧洲国家倾向于使用有效排气速度本身作为火箭的重要性能指标,因为它与比冲的关系是任意常数(见方程(12.71))。对于典型的火箭推进系统,有代表性的比冲值如表 12.2 所列(见参考文献[24])。顾名思义,一元推进剂利用单一推进剂(如纯气体或分解性化学气体)运行,二元推进剂额外与氧化剂一起燃烧燃料,固体推进剂将燃料和氧化剂预混合存储,电磁推进系统则利用各种各样的电能输入。

**表 12.2 火箭性能**

| 火箭类型 | 一元推进剂火箭 | 液体二元推进剂火箭 | 固体火箭 | 电磁式火箭 |
| --- | --- | --- | --- | --- |
| 比 冲/sec | 180~220 | 278~410 | 192~266 | 700~5 000 |

　　喷管性能的喷管计算通常基于在前 10 章所学的理想的恒定 $\gamma$ 分析。虽然可以认为推进剂在喷管中的流动是"冻结的",但如第 11 章所述,在燃烧室高温度下的比热比必须有适当的比例才能反映出推进剂的工作温度(见参考文献[24])。所有的火箭喷管都相对较短,其流动为超声速,除了非常短暂的启动和关闭瞬变之外,它们的运行状态都为稳态条件,并且没有内部冲击。在通常保持恒定的大气环境中,战术导弹为了发射到太空,火箭必须通过降低的环境压力飞行,并且通常是为特定的大气压操作而设计的。这种"设计条件"反映了喷管排气压力 $p_3$ 与给定设计高度下的环境压力或背压的匹配,并且还表示了如下所述的最佳推力(对于每个活动火箭级,当 $V_e \approx V_3$ 时)。由于火箭推进系统主要在固定的舱室压力和流速下工作,因此在大气压力可忽略不计的地方(如大气层的外层和太空真空中)总会找到最大推力。(思考方程(12.64)表达的含义是否如此。)

　　一种分析火箭理想喷管性能的简便方法是基于推力系数 $C_F$ 的定义(见参考文献[19-24])。如果将方程(12.64)中的 $F_{net}$ 除以 $p_t A^*$(其中,$p_t$ 为腔室滞止压力,$A^*$ 为 $Ma_2 = 1.0$ 时喉道面积),就可以得到无量纲数,这个无量纲数可以将等熵超声速喷管在离开燃烧室时所产生的推力变化看作是一个放大因子。用压力表示等熵流在喷管中的动量变化(见方程(12.64)中的第一项),是通过使用方程(1.47)、方程(3.18)和方程(5.44b)完成的(详见上面列出的参考文献)。令 $p_{rec} = p_0$,$p_1 = p_t$ 和 $A_2 = A^*$,最后得到 $C_F$,即

$$C_F \equiv \frac{F_{net}}{p_t A^*} = \sqrt{\frac{2\gamma^2}{\gamma-1}\left(\frac{2}{\gamma+1}\right)^{(\gamma+1)/(\gamma-1)}\left[1-\left(\frac{p_3}{p_t}\right)^{(\gamma-1)/\gamma}\right]} + \left(\frac{p_3}{p_t}-\frac{p_0}{p_t}\right)\frac{A_3}{A^*}$$

$$(12.72)$$

　　因为代表的是推力,所以对于任意固定的 $A_3/A^*$,$C_F$ 可以求出其最大值。对于给定的 $\gamma$,当 $p_3 = p_0$ 时,可以得出 $C_F$ 的最佳值,$p_3/p_t$ 和 $A_3/A^*$ 的值通过 $Ma_3$ 联系在一起(见方程(5.37)和方程(5.40))。另一种方法是保持方程(12.72)中的 $p_3/p_t$ 不变,改变 $A_3/A^*$。值得注意的是,该方程仅适用于等熵流。此处获得的最佳值称为 $C_{F\,opt}$,该函数也可以在等熵表中列出(以下说明与 5.6 节中的说明保持一致)。方程(12.73)中的 $C_{F\,opt}$ 尽管对任意 $Ma$ 都是正确的,但只能表示火箭在部件 3 处的净推力(原因见习题 12.25)。

$$C_{F\,opt} = \sqrt{\frac{2\gamma^2}{\gamma-1}\left(\frac{2}{\gamma+1}\right)^{(\gamma+1)/(\gamma-1)}\left[1-\left(\frac{p}{p_t}\right)^{(\gamma-1)/\gamma}\right]}$$

$$= \sqrt{\left(\frac{2}{\gamma+1}\right)^{(\gamma+1)/(\gamma-1)}\frac{\gamma^2 Ma^2}{1+\frac{\gamma-1}{2}Ma^2}}$$

$$(12.73)$$

　　方程(12.73)的第二种形式是将方程(1.47)、方程(4.10)、方程(4.11)和方程(5.44b)代入方程(12.64)中,然后除以 $p_t A^*$。

　　如前面引用的 5 个参考文献所示,$C_{F\,opt}$ 通常可以大于 1.0,这就是为什么火箭专门使用超声速喷管来增强推力的原因。此外,在绘制 $C_F$ 图像时,可以引入一些真实的气体效应,如参考文献[20]中的图 4.39 或参考文献[24]中的图 3.7,其显示了喷管扩张部分内气体过膨胀产生的流动分离区(见图 5.11 和 6.6 节)。当火箭在大气层中上升时,$p_0$ 会减小,因为 $p_t$ 与推进剂的流量和喷管的配置都是固定的,每个火箭级的设计都必须避免喷管内部的流动分离,因为这会带来可怕的后果。

　　**例 12.7**　液体火箭的燃烧室压力和温度分别为 400 psia 和 5 000 °R,在环境压力为

200 psfa 的海拔高度运行。气体通过等熵收缩-扩张喷管排出,其马赫数为 4.0。排出气体近似为 $\gamma = 1.4$,相对分子质量为 20,但假设其性能为理想气体。确定 $C_{F\,opt}$、$C_F$ 和 $I_{sp}$。按照图 5.10 和图 12.16 将喷管出口称为部件 3。

由已知条件

$$C_{F\,opt} = \sqrt{\left(\frac{2}{\gamma+1}\right)^{(\gamma+1)/(\gamma-1)} \frac{\gamma^2 Ma^2}{1+\frac{\gamma-1}{2}Ma^2}} = \sqrt{\left(\frac{2}{2.4}\right)^{2.4/0.4} \frac{1.4^2 \times 4.0^2}{1+\frac{0.4}{2} \times 4.0^2}} = 1.581$$

因为

$$Ma_2 = 4.0, \qquad \frac{p}{p_t} = 0.006\ 59, \qquad \frac{T}{T_t} = 0.238\ 1$$

由等熵表可得

$$p_3 = 0.006\ 59 \times 400 \times 144 = 380\ (\text{psfa})$$
$$T_3 = 0.238\ 1 \times 5\ 000 = 1\ 190\ (^\circ\text{R})$$

由于 $p_3 > p_0$,必须将压力推力包括在总推力系数中。由方程(12.72)和方程(11.21)来计算喷管面积比:

$$C_F = 1.581 + \left(\frac{p_3}{p_1} - \frac{p_0}{p_1}\right)\frac{A_3}{A_3^*} \approx 1.581 + \left(\frac{p_3}{p_1} - \frac{p_0}{p_1}\right)\left(\frac{0.579}{Ma_3}\frac{p_1}{p_3}\sqrt{\frac{T_3}{T_1}}\right)$$

$$= 1.581 + 0.033 = 1.614$$

为了确定 $I_{sp}$,利用 $C_F$ 以及方程(5.44b)中的质量流量,得

$$I_{sp} = \frac{F_n g_c}{\dot{m} g_0} = \frac{C_F p_1 A^* g_c}{\dot{m} g_0} = \frac{C_F g_c/g_0}{\sqrt{\dfrac{2g_c}{RT_t}\left(\dfrac{2}{\gamma+1}\right)^{(\gamma+1)/(\gamma-1)}}}$$

$$= \frac{1.614}{\sqrt{\dfrac{1.4 \times 32.2 \times 20}{1\ 545 \times 5\ 000} \times \left(\dfrac{2}{2.4}\right)^{2.4 \times 0.4}}} = 258.2\ (\text{sec})$$

在例 12.7 中,如果对部件 1 的火箭燃烧产物取 $\gamma = 1.25$,要达到 $Ma_3 = 4.0$,则需要更大面积比的喷管,从而导致 $p/p_t = 0.004\ 12$ 和 $T/T_t = 0.333\ 3$。新的特定脉冲也将更高,即 $I_{sp} = 285$ sec。(提示:使用 Gasdynamics 计算器。)

## 12.9 超声速扩压器

空气推进系统中进气流的减速会在超声速飞行时造成一些问题。如果使用亚声速扩压器(扩张段),在进口处将产生正激波,并伴随有总压损失。如果飞行速度很低,比如 $Ma_0 < 1.4$,则这种损失很小。当速度在 $1.4 < Ma_0 < 2.0$ 时,就需要产生一道斜激波(与例 12.4 中使用的冲压发动机相似);当 $Ma_0 = 2.0$ 或以上时,需要产生两道斜激波,如图 7.15 所示。

在每种情况下都要满足的要求是保持总压恢复系数尽可能高。低超声速下 $\eta_r$ 初步可为 0.95,但该值随着飞行速度的增加将变得越来越严苛。当速度超过 $Ma_0 = 2.5$ 时,两个斜激波加上一个正激波是不够的。参见 Zucrow(第 1 卷 421-427 页,参考文献[25])可以了解多重圆锥激波的影响。在对变截面流动的研究中,可以假设收扩的部分会产生一个好的超声速扩压

器。回想一下，在第 6 章中，这种结构用于超声速风洞的排气段。然而，在超声速进气道中使用固定几何形状的收扩段却存在一些实际的操作困难。

这里假设为一架以 $Ma = 1.86$ 的速度飞行的飞机设计入口扩压器。从等熵表中可以看到这个马赫数对应的面积比是 1.507。为简单起见，构造面积比（入口面积比喉道面积）为 1.50 的扩压器。该扩压器的设计运作如图 12.23 所示。接下来将讨论飞机起飞并加速至设计速度时扩压器的一些性能。

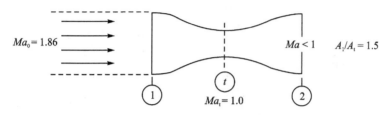

$Ma_0 = 1.86$　　　　　　　　　　　　　　　　$Ma < 1$　　$A_1/A_t = 1.5$

① 　　　$Ma_t = 1.0$　　　②

**图 12.23　收扩扩压器的理想操作**

**注意**：当飞行速度接近 $Ma_0 = 0.43$ 时，扩压器在喉道拥塞，即 $Ma = 1.0$（查看等熵表的亚声速部分，确定上面的面积比），如图 12.24（a）所示。现在将飞行速度增加到 $Ma_0 = 0.6$，发生溢出或外部扩散的现象，如图 12.24（b）所示。当 $Ma_0$ 增加到 1.0 时，其捕获面积进一步减小（自由流马赫数下实际进入扩压器的流动面积，见图 12.24（c））。

当增加 $Ma_0$ 到超声速时，一个脱体激波在进气道前形成，此时仍会发生溢出现象，如图 12.24（d）所示。注意，在较高的飞行速度下，进气道处需要较少的外部扩散来产生所需 $Ma = 0.43$ 的速度。因此，随着速度的增加，激波更靠近进气道（见图 12.24（e））。还要注意的是，为了使激波附着在进气道上，必须以大约 $Ma_0 = 4.19$ 的速度飞行（可查看激波表来证实这一点）。这种情况如图 12.24（f）所示，远远高于设计的飞行速度。

如果把 $Ma_0$ 增加到 4.2，则激波会非常迅速地进入扩压器，并位于喉道下游的扩张段。该现象被称为吞咽激波，这就是所谓的扩压器的启动（见图 12.24（g））。在这种情况下，喉道不再有 1.0 的马赫数（喉道的马赫数是多少？）。现在可以慢慢地把飞行速度降低到 $Ma = 1.86$ 的设计条件，这样激波会移动到喉道下游的位置，以略大于 1.0 的马赫数发生。因此，就会得到一个非常弱的激波和微不足道的损失，如图 12.24（h）所示。

现在对上面描述的性能提出两点结论：

① 为了启动设计点为 $Ma_0 = 1.86$ 的扩压器，就必须把飞机的速度提高到 $Ma_0 = 4.2$。

② 如果飞行器减速到略低于其设计速度（或可能的轻微空气扰动导致 $Ma_0$ 下降到1.86以下），则激波将在进气道前弹出，此时扩压器必须重新启动。

固定几何形状的超声速扩压器的性能可以用类似于图 12.25 所示的图表很方便地总结出来。

显然，上面描述的现象是不能接受的，因此，不会出现固定几何形状的收扩扩压器用于空气进气道。当飞行速度在 $Ma_0 \approx 2.0$ 以上时，为了得到有效的总压恢复系数，需要将斜激波和变几何形状的收缩–扩张扩压器结合起来。

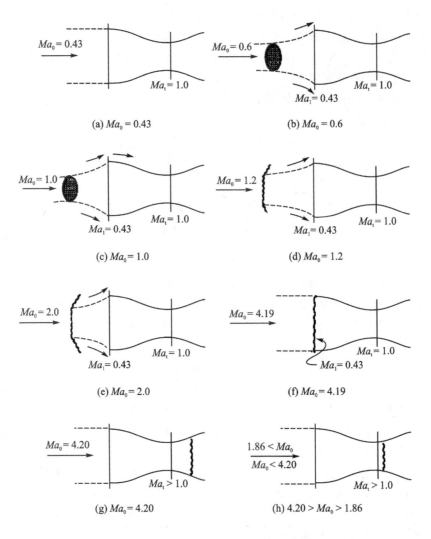

图 12.24　启动固定几何形状的超声速扩压器(面积比为 1.5)

## 12.10　总　结

对理想布雷顿循环的分析表明,其热力学效率是压力比的函数:

$$\eta_{th} = 1 - \left(\frac{1}{r_p}\right)^{\frac{\gamma-1}{\gamma}} \qquad (12.22)$$

也许该循环最重要的特性是:输入功占输出功的比例很大。正因为如此,在布雷顿循环的原动机中,机械效率是最为重要的。而且,为了产生所需量的净功,必须处理大量的空气,这就使得该循环特别适合于涡轮机。

在讨论各种类型的喷气推进系统时,人们注意到单纯的喷气式发动机通过一个大的速度增量移动相对较少的空气,而螺旋桨推进系统则通过一个小的速度增量移动相对大量的空气。在这两个界限中,涡扇发动机处于中间地带。

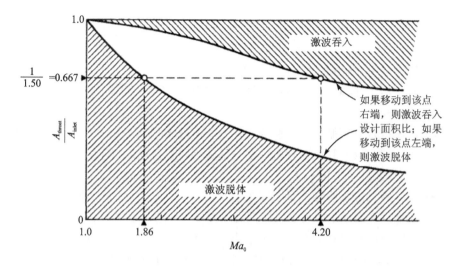

图 12.25　固定几何形状的超声速扩压器性能

任意推进装置的净推力为

$$F_{\text{net}} = \frac{\dot{m}_2 V_2}{g_c} - \frac{\dot{m}_0 V_0}{g_c} + A_2(p_2 - p_0) \tag{12.43}$$

该方程在本章中相当重要。此外,不可忽略 12.5 节中讨论的各种功率和效率参数。比如推进效率,这是一个衡量推进装置除了产能之外还完成其他功能的量。

对于吸气式发动机,速度比 $\nu = V_0/V_2$,

$$\eta_p = \frac{2\nu}{1 + \nu} \tag{12.59}$$

方程(12.59)解释了为什么纯喷气式发动机在高速时效率更高,而涡扇发动机和涡桨发动机在低速时效率更高。同时发现,对于吸气式发动机,最大的效率产生在推力最小的时候。

火箭(见图 12.16)不受这种两难境地的影响,其推进效率为($V_e$ 可见式(12.65),$\nu \equiv V_0/V_3$)

$$F_{\text{net}} = \frac{\dot{m} V_e}{g_c}, \quad \eta_p = \frac{2\nu}{1 + \nu^2} \tag{12.66 和 12.69}$$

其他重要的性能指标如下:

对于吸气式发动机,

$$\text{tsfc} = \frac{\text{每小时所用的单位燃油}}{\text{产生的单位推力}} = \frac{\dot{m}_f \times 3600}{F_{\text{net}}} \tag{12.61,12.62}$$

对于火箭发动机,$C_F$(见方程(12.73))确定了超声速喷管对推力和比冲的影响,如下:

$$I_{sp} = \frac{\text{thrust}}{\text{mas flow rate} \cdot g_0} = \frac{V_e}{g_0} \tag{12.70,12.71}$$

超声速飞行器进气道的总压恢复系数应在 0.95 或以上。在较低的速度下,人们使用一个亚声速扩压器前的坡道或尖峰在一个或多个斜激波前产生正激波。在高超声速飞行速度下,还需要可变几何特性。

# 习　题

在接下来的问题中,即使在某些情况下温度范围可能相当大,也仍可以假设其为完全气体以及具有恒定的比热比,除非另有规定。同时,忽略任何解离的影响,并假设所有的推进剂都具有这种性质的空气。

12.1　进入理想布雷顿循环压气机的条件为 520 °R 和 5 psia。压气机增压比为 12,最大允许循环温度为 2 400 °R。假设在管道中空气的速度可以忽略不计。

(1) 确定 $w_t$、$w_c$、$w_n$、$q_a$ 和 $\eta_{th}$。

(2) 净输出 5 000 hp 需要多大的流量?

12.2　重新计算习题 12.1,其中压气机效率为 89%,涡轮效率为 92%。

12.3　一个静止原动机在如下条件下输出功率为 $1 \times 10^7$ W:压气机进口温度为 0 ℃且绝对压力为 1 bar abs.,涡轮进口温度为 1 250 K,循环压比为 10,流体为忽略速度的空气,涡轮和压气机的效率均为 90%。确定循环效率以及质量流量。

12.4　假设习题 12.3 中给出的所有数据保持不变,只是涡轮和压气机的效率为 80%。

(1) 确定循环效率。

(2) 将输出的净功和循环效率与习题 12.3 比较。

(3) 机械效率为多少时(假设 $\eta_t = \eta_c$)将导致该循环净输出功为零?

12.5　考虑一个理想的布雷顿循环,如图 12.2 所示。令

$$\alpha = \frac{T_{t3}}{T_{t1}} \qquad 循环温度比$$

$$\theta = \left(\frac{p_{t2}}{p_{t1}}\right)^{(\gamma-1)/\gamma} \qquad 循环压比参数$$

(1) 证明净输出功可以表达成

$$w_n = c_p T_{t1} \frac{\theta - 1}{\theta} (\alpha - \theta)$$

(2) 证明对于给定的 $\alpha$,当 $\theta = \sqrt{\alpha}$ 时,有最大净功。

(3) 在相同的 $T - s$ 图上,画出给定温度比但不同压力比的循环示意图。哪一个效率最高?哪个产生的净功最大?

12.6　一架飞机正以 550 mph 的速度在一个环境压力为 6.5 psia 的高度飞行。喷气式发动机的出口面积为 1.65 ft²,出口射流的相对速度为 1 500 ft/sec。出口处的压力为 10 psia。空气流量是 175 lbm/sec。忽略燃料的重量。这台发动机的净推进推力是多少?

12.7　喷气式发动机的空气流量为 30 kg/s,燃油流量为 1 kg/s。排出气体以 610 m/s 的相对速度离开。出口平面上存在压力平衡。如果推力功率为 $1.12 \times 10^6$ W,计算飞机的速度。

12.8　一架双引擎喷气式飞机需要 6 000 lbf 的总净推进推力。当以 650 ft/sec 的速度飞行时,每台发动机以 120 lbm/sec 的速度消耗空气。每台发动机以 3.0 lbm/sec 的速度添加燃料。假设出口平面上存在压力平衡,计算排气相对于出口平面的速度。

12.9　船是由水力喷射推进的。进口的面积为 0.5 ft²,出口的面积为 0.20 ft²。由于出口速度总是亚声速,出口平面上存在压力平衡。当船以 50 mph 的速度通过纯水时,入口处不

会发生泄漏。

　　（1）计算所发展的净推进力。

　　（2）推进效率是多少？

　　（3）当水通过装置时,它被加入了多少能量？（假设没有损失）

　　12.10　有人提议用脉冲射流为单轨电车提供动力。当以 210 km/h 的速度行驶时,需要 5 350 N 的净推进推力。这些气体以 350 m/s 的平均速度离开发动机。假设出口平面存在压力平衡,忽略所加燃料的重量。

　　（1）计算所需的质量流量。

　　（2）假设没有发生溢漏,需要什么样的进口面积？（假设 16 ℃,1 atm）

　　（3）推力功率为多少？

　　（4）推进效率为多少？

　　（5）如果出口温度为 980 ℃,空气通过发动机时向其添加了多少能量？

　　12.11　一架冲压式飞机以 $Ma_0 = 4.0$ 的速度飞行在 3 000 ft 的高度,当地 $T_0 = 411$ °R, $p_0 = 628$ psfa。排气喷管出口直径为 18 in。与导弹相比,排气喷流的速度为 5 000 ft/sec,状态为 1 800 °R 和 850 psfa。忽略添加的燃料。

　　（1）确定净推进推力。

　　（2）产生了多少推力功率？

　　12.12　12.4 节和 12.6 节给出了一个涡扇发动机分析的例子。从发动机上面拆下风扇,重新调整涡轮膨胀,以产生合适的压缩功。假设所有组件的效率保持不变。计算纯喷气式发动机的净推进推力和推力燃油消耗率,并与涡扇发动机进行比较。

　　12.13　为在 12.4 节和 12.6 节的例子中使用的涡扇发动机增加一个加力燃烧室。假设气体以 400 ft/sec 的速度离开涡轮。有足够的燃料添加进加力燃烧室,使滞止温度提高到 3 500 °R,燃烧效率 $\eta_{ab} = 0.85$。确定加力燃烧室的截面面积、加力燃烧室出口的条件（假设为 Rayleigh 流）、新的喷管出口条件、所需的出口面积以及由此对发动机性能参数的影响。（忽略燃料的质量）

　　12.14　冲压发动机的设计工作条件为 $Ma_0 = 3.0$,高度为 40 000 ft,当地温度和压力分别为 390 °R 和 400 psfa。进气道的总压恢复系数 $\eta_r = \dfrac{p_{t2}}{p_{t0}} = 0.85$。在进入燃烧室之前,气体速度降低到 300 ft/sec,总温度提高到 4 000 °R。燃烧效率 $\eta_b = 0.96$ 且燃料的热值为 18 500 Btu/lbm。喷管出口的效率为 $\eta_n = 0.95$,扩展了流经收缩-扩张部分相同的区域燃烧室（见图 12.14）。通过收缩-扩张段将流动扩展到与燃烧室面积相同的区域（见图 12.14）。计算单位面积的净推进力和推力燃油消耗率。（忽略燃料的质量）

　　12.15　用于测试目的的火箭雪橇需要 20 000 lbf 的推力。比冲是 240 sec。

　　（1）流量是多少？

　　（2）如果喷管将气体膨胀到环境压力,计算排气速度。

　　12.16　德国的 V-2 具有 249 000 N 的海平面推力,推进剂流量为 125 kg/s,排气速度为 1 995 m/s,喷管出口直径为 74 cm。

　　（1）计算比冲；

　　（2）计算喷管出口压力。

12.17　一种理想的火箭喷管最初设计,是为了在海平面、燃烧室压力为 400 psia、温度为 5 000 °R 的情况下将排出气体膨胀到环境压力。该火箭现在被用来推进从 38 000 ft 高的飞机上发射的导弹,那里的压力是 3.27 psia。

(1) 确定在 38 000ft 处产生 1 000 lbf 推力所需的出口面积。

(2) 计算出口速度、有效排气速度和比冲。

12.18　火箭燃烧室的滞止条件为 22 bar 和 2 500 K。假设喷管是理想的,将气流膨胀到环境压力 0.25 bar。

(1) 确定喷管面积比和出口速度。

(2) 比冲是多少?

12.19　火箭喷管的设计工作条件是从恒定燃烧室压 500 psia 排出至 14.7 psia。求出海平面推力与太空中推力之比(0 psia)。假定燃烧室内温度为 2 500 °R,$\gamma=1.4$,$R=20$ ft · lbf/(lbm · °R)。

12.20　结果表明,对于给定的喷管压力比,火箭的理想推力不依赖于温度。用火箭在设计条件(出口压力平衡)下的推力方程(12.64)和操纵参数来说明这一点。理想推力取决于什么样的实际物理量(如面积、压力、比热比)?

12.21　比较习题 7.13 中所述的进气道的总压恢复系数。

12.22　画出一个超声速进气道,它有一个斜激波,接着是一个附在亚声速扩压器入口的正激波。画出流线并确定其捕获面积(实际上进入扩压器的自由流部分)。现在改变转折角,使斜激波变为一个不同的角度,再次确定捕获面积。证明当斜激波刚接触扩压器外唇时,有最大流量进入扩压器入口。

12.23　图 12.25 说明了固定几何形状的超声速扩压器的特殊工作条件。由于该图不是按比例绘制的,因此不能用作工作图纸。

(1) 编制图 12.25 的精确版本。

(2) 如果设计飞行速度为 $Ma_0=1.5$,为了启动扩压器,飞行器必须达到的速度是多少?

(3) 假设设计速度为 $Ma_0=2.0$,飞行器必须以多快的速度启动扩压器?

12.24　设计一个变面积的收扩型超声速进气道。该方案是在飞行器刚刚达到设计飞行速度时发生激波吞咽,然后改变扩压器的面积比,使其在无激波的情况下正常工作。这样,进气道就不必超速启动。计算在飞行速度为 $Ma_0=2.80$ 时,按上述方式操作所需的最大面积比和最小面积比。

12.25　在液体火箭发动机的燃烧室出口处,压力为 2.76 MPa,温度为 2 778 K。燃烧产物进入等熵收缩-扩张喷管,如图 5.10 或图 12.16 所示。进入喷管的气体的分子质量为 20.3,$\gamma=1.25$。考虑喷管中的流动成分被"冻结",并假设理想气体等熵,使用方程(12.73)在 3 个位置计算 $C_{F\,opt}$:喷管入口($Ma=0.2$)、喉道和出口($Ma=4.0$)。另外,还要在 $p_3=p_0$ 的条件下确定"喷管喉直径"为 18.5 cm 时的发动机推力。

## 小　测

在不参考本章内容的情况下独立完成以下测试。

12.1　假设制造一台供滑雪小屋使用的发电机,为了保持其小而轻,决定使用开放的布雷

顿循环,如图 CT12.1 所示。写出表达式(根据在 1、2、3 和 4 处的性质)来表示每磅的质量流动:

(1) 压气机输入功。

(2) 涡轮输出功。

(3) 循环热力学效率。

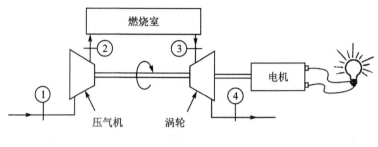

图 CT12.1

12.2　如果机械效率不是很高,布雷顿循环的热力学效率就会非常低。布雷顿循环的基本特征是什么?

12.3　进入涡轮的条件为 $T_t = 1\,060\,^\circ\mathrm{C}$,$p_t = 6.5$ bar。涡轮效率 $\eta_t = 90\%$,质量流率是 45 kg/s。如果涡轮产生 $2.08 \times 10^7$ W 的功,计算涡轮出口滞止条件。忽略任何传热。

12.4　画出涡扇发动机(真正的发动机,而不是理想的发动机)的二次(风扇)气流的 $h - s$ 图。

(1) 如果静态点和滞止点有显著不同,就标明它们。

(2) 指明有关的速度、做功量等。

12.5　陈述下列各项是正确的还是错误的。

(1) 推力功率输出可视为工作介质动能的变化。

(2) 如果火箭排出的废气相对于火箭的速度为 7 000 ft/sec,火箭相对于地面的速度为 8 000 ft/sec 是不可能的。

(3) 有可能以 100% 的推进效率操作冲压发动机并产生推力。

(4) 人们期望涡扇发动机的 tsfc 比冲压发动机高。

12.6　火箭以 4 500 ft/sec 的速度在 20 000 ft 的高空飞行,其中温度和压力分别为 447 °R 和 972 psfa。喷管的出口直径为 24 in。排气射流具有如下特征:$T = 1\,500$ °R,$p = 1\,200$ psfa,$V = 6\,600$ ft/s(相对于火箭)。

(1) 计算流量和净推进推力。

(2) 有效排气速度是多少?

(3) 计算比冲和推力功率。

12.7　设计马赫数为 $Ma_0 = 1.65$ 的飞行器,装备了一种固定几何形状的收扩型超声速扩压器,飞机要多快才能启动该扩压器?

# 附录 A　英制单位概述(EE)

| | | |
|---|---|---|
| 力 | 磅力 | lbf |
| 质量 | 磅质量 | lbm |
| 长度 | 英尺 | ft |
| 时间 | 秒 | sec |
| 温度 | 兰氏度 | °R |

由于磅可以表示磅力(lbf)或者磅质量(lbm),容易混淆,所以在使用单位时必须准确。
1 磅力等于 1 磅质量乘以 32.174 ft/sec² 的加速度。

$$F = \frac{ma}{g_c}$$

$$1 \text{ (lbf)} = \frac{1(\text{lbm}) \cdot 32.174(\text{ft/sec}^2)}{g_c}$$

可得

$$g_c = 32.174 \text{ lbm} \cdot \text{ft}/(\text{lbf} \cdot \text{sec}^2)$$

温度　　　　　　$T(°R) = T(°F) + 459.67$

理想气体常数　$R = 1\,545/\text{M.M}^* \cdot \text{ft} \cdot \text{lbf}/(\text{lbm} \cdot °R)$

压强　　　　　　$1 \text{ atm} = 2\,116.2 \text{ lbf/ft}^2$

热量　　　　　　$1 \text{ Btu} = 778.2 \text{ ft} \cdot \text{lbf}$

功　　　　　　　$1 \text{ hp} = 550 \text{ ft} \cdot \text{lbf/sec}$

重力加速度　　$g_0 = 32.174 \text{ ft/sec}^2$

---

\* M. M 为分子质量。

### 表 AA.1　常用单位换算系数

| 目标单位 | | 换算单位 | 换算系数 |
|---|---|---|---|
| m | | ft | 3.281 |
| m | | in | $3.937 \times 10$ |
| N | | lbf | $2.248 \times 10^{-1}$ |
| kg | | lbm | 2.205 |
| K | | °R | 1.800 |
| J | $(Q)$ | Btu | $9.479 \times 10^{-4}$ |
| kWh | $(Q)$ | Btu | $3.413 \times 10^{3}$ |
| J | $(W)$ | ft·lbf | $7.375 \times 10^{-1}$ |
| W | | 马力 | $1.341 \times 10^{-3}$ |
| m/s | $(V)$ | ft/sec | 3.281 |
| m/s | $(V)$ | mph | 2.237 |
| km/h | $(V)$ | mph | $6.215 \times 10^{-1}$ |
| N/m² | $(p)$ | 标准大气压 | $9.872 \times 10^{-6}$ |
| N/m² | $(p)$ | lbf/in² | $1.450 \times 10^{-4}$ |
| N/m² | $(p)$ | lbf/ft² | $2.089 \times 10^{-2}$ |
| kg/m³ | $(\rho)$ | lbm/ft³ | $6.242 \times 10^{-2}$ |
| N·s/m² | $(\mu)$ | lbf·sec/ft | $2.089 \times 10^{-2}$ |
| m²/s | $(\nu)$ | ft²/sec | $1.076 \times 10$ |
| J/(kg·K) | $(c_p)$ | Btu/(lbm·°R) | $2.388 \times 10^{-4}$ |
| N·m/(kg·K) | $(R)$ | ft·lbf/(lbm·°R) | $1.858 \times 10^{-1}$ |

### 表 AA.2　气体特性–英制单位(EE)

| 气 体 特 征 | | 摩尔质量 | $\gamma = \dfrac{c_p}{c_v}$ | 气体常数 $R$/ (ft·lbf· (lbm·°R)$^{-1}$) | 比热容/ (Btu·(lbm·°R)$^{-1}$) | | 粘度 $\mu$/ (lbf·sec· ft$^{-2}$) | 临界点 | |
|---|---|---|---|---|---|---|---|---|---|
| | | | | | $c_p$ | $c_v$ | | $T_c$/°R | $p_c$/psia |
| 空气 | | 28.97 | 1.40 | 53.3 | 0.240 | 0.171 | 3.8E−7 | 239 | 546 |
| 氨气 | NH₃ | 17.03 | 1.32 | 90.74 | 0.523 | 0.396 | 2.1E−7 | 739.7 | 1 636 |
| 氩气 | Ar | 39.94 | 1.67 | 38.7 | 0.124 | 0.074 | 4.7E−7 | 272 | 705 |
| 二氧化碳 | CO₂ | 44.01 | 1.29 | 35.1 | 0.203 | 0.157 | 3.1E−7 | 547.5 | 1 071 |
| 一氧化碳 | CO | 28.01 | 1.40 | 55.2 | 0.248 | 0.177 | 3.7E−7 | 240 | 507 |
| 氦气 | He | 4.00 | 1.67 | 386 | 1.25 | 0.750 | 4.2E−7 | 9.5 | 33.2 |
| 氢气 | H₂ | 2.02 | 1.41 | 766 | 3.42 | 2.43 | 1.9E−7 | 59.9 | 188.1 |
| 甲烷 | CH₄ | 16.04 | 1.32 | 96.4 | 0.532 | 0.403 | 2.3E−7 | 343.9 | 673 |
| 氮气 | N₂ | 28.02 | 1.40 | 55.1 | 0.248 | 0.177 | 3.6E−7 | 227.1 | 492 |
| 氧气 | O₂ | 32.00 | 1.40 | 48.3 | 0.218 | 0.156 | 4.2E−7 | 278.6 | 736 |
| 水蒸气 | H₂O | 18.02 | 1.33 | 85.7 | 0.445 | 0.335 | 2.2E−7 | 1 165.3 | 3 204 |

注:$\gamma$、$R$、$c_p$、$c_v$ 和 $\mu$ 值均适用于室温。

# 附录 B  国际单位制概述(SI)

| 力 | 牛顿 | N |
| 质量 | 千克 | kg |
| 长度 | 米 | m |
| 时间 | 秒 | s |
| 温度 | 开氏度 | K |

1 N 的力等于 1 kg 的质量乘以 1 m/s$^2$ 的加速度。

$$F = \frac{ma}{g_c}$$

$$1(N) = \frac{1(kg) \cdot 1(m/s^2)}{g_c}$$

可得

$$g_c = 1 \ kg \cdot m/(N \cdot s^2)$$

温度             $T(K) = T(℃) + 273.15$

理想气体常数   $R = 8\ 314/M.M^*.N \cdot m/(kg \cdot K)$

压强             $1 \ atm = 1.013 \times 10^5 \ N/m^2$

                  $1 \ Pa = 1 \ N/m^2$

                  $1 \ bar = 1 \times 10^5 \ N/m^2$

                  $1 \ MPa = 1 \times 10^6 \ N/m^2$

热量             $1 \ J = 1 \ N \cdot m$

功                $1 \ W = 1 \ J/s$

重力加速度     $g_0 = 9.81 \ m/s^2$

## 表 AB.1  常用单位换算系数

| 目标单位 | | 换算单位 | 换算系数 |
| --- | --- | --- | --- |
| ft | | m | $3.048 \times 10^{-1}$ |
| in | | m | $2.54 \times 10^{-2}$ |
| lbf | | N | $4.448$ |
| lbm | | kg | $4.536 \times 10^{-1}$ |
| °R | | K | $5.555 \times 10^{-1}$ |
| Btu | $(Q)$ | J | $1.055 \times 10^3$ |
| Btu | $(Q)$ | kW $\cdot$ h | $2.930 \times 10^{-4}$ |
| ft $\cdot$ lbf | $(W)$ | J | $1.356$ |

---

\* M.M 为分子质量。

续表 AB. 1

| 目标单位 | | 换算单位 | 换算系数 |
|---|---|---|---|
| 马力 | | W | $7.457×10^2$ |
| ft/sec | $(V)$ | m/s | $3.048×10^{-1}$ |
| mph | $(V)$ | m/s | $4.470×10^{-1}$ |
| mph | $(V)$ | km/h | 1.609 |
| 标准大气压 | $(p)$ | $N/m^2$ | $1.013×10^5$ |
| $lbf/in^2$ | $(p)$ | $N/m^2$ | $6.895×10^3$ |
| $lbf/ft^2$ | $(p)$ | $N/m^2$ | $4.788×10$ |
| $lbm/ft^3$ | $(\rho)$ | $kg/m^3$ | $1.602×10$ |
| $lbf·sec/ft$ | $(\mu)$ | $N·s/m^2$ | $4.788×10$ |
| $ft^2/sec$ | $(\nu)$ | $m^2/s$ | $9.290×10^{-2}$ |
| Btu/(lbm·°R) | $(c_p)$ | J/(kg·K) | $4.187×10^3$ |
| ft·lbf/(lbm·°R) | $(R)$ | N·m/(kg·K) | 5.381 |

## 表 AB. 2　气体特性-国际单位制(SI)

| 气　体　特　征 | | 摩尔质量 | $\gamma=\dfrac{c_p}{c_v}$ | 气体常数 $R$/ (N·m· (kg·K)$^{-1}$) | 比热容/ (J·(kg·K)$^{-1}$) | | 粘度 $\mu$/ (N·s·m$^{-2}$) | 临界点 | |
|---|---|---|---|---|---|---|---|---|---|
| | | | | | $c_p$ | $c_v$ | | $T_c$/K | $p_c$/MPa |
| 空气 | | 28.97 | 1.40 | 287 | 1 000 | 716 | 1.8E−5 | 132.8 | 3.76 |
| 氨气 | $NH_3$ | 17.03 | 1.32 | 488 | 2 175 | 1 648 | 1.0E−5 | 405 | 11.36 |
| 氩气 | Ar | 39.94 | 1.67 | 208 | 519 | 310 | 2.3E−5 | 151.1 | 4.86 |
| 二氧化碳 | $CO_2$ | 44.01 | 1.29 | 189 | 850 | 657 | 1.5E−5 | 304.1 | 7.38 |
| 一氧化碳 | CO | 28.01 | 1.40 | 297 | 1 040 | 741 | 1.8E−5 | 133.3 | 3.49 |
| 氦气 | He | 4.00 | 1.67 | 2 080 | 5 230 | 3 140 | 2.0E−5 | 5.28 | 0.229 |
| 氢气 | $H_2$ | 2.02 | 1.41 | 4 120 | 14 300 | 10 200 | 9.1E−5 | 33.3 | 1.30 |
| 甲烷 | $CH_4$ | 16.04 | 1.32 | 519 | 2 230 | 1 690 | 1.1E−5 | 191.0 | 4.64 |
| 氮气 | $N_2$ | 28.02 | 1.40 | 296 | 1 040 | 741 | 1.7E−5 | 126.2 | 3.39 |
| 氧气 | $O_2$ | 32.00 | 1.40 | 260 | 913 | 653 | 2.0E−5 | 154.8 | 5.07 |
| 水蒸气 | $H_2O$ | 18.02 | 1.33 | 461 | 1 860 | 1 400 | 1.1E−5 | 647.3 | 22.09 |

注：$\gamma$、$R$、$c_p$、$c_v$ 和 $\mu$ 值均适用于室温。

# 附录 C 摩擦系数图

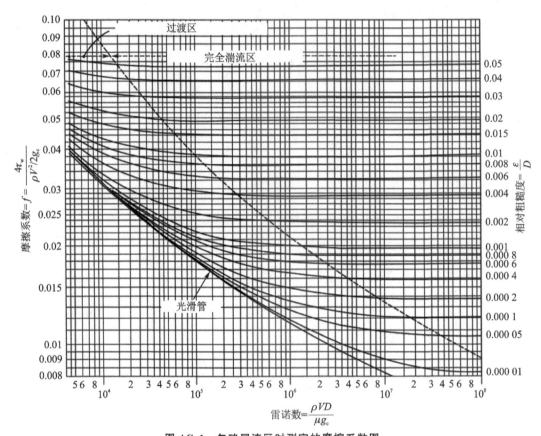

图 AC.1 忽略层流区时测定的摩擦系数图

（Moody L F. Friction factors for pipe flow[J]. 美国机械工程师学会学报, 1944, 66）

# 附录 D 二维斜激波图($\gamma=1.4$)

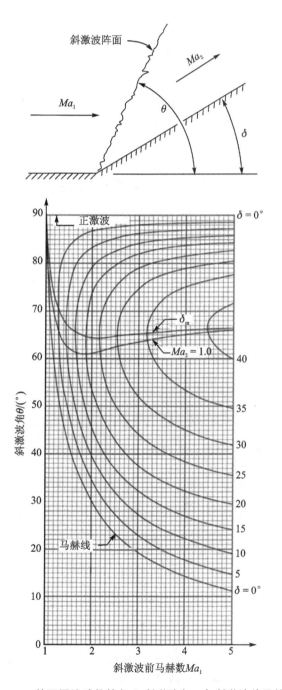

图 AD.1 对于 $\gamma=1.4$ 的不同流动偏转角 $\delta$、斜激波角 $\theta$ 与斜激波前马赫数 $Ma_1$ 的关系
(Zucrow M J, Hoffman J D. Gas Dynamics [M]. Vol. I. New York: John Wiley & Sons,1976.)

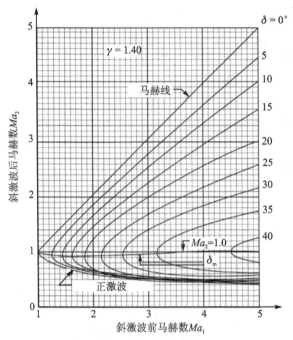

**图 AD.2** 对于 $\gamma = 1.4$ 的不同流动偏转角 $\delta$、斜激波后马赫数 $Ma_2$ 与斜激波前马赫数 $Ma_1$ 的关系

（Zucrow M J，Hoffman J D. Gas Dynamics[M]. Vol. I. New York：John Wiley & Sons, 1976.）

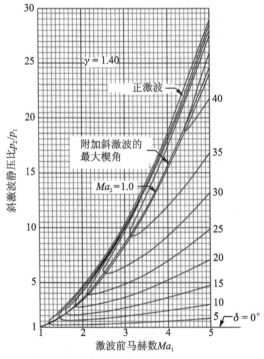

**图 AD.3** 对于 $\gamma = 1.4$ 的不同流动偏转角 $\delta$、斜激波静压比 $p_2/p_1$ 与激波前马赫数 $Ma_1$ 的关系

（Zucrow M J, Hoffman J D. Gas Dynamics [M]. Vol. I. New York：John Wiley & Sons, 1976.）

# 附录 E 三维锥形激波图($\gamma=1.4$)

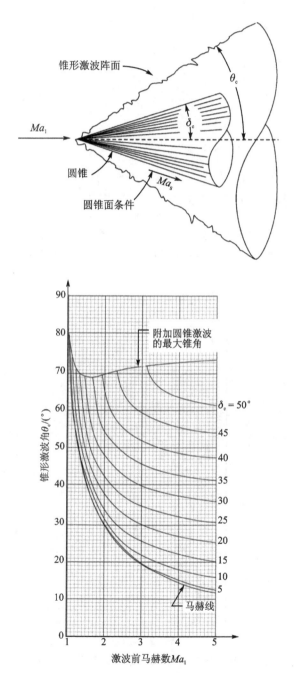

图 AE.1 对于 $\gamma=1.4$ 的不同流动偏转角 $\delta_c$、锥形激波角 $\theta_c$ 与激波前马赫数 $Ma_1$ 的关系

(Zucrow M J, Hoffman J D. Gas Dynamics [M]. Vol. I. New York: John Wiley & Sons, 1996.)

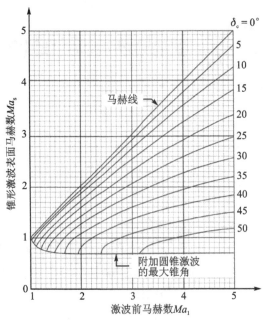

图 AE.2 对于 $\gamma = 1.4$ 的不同流动偏转角 $\delta_c$、锥形激波表面马赫数 $Ma_S$ 与激波前马赫数 $Ma_1$ 的关系
(Zucrow M J, Hoffman J D. Gas Dynamics [M]. Vol. I. New York: John Wiley & Sons, 1976.)

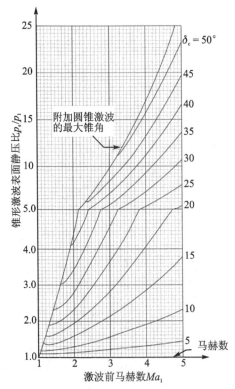

图 AE.3 对于 $\gamma = 1.4$ 的不同流动偏转角 $\delta_c$、锥形激波表面静压比 $p_S/p_1$ 与激波前马赫数 $Ma_1$ 的关系
(Zucrow M J, Hoffman J D. Gas Dynamics [M]. Vol. I. New York: John Wiley & Sons, 1976.)

# 附录 F 广义压缩因子图

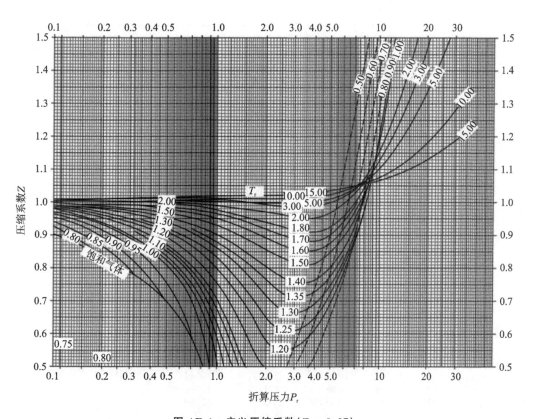

图 AF.1 广义压缩系数 ($Z_c = 0.27$)

(Sontag R E, Borgnakke C, Van Wylen C J. Fundamentals of Thermodynamics [M].

5th ed. New York: John Wiley & Sons, 1997. )

# 附录 G 等熵流参数($\gamma=1.4$)
## (包括 Prandtl – Meyer 函数)

| Ma | $p/p_t$ | $T/T_t$ | $A/A^*$ | $pA/p_tA^*$ | $\nu$ | $\mu$ |
|---|---|---|---|---|---|---|
| 0.0 | 1.00000 | 1.00000 | $\infty$ | $\infty$ | | |
| 0.01 | 0.99993 | 0.99998 | 57.87384 | 57.86979 | | |
| 0.02 | 0.99972 | 0.99992 | 28.94213 | 28.93403 | | |
| 0.03 | 0.99937 | 0.99982 | 19.30054 | 19.28839 | | |
| 0.04 | 0.99888 | 0.99968 | 14.48149 | 14.46528 | | |
| 0.05 | 0.99825 | 0.99950 | 11.59144 | 11.57118 | | |
| 0.06 | 0.99748 | 0.99928 | 9.66591 | 9.64159 | | |
| 0.07 | 0.99658 | 0.99902 | 8.29153 | 8.26315 | | |
| 0.08 | 0.99553 | 0.99872 | 7.26161 | 7.22917 | | |
| 0.09 | 0.99435 | 0.99838 | 6.46134 | 6.42484 | | |
| 0.10 | 0.99303 | 0.99800 | 5.82183 | 5.78126 | | |
| 0.11 | 0.99158 | 0.99759 | 5.29923 | 5.25459 | | |
| 0.12 | 0.98998 | 0.99713 | 4.86432 | 4.81560 | | |
| 0.13 | 0.98826 | 0.99663 | 4.49686 | 4.44406 | | |
| 0.14 | 0.98640 | 0.99610 | 4.18240 | 4.12552 | | |
| 0.15 | 0.98441 | 0.99552 | 3.91034 | 3.84937 | | |
| 0.16 | 0.98228 | 0.99491 | 3.67274 | 3.60767 | | |
| 0.17 | 0.98003 | 0.99425 | 3.46351 | 3.39434 | | |
| 0.18 | 0.97765 | 0.99356 | 3.27793 | 3.20465 | | |
| 0.19 | 0.97514 | 0.99283 | 3.11226 | 3.03487 | | |
| 0.20 | 0.97250 | 0.99206 | 2.96352 | 2.88201 | | |
| 0.21 | 0.96973 | 0.99126 | 2.82929 | 2.74366 | | |
| 0.22 | 0.96685 | 0.99041 | 2.70760 | 2.61783 | | |
| 0.23 | 0.96383 | 0.98953 | 2.59681 | 2.50290 | | |
| 0.24 | 0.96070 | 0.98861 | 2.49556 | 2.39750 | | |
| 0.25 | 0.95745 | 0.98765 | 2.40271 | 2.30048 | | |
| 0.26 | 0.95408 | 0.98666 | 2.31729 | 2.21089 | | |
| 0.27 | 0.95060 | 0.98563 | 2.23847 | 2.12789 | | |
| 0.28 | 0.94700 | 0.98456 | 2.16555 | 2.05078 | | |
| 0.29 | 0.94329 | 0.98346 | 2.09793 | 1.97896 | | |
| 0.30 | 0.93947 | 0.98232 | 2.03507 | 1.91188 | | |
| 0.31 | 0.93554 | 0.98114 | 1.97651 | 1.84910 | | |
| 0.32 | 0.93150 | 0.97993 | 1.92185 | 1.79021 | | |
| 0.33 | 0.92736 | 0.97868 | 1.87074 | 1.73486 | | |
| 0.34 | 0.92312 | 0.97740 | 1.82288 | 1.68273 | | |
| 0.35 | 0.91877 | 0.97609 | 1.77797 | 1.63355 | | |
| 0.36 | 0.91433 | 0.97473 | 1.73578 | 1.58707 | | |
| 0.37 | 0.90979 | 0.97335 | 1.69609 | 1.54308 | | |
| 0.38 | 0.90516 | 0.97193 | 1.65870 | 1.50138 | | |
| 0.39 | 0.90043 | 0.97048 | 1.62343 | 1.46179 | | |
| 0.40 | 0.89561 | 0.96899 | 1.59014 | 1.42415 | | |
| 0.41 | 0.89071 | 0.96747 | 1.55867 | 1.38833 | | |
| 0.42 | 0.88572 | 0.96592 | 1.52890 | 1.35419 | | |
| 0.43 | 0.88065 | 0.96434 | 1.50072 | 1.32161 | | |
| 0.44 | 0.87550 | 0.96272 | 1.47401 | 1.29049 | | |
| 0.45 | 0.87027 | 0.96108 | 1.44867 | 1.26073 | | |
| 0.46 | 0.86496 | 0.95940 | 1.42463 | 1.23225 | | |
| 0.47 | 0.85958 | 0.95769 | 1.40180 | 1.20495 | | |
| 0.46 | 0.85413 | 0.95595 | 1.38010 | 1.17878 | | |
| 0.49 | 0.84861 | 0.95418 | 1.35947 | 1.15365 | | |
| 0.50 | 0.84302 | 0.95238 | 1.33984 | 1.12951 | | |

续表

| Ma | $p/p_t$ | $T/T_t$ | $A/A^*$ | $pA/p_tA^*$ | $v$ | $\mu$ |
|---|---|---|---|---|---|---|
| **0.51** | 0.83737 | 0.95055 | 1.32117 | 1.10630 | | |
| **0.52** | 0.83165 | 0.94869 | 1.30339 | 1.08397 | | |
| **0.53** | 0.82588 | 0.94681 | 1.28645 | 1.06246 | | |
| **0.54** | 0.82005 | 0.94489 | 1.27032 | 1.04173 | | |
| **0.55** | 0.81417 | 0.94295 | 1.25495 | 1.02173 | | |
| **0.56** | 0.80823 | 0.94098 | 1.24029 | 1.00244 | | |
| **0.57** | 0.80224 | 0.93898 | 1.22633 | 0.98381 | | |
| **0.58** | 0.79621 | 0.93696 | 1.21301 | 0.96580 | | |
| **0.59** | 0.79013 | 0.93491 | 1.20031 | 0.94840 | | |
| **0.60** | 0.78400 | 0.93284 | 1.18820 | 0.93155 | | |
| **0.61** | 0.77784 | 0.93073 | 1.17665 | 0.91525 | | |
| **0.62** | 0.77164 | 0.92861 | 1.16565 | 0.89946 | | |
| **0.63** | 0.76540 | 0.92646 | 1.15515 | 0.88416 | | |
| **0.64** | 0.75913 | 0.92428 | 1.14515 | 0.86932 | | |
| **0.65** | 0.75283 | 0.92208 | 1.13562 | 0.85493 | | |
| **0.66** | 0.74650 | 0.91986 | 1.12654 | 0.84096 | | |
| **0.67** | 0.74014 | 0.91762 | 1.11789 | 0.82739 | | |
| **0.68** | 0.73376 | 0.91535 | 1.10965 | 0.81422 | | |
| **0.69** | 0.72735 | 0.91306 | 1.10182 | 0.80141 | | |
| **0.70** | 0.72093 | 0.91075 | 1.09437 | 0.78896 | | |
| **0.71** | 0.71448 | 0.90841 | 1.08729 | 0.77685 | | |
| **0.72** | 0.70803 | 0.90606 | 1.08057 | 0.76507 | | |
| **0.73** | 0.70155 | 0.90369 | 1.07419 | 0.75360 | | |
| **0.74** | 0.69507 | 0.90129 | 1.06814 | 0.74243 | | |
| **0.75** | 0.68857 | 0.89888 | 1.06242 | 0.73155 | | |
| **0.76** | 0.68207 | 0.89644 | 1.05700 | 0.72095 | | |
| **0.77** | 0.67556 | 0.89399 | 1.05188 | 0.71061 | | |
| **0.78** | 0.66905 | 0.89152 | 1.04705 | 0.70053 | | |
| **0.79** | 0.66254 | 0.88903 | 1.04251 | 0.69070 | | |
| **0.80** | 0.65602 | 0.88652 | 1.03823 | 0.68110 | | |
| **0.81** | 0.64951 | 0.88400 | 1.03422 | 0.67173 | | |
| **0.82** | 0.64300 | 0.88146 | 1.03046 | 0.66259 | | |
| **0.83** | 0.63650 | 0.87890 | 1.02696 | 0.65366 | | |
| **0.84** | 0.63000 | 0.87633 | 1.02370 | 0.64493 | | |
| **0.85** | 0.62351 | 0.87374 | 1.02067 | 0.63640 | | |
| **0.86** | 0.61703 | 0.87114 | 1.01787 | 0.62806 | | |
| **0.87** | 0.61057 | 0.86852 | 1.01530 | 0.61991 | | |
| **0.88** | 0.60412 | 0.86589 | 1.01294 | 0.61193 | | |
| **0.89** | 0.59768 | 0.86324 | 1.01080 | 0.60413 | | |
| **0.90** | 0.59126 | 0.86059 | 1.00886 | 0.59650 | | |
| **0.91** | 0.58486 | 0.85791 | 1.00713 | 0.58903 | | |
| **0.92** | 0.57848 | 0.85523 | 1.00560 | 0.58171 | | |
| **0.93** | 0.57211 | 0.85253 | 1.00426 | 0.57455 | | |
| **0.94** | 0.56578 | 0.84982 | 1.00311 | 0.56753 | | |
| **0.95** | 0.55946 | 0.84710 | 1.00215 | 0.56066 | | |
| **0.96** | 0.55317 | 0.84437 | 1.00136 | 0.55392 | | |
| **0.97** | 0.54691 | 0.84162 | 1.00076 | 0.54732 | | |
| **0.98** | 0.54067 | 0.83887 | 1.00034 | 0.54085 | | |
| **0.99** | 0.53446 | 0.83611 | 1.00008 | 0.53451 | | |
| **1.00** | 0.52828 | 0.83333 | 1.00000 | 0.52828 | 0.0 | 90.0000 |
| **1.01** | 0.52213 | 0.83055 | 1.00008 | 0.52218 | 0.04472 | 81.9307 |
| **1.02** | 0.51602 | 0.82776 | 1.00033 | 0.51619 | 0.12569 | 78.6351 |
| **1.03** | 0.50994 | 0.82496 | 1.00074 | 0.51031 | 0.22943 | 76.1376 |
| **1.04** | 0.50389 | 0.82215 | 1.00131 | 0.50454 | 0.35098 | 74.0576 |
| **1.05** | 0.49787 | 0.81934 | 1.00203 | 0.49888 | 0.48741 | 72.2472 |

| Ma | $p/p_t$ | $T/T_t$ | $A/A^*$ | $pA/p_tA^*$ | $v$ | $\mu$ |
|---|---|---|---|---|---|---|
| 1.06 | 0.49189 | 0.81651 | 1.00291 | 0.49332 | 0.63669 | 70.6300 |
| 1.07 | 0.48595 | 0.81368 | 1.00394 | 0.48787 | 0.79729 | 69.1603 |
| 1.08 | 0.48005 | 0.81085 | 1.00512 | 0.48250 | 0.96804 | 67.8084 |
| 1.09 | 0.47418 | 0.80800 | 1.00645 | 0.47724 | 1.14795 | 66.5534 |
| 1.10 | 0.46835 | 0.80515 | 1.00793 | 0.47207 | 1.33620 | 65.3800 |
| 1.11 | 0.46257 | 0.80230 | 1.00955 | 0.46698 | 1.53210 | 64.2767 |
| 1.12 | 0.45682 | 0.79944 | 1.01131 | 0.46199 | 1.73504 | 63.2345 |
| 1.13 | 0.45111 | 0.79657 | 1.01322 | 0.45708 | 1.94448 | 62.2461 |
| 1.14 | 0.44545 | 0.79370 | 1.01527 | 0.45225 | 2.15996 | 61.3056 |
| 1.15 | 0.43983 | 0.79083 | 1.01745 | 0.44751 | 2.38104 | 60.4082 |
| 1.16 | 0.43425 | 0.78795 | 1.01978 | 0.44284 | 2.60735 | 59.5497 |
| 1.17 | 0.42872 | 0.78506 | 1.02224 | 0.43825 | 2.83852 | 58.7267 |
| 1.18 | 0.42322 | 0.78218 | 1.02484 | 0.43374 | 3.07426 | 57.9362 |
| 1.19 | 0.41778 | 0.77929 | 1.02757 | 0.42930 | 3.31425 | 57.1756 |
| 1.20 | 0.41238 | 0.77640 | 1.03044 | 0.42493 | 3.55823 | 56.4427 |
| 1.21 | 0.40702 | 0.77350 | 1.03344 | 0.42063 | 3.80596 | 55.7354 |
| 1.22 | 0.40171 | 0.77061 | 1.03657 | 0.41640 | 4.05720 | 55.0520 |
| 1.23 | 0.39645 | 0.76771 | 1.03983 | 0.41224 | 4.31173 | 54.3909 |
| 1.24 | 0.39123 | 0.76481 | 1.04323 | 0.40814 | 4.56936 | 53.7507 |
| 1.25 | 0.38606 | 0.76190 | 1.04675 | 0.40411 | 4.82989 | 53.1301 |
| 1.26 | 0.38093 | 0.75900 | 1.05041 | 0.40014 | 5.09315 | 52.5280 |
| 1.27 | 0.37586 | 0.75610 | 1.05419 | 0.39622 | 5.35897 | 51.9433 |
| 1.28 | 0.37083 | 0.75319 | 1.05810 | 0.39237 | 5.62720 | 51.3752 |
| 1.29 | 0.36585 | 0.75029 | 1.06214 | 0.38858 | 5.89768 | 50.8226 |
| 1.30 | 0.36091 | 0.74738 | 1.06630 | 0.38484 | 6.17029 | 50.2849 |
| 1.31 | 0.35603 | 0.74448 | 1.07060 | 0.38116 | 6.44488 | 49.7612 |
| 1.32 | 0.35119 | 0.74158 | 1.07502 | 0.37754 | 6.72133 | 49.2509 |
| 1.33 | 0.34640 | 0.73867 | 1.07957 | 0.37396 | 6.99953 | 48.7535 |
| 1.34 | 0.34166 | 0.73577 | 1.08424 | 0.37044 | 7.27937 | 48.2682 |
| 1.35 | 0.33697 | 0.73287 | 1.08904 | 0.36697 | 7.56072 | 47.7946 |
| 1.36 | 0.33233 | 0.72997 | 1.09396 | 0.36355 | 7.84351 | 47.3321 |
| 1.37 | 0.32773 | 0.72707 | 1.09902 | 0.36018 | 8.12762 | 46.8803 |
| 1.38 | 0.32319 | 0.72418 | 1.10419 | 0.35686 | 8.41297 | 46.4387 |
| 1.39 | 0.31869 | 0.72128 | 1.10950 | 0.35359 | 8.69946 | 46.0070 |
| 1.40 | 0.31424 | 0.71839 | 1.11493 | 0.35036 | 8.98702 | 45.5847 |
| 1.41 | 0.30984 | 0.71550 | 1.12048 | 0.34717 | 9.27556 | 45.1715 |
| 1.42 | 0.30549 | 0.71262 | 1.12616 | 0.34403 | 9.56502 | 44.7670 |
| 1.43 | 0.30118 | 0.70973 | 1.13197 | 0.34093 | 9.85531 | 44.3709 |
| 1.44 | 0.29693 | 0.70685 | 1.13790 | 0.33788 | 10.14636 | 43.9830 |
| 1.45 | 0.29272 | 0.70398 | 1.14396 | 0.33486 | 10.43811 | 43.6028 |
| 1.46 | 0.28856 | 0.70110 | 1.15015 | 0.33189 | 10.73050 | 43.2302 |
| 1.47 | 0.28445 | 0.69824 | 1.15646 | 0.32896 | 11.02346 | 42.8649 |
| 1.48 | 0.28039 | 0.69537 | 1.16290 | 0.32606 | 11.31694 | 42.5066 |
| 1.49 | 0.27637 | 0.69251 | 1.16947 | 0.32321 | 11.61087 | 42.1552 |
| 1.50 | 0.27240 | 0.68966 | 1.17617 | 0.32039 | 11.90521 | 41.8103 |
| 1.51 | 0.26848 | 0.68680 | 1.18299 | 0.31761 | 12.19990 | 41.4718 |
| 1.52 | 0.26461 | 0.68396 | 1.18994 | 0.31487 | 12.49489 | 41.1395 |
| 1.53 | 0.26078 | 0.68112 | 1.19702 | 0.31216 | 12.79014 | 40.8132 |
| 1.54 | 0.25700 | 0.67828 | 1.20423 | 0.30949 | 13.08559 | 40.4927 |
| 1.55 | 0.25326 | 0.67545 | 1.21157 | 0.30685 | 13.38121 | 40.1778 |
| 1.56 | 0.24957 | 0.67262 | 1.21904 | 0.30424 | 13.67696 | 39.8683 |
| 1.57 | 0.24593 | 0.66980 | 1.22664 | 0.30167 | 13.97278 | 39.5642 |
| 1.58 | 0.24233 | 0.66699 | 1.23438 | 0.29913 | 14.26865 | 39.2652 |
| 1.59 | 0.23878 | 0.66418 | 1.24224 | 0.29662 | 14.56452 | 38.9713 |
| 1.60 | 0.23527 | 0.66138 | 1.25023 | 0.29414 | 14.86035 | 38.6822 |
| 1.61 | 0.23181 | 0.65858 | 1.25836 | 0.29170 | 15.15612 | 38.3978 |
| 1.62 | 0.22839 | 0.65579 | 1.26663 | 0.28928 | 15.45180 | 38.1181 |
| 1.63 | 0.22501 | 0.65301 | 1.27502 | 0.28690 | 15.74733 | 37.8428 |
| 1.64 | 0.22168 | 0.65023 | 1.28355 | 0.28454 | 16.04271 | 37.5719 |

续表

| Ma | $p/p_t$ | $T/T_t$ | $A/A^*$ | $pA/p_tA^*$ | $\nu$ | $\mu$ |
|---|---|---|---|---|---|---|
| 1.65 | 0.21839 | 0.64746 | 1.29222 | 0.28221 | 16.33789 | 37.3052 |
| 1.66 | 0.21515 | 0.64470 | 1.30102 | 0.27991 | 16.63284 | 37.0427 |
| 1.67 | 0.21195 | 0.64194 | 1.30996 | 0.27764 | 16.92755 | 36.7842 |
| 1.68 | 0.20879 | 0.63919 | 1.31904 | 0.27540 | 17.22198 | 36.5296 |
| 1.69 | 0.20567 | 0.63645 | 1.32825 | 0.27318 | 17.51611 | 36.2789 |
| 1.70 | 0.20259 | 0.63371 | 1.33761 | 0.27099 | 17.80991 | 36.0319 |
| 1.71 | 0.19956 | 0.63099 | 1.34710 | 0.26883 | 18.10336 | 35.7885 |
| 1.72 | 0.19656 | 0.62827 | 1.35674 | 0.26669 | 18.39643 | 35.5487 |
| 1.73 | 0.19361 | 0.62556 | 1.36651 | 0.26457 | 18.68911 | 35.3124 |
| 1.74 | 0.19070 | 0.62285 | 1.37643 | 0.26248 | 18.98137 | 35.0795 |
| 1.75 | 0.18782 | 0.62016 | 1.38649 | 0.26042 | 19.27319 | 34.8499 |
| 1.76 | 0.18499 | 0.61747 | 1.39670 | 0.25837 | 19.56456 | 34.6235 |
| 1.77 | 0.18219 | 0.61479 | 1.40705 | 0.25636 | 19.85544 | 34.4003 |
| 1.78 | 0.17944 | 0.61211 | 1.41755 | 0.25436 | 20.14584 | 34.1802 |
| 1.79 | 0.17672 | 0.60945 | 1.42819 | 0.25239 | 20.43571 | 33.9631 |
| 1.80 | 0.17404 | 0.60680 | 1.43898 | 0.25044 | 20.72506 | 33.7490 |
| 1.81 | 0.17140 | 0.60415 | 1.44992 | 0.24851 | 21.01387 | 33.5377 |
| 1.82 | 0.16879 | 0.60151 | 1.46101 | 0.24661 | 21.30211 | 33.3293 |
| 1.83 | 0.16622 | 0.59888 | 1.47225 | 0.24472 | 21.58977 | 33.1237 |
| 1.84 | 0.16369 | 0.59626 | 1.48365 | 0.24286 | 21.87685 | 32.9207 |
| 1.85 | 0.16119 | 0.59365 | 1.49519 | 0.24102 | 22.16332 | 32.7204 |
| 1.86 | 0.15873 | 0.59104 | 1.50689 | 0.23920 | 22.44917 | 32.5227 |
| 1.87 | 0.15631 | 0.58845 | 1.51875 | 0.23739 | 22.73439 | 32.3276 |
| 1.88 | 0.15392 | 0.58586 | 1.53076 | 0.23561 | 23.01896 | 32.1349 |
| 1.89 | 0.15156 | 0.58329 | 1.54293 | 0.23385 | 23.30288 | 31.9447 |
| 1.90 | 0.14924 | 0.58072 | 1.55526 | 0.23211 | 23.58613 | 31.7569 |
| 1.91 | 0.14695 | 0.57816 | 1.56774 | 0.23038 | 23.86871 | 31.5714 |
| 1.92 | 0.14470 | 0.57561 | 1.58039 | 0.22868 | 24.15059 | 31.3882 |
| 1.93 | 0.14247 | 0.57307 | 1.59320 | 0.22699 | 24.43178 | 31.2072 |
| 1.94 | 0.14028 | 0.57054 | 1.60617 | 0.22532 | 24.71226 | 31.0285 |
| 1.95 | 0.13813 | 0.56802 | 1.61931 | 0.22367 | 24.99202 | 30.8519 |
| 1.96 | 0.13600 | 0.56551 | 1.63261 | 0.22203 | 25.27105 | 30.6774 |
| 1.97 | 0.13390 | 0.56301 | 1.64608 | 0.22042 | 25.54935 | 30.5050 |
| 1.98 | 0.13184 | 0.56051 | 1.65972 | 0.21882 | 25.82691 | 30.3347 |
| 1.99 | 0.12981 | 0.55803 | 1.67352 | 0.21724 | 26.10371 | 30.1664 |
| 2.00 | 0.12780 | 0.55556 | 1.68750 | 0.21567 | 26.37976 | 30.0000 |
| 2.01 | 0.12583 | 0.55309 | 1.70165 | 0.21412 | 26.65504 | 29.8356 |
| 2.02 | 0.12389 | 0.55064 | 1.71597 | 0.21259 | 26.92955 | 29.6730 |
| 2.03 | 0.12197 | 0.54819 | 1.73047 | 0.21107 | 27.20328 | 29.5123 |
| 2.04 | 0.12009 | 0.54576 | 1.74514 | 0.20957 | 27.47622 | 29.3535 |
| 2.05 | 0.11823 | 0.54333 | 1.75999 | 0.20808 | 27.74837 | 29.1964 |
| 2.06 | 0.11640 | 0.54091 | 1.77502 | 0.20661 | 28.01973 | 29.0411 |
| 2.07 | 0.11460 | 0.53851 | 1.79022 | 0.20516 | 28.29028 | 28.8875 |
| 2.08 | 0.11282 | 0.53611 | 1.80561 | 0.20371 | 28.56003 | 28.7357 |
| 2.09 | 0.11107 | 0.53373 | 1.82119 | 0.20229 | 28.82896 | 28.5855 |
| 2.10 | 0.10935 | 0.53135 | 1.83694 | 0.20088 | 29.09708 | 28.4369 |
| 2.11 | 0.10766 | 0.52898 | 1.85289 | 0.19948 | 29.36438 | 28.2899 |
| 2.12 | 0.10599 | 0.52663 | 1.86902 | 0.19809 | 29.63085 | 28.1446 |
| 2.13 | 0.10434 | 0.52428 | 1.88533 | 0.19672 | 29.89649 | 28.0008 |
| 2.14 | 0.10273 | 0.52194 | 1.90184 | 0.19537 | 30.16130 | 27.8585 |
| 2.15 | 0.10113 | 0.51962 | 1.91854 | 0.19403 | 30.42527 | 27.7177 |
| 2.16 | 0.09956 | 0.51730 | 1.93544 | 0.19270 | 30.68841 | 27.5785 |
| 2.17 | 0.09802 | 0.51499 | 1.95252 | 0.19138 | 30.95070 | 27.4406 |

气体动力学基础(第3版)

| Ma | $p/p_t$ | $T/T_t$ | $A/A^*$ | $pA/p_tA^*$ | $v$ | $\mu$ |
|------|---------|---------|---------|-------------|----------|---------|
| 2.18 | 0.09649 | 0.51269 | 1.96981 | 0.19008 | 31.21215 | 27.3043 |
| 2.19 | 0.09500 | 0.51041 | 1.98729 | 0.18879 | 31.47275 | 27.1693 |
| 2.20 | 0.09352 | 0.50813 | 2.00497 | 0.18751 | 31.73250 | 27.0357 |
| 2.21 | 0.09207 | 0.50586 | 2.02286 | 0.18624 | 31.99139 | 26.9035 |
| 2.22 | 0.09064 | 0.50361 | 2.04094 | 0.18499 | 32.24943 | 26.7726 |
| 2.23 | 0.08923 | 0.50136 | 2.05923 | 0.18375 | 32.50662 | 26.6430 |
| 2.24 | 0.08785 | 0.49912 | 2.07773 | 0.18252 | 32.76294 | 26.5148 |
| 2.25 | 0.08648 | 0.49689 | 2.09644 | 0.18130 | 33.01841 | 26.3878 |
| 2.26 | 0.08514 | 0.49468 | 2.11535 | 0.18010 | 33.27301 | 26.2621 |
| 2.27 | 0.08382 | 0.49247 | 2.13447 | 0.17890 | 33.52676 | 26.1376 |
| 2.28 | 0.08251 | 0.49027 | 2.15381 | 0.17772 | 33.77963 | 26.0144 |
| 2.29 | 0.08123 | 0.48809 | 2.17336 | 0.17655 | 34.03165 | 25.8923 |
| 2.30 | 0.07997 | 0.48591 | 2.19313 | 0.17539 | 34.28279 | 25.7715 |
| 2.31 | 0.07873 | 0.48374 | 2.21312 | 0.17424 | 34.53307 | 25.6518 |
| 2.32 | 0.07751 | 0.48158 | 2.23332 | 0.17310 | 34.78249 | 25.5332 |
| 2.33 | 0.07631 | 0.47944 | 2.25375 | 0.17198 | 35.03103 | 25.4158 |
| 2.34 | 0.07512 | 0.47730 | 2.27440 | 0.17086 | 35.27871 | 25.2995 |
| 2.35 | 0.07396 | 0.47517 | 2.29528 | 0.16975 | 35.52552 | 25.1843 |
| 2.36 | 0.07281 | 0.47305 | 2.31638 | 0.16866 | 35.77146 | 25.0702 |
| 2.37 | 0.07168 | 0.47095 | 2.33771 | 0.16757 | 36.01653 | 24.9572 |
| 2.38 | 0.07057 | 0.46885 | 2.35928 | 0.16649 | 36.26073 | 24.8452 |
| 2.39 | 0.06948 | 0.46676 | 2.38107 | 0.16543 | 36.50406 | 24.7342 |
| 2.40 | 0.06840 | 0.46468 | 2.40310 | 0.16437 | 36.74653 | 24.6243 |
| 2.41 | 0.06734 | 0.46262 | 2.42537 | 0.16332 | 36.98813 | 24.5154 |
| 2.42 | 0.06630 | 0.46056 | 2.44787 | 0.16229 | 37.22886 | 24.4075 |
| 2.43 | 0.06527 | 0.45851 | 2.47061 | 0.16126 | 37.46872 | 24.3005 |
| 2.44 | 0.06426 | 0.45647 | 2.49360 | 0.16024 | 37.70772 | 24.1945 |
| 2.45 | 0.06327 | 0.45444 | 2.51683 | 0.15923 | 37.94585 | 24.0895 |
| 2.46 | 0.06229 | 0.45242 | 2.54031 | 0.15823 | 38.18312 | 23.9854 |
| 2.47 | 0.06133 | 0.45041 | 2.56403 | 0.15724 | 38.41952 | 23.8822 |
| 2.48 | 0.06038 | 0.44841 | 2.58801 | 0.15626 | 38.65507 | 23.7800 |
| 2.49 | 0.05945 | 0.44642 | 2.61224 | 0.15529 | 38.88974 | 23.6786 |
| 2.50 | 0.05853 | 0.44444 | 2.63672 | 0.15432 | 39.12356 | 23.5782 |
| 2.51 | 0.05762 | 0.44247 | 2.66146 | 0.15337 | 39.35652 | 23.4786 |
| 2.52 | 0.05674 | 0.44051 | 2.68645 | 0.15242 | 39.58862 | 23.3799 |
| 2.53 | 0.05586 | 0.43856 | 2.71171 | 0.15148 | 39.81987 | 23.2820 |
| 2.54 | 0.05500 | 0.43662 | 2.73723 | 0.15055 | 40.05026 | 23.1850 |
| 2.55 | 0.05415 | 0.43469 | 2.76301 | 0.14963 | 40.27979 | 23.0888 |
| 2.56 | 0.05332 | 0.43277 | 2.78906 | 0.14871 | 40.50847 | 22.9934 |
| 2.57 | 0.05250 | 0.43085 | 2.81538 | 0.14780 | 40.73630 | 22.8988 |
| 2.58 | 0.05169 | 0.42895 | 2.84197 | 0.14691 | 40.96329 | 22.8051 |
| 2.59 | 0.05090 | 0.42705 | 2.86884 | 0.14602 | 41.18942 | 22.7121 |
| 2.60 | 0.05012 | 0.42517 | 2.89598 | 0.14513 | 41.41471 | 22.6199 |
| 2.61 | 0.04935 | 0.42329 | 2.92339 | 0.14426 | 41.63915 | 22.5284 |
| 2.62 | 0.04859 | 0.42143 | 2.95109 | 0.14339 | 41.86275 | 22.4377 |
| 2.63 | 0.04784 | 0.41957 | 2.97907 | 0.14253 | 42.08551 | 22.3478 |
| 2.64 | 0.04711 | 0.41772 | 3.00733 | 0.14168 | 42.30744 | 22.2586 |
| 2.65 | 0.04639 | 0.41589 | 3.03588 | 0.14083 | 42.52852 | 22.1702 |
| 2.66 | 0.04568 | 0.41406 | 3.06472 | 0.13999 | 42.74877 | 22.0824 |
| 2.67 | 0.04498 | 0.41224 | 3.09385 | 0.13916 | 42.96819 | 21.9954 |
| 2.68 | 0.04429 | 0.41043 | 3.12327 | 0.13834 | 43.18678 | 21.9090 |
| 2.69 | 0.04362 | 0.40863 | 3.15299 | 0.13752 | 43.40454 | 21.8234 |

续表

| Ma | $p/p_t$ | $T/T_t$ | $A/A^*$ | $pA/p_tA^*$ | $\nu$ | $\mu$ |
|---|---|---|---|---|---|---|
| 2.70 | 0.04295 | 0.40683 | 3.18301 | 0.13671 | 43.62148 | 21.7385 |
| 2.71 | 0.04229 | 0.40505 | 3.21333 | 0.13591 | 43.83759 | 21.6542 |
| 2.72 | 0.04165 | 0.40328 | 3.24395 | 0.13511 | 44.05288 | 21.5706 |
| 2.73 | 0.04102 | 0.40151 | 3.27488 | 0.13432 | 44.26735 | 21.4876 |
| 2.74 | 0.04039 | 0.39976 | 3.30611 | 0.13354 | 44.48100 | 21.4053 |
| 2.75 | 0.03978 | 0.39801 | 3.33766 | 0.13276 | 44.69384 | 21.3237 |
| 2.76 | 0.03917 | 0.39627 | 3.36952 | 0.13199 | 44.90586 | 21.2427 |
| 2.77 | 0.03858 | 0.39454 | 3.40169 | 0.13123 | 45.11708 | 21.1623 |
| 2.78 | 0.03799 | 0.39282 | 3.43418 | 0.13047 | 45.32749 | 21.0825 |
| 2.79 | 0.03742 | 0.39111 | 3.46699 | 0.12972 | 45.53709 | 21.0034 |
| 2.80 | 0.03685 | 0.38941 | 3.50012 | 0.12897 | 45.74589 | 20.9248 |
| 2.81 | 0.03629 | 0.38771 | 3.53358 | 0.12823 | 45.95389 | 20.8469 |
| 2.82 | 0.03574 | 0.38603 | 3.56737 | 0.12750 | 46.16109 | 20.7695 |
| 2.83 | 0.03520 | 0.38435 | 3.60148 | 0.12678 | 46.36750 | 20.6928 |
| 2.84 | 0.03467 | 0.38268 | 3.63593 | 0.12605 | 46.57312 | 20.6166 |
| 2.85 | 0.03415 | 0.38102 | 3.67072 | 0.12534 | 46.77794 | 20.5410 |
| 2.86 | 0.03363 | 0.37937 | 3.70584 | 0.12463 | 46.98198 | 20.4659 |
| 2.87 | 0.03312 | 0.37773 | 3.74131 | 0.12393 | 47.18523 | 20.3914 |
| 2.88 | 0.03263 | 0.37610 | 3.77711 | 0.12323 | 47.38770 | 20.3175 |
| 2.89 | 0.03213 | 0.37447 | 3.81327 | 0.12254 | 47.58940 | 20.2441 |
| 2.90 | 0.03165 | 0.37286 | 3.84977 | 0.12185 | 47.79031 | 20.1713 |
| 2.91 | 0.03118 | 0.37125 | 3.88662 | 0.12117 | 47.99045 | 20.0990 |
| 2.92 | 0.03071 | 0.36965 | 3.92383 | 0.12049 | 48.18982 | 20.0272 |
| 2.93 | 0.03025 | 0.36806 | 3.96139 | 0.11982 | 48.38842 | 19.9559 |
| 2.94 | 0.02980 | 0.36647 | 3.99932 | 0.11916 | 48.58626 | 19.8852 |
| 2.95 | 0.02935 | 0.36490 | 4.03760 | 0.11850 | 48.78333 | 19.8149 |
| 2.96 | 0.02891 | 0.36333 | 4.07625 | 0.11785 | 48.97965 | 19.7452 |
| 2.97 | 0.02848 | 0.36177 | 4.11527 | 0.11720 | 49.17520 | 19.6760 |
| 2.98 | 0.02805 | 0.36022 | 4.15466 | 0.11655 | 49.37000 | 19.6072 |
| 2.99 | 0.02764 | 0.35868 | 4.19443 | 0.11591 | 49.56405 | 19.5390 |
| 3.00 | 0.02722 | 0.35714 | 4.23457 | 0.11528 | 49.75735 | 19.4712 |
| 3.01 | 0.02682 | 0.35562 | 4.27509 | 0.11465 | 49.94990 | 19.4039 |
| 3.02 | 0.02642 | 0.35410 | 4.31599 | 0.11403 | 50.14171 | 19.3371 |
| 3.03 | 0.02603 | 0.35259 | 4.35728 | 0.11341 | 50.33277 | 19.2708 |
| 3.04 | 0.02564 | 0.35108 | 4.39895 | 0.11279 | 50.52310 | 19.2049 |
| 3.05 | 0.02526 | 0.34959 | 4.44102 | 0.11219 | 50.71270 | 19.1395 |
| 3.06 | 0.02489 | 0.34810 | 4.48347 | 0.11158 | 50.90156 | 19.0745 |
| 3.07 | 0.02452 | 0.34662 | 4.52633 | 0.11098 | 51.08969 | 19.0100 |
| 3.08 | 0.02416 | 0.34515 | 4.56959 | 0.11039 | 51.27710 | 18.9459 |
| 3.09 | 0.02380 | 0.34369 | 4.61325 | 0.10979 | 51.46378 | 18.8823 |
| 3.10 | 0.02345 | 0.34223 | 4.65731 | 0.10921 | 51.64974 | 18.8191 |
| 3.11 | 0.02310 | 0.34078 | 4.70178 | 0.10863 | 51.83499 | 18.7563 |
| 3.12 | 0.02276 | 0.33934 | 4.74667 | 0.10805 | 52.01952 | 18.6939 |
| 3.13 | 0.02243 | 0.33791 | 4.79197 | 0.10748 | 52.20333 | 18.6320 |
| 3.14 | 0.02210 | 0.33648 | 4.83769 | 0.10691 | 52.38644 | 18.5705 |
| 3.15 | 0.02177 | 0.33506 | 4.88383 | 0.10634 | 52.56884 | 18.5094 |
| 3.16 | 0.02146 | 0.33365 | 4.93039 | 0.10578 | 52.75053 | 18.4487 |
| 3.17 | 0.02114 | 0.33225 | 4.97739 | 0.10523 | 52.93153 | 18.3884 |
| 3.18 | 0.02083 | 0.33085 | 5.02481 | 0.10468 | 53.11182 | 18.3285 |
| 3.19 | 0.02053 | 0.32947 | 5.07266 | 0.10413 | 53.29143 | 18.2691 |
| 3.20 | 0.02023 | 0.32808 | 5.12096 | 0.10359 | 53.47033 | 18.2100 |
| 3.21 | 0.01993 | 0.32671 | 5.16969 | 0.10305 | 53.64855 | 18.1512 |
| 3.22 | 0.01964 | 0.32534 | 5.21887 | 0.10251 | 53.82609 | 18.0929 |

续表

| Ma | $p/p_t$ | $T/T_t$ | $A/A^*$ | $pA/p_tA^*$ | $v$ | $\mu$ |
|---|---|---|---|---|---|---|
| 3.23 | 0.01936 | 0.32398 | 5.26849 | 0.10198 | 54.00294 | 18.0350 |
| 3.24 | 0.01908 | 0.32263 | 5.31857 | 0.10145 | 54.17910 | 17.9774 |
| 3.25 | 0.01880 | 0.32129 | 5.36909 | 0.10093 | 54.35459 | 17.9202 |
| 3.26 | 0.01853 | 0.31995 | 5.42008 | 0.10041 | 54.52941 | 17.8634 |
| 3.27 | 0.01826 | 0.31862 | 5.47152 | 0.09989 | 54.70355 | 17.8069 |
| 3.28 | 0.01799 | 0.31729 | 5.52343 | 0.09938 | 54.87703 | 17.7508 |
| 3.29 | 0.01773 | 0.31597 | 5.57580 | 0.09887 | 55.04983 | 17.6951 |
| 3.30 | 0.01748 | 0.31466 | 5.62865 | 0.09837 | 55.22198 | 17.6397 |
| 3.31 | 0.01722 | 0.31336 | 5.68196 | 0.09787 | 55.39346 | 17.5847 |
| 3.32 | 0.01698 | 0.31206 | 5.73576 | 0.09737 | 55.56428 | 17.5300 |
| 3.33 | 0.01673 | 0.31077 | 5.79003 | 0.09688 | 55.73445 | 17.4756 |
| 3.34 | 0.01649 | 0.30949 | 5.84479 | 0.09639 | 55.90396 | 17.4216 |
| 3.35 | 0.01625 | 0.30821 | 5.90004 | 0.09590 | 56.07283 | 17.3680 |
| 3.36 | 0.01602 | 0.30694 | 5.95577 | 0.09542 | 56.24105 | 17.3147 |
| 3.37 | 0.01579 | 0.30568 | 6.01201 | 0.09494 | 56.40862 | 17.2617 |
| 3.38 | 0.01557 | 0.30443 | 6.06873 | 0.09447 | 56.57556 | 17.2090 |
| 3.39 | 0.01534 | 0.30318 | 6.12596 | 0.09399 | 56.74185 | 17.1567 |
| 3.40 | 0.01512 | 0.30193 | 6.18370 | 0.09353 | 56.90751 | 17.1046 |
| 3.41 | 0.01491 | 0.30070 | 6.24194 | 0.09306 | 57.07254 | 17.0529 |
| 3.42 | 0.01470 | 0.29947 | 6.30070 | 0.09260 | 57.23694 | 17.0016 |
| 3.43 | 0.01449 | 0.29824 | 6.35997 | 0.09214 | 57.40071 | 16.9505 |
| 3.44 | 0.01428 | 0.29702 | 6.41976 | 0.09168 | 57.56385 | 16.8997 |
| 3.45 | 0.01408 | 0.29581 | 6.48007 | 0.09123 | 57.72637 | 16.8493 |
| 3.46 | 0.01388 | 0.29461 | 6.54092 | 0.09078 | 57.88828 | 16.7991 |
| 3.47 | 0.01368 | 0.29341 | 6.60229 | 0.09034 | 58.04957 | 16.7493 |
| 3.48 | 0.01349 | 0.29222 | 6.66419 | 0.08989 | 58.21024 | 16.6997 |
| 3.49 | 0.01330 | 0.29103 | 6.72664 | 0.08945 | 58.37030 | 16.6505 |
| 3.50 | 0.01311 | 0.28936 | 6.78962 | 0.08902 | 58.52976 | 16.6015 |
| 3.51 | 0.01293 | 0.28868 | 6.85315 | 0.08858 | 58.68861 | 16.5529 |
| 3.52 | 0.01274 | 0.28751 | 6.91723 | 0.08815 | 58.84685 | 16.5045 |
| 3.53 | 0.01256 | 0.28635 | 6.98186 | 0.08773 | 59.00450 | 16.4564 |
| 3.54 | 0.01239 | 0.28520 | 7.04705 | 0.08730 | 59.16155 | 16.4086 |
| 3.55 | 0.01221 | 0.28405 | 7.11281 | 0.08688 | 59.31801 | 16.3611 |
| 3.56 | 0.01204 | 0.28291 | 7.17912 | 0.08646 | 59.47387 | 16.3139 |
| 3.57 | 0.01188 | 0.28177 | 7.24601 | 0.08605 | 59.62914 | 16.2669 |
| 3.58 | 0.01171 | 0.28064 | 7.31346 | 0.08563 | 59.78383 | 16.2202 |
| 3.59 | 0.01155 | 0.27952 | 7.38150 | 0.08522 | 59.93793 | 16.1738 |
| 3.60 | 0.01138 | 0.27840 | 7.45011 | 0.08482 | 60.09146 | 16.1276 |
| 3.61 | 0.01123 | 0.27728 | 7.51931 | 0.08441 | 60.24440 | 16.0817 |
| 3.62 | 0.01107 | 0.27618 | 7.58910 | 0.08401 | 60.39677 | 16.0361 |
| 3.63 | 0.01092 | 0.27507 | 7.65948 | 0.08361 | 60.54856 | 15.9907 |
| 3.64 | 0.01076 | 0.27398 | 7.73045 | 0.08322 | 60.69978 | 15.9456 |
| 3.65 | 0.01062 | 0.27289 | 7.80203 | 0.08282 | 60.85044 | 15.9008 |
| 3.66 | 0.01047 | 0.27180 | 7.87421 | 0.08243 | 61.00052 | 15.8562 |
| 3.67 | 0.01032 | 0.27073 | 7.94700 | 0.08205 | 61.15005 | 15.8119 |
| 3.66 | 0.01018 | 0.26965 | 8.02040 | 0.08166 | 61.29902 | 15.7678 |
| 3.69 | 0.01004 | 0.26858 | 8.09442 | 0.08128 | 61.44742 | 15.7239 |
| 3.70 | 0.00990 | 0.26752 | 8.16907 | 0.08090 | 61.59527 | 15.6803 |
| 3.71 | 0.00977 | 0.26647 | 8.24433 | 0.08052 | 61.74257 | 15.6370 |
| 3.72 | 0.00963 | 0.26542 | 8.32023 | 0.08014 | 61.88932 | 15.5939 |
| 3.73 | 0.00950 | 0.26437 | 8.39676 | 0.07977 | 62.03552 | 15.5510 |
| 3.74 | 0.00937 | 0.26333 | 8.47393 | 0.07940 | 62.18118 | 15.5084 |
| 3.75 | 0.00924 | 0.26230 | 8.55174 | 0.07904 | 62.32629 | 15.4660 |
| 3.76 | 0.00912 | 0.26127 | 8.63020 | 0.07867 | 62.47086 | 15.4239 |

续表

| Ma | $p/p_t$ | $T/T_t$ | $A/A^*$ | $pA/p_tA^*$ | $\nu$ | $\mu$ |
|---|---|---|---|---|---|---|
| 3.77 | 0.00899 | 0.26024 | 8.70931 | 0.07831 | 62.61490 | 15.3819 |
| 3.78 | 0.00887 | 0.25922 | 8.78907 | 0.07795 | 62.75840 | 15.3402 |
| 3.79 | 0.00875 | 0.25821 | 8.86950 | 0.07759 | 62.90136 | 15.2988 |
| 3.80 | 0.00863 | 0.25720 | 8.95059 | 0.07723 | 63.04380 | 15.2575 |
| 3.81 | 0.00851 | 0.25620 | 9.03234 | 0.07688 | 63.18571 | 15.2165 |
| 3.82 | 0.00840 | 0.25520 | 9.11477 | 0.07653 | 63.32709 | 15.1757 |
| 3.83 | 0.00828 | 0.25421 | 9.19788 | 0.07618 | 63.46795 | 15.1351 |
| 3.84 | 0.00817 | 0.25322 | 9.28167 | 0.07584 | 63.60829 | 15.0948 |
| 3.85 | 0.00806 | 0.25224 | 9.36614 | 0.07549 | 63.74811 | 15.0547 |
| 3.86 | 0.00795 | 0.25126 | 9.45131 | 0.07515 | 63.88741 | 15.0147 |
| 3.87 | 0.00784 | 0.25029 | 9.53717 | 0.07481 | 64.02620 | 14.9750 |
| 3.88 | 0.00774 | 0.24932 | 9.62373 | 0.07447 | 64.16448 | 14.9355 |
| 3.89 | 0.00763 | 0.24836 | 9.71100 | 0.07414 | 64.30225 | 14.8962 |
| 3.90 | 0.00753 | 0.24740 | 9.79897 | 0.07381 | 64.43952 | 14.8572 |
| 3.91 | 0.00743 | 0.24645 | 9.88766 | 0.07348 | 64.57628 | 14.8183 |
| 3.92 | 0.00733 | 0.24550 | 9.97707 | 0.07315 | 64.71254 | 14.7796 |
| 3.93 | 0.00723 | 0.24456 | 10.06720 | 0.07282 | 64.84829 | 14.7412 |
| 3.94 | 0.00714 | 0.24362 | 10.15806 | 0.07250 | 64.98356 | 14.7029 |
| 3.95 | 0.00704 | 0.24269 | 10.24965 | 0.07217 | 65.11832 | 14.6649 |
| 3.96 | 0.00695 | 0.24176 | 10.34197 | 0.07185 | 65.25260 | 14.6270 |
| 3.97 | 0.00686 | 0.24084 | 10.43504 | 0.07154 | 65.38638 | 14.5893 |
| 3.98 | 0.00676 | 0.23992 | 10.52886 | 0.07122 | 65.51968 | 14.5519 |
| 3.99 | 0.00667 | 0.23900 | 10.62343 | 0.07091 | 65.65249 | 14.5146 |
| 4.00 | 0.00659 | 0.23810 | 10.71875 | 0.07059 | 65.78482 | 14.4775 |
| 4.10 | 0.00577 | 0.22925 | 11.71465 | 0.06758 | 67.08200 | 14.1170 |
| 4.20 | 0.00506 | 0.22085 | 12.79164 | 0.06475 | 68.33324 | 13.7741 |
| 4.30 | 0.00445 | 0.21286 | 13.95490 | 0.06209 | 69.54063 | 13.4477 |
| 4.40 | 0.00392 | 0.20525 | 15.20987 | 0.05959 | 70.70616 | 13.1366 |
| 4.50 | 0.00346 | 0.19802 | 16.56219 | 0.05723 | 71.83174 | 12.8396 |
| 4.60 | 0.00305 | 0.19113 | 18.01779 | 0.05500 | 72.91915 | 12.5559 |
| 4.70 | 0.00270 | 0.18457 | 19.58283 | 0.05290 | 73.97012 | 12.2845 |
| 4.80 | 0.00239 | 0.17832 | 21.26371 | 0.05091 | 74.98627 | 12.0247 |
| 4.90 | 0.00213 | 0.17235 | 23.06712 | 0.04903 | 75.96915 | 11.7757 |
| 5.00 | 0.00189 | 0.16667 | 25.00000 | 0.04725 | 76.92021 | 11.5370 |
| 5.10 | 0.00168 | 0.16124 | 27.06957 | 0.04556 | 77.84087 | 11.3077 |
| 5.20 | 0.00150 | 0.15605 | 29.28333 | 0.04396 | 78.73243 | 11.0875 |
| 5.30 | 0.00134 | 0.15110 | 31.64905 | 0.04244 | 79.59616 | 10.8757 |
| 5.40 | 0.00120 | 0.14637 | 34.17481 | 0.04100 | 80.43323 | 10.6719 |
| 5.50 | 0.00107 | 0.14184 | 36.86896 | 0.03963 | 81.24479 | 10.4757 |
| 5.60 | 0.000964 | 0.13751 | 39.74018 | 0.03832 | 82.03190 | 10.2866 |
| 5.70 | 0.000866 | 0.13337 | 42.79743 | 0.03708 | 82.79558 | 10.1042 |
| 5.80 | 0.000779 | 0.12940 | 46.05000 | 0.03589 | 83.53681 | 9.9282 |
| 5.90 | 0.000702 | 0.12560 | 49.50747 | 0.03476 | 84.25649 | 9.7583 |
| 6.00 | 0.000633 | 0.12195 | 53.17978 | 0.03368 | 84.95550 | 9.5941 |
| 6.10 | 0.000572 | 0.11846 | 57.07718 | 0.03265 | 85.63467 | 9.4353 |
| 6.20 | 0.000517 | 0.11510 | 61.21023 | 0.03167 | 86.29479 | 9.2818 |
| 6.30 | 0.000468 | 0.11188 | 65.58987 | 0.03073 | 86.93661 | 9.1332 |
| 6.40 | 0.000425 | 0.10879 | 70.22736 | 0.02982 | 87.56084 | 8.9893 |
| 6.50 | 0.000385 | 0.10582 | 75.13431 | 0.02896 | 88.16816 | 8.8499 |
| 6.60 | 0.000350 | 0.10297 | 80.32271 | 0.02814 | 88.75922 | 8.7147 |
| 6.70 | 0.000319 | 0.10022 | 85.80487 | 0.02734 | 89.33463 | 8.5837 |
| 6.80 | 0.000290 | 0.09758 | 91.59351 | 0.02658 | 89.89499 | 8.4565 |
| 6.90 | 0.000265 | 0.09504 | 97.70169 | 0.02586 | 90.44084 | 8.3331 |

| Ma | $p/p_t$ | $T/T_t$ | $A/A^*$ | $pA/p_tA^*$ | $\nu$ | $\mu$ |
|---|---|---|---|---|---|---|
| **7.00** | 0.000242 | 0.09259 | 104.14286 | 0.02516 | 90.97273 | 8.2132 |
| **7.50** | 0.000155 | 0.08163 | 141.84148 | 0.02205 | 93.43967 | 7.6623 |
| **8.00** | 0.000102 | 0.07246 | 190.10937 | 0.01947 | 95.62467 | 7.1808 |
| **8.50** | 0.0000690 | 0.06472 | 251.086167 | 0.01732 | 97.57220 | 6.7563 |
| **9.00** | 0.0000474 | 0.05814 | 327.189300 | 0.01550 | 99.31810 | 6.3794 |
| **9.50** | 0.0000331 | 0.05249 | 421.131373 | 0.01396 | 100.89148 | 6.0423 |
| **10.00** | 0.0000236 | 0.04762 | 535.937500 | 0.01263 | 102.31625 | 5.7392 |
| $\infty$ | 0.0 | 0.0 | $\infty$ | 0.0 | 130.4541 | 0.0 |

# 附录 H 正激波参数($\gamma=1.4$)

| $Ma_1$ | $Ma_2$ | $p_2/p_1$ | $T_2/T_1$ | $\Delta V/a_1$ | $p_{t2}/p_{t1}$ | $p_{t2}/p_1$ |
|------|---------|---------|---------|---------|---------|---------|
| **1.00** | 1.00000 | 1.00000 | 1.00000 | 0.0 | 1.00000 | 1.89293 |
| **1.01** | 0.99013 | 1.02345 | 1.00664 | 0.01658 | 1.00000 | 1.91521 |
| **1.02** | 0.98052 | 1.04713 | 1.01325 | 0.03301 | 0.99999 | 1.93790 |
| **1.03** | 0.97115 | 1.07105 | 1.01981 | 0.04927 | 0.99997 | 1.96097 |
| **1.04** | 0.96203 | 1.09520 | 1.02634 | 0.06538 | 0.99992 | 1.98442 |
| **1.05** | 0.95313 | 1.11958 | 1.03284 | 0.08135 | 0.99985 | 2.00825 |
| **1.06** | 0.94445 | 1.14420 | 1.03931 | 0.09717 | 0.99975 | 2.03245 |
| **1.07** | 0.93598 | 1.16905 | 1.04575 | 0.11285 | 0.99961 | 2.05702 |
| **1.08** | 0.92771 | 1.19413 | 1.05217 | 0.12840 | 0.99943 | 2.08194 |
| **1.09** | 0.91965 | 1.21945 | 1.05856 | 0.14381 | 0.99920 | 2.10722 |
| **1.10** | 0.91177 | 1.24500 | 1.06494 | 0.15909 | 0.99893 | 2.13285 |
| **1.11** | 0.90408 | 1.27078 | 1.07129 | 0.17425 | 0.99860 | 2.15882 |
| **1.12** | 0.89656 | 1.29680 | 1.07763 | 0.18929 | 0.99821 | 2.18513 |
| **1.13** | 0.88922 | 1.32305 | 1.08396 | 0.20420 | 0.99777 | 2.21178 |
| **1.14** | 0.88204 | 1.34953 | 1.09027 | 0.21901 | 0.99726 | 2.23877 |
| **1.15** | 0.87502 | 1.37625 | 1.09658 | 0.23370 | 0.99669 | 2.26608 |
| **1.16** | 0.86816 | 1.40320 | 1.10287 | 0.24828 | 0.99605 | 2.29372 |
| **1.17** | 0.86145 | 1.43038 | 1.10916 | 0.26275 | 0.99535 | 2.32169 |
| **1.18** | 0.85488 | 1.45780 | 1.11544 | 0.27712 | 0.99457 | 2.34998 |
| **1.19** | 0.84846 | 1.48545 | 1.12172 | 0.29139 | 0.99372 | 2.37858 |
| **1.20** | 0.84217 | 1.51333 | 1.12799 | 0.30556 | 0.99280 | 2.40750 |
| **1.21** | 0.83601 | 1.54145 | 1.13427 | 0.31963 | 0.99180 | 2.43674 |
| **1.22** | 0.82999 | 1.56980 | 1.14054 | 0.33361 | 0.99073 | 2.46628 |
| **1.23** | 0.82408 | 1.59838 | 1.14682 | 0.34749 | 0.98958 | 2.49613 |
| **1.24** | 0.81830 | 1.62720 | 1.15309 | 0.36129 | 0.98836 | 2.52629 |
| **1.25** | 0.81264 | 1.65625 | 1.15937 | 0.37500 | 0.98706 | 2.55676 |
| **1.26** | 0.80709 | 1.68553 | 1.16566 | 0.38862 | 0.98568 | 2.58753 |
| **1.27** | 0.80164 | 1.71505 | 1.17195 | 0.40217 | 0.98422 | 2.61860 |
| **1.28** | 0.79631 | 1.74480 | 1.17825 | 0.41562 | 0.98268 | 2.64996 |
| **1.29** | 0.79108 | 1.77478 | 1.18456 | 0.42901 | 0.98107 | 2.68163 |
| **1.30** | 0.78596 | 1.80500 | 1.19087 | 0.44231 | 0.97937 | 2.71359 |
| **1.31** | 0.78093 | 1.83545 | 1.19720 | 0.45553 | 0.97760 | 2.74585 |
| **1.32** | 0.77600 | 1.86613 | 1.20353 | 0.46869 | 0.97575 | 2.77840 |
| **1.33** | 0.77116 | 1.89705 | 1.20988 | 0.48177 | 0.97382 | 2.81125 |
| **1.34** | 0.76641 | 1.92820 | 1.21624 | 0.49478 | 0.97182 | 2.84438 |
| **1.35** | 0.76175 | 1.95958 | 1.22261 | 0.50772 | 0.96974 | 2.87781 |
| **1.36** | 0.75718 | 1.99120 | 1.22900 | 0.52059 | 0.96758 | 2.91152 |
| **1.37** | 0.75269 | 2.02305 | 1.23540 | 0.53339 | 0.96534 | 2.94552 |
| **1.38** | 0.74829 | 2.05513 | 1.24181 | 0.54614 | 0.96304 | 2.97981 |
| **1.39** | 0.74396 | 2.08745 | 1.24825 | 0.55881 | 0.96065 | 3.01438 |
| **1.40** | 0.73971 | 2.12000 | 1.25469 | 0.57143 | 0.95819 | 3.04924 |
| **1.41** | 0.73554 | 2.15278 | 1.26116 | 0.58398 | 0.95566 | 3.08438 |
| **1.42** | 0.73144 | 2.18580 | 1.26764 | 0.59648 | 0.95306 | 3.11980 |
| **1.43** | 0.72741 | 2.21905 | 1.27414 | 0.60892 | 0.95039 | 3.15551 |
| **1.44** | 0.72345 | 2.25253 | 1.28066 | 0.62130 | 0.94765 | 3.19149 |
| **1.45** | 0.71956 | 2.28625 | 1.28720 | 0.63362 | 0.94484 | 3.22776 |
| **1.46** | 0.71574 | 2.32020 | 1.29377 | 0.64589 | 0.94196 | 3.26431 |
| **1.47** | 0.71198 | 2.35438 | 1.30035 | 0.65811 | 0.93901 | 3.30113 |
| **1.48** | 0.70829 | 2.38880 | 1.30695 | 0.67027 | 0.93600 | 3.33823 |
| **1.49** | 0.70466 | 2.42345 | 1.31357 | 0.68238 | 0.93293 | 3.37562 |
| **1.50** | 0.70109 | 2.45833 | 1.32022 | 0.69444 | 0.92979 | 3.41327 |

续表

| $Ma_1$ | $Ma_2$ | $p_2/p_1$ | $T_2/T_1$ | $\Delta V/a_1$ | $p_{t2}/p_{t1}$ | $p_{t2}/p_1$ |
|---|---|---|---|---|---|---|
| 1.51 | 0.69758 | 2.49345 | 1.32688 | 0.70646 | 0.92659 | 3.45121 |
| 1.52 | 0.69413 | 2.52880 | 1.33357 | 0.71842 | 0.92332 | 3.48942 |
| 1.53 | 0.69073 | 2.56438 | 1.34029 | 0.73034 | 0.92000 | 3.52791 |
| 1.54 | 0.68739 | 2.60020 | 1.34703 | 0.74221 | 0.91662 | 3.56667 |
| 1.55 | 0.68410 | 2.63625 | 1.35379 | 0.75403 | 0.91319 | 3.60570 |
| 1.56 | 0.68087 | 2.67253 | 1.36057 | 0.76581 | 0.90970 | 3.64501 |
| 1.57 | 0.67768 | 2.70905 | 1.36738 | 0.77755 | 0.90615 | 3.68459 |
| 1.58 | 0.67455 | 2.74580 | 1.37422 | 0.78924 | 0.90255 | 3.72445 |
| 1.59 | 0.67147 | 2.78278 | 1.38108 | 0.80089 | 0.89890 | 3.76457 |
| 1.60 | 0.66844 | 2.82000 | 1.38797 | 0.81250 | 0.89520 | 3.80497 |
| 1.61 | 0.66545 | 2.85745 | 1.39488 | 0.82407 | 0.89145 | 3.84564 |
| 1.62 | 0.66251 | 2.89513 | 1.40182 | 0.83560 | 0.88765 | 3.88658 |
| 1.63 | 0.65962 | 2.93305 | 1.40879 | 0.84709 | 0.88381 | 3.92780 |
| 1.64 | 0.65677 | 2.97120 | 1.41578 | 0.85854 | 0.87992 | 3.96928 |
| 1.65 | 0.65396 | 3.00958 | 1.42280 | 0.86995 | 0.87599 | 4.01103 |
| 1.66 | 0.65119 | 3.04820 | 1.42985 | 0.88133 | 0.87201 | 4.05305 |
| 1.67 | 0.64847 | 3.08705 | 1.43693 | 0.89266 | 0.86800 | 4.09535 |
| 1.68 | 0.64579 | 3.12613 | 1.44403 | 0.90397 | 0.86394 | 4.13791 |
| 1.69 | 0.64315 | 3.16545 | 1.45117 | 0.91524 | 0.85985 | 4.18074 |
| 1.70 | 0.64054 | 3.20500 | 1.45833 | 0.92647 | 0.85572 | 4.22383 |
| 1.71 | 0.63798 | 3.24478 | 1.46552 | 0.93767 | 0.85156 | 4.26720 |
| 1.72 | 0.63545 | 3.28480 | 1.47274 | 0.94884 | 0.84736 | 4.31083 |
| 1.73 | 0.63296 | 3.32505 | 1.47999 | 0.95997 | 0.84312 | 4.35473 |
| 1.74 | 0.63051 | 3.36553 | 1.48727 | 0.97107 | 0.83886 | 4.39890 |
| 1.75 | 0.62809 | 3.40625 | 1.49458 | 0.98214 | 0.83457 | 4.44334 |
| 1.76 | 0.62570 | 3.44720 | 1.50192 | 0.99318 | 0.83024 | 4.48804 |
| 1.77 | 0.62335 | 3.48838 | 1.50929 | 1.00419 | 0.82589 | 4.53301 |
| 1.78 | 0.62104 | 3.52980 | 1.51669 | 1.01517 | 0.82151 | 4.57825 |
| 1.79 | 0.61875 | 3.57145 | 1.52412 | 1.02612 | 0.81711 | 4.62375 |
| 1.80 | 0.61650 | 3.61333 | 1.53158 | 1.03704 | 0.81268 | 4.66952 |
| 1.81 | 0.61428 | 3.65545 | 1.53907 | 1.04793 | 0.80823 | 4.71555 |
| 1.82 | 0.61209 | 3.69780 | 1.54659 | 1.05879 | 0.80376 | 4.76185 |
| 1.83 | 0.60993 | 3.74038 | 1.55415 | 1.06963 | 0.79927 | 4.80841 |
| 1.84 | 0.60780 | 3.78320 | 1.56173 | 1.08043 | 0.79476 | 4.85524 |
| 1.85 | 0.60570 | 3.82625 | 1.56935 | 1.09122 | 0.79023 | 4.90234 |
| 1.86 | 0.60363 | 3.86953 | 1.57700 | 1.10197 | 0.78569 | 4.94970 |
| 1.87 | 0.60158 | 3.91305 | 1.58468 | 1.11270 | 0.78112 | 4.99732 |
| 1.88 | 0.59957 | 3.95680 | 1.59239 | 1.12340 | 0.77655 | 5.04521 |
| 1.89 | 0.59758 | 4.00078 | 1.60014 | 1.13408 | 0.77196 | 5.09336 |
| 1.90 | 0.59562 | 4.04500 | 1.60792 | 1.14474 | 0.76736 | 5.14178 |
| 1.91 | 0.59368 | 4.08945 | 1.61573 | 1.15537 | 0.76274 | 5.19046 |
| 1.92 | 0.59177 | 4.13413 | 1.62357 | 1.16597 | 0.75812 | 5.23940 |
| 1.93 | 0.58988 | 4.17905 | 1.63144 | 1.17655 | 0.75349 | 5.28861 |
| 1.94 | 0.58802 | 4.22420 | 1.63935 | 1.18711 | 0.74884 | 5.33808 |
| 1.95 | 0.58618 | 4.26958 | 1.64729 | 1.19765 | 0.74420 | 5.38782 |
| 1.96 | 0.58437 | 4.31520 | 1.65527 | 1.20816 | 0.73954 | 5.43782 |
| 1.97 | 0.58258 | 4.36105 | 1.66328 | 1.21865 | 0.73488 | 5.48808 |
| 1.98 | 0.58082 | 4.40713 | 1.67132 | 1.22912 | 0.73021 | 5.53860 |
| 1.99 | 0.57907 | 4.45345 | 1.67939 | 1.23957 | 0.72555 | 5.58939 |
| 2.00 | 0.57735 | 4.50000 | 1.68750 | 1.25000 | 0.72087 | 5.64044 |
| 2.01 | 0.57565 | 4.54678 | 1.69564 | 1.26041 | 0.71620 | 5.69175 |
| 2.02 | 0.57397 | 4.59380 | 1.70382 | 1.27079 | 0.71153 | 5.74333 |
| 2.03 | 0.57231 | 4.64105 | 1.71203 | 1.28116 | 0.70685 | 5.79517 |
| 2.04 | 0.57068 | 4.68853 | 1.72027 | 1.29150 | 0.70218 | 5.84727 |
| 2.05 | 0.56906 | 4.73625 | 1.72855 | 1.30183 | 0.69751 | 5.89963 |

续表

| $Ma_1$ | $Ma_2$ | $p_2/p_1$ | $T_2/T_1$ | $\Delta V/a_1$ | $p_{t2}/p_{t1}$ | $p_{t2}/p_1$ |
|---|---|---|---|---|---|---|
| 2.06 | 0.56747 | 4.78420 | 1.73686 | 1.31214 | 0.69284 | 5.95226 |
| 2.07 | 0.56589 | 4.83238 | 1.74521 | 1.32242 | 0.68817 | 6.00514 |
| 2.08 | 0.56433 | 4.88080 | 1.75359 | 1.33269 | 0.68351 | 6.05829 |
| 2.09 | 0.56280 | 4.92945 | 1.76200 | 1.34294 | 0.67885 | 6.11170 |
| 2.10 | 0.56128 | 4.97833 | 1.77045 | 1.35317 | 0.67420 | 6.16537 |
| 2.11 | 0.55978 | 5.02745 | 1.77893 | 1.36339 | 0.66956 | 6.21931 |
| 2.12 | 0.55829 | 5.07680 | 1.78745 | 1.37358 | 0.66492 | 6.27351 |
| 2.13 | 0.55683 | 5.12638 | 1.79601 | 1.38376 | 0.66029 | 6.32796 |
| 2.14 | 0.55538 | 5.17620 | 1.80459 | 1.39393 | 0.65567 | 6.38268 |
| 2.15 | 0.55395 | 5.22625 | 1.81322 | 1.40407 | 0.65105 | 6.43766 |
| 2.16 | 0.55254 | 5.27653 | 1.82188 | 1.41420 | 0.64645 | 6.49290 |
| 2.17 | 0.55115 | 5.32705 | 1.83057 | 1.42431 | 0.64185 | 6.54841 |
| 2.18 | 0.54977 | 5.37780 | 1.83930 | 1.43440 | 0.63727 | 6.60417 |
| 2.19 | 0.54840 | 5.42878 | 1.84806 | 1.44448 | 0.63270 | 6.66019 |
| 2.20 | 0.54706 | 5.48000 | 1.85686 | 1.45455 | 0.62814 | 6.71648 |
| 2.21 | 0.54572 | 5.53145 | 1.86569 | 1.46459 | 0.62359 | 6.77303 |
| 2.22 | 0.54441 | 5.58313 | 1.87456 | 1.47462 | 0.61905 | 6.82983 |
| 2.23 | 0.54311 | 5.63505 | 1.88347 | 1.48464 | 0.61453 | 6.88690 |
| 2.24 | 0.54182 | 5.68720 | 1.89241 | 1.49464 | 0.61002 | 6.94423 |
| 2.25 | 0.54055 | 5.73958 | 1.90138 | 1.50463 | 0.60553 | 7.00182 |
| 2.26 | 0.53930 | 5.79220 | 1.91040 | 1.51460 | 0.60105 | 7.05967 |
| 2.27 | 0.53805 | 5.84505 | 1.91944 | 1.52456 | 0.59659 | 7.11778 |
| 2.28 | 0.53683 | 5.89813 | 1.92853 | 1.53450 | 0.59214 | 7.17616 |
| 2.29 | 0.53561 | 5.95145 | 1.93765 | 1.54443 | 0.58771 | 7.23479 |
| 2.30 | 0.53441 | 6.00500 | 1.94680 | 1.55435 | 0.58329 | 7.29368 |
| 2.31 | 0.53322 | 6.05878 | 1.95599 | 1.56425 | 0.57890 | 7.35283 |
| 2.32 | 0.53205 | 6.11280 | 1.96522 | 1.57414 | 0.57452 | 7.41225 |
| 2.33 | 0.53089 | 6.16705 | 1.97448 | 1.58401 | 0.57015 | 7.47192 |
| 2.34 | 0.52974 | 6.22153 | 1.98378 | 1.59387 | 0.56581 | 7.53185 |
| 2.35 | 0.52861 | 6.27625 | 1.99311 | 1.60372 | 0.56148 | 7.59205 |
| 2.36 | 0.52749 | 6.33120 | 2.00249 | 1.61356 | 0.55718 | 7.65250 |
| 2.37 | 0.52638 | 6.38638 | 2.01189 | 1.62338 | 0.55289 | 7.71321 |
| 2.38 | 0.52528 | 6.44180 | 2.02134 | 1.63319 | 0.54862 | 7.77419 |
| 2.39 | 0.52419 | 6.49745 | 2.03082 | 1.64299 | 0.54437 | 7.83542 |
| 2.40 | 0.52312 | 6.55333 | 2.04033 | 1.65278 | 0.54014 | 7.89691 |
| 2.41 | 0.52206 | 6.60945 | 2.04988 | 1.66255 | 0.53594 | 7.95867 |
| 2.42 | 0.52100 | 6.66560 | 2.05947 | 1.67231 | 0.53175 | 8.02068 |
| 2.43 | 0.51996 | 6.72238 | 2.06910 | 1.68206 | 0.52758 | 8.08295 |
| 2.44 | 0.51894 | 6.77920 | 2.07876 | 1.69180 | 0.52344 | 8.14549 |
| 2.45 | 0.51792 | 6.83625 | 2.08846 | 1.70153 | 0.51931 | 8.20828 |
| 2.46 | 0.51691 | 6.89353 | 2.09819 | 1.71125 | 0.51521 | 8.27133 |
| 2.47 | 0.51592 | 6.95105 | 2.10797 | 1.72095 | 0.51113 | 8.33464 |
| 2.48 | 0.51493 | 7.00880 | 2.11777 | 1.73065 | 0.50707 | 8.39821 |
| 2.49 | 0.51395 | 7.06678 | 2.12762 | 1.74033 | 0.50303 | 8.46205 |
| 2.50 | 0.51299 | 7.12500 | 2.13750 | 1.75000 | 0.49901 | 8.52614 |
| 2.51 | 0.51203 | 7.18345 | 2.14742 | 1.75966 | 0.49502 | 8.59049 |
| 2.52 | 0.51109 | 7.24213 | 2.15737 | 1.76931 | 0.49105 | 8.65510 |
| 2.53 | 0.51015 | 7.30105 | 2.16737 | 1.77895 | 0.48711 | 8.71996 |
| 2.54 | 0.50923 | 7.36020 | 2.17739 | 1.78858 | 0.48318 | 8.78509 |
| 2.55 | 0.50831 | 7.41958 | 2.18746 | 1.79820 | 0.47928 | 8.85048 |
| 2.56 | 0.50741 | 7.47920 | 2.19756 | 1.80781 | 0.47540 | 8.91613 |
| 2.57 | 0.50651 | 7.53905 | 2.20770 | 1.81741 | 0.47155 | 8.98203 |
| 2.58 | 0.50562 | 7.59913 | 2.21788 | 1.82700 | 0.46772 | 9.04820 |
| 2.59 | 0.50474 | 7.65945 | 2.22809 | 1.83658 | 0.46391 | 9.11462 |

| $Ma_1$ | $Ma_2$ | $p_2/p_1$ | $T_2/T_1$ | $\Delta V/a_1$ | $p_{t2}/p_{t1}$ | $p_{t2}/p_1$ |
|---|---|---|---|---|---|---|
| 2.60 | 0.50387 | 7.72000 | 2.23834 | 1.84615 | 0.46012 | 9.18131 |
| 2.61 | 0.50301 | 7.78078 | 2.24863 | 1.85572 | 0.45636 | 9.24825 |
| 2.62 | 0.50216 | 7.84180 | 2.25896 | 1.86527 | 0.45263 | 9.31545 |
| 2.63 | 0.50131 | 7.90305 | 2.26932 | 1.87481 | 0.44891 | 9.38291 |
| 2.64 | 0.50048 | 7.96453 | 2.27972 | 1.88434 | 0.44522 | 9.45064 |
| 2.65 | 0.49965 | 8.02625 | 2.29015 | 1.89387 | 0.44156 | 9.51862 |
| 2.66 | 0.49883 | 8.08820 | 2.30063 | 1.90338 | 0.43792 | 9.58685 |
| 2.67 | 0.49802 | 8.15038 | 2.31114 | 1.91289 | 0.43430 | 9.65535 |
| 2.68 | 0.49722 | 8.21280 | 2.32168 | 1.92239 | 0.43070 | 9.72411 |
| 2.69 | 0.49642 | 8.27545 | 2.33227 | 1.93188 | 0.42714 | 9.79312 |
| 2.70 | 0.49563 | 8.33833 | 2.34289 | 1.94136 | 0.42359 | 9.86240 |
| 2.71 | 0.49485 | 8.40145 | 2.35355 | 1.95083 | 0.42007 | 9.93193 |
| 2.72 | 0.49408 | 8.46480 | 2.36425 | 1.96029 | 0.41657 | 10.00173 |
| 2.73 | 0.49332 | 8.52838 | 2.37498 | 1.96975 | 0.41310 | 10.07178 |
| 2.74 | 0.49256 | 8.59220 | 2.38576 | 1.97920 | 0.40965 | 10.14209 |
| 2.75 | 0.49181 | 8.65625 | 2.39657 | 1.98864 | 0.40623 | 10.21266 |
| 2.76 | 0.49107 | 8.72053 | 2.40741 | 1.99807 | 0.40283 | 10.28349 |
| 2.77 | 0.49033 | 8.78505 | 2.41830 | 2.00749 | 0.39945 | 10.35457 |
| 2.78 | 0.48960 | 8.84980 | 2.42922 | 2.01691 | 0.39610 | 10.42592 |
| 2.79 | 0.48888 | 8.91478 | 2.44018 | 2.02631 | 0.39277 | 10.49752 |
| 2.80 | 0.48817 | 8.98000 | 2.45117 | 2.03571 | 0.38946 | 10.56939 |
| 2.81 | 0.48746 | 9.04545 | 2.46221 | 2.04511 | 0.38618 | 10.64151 |
| 2.82 | 0.48676 | 9.11113 | 2.47328 | 2.05449 | 0.38293 | 10.71389 |
| 2.83 | 0.48606 | 9.17705 | 2.48439 | 2.06387 | 0.37969 | 10.78653 |
| 2.84 | 0.48538 | 9.24320 | 2.49554 | 2.07324 | 0.37649 | 10.85943 |
| 2.85 | 0.48469 | 9.30958 | 2.50672 | 2.08260 | 0.37330 | 10.93258 |
| 2.86 | 0.48402 | 9.37620 | 2.51794 | 2.09196 | 0.37014 | 11.00600 |
| 2.87 | 0.48335 | 9.44305 | 2.52920 | 2.10131 | 0.36700 | 11.07967 |
| 2.88 | 0.48269 | 9.51013 | 2.54050 | 2.11065 | 0.36389 | 11.15361 |
| 2.89 | 0.48203 | 9.57745 | 2.55183 | 2.11998 | 0.36080 | 11.22780 |
| 2.90 | 0.48138 | 9.64500 | 2.56321 | 2.12931 | 0.35773 | 11.30225 |
| 2.91 | 0.48073 | 9.71278 | 2.57462 | 2.13863 | 0.35469 | 11.37695 |
| 2.92 | 0.48010 | 9.73080 | 2.58607 | 2.14795 | 0.35167 | 11.45192 |
| 2.93 | 0.47946 | 9.84905 | 2.59755 | 2.15725 | 0.34867 | 11.52715 |
| 2.94 | 0.47884 | 9.91753 | 2.60908 | 2.16655 | 0.34570 | 11.60263 |
| 2.95 | 0.47821 | 9.98625 | 2.62064 | 2.17585 | 0.34275 | 11.67837 |
| 2.96 | 0.47760 | 10.05520 | 2.63224 | 2.18514 | 0.33982 | 11.75438 |
| 2.97 | 0.47699 | 10.12438 | 2.64387 | 2.19442 | 0.33692 | 11.83064 |
| 2.98 | 0.47638 | 10.19380 | 2.65555 | 2.20369 | 0.33404 | 11.90715 |
| 2.99 | 0.47578 | 10.26345 | 2.66726 | 2.21296 | 0.33118 | 11.98393 |
| 3.00 | 0.47519 | 10.33333 | 2.67901 | 2.22222 | 0.32834 | 12.06096 |
| 3.01 | 0.47460 | 10.40345 | 2.69080 | 2.23148 | 0.32553 | 12.13826 |
| 3.02 | 0.47402 | 10.47380 | 2.70263 | 2.24073 | 0.32274 | 12.21581 |
| 3.03 | 0.47344 | 10.54438 | 2.71449 | 2.24997 | 0.31997 | 12.29362 |
| 3.04 | 0.47287 | 10.61520 | 2.72639 | 2.25921 | 0.31723 | 12.37169 |
| 3.05 | 0.47230 | 10.68625 | 2.73833 | 2.26844 | 0.31450 | 12.45002 |
| 3.06 | 0.47174 | 10.75753 | 2.75031 | 2.27767 | 0.31180 | 12.52860 |
| 3.07 | 0.47118 | 10.82905 | 2.76233 | 2.28689 | 0.30912 | 12.60745 |
| 3.08 | 0.47063 | 10.90080 | 2.77438 | 2.29610 | 0.30646 | 12.68655 |
| 3.09 | 0.47008 | 10.97278 | 2.78647 | 2.30531 | 0.30383 | 12.76591 |
| 3.10 | 0.46953 | 11.04500 | 2.79860 | 2.31452 | 0.30121 | 12.84553 |
| 3.11 | 0.46899 | 11.11745 | 2.81077 | 2.32371 | 0.29862 | 12.92540 |
| 3.12 | 0.46846 | 11.19013 | 2.82298 | 2.33291 | 0.29605 | 13.00554 |
| 3.13 | 0.46793 | 11.26305 | 2.83522 | 2.34209 | 0.29350 | 13.08593 |
| 3.14 | 0.46741 | 11.33620 | 2.84750 | 2.35127 | 0.29097 | 13.16659 |

续表

| $Ma_1$ | $Ma_2$ | $p_2/p_1$ | $T_2/T_1$ | $\Delta V/a_1$ | $p_{t2}/p_{t1}$ | $p_{t2}/p_1$ |
|------|---------|-----------|-----------|------------|-----------|-----------|
| 3.15 | 0.46689 | 11.40958 | 2.85982 | 2.36045 | 0.28846 | 13.24750 |
| 3.16 | 0.46637 | 11.48320 | 2.87218 | 2.36962 | 0.28597 | 13.32866 |
| 3.17 | 0.46586 | 11.55705 | 2.88458 | 2.37879 | 0.28350 | 13.41009 |
| 3.18 | 0.46535 | 11.63113 | 2.89701 | 2.38795 | 0.28106 | 13.49178 |
| 3.19 | 0.46485 | 11.70545 | 2.90948 | 2.39710 | 0.27863 | 13.57372 |
| 3.20 | 0.46435 | 11.78000 | 2.92199 | 2.40625 | 0.27623 | 13.65592 |
| 3.21 | 0.46385 | 11.85478 | 2.93454 | 2.41539 | 0.27384 | 13.73838 |
| 3.22 | 0.46336 | 11.92980 | 2.94713 | 2.42453 | 0.27148 | 13.82110 |
| 3.23 | 0.46288 | 12.00505 | 2.95975 | 2.43367 | 0.26914 | 13.90407 |
| 3.24 | 0.46240 | 12.08053 | 2.97241 | 2.44280 | 0.26681 | 13.98731 |
| 3.25 | 0.46192 | 12.15625 | 2.98511 | 2.45192 | 0.26451 | 14.07080 |
| 3.26 | 0.46144 | 12.23220 | 2.99785 | 2.46104 | 0.26222 | 14.15455 |
| 3.27 | 0.46097 | 12.30838 | 3.01063 | 2.47016 | 0.25996 | 14.23856 |
| 3.28 | 0.46051 | 12.38480 | 3.02345 | 2.47927 | 0.25771 | 14.32283 |
| 3.29 | 0.46004 | 12.46145 | 3.03630 | 2.48837 | 0.25548 | 14.40735 |
| 3.30 | 0.45959 | 12.53833 | 3.04919 | 2.49747 | 0.25328 | 14.49214 |
| 3.31 | 0.45913 | 12.61545 | 3.06212 | 2.50657 | 0.25109 | 14.57718 |
| 3.32 | 0.45868 | 12.69280 | 3.07509 | 2.51566 | 0.24892 | 14.66248 |
| 3.33 | 0.45823 | 12.77038 | 3.08809 | 2.52475 | 0.24677 | 14.74804 |
| 3.34 | 0.45779 | 12.84820 | 3.10114 | 2.53383 | 0.24463 | 14.83385 |
| 3.35 | 0.45735 | 12.92625 | 3.11422 | 2.54291 | 0.24252 | 14.91992 |
| 3.36 | 0.45691 | 13.00453 | 3.12734 | 2.55198 | 0.24043 | 15.00626 |
| 3.37 | 0.45648 | 13.08305 | 3.14050 | 2.56105 | 0.23835 | 15.09285 |
| 3.38 | 0.45605 | 13.16180 | 3.15370 | 2.57012 | 0.23629 | 15.17969 |
| 3.39 | 0.45562 | 13.24078 | 3.16693 | 2.57918 | 0.23425 | 15.26680 |
| 3.40 | 0.45520 | 13.32000 | 3.18021 | 2.58824 | 0.23223 | 15.35417 |
| 3.41 | 0.45478 | 13.39945 | 3.19352 | 2.59729 | 0.23022 | 15.44179 |
| 3.42 | 0.45436 | 13.47913 | 3.20687 | 2.60634 | 0.22823 | 15.52967 |
| 3.43 | 0.45395 | 13.55905 | 3.22026 | 2.61538 | 0.22626 | 15.61781 |
| 3.44 | 0.45354 | 13.63920 | 3.23369 | 2.62442 | 0.22431 | 15.70620 |
| 3.45 | 0.45314 | 13.71958 | 3.24715 | 2.63345 | 0.22237 | 15.79486 |
| 3.46 | 0.45273 | 13.80020 | 3.26065 | 2.64249 | 0.22045 | 15.88377 |
| 3.47 | 0.45233 | 13.88105 | 3.27420 | 2.65151 | 0.21855 | 15.97294 |
| 3.48 | 0.45194 | 13.96213 | 3.28778 | 2.66054 | 0.21667 | 16.06237 |
| 3.49 | 0.45154 | 14.04345 | 3.30139 | 2.66956 | 0.21480 | 16.15206 |
| 3.50 | 0.45115 | 14.12500 | 3.31505 | 2.67857 | 0.21295 | 16.24200 |
| 3.51 | 0.45077 | 14.20678 | 3.32875 | 2.68758 | 0.21111 | 16.33220 |
| 3.52 | 0.45038 | 14.28880 | 3.34248 | 2.69659 | 0.20929 | 16.42266 |
| 3.53 | 0.45000 | 14.37105 | 3.35625 | 2.70559 | 0.20749 | 16.51338 |
| 3.54 | 0.44962 | 14.45353 | 3.37006 | 2.71460 | 0.20570 | 16.60436 |
| 3.55 | 0.44925 | 14.53625 | 3.38391 | 2.72359 | 0.20393 | 16.69559 |
| 3.56 | 0.44887 | 14.61920 | 3.39780 | 2.73258 | 0.20218 | 16.78709 |
| 3.57 | 0.44850 | 14.70238 | 3.41172 | 2.74157 | 0.20044 | 16.87884 |
| 3.58 | 0.44814 | 14.78580 | 3.42569 | 2.75056 | 0.19871 | 16.97085 |
| 3.59 | 0.44777 | 14.86945 | 3.43969 | 2.75954 | 0.19701 | 17.06311 |
| 3.60 | 0.44741 | 14.95333 | 3.45373 | 2.76852 | 0.19531 | 17.15564 |
| 3.61 | 0.44705 | 15.03745 | 3.46781 | 2.77749 | 0.19363 | 17.24842 |
| 3.62 | 0.44670 | 15.12180 | 3.48192 | 2.78646 | 0.19197 | 17.34146 |
| 3.63 | 0.44635 | 15.20638 | 3.49608 | 2.79543 | 0.19032 | 17.43476 |
| 3.64 | 0.44600 | 15.29120 | 3.51027 | 2.80440 | 0.18869 | 17.52831 |
| 3.65 | 0.44565 | 15.37625 | 3.52451 | 2.81336 | 0.18707 | 17.62213 |
| 3.66 | 0.44530 | 15.46153 | 3.53878 | 2.82231 | 0.18547 | 17.71620 |
| 3.67 | 0.44496 | 15.54705 | 3.55309 | 2.83127 | 0.18388 | 17.81053 |
| 3.68 | 0.44462 | 15.63280 | 3.56743 | 2.84022 | 0.18230 | 17.90512 |
| 3.69 | 0.44428 | 15.71878 | 3.58182 | 2.84916 | 0.18074 | 17.99996 |

续表

| $Ma_1$ | $Ma_2$ | $p_2/p_1$ | $T_2/T_1$ | $\Delta V/a_1$ | $p_{t2}/p_{t1}$ | $p_{t2}/p_1$ |
|---|---|---|---|---|---|---|
| **3.70** | 0.44395 | 15.80500 | 3.59624 | 2.85811 | 0.17919 | 18.09507 |
| **3.71** | 0.44362 | 15.89145 | 3.61071 | 2.86705 | 0.17766 | 18.19043 |
| **3.72** | 0.44329 | 15.97813 | 3.62521 | 2.87599 | 0.17614 | 18.28605 |
| **3.73** | 0.44296 | 16.06505 | 3.63975 | 2.88492 | 0.17464 | 18.38192 |
| **3.74** | 0.44263 | 16.15220 | 3.65433 | 2.99385 | 0.17314 | 18.47806 |
| **3.75** | 0.44231 | 16.23958 | 3.66894 | 2.90278 | 0.17166 | 18.57445 |
| **3.76** | 0.44199 | 16.32720 | 3.68360 | 2.91170 | 0.17020 | 18.67110 |
| **3.77** | 0.44167 | 16.41505 | 3.69829 | 2.92062 | 0.16875 | 18.76801 |
| **3.78** | 0.44136 | 16.50313 | 3.71302 | 2.92954 | 0.16731 | 18.86518 |
| **3.79** | 0.44104 | 16.59145 | 3.72779 | 2.93846 | 0.16588 | 18.96260 |
| **3.80** | 0.44073 | 16.68000 | 3.74260 | 2.94737 | 0.16447 | 19.06029 |
| **3.81** | 0.44042 | 16.76878 | 3.75745 | 2.95628 | 0.16307 | 19.15823 |
| **3.82** | 0.44012 | 16.85780 | 3.77234 | 2.96518 | 0.16168 | 19.25642 |
| **3.83** | 0.43981 | 16.94705 | 3.78726 | 2.97409 | 0.16031 | 19.35488 |
| **3.84** | 0.43951 | 17.03653 | 3.80223 | 2.98299 | 0.15895 | 19.45359 |
| **3.85** | 0.43921 | 17.12625 | 3.81723 | 2.99188 | 0.15760 | 19.55257 |
| **3.86** | 0.43891 | 17.21620 | 3.83227 | 3.00078 | 0.15626 | 19.65180 |
| **3.87** | 0.43862 | 17.30638 | 3.84735 | 3.00967 | 0.15493 | 19.75128 |
| **3.88** | 0.43832 | 17.39680 | 3.86246 | 3.01856 | 0.15362 | 19.85103 |
| **3.89** | 0.43803 | 17.48745 | 3.87762 | 3.02744 | 0.15232 | 19.95103 |
| **3.90** | 0.43774 | 17.57833 | 3.89281 | 3.03632 | 0.15103 | 20.05129 |
| **3.91** | 0.43746 | 17.66945 | 3.90805 | 3.04520 | 0.14975 | 20.15181 |
| **3.92** | 0.43717 | 17.76080 | 3.92332 | 3.05408 | 0.14848 | 20.25259 |
| **3.93** | 0.43689 | 17.85238 | 3.93863 | 3.06296 | 0.14723 | 20.35362 |
| **3.94** | 0.43661 | 17.94420 | 3.95398 | 3.07183 | 0.14598 | 20.45491 |
| **3.95** | 0.43633 | 18.03625 | 3.96936 | 3.08070 | 0.14475 | 20.55646 |
| **3.96** | 0.43605 | 18.12853 | 3.98479 | 3.08956 | 0.14353 | 20.65827 |
| **3.97** | 0.43577 | 18.22105 | 4.00025 | 3.09843 | 0.14232 | 20.76034 |
| **3.98** | 0.43550 | 18.31380 | 4.01575 | 3.10729 | 0.14112 | 20.86266 |
| **3.99** | 0.43523 | 18.40678 | 4.03130 | 3.11614 | 0.13993 | 20.96524 |
| **4.00** | 0.43496 | 18.50000 | 4.04687 | 3.12500 | 0.13876 | 21.06808 |
| **4.10** | 0.43236 | 19.44500 | 4.20479 | 3.21341 | 0.12756 | 22.11065 |
| **4.20** | 0.42994 | 20.41333 | 4.36657 | 3.30159 | 0.11733 | 23.17899 |
| **4.30** | 0.42767 | 21.40500 | 4.53221 | 3.38953 | 0.10800 | 24.27311 |
| **4.40** | 0.42554 | 22.42000 | 4.70171 | 3.47727 | 0.09948 | 25.39300 |
| **4.50** | 0.42355 | 23.45833 | 4.87509 | 3.56481 | 0.09170 | 26.53867 |
| **4.60** | 0.42168 | 24.52000 | 5.05233 | 3.65217 | 0.08459 | 27.71010 |
| **4.70** | 0.41992 | 25.60500 | 5.23343 | 3.73936 | 0.07809 | 28.90729 |
| **4.80** | 0.41826 | 26.71333 | 5.41842 | 3.82639 | 0.07214 | 30.13026 |
| **4.90** | 0.41670 | 27.84500 | 5.60727 | 3.91327 | 0.06670 | 31.37898 |
| **5.00** | 0.41523 | 29.00000 | 5.80000 | 4.00000 | 0.06172 | 32.65347 |
| **5.10** | 0.41384 | 30.17833 | 5.99660 | 4.08660 | 0.05715 | 33.95373 |
| **5.20** | 0.41252 | 31.38000 | 6.19709 | 4.17308 | 0.05297 | 35.27974 |
| **5.30** | 0.41127 | 32.60500 | 6.40144 | 4.25943 | 0.04913 | 36.63152 |
| **5.40** | 0.41009 | 33.85333 | 6.60968 | 4.34568 | 0.04560 | 38.00906 |
| **5.50** | 0.40897 | 35.12500 | 6.82180 | 4.43182 | 0.04236 | 39.41235 |
| **5.60** | 0.40791 | 36.42000 | 7.03779 | 4.51786 | 0.03938 | 40.84141 |
| **5.70** | 0.40690 | 37.73833 | 7.25767 | 4.60380 | 0.03664 | 42.29622 |
| **5.80** | 0.40594 | 39.08000 | 7.48143 | 4.68966 | 0.03412 | 43.77679 |
| **5.90** | 0.40503 | 40.44500 | 7.70907 | 4.77542 | 0.03179 | 45.28312 |
| **6.00** | 0.40416 | 41.83333 | 7.94059 | 4.86111 | 0.02965 | 46.81521 |
| **6.10** | 0.40333 | 43.24500 | 8.17599 | 4.94672 | 0.02767 | 48.37305 |
| **6.20** | 0.40254 | 44.68000 | 8.41528 | 5.03226 | 0.02584 | 49.95665 |
| **6.30** | 0.40179 | 46.13833 | 8.65845 | 5.11772 | 0.02416 | 51.56600 |
| **6.40** | 0.40107 | 47.62000 | 8.90550 | 5.20312 | 0.02259 | 53.20111 |

续表

| $Ma_1$ | $Ma_2$ | $p_2/p_1$ | $T_2/T_1$ | $\Delta V/a_1$ | $p_{t2}/p_{t1}$ | $p_{t2}/p_1$ |
|---|---|---|---|---|---|---|
| **6.50** | 0.40038 | 49.12500 | 9.15643 | 5.28846 | 0.02115 | 54.86198 |
| **6.60** | 0.39972 | 50.65333 | 9.41126 | 5.37374 | 0.01981 | 56.54860 |
| **6.70** | 0.39909 | 52.20500 | 9.66996 | 5.45896 | 0.01857 | 58.26097 |
| **6.80** | 0.39849 | 53.78000 | 9.93255 | 5.54412 | 0.01741 | 59.99910 |
| **6.90** | 0.39791 | 55.37833 | 10.19903 | 5.62923 | 0.01634 | 61.76299 |
| **7.00** | 0.39736 | 57.00000 | 10.46939 | 5.71429 | 0.01535 | 63.55263 |
| **7.50** | 0.39491 | 65.45833 | 11.87948 | 6.13889 | 0.01133 | 72.88713 |
| **8.00** | 0.39289 | 74.50000 | 13.38672 | 6.56250 | 0.00849 | 82.86547 |
| **8.50** | 0.39121 | 84.12500 | 14.99113 | 6.98529 | 0.00645 | 93.48763 |
| **9.00** | 0.38980 | 94.33333 | 16.69273 | 7.40741 | 0.00496 | 104.75360 |
| **9.50** | 0.38860 | 105.12500 | 18.49152 | 7.82895 | 0.00387 | 116.66339 |
| **10.00** | 0.38758 | 116.50000 | 20.38750 | 8.25000 | 0.00304 | 129.21697 |
| $\infty$ | 0.37796 | $\infty$ | $\infty$ | $\infty$ | 0.0 | $\infty$ |

# 附录 I  Fanno 流参数($\gamma = 1.4$)

| Ma | $T/T^*$ | $p/p^*$ | $p_t/p_t^*$ | $V/V^*$ | $fL_{max}/D$ | $S_{max}/R$ |
|---|---|---|---|---|---|---|
| 0.0 | 1.20000 | ∞ | ∞ | 0.0 | ∞ | ∞ |
| 0.01 | 1.19998 | 109.54342 | 57.87384 | 0.01095 | 7134.40454 | 4.05827 |
| 0.02 | 1.19990 | 54.77006 | 28.94213 | 0.02191 | 1778.44988 | 3.36530 |
| 0.03 | 1.19978 | 36.51155 | 19.30054 | 0.03286 | 787.08139 | 2.96013 |
| 0.04 | 1.19962 | 27.38175 | 14.48149 | 0.04381 | 440.35221 | 2.67287 |
| 0.05 | 1.19940 | 21.90343 | 11.59144 | 0.05476 | 280.02031 | 2.45027 |
| 0.06 | 1.19914 | 18.25085 | 9.66591 | 0.06570 | 193.03108 | 2.26861 |
| 0.07 | 1.19833 | 15.64155 | 8.29153 | 0.07664 | 140.65501 | 2.11523 |
| 0.08 | 1.19847 | 13.68431 | 7.26161 | 0.08758 | 106.71822 | 1.98260 |
| 0.09 | 1.19806 | 12.16177 | 6.46134 | 0.09851 | 83.49612 | 1.86584 |
| 0.10 | 1.19760 | 10.94351 | 5.82183 | 0.10944 | 66.92156 | 1.76161 |
| 0.11 | 1.19710 | 9.94656 | 5.29923 | 0.12035 | 54.68790 | 1.66756 |
| 0.12 | 1.19655 | 9.11559 | 4.86432 | 0.13126 | 45.40796 | 1.58193 |
| 0.13 | 1.19596 | 8.41230 | 4.49686 | 0.14217 | 38.20700 | 1.50338 |
| 0.14 | 1.19531 | 7.80932 | 4.18240 | 0.15306 | 32.51131 | 1.43089 |
| 0.15 | 1.19462 | 7.28659 | 3.91034 | 0.16395 | 27.93197 | 1.36363 |
| 0.16 | 1.19389 | 6.82907 | 3.67274 | 0.17482 | 24.19783 | 1.30094 |
| 0.17 | 1.19310 | 6.42525 | 3.46351 | 0.18569 | 21.11518 | 1.24228 |
| 0.18 | 1.19227 | 6.06618 | 3.27793 | 0.19654 | 18.54265 | 1.18721 |
| 0.19 | 1.19140 | 5.74480 | 3.11226 | 0.20739 | 16.37516 | 1.13535 |
| 0.20 | 1.19048 | 5.45545 | 2.96352 | 0.21822 | 14.53327 | 1.08638 |
| 0.21 | 1.18951 | 5.19355 | 2.82929 | 0.22904 | 12.95602 | 1.04003 |
| 0.22 | 1.18850 | 4.95537 | 2.70760 | 0.23984 | 11.59605 | 0.99606 |
| 0.23 | 1.18744 | 4.73781 | 2.59681 | 0.25063 | 10.41609 | 0.95428 |
| 0.24 | 1.18633 | 4.53829 | 2.49556 | 0.26141 | 9.38648 | 0.91451 |
| 0.25 | 1.18519 | 4.35465 | 2.40271 | 0.27217 | 8.48341 | 0.87660 |
| 0.26 | 1.18399 | 4.18505 | 2.31729 | 0.28291 | 7.68757 | 0.84040 |
| 0.27 | 1.18276 | 4.02795 | 2.23847 | 0.29364 | 6.98317 | 0.80579 |
| 0.28 | 1.18147 | 3.88199 | 2.16555 | 0.30435 | 6.35721 | 0.77268 |
| 0.29 | 1.18015 | 3.74602 | 2.09793 | 0.31504 | 5.79891 | 0.74095 |
| 0.30 | 1.17878 | 3.61906 | 2.03507 | 0.32572 | 5.29925 | 0.71053 |
| 0.31 | 1.17737 | 3.50022 | 1.97651 | 0.33637 | 4.85066 | 0.68133 |
| 0.32 | 1.17592 | 3.38874 | 1.92185 | 0.34701 | 4.44674 | 0.65329 |
| 0.33 | 1.17442 | 3.28396 | 1.87074 | 0.35762 | 4.08205 | 0.62634 |
| 0.34 | 1.17288 | 3.18529 | 1.82288 | 0.36822 | 3.75195 | 0.60042 |
| 0.35 | 1.17130 | 3.09219 | 1.77797 | 0.37879 | 3.45245 | 0.57547 |
| 0.36 | 1.16968 | 3.00422 | 1.73578 | 0.38935 | 3.18012 | 0.55146 |
| 0.37 | 1.16802 | 2.92094 | 1.69609 | 0.39988 | 2.93198 | 0.52832 |
| 0.38 | 1.16632 | 2.84200 | 1.65870 | 0.41039 | 2.70545 | 0.50603 |
| 0.39 | 1.16457 | 2.76706 | 1.62343 | 0.42087 | 2.49828 | 0.48454 |
| 0.40 | 1.16279 | 2.69582 | 1.59014 | 0.43133 | 2.30849 | 0.46382 |
| 0.41 | 1.16097 | 2.62801 | 1.55867 | 0.44177 | 2.13436 | 0.44384 |
| 0.42 | 1.15911 | 2.56338 | 1.52890 | 0.45218 | 1.97437 | 0.42455 |
| 0.43 | 1.15721 | 2.50171 | 1.50072 | 0.46257 | 1.82715 | 0.40594 |
| 0.44 | 1.15527 | 2.44280 | 1.47401 | 0.47293 | 1.69152 | 0.38798 |
| 0.45 | 1.15329 | 2.38648 | 1.44867 | 0.48326 | 1.56643 | 0.37065 |
| 0.46 | 1.15128 | 2.33256 | 1.42463 | 0.49357 | 1.45091 | 0.35391 |
| 0.47 | 1.14923 | 2.28089 | 1.40180 | 0.50385 | 1.34413 | 0.33775 |
| 0.48 | 1.14714 | 2.23135 | 1.38010 | 0.51410 | 1.24534 | 0.32215 |

续表

| Ma | $T/T^*$ | $p/p^*$ | $p_t/p_t^*$ | $V/V^*$ | $fL_{max}/D$ | $S_{max}/R$ |
|---|---|---|---|---|---|---|
| 0.49 | 1.14502 | 2.18378 | 1.35947 | 0.52433 | 1.15385 | 0.30709 |
| 0.50 | 1.14286 | 2.13809 | 1.33984 | 0.53452 | 1.06906 | 0.29255 |
| 0.51 | 1.14066 | 2.09415 | 1.32117 | 0.54469 | 0.99041 | 0.27852 |
| 0.52 | 1.13843 | 2.05187 | 1.30339 | 0.55483 | 0.91742 | 0.26497 |
| 0.53 | 1.13617 | 2.01116 | 1.28645 | 0.56493 | 0.84962 | 0.25189 |
| 0.54 | 1.13387 | 1.97192 | 1.27032 | 0.57501 | 0.78663 | 0.23927 |
| 0.55 | 1.13154 | 1.93407 | 1.25495 | 0.58506 | 0.72805 | 0.22709 |
| 0.56 | 1.12918 | 1.89755 | 1.24029 | 0.59507 | 0.67357 | 0.21535 |
| 0.57 | 1.12678 | 1.86228 | 1.22633 | 0.60505 | 0.62287 | 0.20402 |
| 0.56 | 1.12435 | 1.82820 | 1.21301 | 0.61501 | 0.57568 | 0.19310 |
| 0.59 | 1.12189 | 1.79525 | 1.20031 | 0.62492 | 0.53174 | 0.18258 |
| 0.60 | 1.11940 | 1.76336 | 1.18820 | 0.63481 | 0.49082 | 0.17244 |
| 0.61 | 1.11688 | 1.73250 | 1.17665 | 0.64466 | 0.45271 | 0.16267 |
| 0.62 | 1.11433 | 1.70261 | 1.16565 | 0.65448 | 0.41720 | 0.15328 |
| 0.63 | 1.11175 | 1.67364 | 1.15515 | 0.66427 | 0.38412 | 0.14423 |
| 0.64 | 1.10914 | 1.64556 | 1.14515 | 0.67402 | 0.35330 | 0.13553 |
| 0.65 | 1.10650 | 1.61831 | 1.13562 | 0.68374 | 0.32459 | 0.12718 |
| 0.66 | 1.10383 | 1.59187 | 1.12654 | 0.69342 | 0.29785 | 0.11915 |
| 0.67 | 1.10114 | 1.56620 | 1.11789 | 0.70307 | 0.27295 | 0.11144 |
| 0.68 | 1.09842 | 1.54126 | 1.10965 | 0.71268 | 0.24978 | 0.10405 |
| 0.69 | 1.09567 | 1.51702 | 1.10182 | 0.72225 | 0.22820 | 0.09696 |
| 0.70 | 1.09290 | 1.49345 | 1.09437 | 0.73179 | 0.20814 | 0.09018 |
| 0.71 | 1.09010 | 1.47053 | 1.08729 | 0.74129 | 0.18948 | 0.08369 |
| 0.72 | 1.08727 | 1.44823 | 1.08057 | 0.75076 | 0.17215 | 0.07749 |
| 0.73 | 1.08442 | 1.42652 | 1.07419 | 0.76019 | 0.15605 | 0.07157 |
| 0.74 | 1.08155 | 1.40537 | 1.06814 | 0.76958 | 0.14112 | 0.06592 |
| 0.75 | 1.07865 | 1.38478 | 1.06242 | 0.77894 | 0.12728 | 0.06055 |
| 0.76 | 1.07573 | 1.36470 | 1.05700 | 0.78825 | 0.11447 | 0.05543 |
| 0.77 | 1.07279 | 1.34514 | 1.05188 | 0.79753 | 0.10262 | 0.05058 |
| 0.78 | 1.06982 | 1.32605 | 1.04705 | 0.80677 | 0.09167 | 0.04598 |
| 0.79 | 1.06684 | 1.30744 | 1.04251 | 0.81597 | 0.08158 | 0.04163 |
| 0.80 | 1.06383 | 1.28928 | 1.03823 | 0.82514 | 0.07229 | 0.03752 |
| 0.81 | 1.06080 | 1.27155 | 1.03422 | 0.83426 | 0.06376 | 0.03365 |
| 0.82 | 1.05775 | 1.25423 | 1.03046 | 0.84335 | 0.05593 | 0.03001 |
| 0.83 | 1.05469 | 1.23732 | 1.02696 | 0.85239 | 0.04878 | 0.02660 |
| 0.84 | 1.05160 | 1.22080 | 1.02370 | 0.86140 | 0.04226 | 0.02342 |
| 0.85 | 1.04849 | 1.20466 | 1.02067 | 0.87037 | 0.03633 | 0.02046 |
| 0.86 | 1.04537 | 1.18888 | 1.01787 | 0.87929 | 0.03097 | 0.01771 |
| 0.87 | 1.04223 | 1.17344 | 1.01530 | 0.88818 | 0.02613 | 0.01518 |
| 0.88 | 1.03907 | 1.15835 | 1.01294 | 0.89703 | 0.02179 | 0.01286 |
| 0.89 | 1.03589 | 1.14358 | 1.01080 | 0.90583 | 0.01793 | 0.01074 |
| 0.90 | 1.03270 | 1.12913 | 1.00886 | 0.91460 | 0.01451 | 0.00882 |
| 0.91 | 1.02950 | 1.11499 | 1.00713 | 0.92332 | 0.01151 | 0.00711 |
| 0.92 | 1.02627 | 1.10114 | 1.00560 | 0.93201 | 0.00891 | 0.00558 |
| 0.93 | 1.02304 | 1.08758 | 1.00426 | 0.94065 | 0.00669 | 0.00425 |
| 0.94 | 1.01978 | 1.07430 | 1.00311 | 0.94925 | 0.00482 | 0.00310 |
| 0.95 | 1.01652 | 1.06129 | 1.00215 | 0.95781 | 0.00328 | 0.00214 |
| 0.96 | 1.01324 | 1.04854 | 1.00136 | 0.96633 | 0.00206 | 0.00136 |
| 0.97 | 1.00995 | 1.03604 | 1.00076 | 0.97481 | 0.00113 | 0.00076 |
| 0.98 | 1.00664 | 1.02379 | 1.00034 | 0.98325 | 0.00049 | 0.00034 |
| 0.99 | 1.00333 | 1.01178 | 1.00008 | 0.99165 | 0.00012 | 0.00008 |
| 1.00 | 1.00000 | 1.00000 | 1.00000 | 1.00000 | 0.00000 | 0.00000 |
| 1.01 | 0.99666 | 0.98844 | 1.00008 | 1.00831 | 0.00012 | 0.00008 |

| Ma | $T/T^*$ | $p/p^*$ | $p_t/p_t^*$ | $V/V^*$ | $fL_{max}/D$ | $S_{max}/R$ |
|---|---|---|---|---|---|---|
| 1.02 | 0.99331 | 0.97711 | 1.00033 | 1.01658 | 0.00046 | 0.00033 |
| 1.03 | 0.98995 | 0.96598 | 1.00074 | 1.02481 | 0.00101 | 0.00074 |
| 1.04 | 0.98658 | 0.95507 | 1.00131 | 1.03300 | 0.00177 | 0.00130 |
| 1.05 | 0.98320 | 0.94435 | 1.00203 | 1.04114 | 0.00271 | 0.00203 |
| 1.06 | 0.97982 | 0.93383 | 1.00291 | 1.04925 | 0.00384 | 0.00290 |
| 1.07 | 0.97642 | 0.92349 | 1.00394 | 1.05731 | 0.00513 | 0.00393 |
| 1.08 | 0.97302 | 0.91335 | 1.00512 | 1.06533 | 0.00658 | 0.00511 |
| 1.09 | 0.96960 | 0.90338 | 1.00645 | 1.07331 | 0.00819 | 0.00643 |
| 1.10 | 0.96618 | 0.89359 | 1.00793 | 1.08124 | 0.00994 | 0.00789 |
| 1.11 | 0.96276 | 0.88397 | 1.00955 | 1.08913 | 0.01182 | 0.00950 |
| 1.12 | 0.95932 | 0.87451 | 1.01131 | 1.09699 | 0.01382 | 0.01125 |
| 1.13 | 0.95589 | 0.86522 | 1.01322 | 1.10479 | 0.01595 | 0.01313 |
| 1.14 | 0.95244 | 0.85608 | 1.01527 | 1.11256 | 0.01819 | 0.01515 |
| 1.15 | 0.94899 | 0.84710 | 1.01745 | 1.12029 | 0.02053 | 0.01730 |
| 1.16 | 0.94554 | 0.83826 | 1.01978 | 1.12797 | 0.02298 | 0.01959 |
| 1.17 | 0.94208 | 0.82958 | 1.02224 | 1.13561 | 0.02552 | 0.02200 |
| 1.18 | 0.93861 | 0.82103 | 1.02484 | 1.14321 | 0.02814 | 0.02454 |
| 1.19 | 0.93515 | 0.81263 | 1.02757 | 1.15077 | 0.03085 | 0.02720 |
| 1.20 | 0.93168 | 0.80436 | 1.03044 | 1.15828 | 0.03364 | 0.02999 |
| 1.21 | 0.92820 | 0.79623 | 1.03344 | 1.16575 | 0.03650 | 0.03289 |
| 1.22 | 0.92473 | 0.78822 | 1.03657 | 1.17319 | 0.03943 | 0.03592 |
| 1.23 | 0.92125 | 0.78034 | 1.03983 | 1.18057 | 0.04242 | 0.03906 |
| 1.24 | 0.91777 | 0.77258 | 1.04323 | 1.18792 | 0.04547 | 0.04232 |
| 1.25 | 0.91429 | 0.76495 | 1.04675 | 1.19523 | 0.04858 | 0.04569 |
| 1.26 | 0.91080 | 0.75743 | 1.05041 | 1.20249 | 0.05174 | 0.04918 |
| 1.27 | 0.90732 | 0.75003 | 1.05419 | 1.20972 | 0.05495 | 0.05277 |
| 1.28 | 0.90383 | 0.74274 | 1.05810 | 1.21690 | 0.05820 | 0.05647 |
| 1.29 | 0.90035 | 0.73556 | 1.06214 | 1.22404 | 0.06150 | 0.06028 |
| 1.30 | 0.89686 | 0.72848 | 1.06630 | 1.23114 | 0.06483 | 0.06420 |
| 1.31 | 0.89338 | 0.72152 | 1.07060 | 1.23819 | 0.06820 | 0.06822 |
| 1.32 | 0.88989 | 0.71465 | 1.07502 | 1.24521 | 0.07161 | 0.07234 |
| 1.33 | 0.88641 | 0.70789 | 1.07957 | 1.25218 | 0.07504 | 0.07656 |
| 1.34 | 0.88292 | 0.70122 | 1.08424 | 1.25912 | 0.07850 | 0.08088 |
| 1.35 | 0.87944 | 0.69466 | 1.08904 | 1.26601 | 0.08199 | 0.08529 |
| 1.36 | 0.87596 | 0.68818 | 1.09396 | 1.27286 | 0.08550 | 0.08981 |
| 1.37 | 0.87249 | 0.68180 | 1.09902 | 1.27968 | 0.08904 | 0.09441 |
| 1.38 | 0.86901 | 0.67551 | 1.10419 | 1.28645 | 0.09259 | 0.09911 |
| 1.39 | 0.86554 | 0.66931 | 1.10950 | 1.29318 | 0.09615 | 0.10391 |
| 1.40 | 0.86207 | 0.66320 | 1.11493 | 1.29987 | 0.09974 | 0.10879 |
| 1.41 | 0.85860 | 0.65717 | 1.12048 | 1.30652 | 0.10334 | 0.11376 |
| 1.42 | 0.85514 | 0.65122 | 1.12616 | 1.31313 | 0.10694 | 0.11882 |
| 1.43 | 0.85168 | 0.64536 | 1.13197 | 1.31970 | 0.11056 | 0.12396 |
| 1.44 | 0.84822 | 0.63958 | 1.13790 | 1.32623 | 0.11419 | 0.12919 |
| 1.45 | 0.84477 | 0.63387 | 1.14396 | 1.33272 | 0.11782 | 0.13450 |
| 1.46 | 0.84133 | 0.62825 | 1.15015 | 1.33917 | 0.12146 | 0.13989 |
| 1.47 | 0.83788 | 0.62269 | 1.15646 | 1.34558 | 0.12511 | 0.14537 |
| 1.48 | 0.83445 | 0.61722 | 1.16290 | 1.35195 | 0.12875 | 0.15092 |
| 1.49 | 0.83101 | 0.61181 | 1.16947 | 1.35828 | 0.13240 | 0.15655 |
| 1.50 | 0.82759 | 0.60648 | 1.17617 | 1.36458 | 0.13605 | 0.16226 |
| 1.51 | 0.82416 | 0.60122 | 1.18299 | 1.37083 | 0.13970 | 0.16805 |
| 1.52 | 0.82075 | 0.59602 | 1.18994 | 1.37705 | 0.14335 | 0.17391 |
| 1.53 | 0.81734 | 0.59089 | 1.19702 | 1.38322 | 0.14699 | 0.17984 |
| 1.54 | 0.81393 | 0.58583 | 1.20423 | 1.38936 | 0.15063 | 0.18584 |

续表

| Ma | $T/T^*$ | $p/p^*$ | $p_t/p_t^*$ | $V/V^*$ | $fL_{max}/D$ | $S_{max}/R$ |
|---|---|---|---|---|---|---|
| 1.55 | 0.81054 | 0.58084 | 1.21157 | 1.39546 | 0.15427 | 0.19192 |
| 1.56 | 0.80715 | 0.57591 | 1.21904 | 1.40152 | 0.15790 | 0.19807 |
| 1.57 | 0.80376 | 0.57104 | 1.22664 | 1.40755 | 0.16152 | 0.20428 |
| 1.58 | 0.80038 | 0.56623 | 1.23438 | 1.41353 | 0.16514 | 0.21057 |
| 1.59 | 0.79701 | 0.56148 | 1.24224 | 1.41948 | 0.16875 | 0.21692 |
| 1.60 | 0.79365 | 0.55679 | 1.25023 | 1.42539 | 0.17236 | 0.22333 |
| 1.61 | 0.79030 | 0.55216 | 1.25836 | 1.43127 | 0.17595 | 0.22981 |
| 1.62 | 0.78695 | 0.54759 | 1.26663 | 1.43710 | 0.17954 | 0.23636 |
| 1.63 | 0.78361 | 0.54308 | 1.27502 | 1.44290 | 0.18311 | 0.24296 |
| 1.64 | 0.78027 | 0.53862 | 1.28355 | 1.44866 | 0.18667 | 0.24963 |
| 1.65 | 0.77695 | 0.53421 | 1.29222 | 1.45439 | 0.19023 | 0.25636 |
| 1.66 | 0.77363 | 0.52986 | 1.30102 | 1.46008 | 0.19377 | 0.26315 |
| 1.67 | 0.77033 | 0.52556 | 1.30996 | 1.46573 | 0.19729 | 0.27000 |
| 1.68 | 0.76703 | 0.52131 | 1.31904 | 1.47135 | 0.20081 | 0.27690 |
| 1.69 | 0.76374 | 0.51711 | 1.32825 | 1.47693 | 0.20431 | 0.28386 |
| 1.70 | 0.76046 | 0.51297 | 1.33761 | 1.48247 | 0.20780 | 0.29088 |
| 1.71 | 0.75718 | 0.50887 | 1.34710 | 1.48798 | 0.21128 | 0.29795 |
| 1.72 | 0.75392 | 0.50482 | 1.35674 | 1.49345 | 0.21474 | 0.30508 |
| 1.73 | 0.75067 | 0.50082 | 1.36651 | 1.49889 | 0.21819 | 0.31226 |
| 1.74 | 0.74742 | 0.49686 | 1.37643 | 1.50429 | 0.22162 | 0.31949 |
| 1.75 | 0.74419 | 0.49295 | 1.38649 | 1.50966 | 0.22504 | 0.32678 |
| 1.76 | 0.74096 | 0.48909 | 1.39670 | 1.51499 | 0.22844 | 0.33411 |
| 1.77 | 0.73774 | 0.48527 | 1.40705 | 1.52029 | 0.23182 | 0.34149 |
| 1.78 | 0.73454 | 0.48149 | 1.41755 | 1.52555 | 0.23519 | 0.34893 |
| 1.79 | 0.73134 | 0.47776 | 1.42819 | 1.53078 | 0.23855 | 0.35641 |
| 1.80 | 0.72816 | 0.47407 | 1.43898 | 1.53598 | 0.24189 | 0.36394 |
| 1.81 | 0.72498 | 0.47042 | 1.44992 | 1.54114 | 0.24521 | 0.37151 |
| 1.82 | 0.72181 | 0.46681 | 1.46101 | 1.54626 | 0.24851 | 0.37913 |
| 1.83 | 0.71866 | 0.46324 | 1.47225 | 1.55136 | 0.25180 | 0.38680 |
| 1.84 | 0.71551 | 0.45972 | 1.48365 | 1.55642 | 0.25507 | 0.39450 |
| 1.85 | 0.71238 | 0.45623 | 1.49519 | 1.56145 | 0.25832 | 0.40226 |
| 1.86 | 0.70925 | 0.45278 | 1.50689 | 1.56644 | 0.26156 | 0.41005 |
| 1.87 | 0.70614 | 0.44937 | 1.51875 | 1.57140 | 0.26478 | 0.41789 |
| 1.88 | 0.70304 | 0.44600 | 1.53076 | 1.57633 | 0.26798 | 0.42576 |
| 1.89 | 0.69995 | 0.44266 | 1.54293 | 1.58123 | 0.27116 | 0.43368 |
| 1.90 | 0.69686 | 0.43936 | 1.55526 | 1.58609 | 0.27433 | 0.44164 |
| 1.91 | 0.69379 | 0.43610 | 1.56774 | 1.59092 | 0.27748 | 0.44964 |
| 1.92 | 0.69073 | 0.43287 | 1.58039 | 1.59572 | 0.28061 | 0.45767 |
| 1.93 | 0.68769 | 0.42967 | 1.59320 | 1.60049 | 0.28372 | 0.46574 |
| 1.94 | 0.68465 | 0.42651 | 1.60617 | 1.60523 | 0.28681 | 0.47385 |
| 1.95 | 0.68162 | 0.42339 | 1.61931 | 1.60993 | 0.28989 | 0.48200 |
| 1.96 | 0.67861 | 0.42029 | 1.63261 | 1.61460 | 0.29295 | 0.49018 |
| 1.97 | 0.67561 | 0.41724 | 1.64608 | 1.61925 | 0.29599 | 0.49840 |
| 1.98 | 0.67262 | 0.41421 | 1.65972 | 1.62386 | 0.29901 | 0.50665 |
| 1.99 | 0.66964 | 0.41121 | 1.67352 | 1.62844 | 0.30201 | 0.51493 |
| 2.00 | 0.66667 | 0.40825 | 1.68750 | 1.63299 | 0.30500 | 0.52325 |
| 2.01 | 0.66371 | 0.40532 | 1.70165 | 1.63751 | 0.30796 | 0.53160 |
| 2.02 | 0.66076 | 0.40241 | 1.71597 | 1.64201 | 0.31091 | 0.53998 |
| 2.03 | 0.65783 | 0.39954 | 1.73047 | 1.64647 | 0.31384 | 0.54839 |
| 2.04 | 0.65491 | 0.39670 | 1.74514 | 1.65090 | 0.31676 | 0.55683 |
| 2.05 | 0.65200 | 0.39388 | 1.75999 | 1.65530 | 0.31965 | 0.56531 |
| 2.06 | 0.64910 | 0.39110 | 1.77502 | 1.65967 | 0.32253 | 0.57381 |
| 2.07 | 0.64621 | 0.38834 | 1.79022 | 1.66402 | 0.32538 | 0.58234 |

| Ma | $T/T^*$ | $p/p^*$ | $p_t/p_t^*$ | $V/V^*$ | $fL_{max}/D$ | $S_{max}/R$ |
|------|---------|---------|-------------|---------|--------------|-------------|
| 2.08 | 0.64334 | 0.38562 | 1.80561 | 1.66833 | 0.32822 | 0.59090 |
| 2.09 | 0.64047 | 0.38292 | 1.82119 | 1.67262 | 0.33105 | 0.59949 |
| 2.10 | 0.63762 | 0.38024 | 1.83694 | 1.67687 | 0.33385 | 0.60810 |
| 2.11 | 0.63478 | 0.37760 | 1.85289 | 1.68110 | 0.33664 | 0.61674 |
| 2.12 | 0.63195 | 0.37498 | 1.86902 | 1.68530 | 0.33940 | 0.62541 |
| 2.13 | 0.62914 | 0.37239 | 1.88533 | 1.68947 | 0.34215 | 0.63411 |
| 2.14 | 0.62633 | 0.36982 | 1.90184 | 1.69362 | 0.34489 | 0.64282 |
| 2.15 | 0.62354 | 0.36728 | 1.91854 | 1.69774 | 0.34760 | 0.65157 |
| 2.16 | 0.62076 | 0.36476 | 1.93544 | 1.70183 | 0.35030 | 0.66033 |
| 2.17 | 0.61799 | 0.36227 | 1.95252 | 1.70589 | 0.35298 | 0.66912 |
| 2.18 | 0.61523 | 0.35980 | 1.96981 | 1.70992 | 0.35564 | 0.67794 |
| 2.19 | 0.61249 | 0.35736 | 1.98729 | 1.71393 | 0.35828 | 0.68677 |
| 2.20 | 0.60976 | 0.35494 | 2.00497 | 1.71791 | 0.36091 | 0.69563 |
| 2.21 | 0.60704 | 0.35255 | 2.02286 | 1.72187 | 0.36352 | 0.70451 |
| 2.22 | 0.60433 | 0.35017 | 2.04094 | 1.72579 | 0.36611 | 0.71341 |
| 2.23 | 0.60163 | 0.34782 | 2.05923 | 1.72970 | 0.36869 | 0.72233 |
| 2.24 | 0.59895 | 0.34550 | 2.07773 | 1.73357 | 0.37124 | 0.73128 |
| 2.25 | 0.59627 | 0.34319 | 2.09644 | 1.73742 | 0.37378 | 0.74024 |
| 2.26 | 0.59361 | 0.34091 | 2.11535 | 1.74125 | 0.37631 | 0.74922 |
| 2.27 | 0.59096 | 0.33865 | 2.13447 | 1.74504 | 0.37881 | 0.75822 |
| 2.28 | 0.58833 | 0.33641 | 2.15381 | 1.74882 | 0.38130 | 0.76724 |
| 2.29 | 0.58570 | 0.33420 | 2.17336 | 1.75257 | 0.38377 | 0.77628 |
| 2.30 | 0.58309 | 0.33200 | 2.19313 | 1.75629 | 0.38623 | 0.78533 |
| 2.31 | 0.58049 | 0.32983 | 2.21312 | 1.75999 | 0.38867 | 0.79440 |
| 2.32 | 0.57790 | 0.32767 | 2.23332 | 1.76366 | 0.39109 | 0.80349 |
| 2.33 | 0.57532 | 0.32554 | 2.25375 | 1.76731 | 0.39350 | 0.81260 |
| 2.34 | 0.57276 | 0.32342 | 2.27440 | 1.77093 | 0.39589 | 0.82172 |
| 2.35 | 0.57021 | 0.32133 | 2.29528 | 1.77453 | 0.39826 | 0.83085 |
| 2.36 | 0.56767 | 0.31925 | 2.31638 | 1.77811 | 0.40062 | 0.84001 |
| 2.37 | 0.56514 | 0.31720 | 2.33771 | 1.78166 | 0.40296 | 0.84917 |
| 2.38 | 0.56262 | 0.31516 | 2.35928 | 1.78519 | 0.40529 | 0.85835 |
| 2.39 | 0.56011 | 0.31314 | 2.38107 | 1.78869 | 0.40760 | 0.86755 |
| 2.40 | 0.55762 | 0.31114 | 2.40310 | 1.79218 | 0.40989 | 0.87676 |
| 2.41 | 0.55514 | 0.30916 | 2.42537 | 1.79563 | 0.41217 | 0.88598 |
| 2.42 | 0.55267 | 0.30720 | 2.44787 | 1.79907 | 0.41443 | 0.89522 |
| 2.43 | 0.55021 | 0.30525 | 2.47061 | 1.80248 | 0.41668 | 0.90447 |
| 2.44 | 0.54777 | 0.30332 | 2.49360 | 1.80587 | 0.41891 | 0.91373 |
| 2.45 | 0.54533 | 0.30141 | 2.51683 | 1.80924 | 0.42112 | 0.92300 |
| 2.46 | 0.54291 | 0.29952 | 2.54031 | 1.81258 | 0.42332 | 0.93229 |
| 2.47 | 0.54050 | 0.29765 | 2.56403 | 1.81591 | 0.42551 | 0.94158 |
| 2.48 | 0.53810 | 0.29579 | 2.58801 | 1.81921 | 0.42768 | 0.95089 |
| 2.49 | 0.53571 | 0.29394 | 2.61224 | 1.82249 | 0.42984 | 0.96021 |
| 2.50 | 0.53333 | 0.29212 | 2.63672 | 1.82574 | 0.43198 | 0.96954 |
| 2.51 | 0.53097 | 0.29031 | 2.66146 | 1.82898 | 0.43410 | 0.97887 |
| 2.52 | 0.52862 | 0.28852 | 2.68645 | 1.83219 | 0.43621 | 0.98822 |
| 2.53 | 0.52627 | 0.28674 | 2.71171 | 1.83538 | 0.43831 | 0.99758 |
| 2.54 | 0.52394 | 0.28498 | 2.73723 | 1.83855 | 0.44039 | 1.00695 |
| 2.55 | 0.52163 | 0.28323 | 2.76301 | 1.84170 | 0.44246 | 1.01632 |
| 2.56 | 0.51932 | 0.28150 | 2.78906 | 1.84483 | 0.44451 | 1.02571 |
| 2.57 | 0.51702 | 0.27978 | 2.81538 | 1.84794 | 0.44655 | 1.03510 |
| 2.58 | 0.51474 | 0.27808 | 2.84197 | 1.85103 | 0.44858 | 1.04450 |
| 2.59 | 0.51247 | 0.27640 | 2.86884 | 1.85410 | 0.45059 | 1.05391 |
| 2.60 | 0.51020 | 0.27473 | 2.89598 | 1.85714 | 0.45259 | 1.06332 |

续表

| Ma | $T/T^*$ | $p/p^*$ | $p_t/p_t^*$ | $V/V^*$ | $fL_{max}/D$ | $S_{max}/R$ |
|---|---|---|---|---|---|---|
| **2.61** | 0.50795 | 0.27307 | 2.92339 | 1.86017 | 0.45457 | 1.07274 |
| **2.62** | 0.50571 | 0.27143 | 2.95109 | 1.86318 | 0.45654 | 1.08217 |
| **2.63** | 0.50349 | 0.26980 | 2.97907 | 1.86616 | 0.45850 | 1.09161 |
| **2.64** | 0.50127 | 0.26818 | 3.00733 | 1.86913 | 0.46044 | 1.10105 |
| **2.65** | 0.49906 | 0.26658 | 3.03588 | 1.87208 | 0.46237 | 1.11050 |
| **2.66** | 0.49687 | 0.26500 | 3.06472 | 1.87501 | 0.46429 | 1.11996 |
| **2.67** | 0.49469 | 0.26342 | 3.09385 | 1.87792 | 0.46619 | 1.12942 |
| **2.68** | 0.49251 | 0.26186 | 3.12327 | 1.88081 | 0.46808 | 1.13888 |
| **2.69** | 0.49035 | 0.26032 | 3.15299 | 1.88368 | 0.46996 | 1.14835 |
| **2.70** | 0.48820 | 0.25878 | 3.18301 | 1.88653 | 0.47182 | 1.15783 |
| **2.71** | 0.48606 | 0.25726 | 3.21333 | 1.88936 | 0.47367 | 1.16731 |
| **2.72** | 0.48393 | 0.25575 | 3.24395 | 1.89218 | 0.47551 | 1.17679 |
| **2.73** | 0.48182 | 0.25426 | 3.27488 | 1.89497 | 0.47733 | 1.18628 |
| **2.74** | 0.47971 | 0.25278 | 3.30611 | 1.89775 | 0.47915 | 1.19577 |
| **2.75** | 0.47761 | 0.25131 | 3.33766 | 1.90051 | 0.48095 | 1.20527 |
| **2.76** | 0.47553 | 0.24985 | 3.36952 | 1.90325 | 0.48273 | 1.21477 |
| **2.77** | 0.47345 | 0.24840 | 3.40169 | 1.90598 | 0.48451 | 1.22427 |
| **2.78** | 0.47139 | 0.24697 | 3.43418 | 1.90868 | 0.48627 | 1.23378 |
| **2.79** | 0.46933 | 0.24555 | 3.46699 | 1.91137 | 0.48803 | 1.24329 |
| **2.80** | 0.46729 | 0.24414 | 3.50012 | 1.91404 | 0.48976 | 1.25280 |
| **2.81** | 0.46526 | 0.24274 | 3.53358 | 1.91669 | 0.49149 | 1.26231 |
| **2.82** | 0.46323 | 0.24135 | 3.56737 | 1.91933 | 0.49321 | 1.27183 |
| **2.83** | 0.46122 | 0.23998 | 3.60148 | 1.92195 | 0.49491 | 1.28135 |
| **2.84** | 0.45922 | 0.23861 | 3.63593 | 1.92455 | 0.49660 | 1.29087 |
| **2.85** | 0.45723 | 0.23726 | 3.67072 | 1.92714 | 0.49828 | 1.30039 |
| **2.86** | 0.45525 | 0.23592 | 3.70584 | 1.92970 | 0.49995 | 1.30991 |
| **2.87** | 0.45328 | 0.23459 | 3.74131 | 1.93225 | 0.50161 | 1.31943 |
| **2.88** | 0.45132 | 0.23326 | 3.77711 | 1.93479 | 0.50326 | 1.32896 |
| **2.89** | 0.44937 | 0.23195 | 3.81327 | 1.93731 | 0.50489 | 1.33849 |
| **2.90** | 0.44743 | 0.23066 | 3.84977 | 1.93981 | 0.50652 | 1.34801 |
| **2.91** | 0.44550 | 0.22937 | 3.88662 | 1.94230 | 0.50813 | 1.35754 |
| **2.92** | 0.44358 | 0.22809 | 3.92383 | 1.94477 | 0.50973 | 1.36707 |
| **2.93** | 0.44167 | 0.22682 | 3.96139 | 1.94722 | 0.51132 | 1.37660 |
| **2.94** | 0.43977 | 0.22556 | 3.99932 | 1.94966 | 0.51290 | 1.38612 |
| **2.95** | 0.43788 | 0.22431 | 4.03760 | 1.95208 | 0.51447 | 1.39565 |
| **2.96** | 0.43600 | 0.22307 | 4.07625 | 1.95449 | 0.51603 | 1.40518 |
| **2.97** | 0.43413 | 0.22185 | 4.11527 | 1.95688 | 0.51758 | 1.41471 |
| **2.98** | 0.43226 | 0.22063 | 4.15466 | 1.95925 | 0.51912 | 1.42423 |
| **2.99** | 0.43041 | 0.21942 | 4.19443 | 1.96162 | 0.52064 | 1.43376 |
| **3.00** | 0.42857 | 0.21822 | 4.23457 | 1.96396 | 0.52216 | 1.44328 |
| **3.01** | 0.42674 | 0.21703 | 4.27509 | 1.96629 | 0.52367 | 1.45280 |
| **3.02** | 0.42492 | 0.21585 | 4.31599 | 1.96861 | 0.52516 | 1.46233 |
| **3.03** | 0.42310 | 0.21467 | 4.35728 | 1.97091 | 0.52665 | 1.47185 |
| **3.04** | 0.42130 | 0.21351 | 4.39895 | 1.97319 | 0.52813 | 1.48137 |
| **3.05** | 0.41951 | 0.21236 | 4.44102 | 1.97547 | 0.52959 | 1.49088 |
| **3.06** | 0.41772 | 0.21121 | 4.48347 | 1.97772 | 0.53105 | 1.50040 |
| **3.07** | 0.41595 | 0.21008 | 4.52633 | 1.97997 | 0.53249 | 1.50991 |
| **3.08** | 0.41418 | 0.20895 | 4.56959 | 1.98219 | 0.53393 | 1.51942 |
| **3.09** | 0.41242 | 0.20783 | 4.61325 | 1.98441 | 0.53536 | 1.52893 |
| **3.10** | 0.41068 | 0.20672 | 4.65731 | 1.98661 | 0.53678 | 1.53844 |
| **3.11** | 0.40894 | 0.20562 | 4.70178 | 1.98879 | 0.53818 | 1.54794 |
| **3.12** | 0.40721 | 0.20453 | 4.74667 | 1.99097 | 0.53958 | 1.55744 |

续表

| Ma | $T/T^*$ | $p/p^*$ | $p_t/p_t^*$ | $V/V^*$ | $fL_{max}/D$ | $S_{max}/R$ |
|---|---|---|---|---|---|---|
| 3.13 | 0.40549 | 0.20344 | 4.79197 | 1.99313 | 0.54097 | 1.56694 |
| 3.14 | 0.40378 | 0.20237 | 4.83769 | 1.99527 | 0.54235 | 1.57644 |
| 3.15 | 0.40208 | 0.20130 | 4.88383 | 1.99740 | 0.54372 | 1.58593 |
| 3.16 | 0.40038 | 0.20024 | 4.93039 | 1.99952 | 0.54509 | 1.59542 |
| 3.17 | 0.39870 | 0.19919 | 4.97739 | 2.00162 | 0.54644 | 1.60490 |
| 3.18 | 0.39702 | 0.19814 | 5.02481 | 2.00372 | 0.54778 | 1.61439 |
| 3.19 | 0.39536 | 0.19711 | 5.07266 | 2.00579 | 0.54912 | 1.62387 |
| 3.20 | 0.39370 | 0.19608 | 5.12096 | 2.00786 | 0.55044 | 1.63334 |
| 3.21 | 0.39205 | 0.19506 | 5.16969 | 2.00991 | 0.55176 | 1.64281 |
| 3.22 | 0.39041 | 0.19405 | 5.21887 | 2.01195 | 0.55307 | 1.65228 |
| 3.23 | 0.38878 | 0.19304 | 5.26849 | 2.01398 | 0.55437 | 1.66174 |
| 3.24 | 0.38716 | 0.19204 | 5.31857 | 2.01599 | 0.55566 | 1.67120 |
| 3.25 | 0.38554 | 0.19105 | 5.36909 | 2.01799 | 0.55694 | 1.68066 |
| 3.26 | 0.38394 | 0.19007 | 5.42008 | 2.01998 | 0.55822 | 1.69011 |
| 3.27 | 0.38234 | 0.18909 | 5.47152 | 2.02196 | 0.55948 | 1.69956 |
| 3.28 | 0.38075 | 0.18812 | 5.52343 | 2.02392 | 0.56074 | 1.70900 |
| 3.29 | 0.37917 | 0.18716 | 5.57580 | 2.02587 | 0.56199 | 1.71844 |
| 3.30 | 0.37760 | 0.18621 | 5.62865 | 2.02781 | 0.56323 | 1.72787 |
| 3.31 | 0.37603 | 0.18526 | 5.68196 | 2.02974 | 0.56446 | 1.73730 |
| 3.32 | 0.37448 | 0.18432 | 5.73576 | 2.03165 | 0.56569 | 1.74672 |
| 3.33 | 0.37293 | 0.18339 | 5.79003 | 2.03356 | 0.56691 | 1.75614 |
| 3.34 | 0.37139 | 0.18246 | 5.84479 | 2.03545 | 0.56812 | 1.76555 |
| 3.35 | 0.36986 | 0.18154 | 5.90004 | 2.03733 | 0.56932 | 1.77496 |
| 3.36 | 0.36833 | 0.18063 | 5.95577 | 2.03920 | 0.57051 | 1.78436 |
| 3.37 | 0.36682 | 0.17972 | 6.01201 | 2.04106 | 0.57170 | 1.79376 |
| 3.38 | 0.36531 | 0.17882 | 6.06873 | 2.04290 | 0.57287 | 1.80315 |
| 3.39 | 0.36381 | 0.17793 | 6.12596 | 2.04474 | 0.57404 | 1.81254 |
| 3.40 | 0.36232 | 0.17704 | 6.18370 | 2.04656 | 0.57521 | 1.82192 |
| 3.41 | 0.36083 | 0.17616 | 6.24194 | 2.04837 | 0.57636 | 1.83129 |
| 3.42 | 0.35936 | 0.17528 | 6.30070 | 2.05017 | 0.57751 | 1.84066 |
| 3.43 | 0.35789 | 0.17441 | 6.35997 | 2.05196 | 0.57865 | 1.85002 |
| 3.44 | 0.35643 | 0.17355 | 6.41976 | 2.05374 | 0.57978 | 1.85938 |
| 3.45 | 0.35498 | 0.17270 | 6.48007 | 2.05551 | 0.58091 | 1.86873 |
| 3.46 | 0.35353 | 0.17185 | 6.54092 | 2.05727 | 0.58203 | 1.87808 |
| 3.47 | 0.35209 | 0.17100 | 6.60229 | 2.05901 | 0.58314 | 1.88742 |
| 3.48 | 0.35066 | 0.17016 | 6.66419 | 2.06075 | 0.58424 | 1.89675 |
| 3.49 | 0.34924 | 0.16933 | 6.72664 | 2.06247 | 0.58534 | 1.90608 |
| 3.50 | 0.34783 | 0.16851 | 6.78962 | 2.06419 | 0.58643 | 1.91540 |
| 3.51 | 0.34642 | 0.16768 | 6.85315 | 2.06589 | 0.58751 | 1.92471 |
| 3.52 | 0.34502 | 0.16687 | 6.91723 | 2.06759 | 0.58859 | 1.93402 |
| 3.53 | 0.34362 | 0.16606 | 6.98186 | 2.06927 | 0.58966 | 1.94332 |
| 3.54 | 0.34224 | 0.16526 | 7.04705 | 2.07094 | 0.59072 | 1.95261 |
| 3.55 | 0.34086 | 0.16446 | 7.11281 | 2.07261 | 0.59178 | 1.96190 |
| 3.56 | 0.33949 | 0.16367 | 7.17912 | 2.07426 | 0.59282 | 1.97118 |
| 3.57 | 0.33813 | 0.16288 | 7.24601 | 2.07590 | 0.59387 | 1.98045 |
| 3.58 | 0.33677 | 0.16210 | 7.31346 | 2.07754 | 0.59490 | 1.98972 |
| 3.59 | 0.33542 | 0.16132 | 7.38150 | 2.07916 | 0.59593 | 1.99898 |
| 3.60 | 0.33408 | 0.16055 | 7.45011 | 2.08077 | 0.59695 | 2.00823 |
| 3.61 | 0.33274 | 0.15979 | 7.51931 | 2.08238 | 0.59797 | 2.01747 |
| 3.62 | 0.33141 | 0.15903 | 7.58910 | 2.08397 | 0.59898 | 2.02671 |
| 3.63 | 0.33009 | 0.15827 | 7.65948 | 2.08556 | 0.59998 | 2.03594 |
| 3.64 | 0.32877 | 0.15752 | 7.73045 | 2.08713 | 0.60098 | 2.04517 |
| 3.65 | 0.32747 | 0.15678 | 7.80203 | 2.08870 | 0.60197 | 2.05438 |

续表

| Ma | $T/T^*$ | $p/p^*$ | $p_t/p_t^*$ | $V/V^*$ | $fL_{max}/D$ | $S_{max}/R$ |
|---|---|---|---|---|---|---|
| **3.66** | 0.32616 | 0.15604 | 7.87421 | 2.09026 | 0.60296 | 2.06359 |
| **3.67** | 0.32487 | 0.15531 | 7.94700 | 2.09180 | 0.60394 | 2.07279 |
| **3.68** | 0.32358 | 0.15458 | 8.02040 | 2.09334 | 0.60491 | 2.08199 |
| **3.69** | 0.32230 | 0.15385 | 8.09442 | 2.09487 | 0.60588 | 2.09118 |
| **3.70** | 0.32103 | 0.15313 | 8.16907 | 2.09639 | 0.60684 | 2.10035 |
| **3.71** | 0.31976 | 0.15242 | 8.24433 | 2.09790 | 0.60779 | 2.10953 |
| **3.72** | 0.31850 | 0.15171 | 8.32023 | 2.09941 | 0.60874 | 2.11869 |
| **3.73** | 0.31724 | 0.15100 | 8.39676 | 2.10090 | 0.60968 | 2.12785 |
| **3.74** | 0.31600 | 0.15030 | 8.47393 | 2.10238 | 0.61062 | 2.13699 |
| **3.75** | 0.31475 | 0.14961 | 8.55174 | 2.10386 | 0.61155 | 2.14613 |
| **3.76** | 0.31352 | 0.14892 | 8.63020 | 2.10533 | 0.61247 | 2.15527 |
| **3.77** | 0.31229 | 0.14823 | 8.70931 | 2.10679 | 0.61339 | 2.16439 |
| **3.78** | 0.31107 | 0.14755 | 8.78907 | 2.10824 | 0.61431 | 2.17351 |
| **3.79** | 0.30985 | 0.14687 | 8.86950 | 2.10968 | 0.61522 | 2.18262 |
| **3.80** | 0.30864 | 0.14620 | 8.95059 | 2.11111 | 0.61612 | 2.19172 |
| **3.81** | 0.30744 | 0.14553 | 9.03234 | 2.11254 | 0.61702 | 2.20081 |
| **3.82** | 0.30624 | 0.14487 | 9.11477 | 2.11395 | 0.61791 | 2.20990 |
| **3.83** | 0.30505 | 0.14421 | 9.19788 | 2.11536 | 0.61879 | 2.21897 |
| **3.84** | 0.30387 | 0.14355 | 9.28167 | 2.11676 | 0.61968 | 2.22804 |
| **3.85** | 0.30269 | 0.14290 | 9.36614 | 2.11815 | 0.62055 | 2.23710 |
| **3.86** | 0.30151 | 0.14225 | 9.45131 | 2.11954 | 0.62142 | 2.24615 |
| **3.87** | 0.30035 | 0.14161 | 9.53717 | 2.12091 | 0.62229 | 2.25520 |
| **3.88** | 0.29919 | 0.14097 | 9.62373 | 2.12228 | 0.62315 | 2.26423 |
| **3.89** | 0.29803 | 0.14034 | 9.71100 | 2.12364 | 0.62400 | 2.27326 |
| **3.90** | 0.29688 | 0.13971 | 9.79897 | 2.12499 | 0.62485 | 2.28228 |
| **3.91** | 0.29574 | 0.13908 | 9.88766 | 2.12634 | 0.62569 | 2.29129 |
| **3.92** | 0.29460 | 0.13846 | 9.97707 | 2.12767 | 0.62653 | 2.30029 |
| **3.93** | 0.29347 | 0.13784 | 10.06720 | 2.12900 | 0.62737 | 2.30928 |
| **3.94** | 0.29235 | 0.13723 | 10.15806 | 2.13032 | 0.62819 | 2.31827 |
| **3.95** | 0.29123 | 0.13662 | 10.24965 | 2.13163 | 0.62902 | 2.32724 |
| **3.96** | 0.29011 | 0.13602 | 10.34197 | 2.13294 | 0.62984 | 2.33621 |
| **3.97** | 0.28900 | 0.13541 | 10.43504 | 2.13424 | 0.63065 | 2.34517 |
| **3.98** | 0.28790 | 0.13482 | 10.52886 | 2.13553 | 0.63146 | 2.35412 |
| **3.99** | 0.28681 | 0.13422 | 10.62343 | 2.13681 | 0.63227 | 2.36306 |
| **4.00** | 0.28571 | 0.13363 | 10.71875 | 2.13809 | 0.63306 | 2.37199 |
| **4.10** | 0.27510 | 0.12793 | 11.71465 | 2.15046 | 0.64080 | 2.46084 |
| **4.20** | 0.26502 | 0.12257 | 12.79164 | 2.16215 | 0.64810 | 2.54879 |
| **4.30** | 0.25543 | 0.11753 | 13.95490 | 2.17321 | 0.65499 | 2.63583 |
| **4.40** | 0.24631 | 0.11279 | 15.20987 | 2.18368 | 0.66149 | 2.72194 |
| **4.50** | 0.23762 | 0.10833 | 16.56219 | 2.19360 | 0.66763 | 2.80712 |
| **4.60** | 0.22936 | 0.10411 | 18.01779 | 2.20300 | 0.67345 | 2.89136 |
| **4.70** | 0.22148 | 0.10013 | 19.58283 | 2.21192 | 0.67895 | 2.97465 |
| **4.80** | 0.21398 | 0.09637 | 21.26371 | 2.22038 | 0.68417 | 3.05700 |
| **4.90** | 0.20683 | 0.09281 | 23.06712 | 2.22842 | 0.68911 | 3.13841 |
| **5.00** | 0.20000 | 0.08944 | 25.00000 | 2.23607 | 0.69380 | 3.21888 |
| **5.10** | 0.19349 | 0.08625 | 27.06957 | 2.24334 | 0.69826 | 3.29841 |
| **5.20** | 0.18727 | 0.08322 | 29.28333 | 2.25026 | 0.70249 | 3.37702 |
| **5.30** | 0.18132 | 0.08034 | 31.64905 | 2.25685 | 0.70652 | 3.45471 |
| **5.40** | 0.17564 | 0.07761 | 34.17481 | 2.26313 | 0.71035 | 3.53149 |
| **5.50** | 0.17021 | 0.07501 | 36.86896 | 2.26913 | 0.71400 | 3.60737 |
| **5.60** | 0.16502 | 0.07254 | 39.74018 | 2.27484 | 0.71748 | 3.68236 |
| **5.70** | 0.16004 | 0.07018 | 42.79743 | 2.28030 | 0.72080 | 3.75648 |
| **5.80** | 0.15528 | 0.06794 | 46.05000 | 2.28552 | 0.72397 | 3.82973 |

| $Ma$ | $T/T^*$ | $p/p^*$ | $p_t/p_t^*$ | $V/V^*$ | $fL_{max}/D$ | $S_{max}/R$ |
|---|---|---|---|---|---|---|
| **5.90** | 0.15072 | 0.06580 | 49.50747 | 2.29051 | 0.72699 | 3.90212 |
| **6.00** | 0.14634 | 0.06376 | 53.17978 | 2.29528 | 0.72988 | 3.97368 |
| **6.10** | 0.14215 | 0.06181 | 57.07718 | 2.29984 | 0.73264 | 4.04440 |
| **6.20** | 0.13812 | 0.05994 | 61.21023 | 2.30421 | 0.73528 | 4.11431 |
| **6.30** | 0.13426 | 0.05816 | 65.58987 | 2.30840 | 0.73780 | 4.18342 |
| **6.40** | 0.13055 | 0.05646 | 70.22736 | 2.31241 | 0.74022 | 4.25174 |
| **6.50** | 0.12698 | 0.05482 | 75.13431 | 2.31626 | 0.74254 | 4.31928 |
| **6.60** | 0.12356 | 0.05326 | 80.32271 | 2.31996 | 0.74477 | 4.38605 |
| **6.70** | 0.12026 | 0.05176 | 85.80487 | 2.32351 | 0.74690 | 4.45208 |
| **6.80** | 0.11710 | 0.05032 | 91.59351 | 2.32691 | 0.74895 | 4.51736 |
| **6.90** | 0.11405 | 0.04894 | 97.70169 | 2.33019 | 0.75091 | 4.58192 |
| **7.00** | 0.1111 | 0.04762 | 104.14286 | 2.33333 | 0.75280 | 4.64576 |
| **7.50** | 0.09796 | 0.04173 | 141.84148 | 2.34738 | 0.76121 | 4.95471 |
| **8.00** | 0.08696 | 0.03686 | 190.10937 | 2.35907 | 0.76819 | 5.24760 |
| **8.50** | 0.07767 | 0.03279 | 251.08617 | 2.36889 | 0.77404 | 5.52580 |
| **9.00** | 0.06977 | 0.02935 | 327.18930 | 2.37722 | 0.77899 | 5.79054 |
| **9.50** | 0.06299 | 0.02642 | 421.13137 | 2.38433 | 0.78320 | 6.04294 |
| **10.00** | 0.05714 | 0.02390 | 535.93750 | 2.39046 | 0.78683 | 6.28402 |
| $\infty$ | 0.0 | 0.0 | $\infty$ | 2.4495 | 0.82153 | $\infty$ |

# 附录 J　Rayleigh 流参数

| Ma | $T_i/T_t^*$ | $T/T^*$ | $p/p^*$ | $p_t/p_t^*$ | $V/V^*$ | $S_{max}/R$ |
|---|---|---|---|---|---|---|
| **0.0** | 0.0 | 0.0 | 2.40000 | 1.26790 | 0.0 | ∞ |
| **0.01** | 0.00048 | 0.00058 | 2.39966 | 1.26779 | 0.00024 | 26.98422 |
| **0.02** | 0.00192 | 0.00230 | 2.39866 | 1.26752 | 0.00096 | 22.13471 |
| **0.03** | 0.00431 | 0.00517 | 2.39698 | 1.26708 | 0.00216 | 19.30065 |
| **0.04** | 0.00765 | 0.00917 | 2.39464 | 1.26646 | 0.00383 | 17.29274 |
| **0.05** | 0.01192 | 0.01430 | 2.39163 | 1.26567 | 0.00598 | 15.73828 |
| **0.06** | 0.01712 | 0.02053 | 2.38796 | 1.26470 | 0.00860 | 14.47123 |
| **0.07** | 0.02322 | 0.02784 | 2.38365 | 1.26356 | 0.01168 | 13.40303 |
| **0.08** | 0.03022 | 0.03621 | 2.37869 | 1.26226 | 0.01522 | 12.48081 |
| **0.09** | 0.03807 | 0.04562 | 2.37309 | 1.26078 | 0.01922 | 11.67046 |
| **0.10** | 0.04678 | 0.05602 | 2.36686 | 1.25915 | 0.02367 | 10.94870 |
| **0.11** | 0.05630 | 0.06739 | 2.36002 | 1.25735 | 0.02856 | 10.29890 |
| **0.12** | 0.06661 | 0.07970 | 2.35257 | 1.25539 | 0.03388 | 9.70879 |
| **0.13** | 0.07768 | 0.09290 | 2.34453 | 1.25329 | 0.03962 | 9.16904 |
| **0.14** | 0.08947 | 0.10695 | 2.33590 | 1.25103 | 0.04578 | 8.67240 |
| **0.15** | 0.10196 | 0.12181 | 2.32671 | 1.24863 | 0.05235 | 8.21311 |
| **0.16** | 0.11511 | 0.13743 | 2.31696 | 1.24608 | 0.05931 | 7.78653 |
| **0.17** | 0.12888 | 0.15377 | 2.30667 | 1.24340 | 0.06666 | 7.38886 |
| **0.18** | 0.14324 | 0.17078 | 2.29586 | 1.24059 | 0.07439 | 7.01694 |
| **0.19** | 0.15814 | 0.18841 | 2.28454 | 1.23765 | 0.08247 | 6.66813 |
| **0.20** | 0.17355 | 0.20661 | 2.27273 | 1.23460 | 0.09091 | 6.34018 |
| **0.21** | 0.18943 | 0.22533 | 2.26044 | 1.23142 | 0.09969 | 6.03118 |
| **0.22** | 0.20574 | 0.24452 | 2.24770 | 1.22814 | 0.10879 | 5.73946 |
| **0.23** | 0.22244 | 0.26413 | 2.23451 | 1.22475 | 0.11821 | 5.46359 |
| **0.24** | 0.23948 | 0.28411 | 2.22091 | 1.22126 | 0.12792 | 5.20232 |
| **0.25** | 0.25684 | 0.30440 | 2.20690 | 1.21767 | 0.13793 | 4.95454 |
| **0.26** | 0.27446 | 0.32496 | 2.19250 | 1.21400 | 0.14821 | 4.71926 |
| **0.27** | 0.29231 | 0.34573 | 2.17774 | 1.21025 | 0.15876 | 4.49561 |
| **0.28** | 0.31035 | 0.36667 | 2.16263 | 1.20642 | 0.16955 | 4.28281 |
| **0.29** | 0.32855 | 0.38774 | 2.14719 | 1.20251 | 0.18058 | 4.08016 |
| **0.30** | 0.34686 | 0.40887 | 2.13144 | 1.19855 | 0.19183 | 3.88703 |
| **0.31** | 0.36525 | 0.43004 | 2.11539 | 1.19452 | 0.20329 | 3.70283 |
| **0.32** | 0.38369 | 0.45119 | 2.09908 | 1.19045 | 0.21495 | 3.52706 |
| **0.33** | 0.40214 | 0.47228 | 2.08250 | 1.18632 | 0.22678 | 3.35922 |
| **0.34** | 0.42056 | 0.49327 | 2.06569 | 1.18215 | 0.23879 | 3.19888 |
| **0.35** | 0.43894 | 0.51413 | 2.04866 | 1.17795 | 0.25096 | 3.04565 |
| **0.36** | 0.45723 | 0.53482 | 2.03142 | 1.17371 | 0.26327 | 2.89915 |
| **0.37** | 0.47541 | 0.55529 | 2.01400 | 1.16945 | 0.27572 | 2.75904 |
| **0.38** | 0.49346 | 0.57553 | 1.99641 | 1.16517 | 0.28828 | 2.62500 |
| **0.39** | 0.51134 | 0.59549 | 1.97866 | 1.16088 | 0.30095 | 2.49673 |
| **0.40** | 0.52903 | 0.61515 | 1.96078 | 1.15658 | 0.31373 | 2.37397 |
| **0.41** | 0.54651 | 0.63448 | 1.94278 | 1.15227 | 0.32658 | 2.25645 |
| **0.42** | 0.56376 | 0.65346 | 1.92468 | 1.14796 | 0.33951 | 2.14394 |
| **0.43** | 0.58076 | 0.67205 | 1.90649 | 1.14366 | 0.35251 | 2.03622 |
| **0.44** | 0.59748 | 0.69025 | 1.88822 | 1.13936 | 0.36556 | 1.93306 |
| **0.45** | 0.61393 | 0.70804 | 1.86989 | 1.13508 | 0.37865 | 1.83429 |
| **0.46** | 0.63007 | 0.72538 | 1.85151 | 1.13082 | 0.39178 | 1.73970 |
| **0.47** | 0.64589 | 0.74228 | 1.83310 | 1.12659 | 0.40493 | 1.64912 |
| **0.48** | 0.66139 | 0.75871 | 1.81466 | 1.12238 | 0.41810 | 1.56239 |
| **0.49** | 0.67655 | 0.77466 | 1.79622 | 1.11820 | 0.43127 | 1.47935 |
| **0.50** | 0.69136 | 0.79012 | 1.77778 | 1.11405 | 0.44444 | 1.39985 |

| Ma | $T_t/T_t^*$ | $T/T^*$ | $p/p^*$ | $p_t/p_t^*$ | $V/V^*$ | $S_{max}/R$ |
|---|---|---|---|---|---|---|
| 0.51 | 0.70581 | 0.80509 | 1.75935 | 1.10995 | 0.45761 | 1.32374 |
| 0.52 | 0.71990 | 0.81955 | 1.74095 | 1.10588 | 0.47075 | 1.25091 |
| 0.53 | 0.73361 | 0.83351 | 1.72258 | 1.10186 | 0.48387 | 1.18121 |
| 0.54 | 0.74695 | 0.84695 | 1.70425 | 1.09789 | 0.49696 | 1.11453 |
| 0.55 | 0.75991 | 0.85987 | 1.68599 | 1.09397 | 0.51001 | 1.05076 |
| 0.56 | 0.77249 | 0.87227 | 1.66778 | 1.09011 | 0.52302 | 0.98977 |
| 0.57 | 0.78468 | 0.88416 | 1.64964 | 1.08630 | 0.53597 | 0.93148 |
| 0.58 | 0.79648 | 0.89552 | 1.63159 | 1.08256 | 0.54887 | 0.87577 |
| 0.59 | 0.80789 | 0.90637 | 1.61362 | 1.07887 | 0.56170 | 0.82255 |
| 0.60 | 0.81892 | 0.91670 | 1.59574 | 1.07525 | 0.57447 | 0.77174 |
| 0.61 | 0.82957 | 0.92653 | 1.57797 | 1.07170 | 0.58716 | 0.72323 |
| 0.62 | 0.83983 | 0.93584 | 1.56031 | 1.06822 | 0.59978 | 0.67696 |
| 0.63 | 0.84970 | 0.94466 | 1.54275 | 1.06481 | 0.61232 | 0.63284 |
| 0.64 | 0.85920 | 0.95298 | 1.52532 | 1.06147 | 0.62477 | 0.59078 |
| 0.65 | 0.86833 | 0.96081 | 1.50801 | 1.05821 | 0.63713 | 0.55073 |
| 0.66 | 0.87708 | 0.96816 | 1.49083 | 1.05503 | 0.64941 | 0.51260 |
| 0.67 | 0.88547 | 0.97503 | 1.47379 | 1.05193 | 0.66158 | 0.47634 |
| 0.68 | 0.89350 | 0.98144 | 1.45688 | 1.04890 | 0.67366 | 0.44187 |
| 0.69 | 0.90118 | 0.98739 | 1.44011 | 1.04596 | 0.68564 | 0.40913 |
| 0.70 | 0.90850 | 0.99290 | 1.42349 | 1.04310 | 0.69751 | 0.37807 |
| 0.71 | 0.91548 | 0.99796 | 1.40701 | 1.04033 | 0.70928 | 0.34861 |
| 0.72 | 0.92212 | 1.00260 | 1.39069 | 1.03764 | 0.72093 | 0.32072 |
| 0.73 | 0.92843 | 1.00682 | 1.37452 | 1.03504 | 0.73248 | 0.29433 |
| 0.74 | 0.93442 | 1.01062 | 1.35851 | 1.03253 | 0.74392 | 0.26940 |
| 0.75 | 0.94009 | 1.01403 | 1.34266 | 1.03010 | 0.75524 | 0.24587 |
| 0.76 | 0.94546 | 1.01706 | 1.32696 | 1.02777 | 0.76645 | 0.22370 |
| 0.77 | 0.95052 | 1.01970 | 1.31143 | 1.02552 | 0.77755 | 0.20283 |
| 0.78 | 0.95528 | 1.02198 | 1.29606 | 1.02337 | 0.78853 | 0.18324 |
| 0.79 | 0.95975 | 1.02390 | 1.28086 | 1.02131 | 0.79939 | 0.16486 |
| 0.80 | 0.96395 | 1.02548 | 1.26582 | 1.01934 | 0.81013 | 0.14767 |
| 0.81 | 0.96787 | 1.02672 | 1.25095 | 1.01747 | 0.82075 | 0.13162 |
| 0.82 | 0.97152 | 1.02763 | 1.23625 | 1.01569 | 0.83125 | 0.11668 |
| 0.83 | 0.97492 | 1.02823 | 1.22171 | 1.01400 | 0.84164 | 0.10280 |
| 0.84 | 0.97807 | 1.02853 | 1.20734 | 1.01241 | 0.85190 | 0.08995 |
| 0.85 | 0.98097 | 1.02854 | 1.19314 | 1.01091 | 0.86204 | 0.07810 |
| 0.86 | 0.98363 | 1.02826 | 1.17911 | 1.00951 | 0.87207 | 0.06722 |
| 0.87 | 0.98607 | 1.02771 | 1.16524 | 1.00820 | 0.88197 | 0.05727 |
| 0.88 | 0.98828 | 1.02689 | 1.15154 | 1.00699 | 0.89175 | 0.04822 |
| 0.89 | 0.99028 | 1.02583 | 1.13801 | 1.00587 | 0.90142 | 0.04004 |
| 0.90 | 0.99207 | 1.02452 | 1.12465 | 1.00486 | 0.91097 | 0.03270 |
| 0.91 | 0.99366 | 1.02297 | 1.11145 | 1.00393 | 0.92039 | 0.02618 |
| 0.92 | 0.99506 | 1.02120 | 1.09842 | 1.00311 | 0.92970 | 0.02044 |
| 0.93 | 0.99627 | 1.01922 | 1.08555 | 1.00238 | 0.93889 | 0.01547 |
| 0.94 | 0.99729 | 1.01702 | 1.07285 | 1.00175 | 0.94797 | 0.01124 |
| 0.95 | 0.99814 | 1.01463 | 1.06030 | 1.00122 | 0.95693 | 0.00771 |
| 0.96 | 0.99883 | 1.01205 | 1.04793 | 1.00078 | 0.96577 | 0.00488 |
| 0.97 | 0.99935 | 1.00929 | 1.03571 | 1.00044 | 0.97450 | 0.00271 |
| 0.98 | 0.99971 | 1.00636 | 1.02365 | 1.00019 | 0.98311 | 0.00119 |
| 0.99 | 0.99993 | 1.00326 | 1.01174 | 1.00005 | 0.99161 | 0.00029 |
| 1.00 | 1.00000 | 1.00000 | 1.00000 | 1.00000 | 1.00000 | 0.00000 |
| 1.01 | 0.99993 | 0.99659 | 0.98841 | 1.00005 | 1.00828 | 0.00029 |

续表

| Ma | $T_t/T_t^*$ | $T/T^*$ | $p/p^*$ | $p_t/p_t^*$ | $V/V^*$ | $S_{max}/R$ |
|------|---------|---------|---------|---------|---------|---------|
| 1.02 | 0.99973 | 0.99304 | 0.97698 | 1.00019 | 1.01645 | 0.00114 |
| 1.03 | 0.99940 | 0.98936 | 0.96569 | 1.00044 | 1.02450 | 0.00254 |
| 1.04 | 0.99895 | 0.98554 | 0.95456 | 1.00078 | 1.03246 | 0.00447 |
| 1.05 | 0.99838 | 0.98161 | 0.94358 | 1.00122 | 1.04030 | 0.00690 |
| 1.06 | 0.99769 | 0.97755 | 0.93275 | 1.00175 | 1.04804 | 0.00983 |
| 1.07 | 0.99690 | 0.97339 | 0.92206 | 1.00238 | 1.05567 | 0.01324 |
| 1.08 | 0.99601 | 0.96913 | 0.91152 | 1.00311 | 1.06320 | 0.01711 |
| 1.09 | 0.99501 | 0.96477 | 0.90112 | 1.00394 | 1.07063 | 0.02143 |
| 1.10 | 0.99392 | 0.96031 | 0.89087 | 1.00486 | 1.07795 | 0.02618 |
| 1.11 | 0.99275 | 0.95577 | 0.88075 | 1.00588 | 1.08518 | 0.03135 |
| 1.12 | 0.99148 | 0.95115 | 0.87078 | 1.00699 | 1.09230 | 0.03692 |
| 1.13 | 0.99013 | 0.94645 | 0.86094 | 1.00821 | 1.09933 | 0.04288 |
| 1.14 | 0.98871 | 0.94169 | 0.85123 | 1.00952 | 1.10626 | 0.04922 |
| 1.15 | 0.98721 | 0.93685 | 0.84166 | 1.01093 | 1.11310 | 0.05593 |
| 1.16 | 0.98564 | 0.93196 | 0.83222 | 1.01243 | 1.11984 | 0.06298 |
| 1.17 | 0.98400 | 0.92701 | 0.82292 | 1.01403 | 1.12649 | 0.07038 |
| 1.18 | 0.98230 | 0.92200 | 0.81374 | 1.01573 | 1.13305 | 0.07812 |
| 1.19 | 0.98054 | 0.91695 | 0.80468 | 1.01752 | 1.13951 | 0.08617 |
| 1.20 | 0.97872 | 0.91185 | 0.79576 | 1.01942 | 1.14589 | 0.09453 |
| 1.21 | 0.97684 | 0.90671 | 0.78695 | 1.02140 | 1.15218 | 0.10318 |
| 1.22 | 0.97492 | 0.90153 | 0.77827 | 1.02349 | 1.15838 | 0.11213 |
| 1.23 | 0.97294 | 0.89632 | 0.76971 | 1.02567 | 1.16449 | 0.12135 |
| 1.24 | 0.97092 | 0.89108 | 0.76127 | 1.02795 | 1.17052 | 0.13085 |
| 1.25 | 0.96886 | 0.88581 | 0.75294 | 1.03033 | 1.17647 | 0.14060 |
| 1.26 | 0.96675 | 0.88052 | 0.74473 | 1.03280 | 1.18233 | 0.15061 |
| 1.27 | 0.96461 | 0.87521 | 0.73663 | 1.03537 | 1.18812 | 0.16086 |
| 1.28 | 0.96243 | 0.86988 | 0.72865 | 1.03803 | 1.19382 | 0.17135 |
| 1.29 | 0.96022 | 0.86453 | 0.72078 | 1.04080 | 1.19945 | 0.18206 |
| 1.30 | 0.95798 | 0.85917 | 0.71301 | 1.04366 | 1.20499 | 0.19299 |
| 1.31 | 0.95571 | 0.85380 | 0.70536 | 1.04662 | 1.21046 | 0.20413 |
| 1.32 | 0.95341 | 0.84843 | 0.69780 | 1.04968 | 1.21585 | 0.21548 |
| 1.33 | 0.95108 | 0.84305 | 0.69036 | 1.05283 | 1.22117 | 0.22702 |
| 1.34 | 0.94873 | 0.83766 | 0.68301 | 1.05608 | 1.22642 | 0.23876 |
| 1.35 | 0.94637 | 0.83227 | 0.67577 | 1.05943 | 1.23159 | 0.25068 |
| 1.36 | 0.94398 | 0.82689 | 0.66863 | 1.06288 | 1.23669 | 0.26277 |
| 1.37 | 0.94157 | 0.82151 | 0.66158 | 1.06642 | 1.24173 | 0.27504 |
| 1.38 | 0.93914 | 0.81613 | 0.65464 | 1.07007 | 1.24669 | 0.28747 |
| 1.39 | 0.93671 | 0.81076 | 0.64778 | 1.07381 | 1.25158 | 0.30006 |
| 1.40 | 0.93425 | 0.80539 | 0.64103 | 1.07765 | 1.25641 | 0.31281 |
| 1.41 | 0.93179 | 0.80004 | 0.63436 | 1.08159 | 1.26117 | 0.32570 |
| 1.42 | 0.92931 | 0.79469 | 0.62779 | 1.08563 | 1.26587 | 0.33874 |
| 1.43 | 0.92683 | 0.78936 | 0.62130 | 1.08977 | 1.27050 | 0.35191 |
| 1.44 | 0.92434 | 0.78405 | 0.61491 | 1.09401 | 1.27507 | 0.36522 |
| 1.45 | 0.92184 | 0.77874 | 0.60860 | 1.09835 | 1.27957 | 0.37865 |
| 1.46 | 0.91933 | 0.77346 | 0.60237 | 1.10278 | 1.28402 | 0.39221 |
| 1.47 | 0.91682 | 0.76819 | 0.59623 | 1.10732 | 1.28840 | 0.40589 |
| 1.48 | 0.91431 | 0.76294 | 0.59018 | 1.11196 | 1.29273 | 0.41968 |
| 1.49 | 0.91179 | 0.75771 | 0.58421 | 1.11670 | 1.29700 | 0.43358 |
| 1.50 | 0.90928 | 0.75250 | 0.57831 | 1.12155 | 1.30120 | 0.44758 |
| 1.51 | 0.90676 | 0.74732 | 0.57250 | 1.12649 | 1.30536 | 0.46169 |
| 1.52 | 0.90424 | 0.74215 | 0.56676 | 1.13153 | 1.30945 | 0.47589 |
| 1.53 | 0.90172 | 0.73701 | 0.56111 | 1.13668 | 1.31350 | 0.49019 |
| 1.54 | 0.89920 | 0.73189 | 0.55552 | 1.14193 | 1.31748 | 0.50458 |

续表

| Ma | $T_\mathrm{t}/T_\mathrm{t}^*$ | $T/T^*$ | $p/p^*$ | $p_\mathrm{t}/p_\mathrm{t}^*$ | $V/V^*$ | $S_{\max}/R$ |
|------|---------|---------|---------|---------|---------|---------|
| 1.55 | 0.89669 | 0.72680 | 0.55002 | 1.14729 | 1.32142 | 0.51905 |
| 1.56 | 0.89418 | 0.72173 | 0.54458 | 1.15274 | 1.32530 | 0.53361 |
| 1.57 | 0.89168 | 0.71669 | 0.53922 | 1.15830 | 1.32913 | 0.54824 |
| 1.58 | 0.88917 | 0.71168 | 0.53393 | 1.16397 | 1.33291 | 0.56295 |
| 1.59 | 0.88668 | 0.70669 | 0.52871 | 1.16974 | 1.33663 | 0.57774 |
| 1.60 | 0.88419 | 0.70174 | 0.52356 | 1.17561 | 1.34031 | 0.59259 |
| 1.61 | 0.88170 | 0.69680 | 0.51848 | 1.18159 | 1.34394 | 0.60752 |
| 1.62 | 0.87922 | 0.69190 | 0.51346 | 1.18768 | 1.34753 | 0.62250 |
| 1.63 | 0.87675 | 0.68703 | 0.50851 | 1.19387 | 1.35106 | 0.63755 |
| 1.64 | 0.87429 | 0.68219 | 0.50363 | 1.20017 | 1.35455 | 0.65265 |
| 1.65 | 0.87184 | 0.67738 | 0.49880 | 1.20657 | 1.35800 | 0.66781 |
| 1.66 | 0.86939 | 0.67259 | 0.49405 | 1.21309 | 1.36140 | 0.68303 |
| 1.67 | 0.86696 | 0.66784 | 0.48935 | 1.21971 | 1.36475 | 0.69829 |
| 1.68 | 0.86453 | 0.66312 | 0.48472 | 1.22644 | 1.36806 | 0.71360 |
| 1.69 | 0.86212 | 0.65843 | 0.48014 | 1.23328 | 1.37133 | 0.72896 |
| 1.70 | 0.85971 | 0.65377 | 0.47562 | 1.24024 | 1.37455 | 0.74436 |
| 1.71 | 0.85731 | 0.64914 | 0.47117 | 1.24730 | 1.37774 | 0.75981 |
| 1.72 | 0.85493 | 0.64455 | 0.46677 | 1.25447 | 1.38088 | 0.77529 |
| 1.73 | 0.85256 | 0.63999 | 0.46242 | 1.26175 | 1.38398 | 0.79081 |
| 1.74 | 0.85019 | 0.63545 | 0.45813 | 1.26915 | 1.38705 | 0.80636 |
| 1.75 | 0.84784 | 0.63095 | 0.45390 | 1.27666 | 1.39007 | 0.82195 |
| 1.76 | 0.84551 | 0.62649 | 0.44972 | 1.28428 | 1.39306 | 0.83757 |
| 1.77 | 0.84318 | 0.62205 | 0.44559 | 1.29202 | 1.39600 | 0.85322 |
| 1.78 | 0.84087 | 0.61765 | 0.44152 | 1.29987 | 1.39891 | 0.86889 |
| 1.79 | 0.83857 | 0.61328 | 0.43750 | 1.30784 | 1.40179 | 0.88459 |
| 1.80 | 0.83628 | 0.60894 | 0.43353 | 1.31592 | 1.40462 | 0.90031 |
| 1.81 | 0.83400 | 0.60464 | 0.42960 | 1.32413 | 1.40743 | 0.91606 |
| 1.82 | 0.83174 | 0.60036 | 0.42573 | 1.33244 | 1.41019 | 0.93183 |
| 1.83 | 0.82949 | 0.59612 | 0.42191 | 1.34088 | 1.41292 | 0.94761 |
| 1.84 | 0.82726 | 0.59191 | 0.41813 | 1.34943 | 1.41562 | 0.96342 |
| 1.85 | 0.82504 | 0.58774 | 0.41440 | 1.35811 | 1.41829 | 0.97924 |
| 1.86 | 0.82283 | 0.58359 | 0.41072 | 1.36690 | 1.42092 | 0.99507 |
| 1.87 | 0.82064 | 0.57948 | 0.40708 | 1.37582 | 1.42351 | 1.01092 |
| 1.88 | 0.81845 | 0.57540 | 0.40349 | 1.38486 | 1.42608 | 1.02678 |
| 1.89 | 0.81629 | 0.57136 | 0.39994 | 1.39402 | 1.42862 | 1.04265 |
| 1.90 | 0.81414 | 0.56734 | 0.39643 | 1.40330 | 1.43112 | 1.05853 |
| 1.91 | 0.81200 | 0.56336 | 0.39297 | 1.41271 | 1.43359 | 1.07441 |
| 1.92 | 0.80987 | 0.55941 | 0.38955 | 1.42224 | 1.43604 | 1.09031 |
| 1.93 | 0.80776 | 0.55549 | 0.38617 | 1.43190 | 1.43845 | 1.10621 |
| 1.94 | 0.80567 | 0.55160 | 0.38283 | 1.44168 | 1.44083 | 1.12211 |
| 1.95 | 0.80358 | 0.54774 | 0.37954 | 1.45159 | 1.44319 | 1.13802 |
| 1.96 | 0.80152 | 0.54392 | 0.37628 | 1.46164 | 1.44551 | 1.15393 |
| 1.97 | 0.79946 | 0.54012 | 0.37306 | 1.47180 | 1.44781 | 1.16984 |
| 1.98 | 0.79742 | 0.53636 | 0.36988 | 1.48210 | 1.45008 | 1.18575 |
| 1.99 | 0.79540 | 0.53263 | 0.36674 | 1.49253 | 1.45233 | 1.20167 |
| 2.00 | 0.79339 | 0.52893 | 0.36364 | 1.50310 | 1.45455 | 1.21758 |
| 2.01 | 0.79139 | 0.52525 | 0.36057 | 1.51379 | 1.45674 | 1.23348 |
| 2.02 | 0.78941 | 0.52161 | 0.35754 | 1.52462 | 1.45890 | 1.24939 |
| 2.03 | 0.78744 | 0.51800 | 0.35454 | 1.53558 | 1.46104 | 1.26529 |
| 2.04 | 0.78549 | 0.51442 | 0.35158 | 1.54668 | 1.46315 | 1.28118 |
| 2.05 | 0.78355 | 0.51087 | 0.34866 | 1.55791 | 1.46524 | 1.29707 |
| 2.06 | 0.78162 | 0.50735 | 0.34577 | 1.56928 | 1.46731 | 1.31296 |
| 2.07 | 0.77971 | 0.50386 | 0.34291 | 1.58079 | 1.46935 | 1.32883 |
| 2.08 | 0.77782 | 0.50040 | 0.34009 | 1.59244 | 1.47136 | 1.34470 |

续表

| Ma | $T_t/T_t^*$ | $T/T^*$ | $p/p^*$ | $p_t/p_t^*$ | $V/V^*$ | $S_{max}/R$ |
|------|---------|---------|---------|---------|---------|---------|
| 2.09 | 0.77593 | 0.49696 | 0.33730 | 1.60423 | 1.47336 | 1.36056 |
| 2.10 | 0.77406 | 0.49356 | 0.33454 | 1.61616 | 1.47533 | 1.37641 |
| 2.11 | 0.77221 | 0.49018 | 0.33182 | 1.62823 | 1.47727 | 1.39225 |
| 2.12 | 0.77037 | 0.48684 | 0.32912 | 1.64045 | 1.47920 | 1.40807 |
| 2.13 | 0.76854 | 0.48352 | 0.32646 | 1.65281 | 1.48110 | 1.42389 |
| 2.14 | 0.76673 | 0.48023 | 0.32382 | 1.66531 | 1.48298 | 1.43970 |
| 2.15 | 0.76493 | 0.47696 | 0.32122 | 1.67796 | 1.48484 | 1.45549 |
| 2.16 | 0.76314 | 0.47373 | 0.31865 | 1.69076 | 1.48668 | 1.47127 |
| 2.17 | 0.76137 | 0.47052 | 0.31610 | 1.70371 | 1.48850 | 1.48703 |
| 2.18 | 0.75961 | 0.46734 | 0.31359 | 1.71680 | 1.49029 | 1.50278 |
| 2.19 | 0.75787 | 0.46418 | 0.31110 | 1.73005 | 1.49207 | 1.51852 |
| 2.20 | 0.75613 | 0.46106 | 0.30864 | 1.74345 | 1.49383 | 1.53424 |
| 2.21 | 0.75442 | 0.45796 | 0.30621 | 1.75700 | 1.49556 | 1.54994 |
| 2.22 | 0.75271 | 0.45488 | 0.30381 | 1.77070 | 1.49728 | 1.56563 |
| 2.23 | 0.75102 | 0.45184 | 0.30143 | 1.78456 | 1.49898 | 1.58130 |
| 2.24 | 0.74934 | 0.44882 | 0.29908 | 1.79858 | 1.50066 | 1.59696 |
| 2.25 | 0.74768 | 0.44582 | 0.29675 | 1.81275 | 1.50232 | 1.61259 |
| 2.26 | 0.74602 | 0.44285 | 0.29446 | 1.82708 | 1.50396 | 1.62821 |
| 2.27 | 0.74438 | 0.43990 | 0.29218 | 1.84157 | 1.50558 | 1.64381 |
| 2.28 | 0.74276 | 0.43698 | 0.28993 | 1.85623 | 1.50719 | 1.65939 |
| 2.29 | 0.74114 | 0.43409 | 0.28771 | 1.87104 | 1.50878 | 1.67496 |
| 2.30 | 0.73954 | 0.43122 | 0.28551 | 1.88602 | 1.51035 | 1.69050 |
| 2.31 | 0.73795 | 0.42838 | 0.28333 | 1.90116 | 1.51190 | 1.70602 |
| 2.32 | 0.73638 | 0.42555 | 0.28118 | 1.91647 | 1.51344 | 1.72152 |
| 2.33 | 0.73482 | 0.42276 | 0.27905 | 1.93195 | 1.51496 | 1.73700 |
| 2.34 | 0.73326 | 0.41998 | 0.27695 | 1.94759 | 1.51646 | 1.75246 |
| 2.35 | 0.73173 | 0.41723 | 0.27487 | 1.96340 | 1.51795 | 1.76790 |
| 2.36 | 0.73020 | 0.41451 | 0.27281 | 1.97939 | 1.51942 | 1.78332 |
| 2.37 | 0.72868 | 0.41181 | 0.27077 | 1.99554 | 1.52088 | 1.79872 |
| 2.38 | 0.72718 | 0.40913 | 0.26875 | 2.01187 | 1.52232 | 1.81409 |
| 2.39 | 0.72569 | 0.40647 | 0.26676 | 2.02837 | 1.52374 | 1.82944 |
| 2.40 | 0.72421 | 0.40384 | 0.26478 | 2.04505 | 1.52515 | 1.84477 |
| 2.41 | 0.72275 | 0.40122 | 0.26283 | 2.06191 | 1.52655 | 1.86008 |
| 2.42 | 0.72129 | 0.39864 | 0.26090 | 2.07895 | 1.52793 | 1.87536 |
| 2.43 | 0.71985 | 0.39607 | 0.25899 | 2.09616 | 1.52929 | 1.89062 |
| 2.44 | 0.71842 | 0.39352 | 0.25710 | 2.11356 | 1.53065 | 1.90585 |
| 2.45 | 0.71699 | 0.39100 | 0.25522 | 2.13114 | 1.53198 | 1.92106 |
| 2.46 | 0.71558 | 0.38850 | 0.25337 | 2.14891 | 1.53331 | 1.93625 |
| 2.47 | 0.71419 | 0.38602 | 0.25154 | 2.16685 | 1.53461 | 1.95141 |
| 2.48 | 0.71280 | 0.38356 | 0.24973 | 2.18499 | 1.53591 | 1.96655 |
| 2.49 | 0.71142 | 0.38112 | 0.24793 | 2.20332 | 1.53719 | 1.98167 |
| 2.50 | 0.71006 | 0.37870 | 0.24615 | 2.22183 | 1.53846 | 1.99676 |
| 2.51 | 0.70871 | 0.37630 | 0.24440 | 2.24054 | 1.53972 | 2.01182 |
| 2.52 | 0.70736 | 0.37392 | 0.24266 | 2.25944 | 1.54096 | 2.02686 |
| 2.53 | 0.70603 | 0.37157 | 0.24093 | 2.27853 | 1.54219 | 2.04187 |
| 2.54 | 0.70471 | 0.36923 | 0.23923 | 2.29782 | 1.54341 | 2.05686 |
| 2.55 | 0.70340 | 0.36691 | 0.23754 | 2.31730 | 1.54461 | 2.07183 |
| 2.56 | 0.70210 | 0.36461 | 0.23587 | 2.33699 | 1.54581 | 2.08676 |
| 2.57 | 0.70081 | 0.36233 | 0.23422 | 2.35687 | 1.54699 | 2.10167 |
| 2.58 | 0.69952 | 0.36007 | 0.23258 | 2.37696 | 1.54816 | 2.11656 |
| 2.59 | 0.69826 | 0.35783 | 0.23096 | 2.39725 | 1.54931 | 2.13142 |
| 2.60 | 0.69700 | 0.35561 | 0.22936 | 2.41774 | 1.55046 | 2.14625 |
| 2.61 | 0.69575 | 0.35341 | 0.22777 | 2.43844 | 1.55159 | 2.16106 |
| 2.62 | 0.69451 | 0.35122 | 0.22620 | 2.45935 | 1.55272 | 2.17584 |

续表

| Ma | $T_t/T_t^*$ | $T/T^*$ | $p/p^*$ | $p_t/p_t^*$ | $V/V^*$ | $S_{max}/R$ |
|---|---|---|---|---|---|---|
| 2.63 | 0.69328 | 0.34906 | 0.22464 | 2.48047 | 1.55383 | 2.19059 |
| 2.64 | 0.69206 | 0.34691 | 0.22310 | 2.50179 | 1.55493 | 2.20532 |
| 2.65 | 0.69084 | 0.34478 | 0.22158 | 2.52334 | 1.55602 | 2.22002 |
| 2.66 | 0.68964 | 0.34266 | 0.22007 | 2.54509 | 1.55710 | 2.23470 |
| 2.67 | 0.68845 | 0.34057 | 0.21857 | 2.56706 | 1.55816 | 2.24934 |
| 2.68 | 0.68727 | 0.33849 | 0.21709 | 2.58925 | 1.55922 | 2.26396 |
| 2.69 | 0.68610 | 0.33643 | 0.21562 | 2.61166 | 1.56027 | 2.27856 |
| 2.70 | 0.68494 | 0.33439 | 0.21417 | 2.63429 | 1.56131 | 2.29312 |
| 2.71 | 0.68378 | 0.33236 | 0.21273 | 2.65714 | 1.56233 | 2.30766 |
| 2.72 | 0.68264 | 0.33035 | 0.21131 | 2.68021 | 1.56335 | 2.32217 |
| 2.73 | 0.68150 | 0.32836 | 0.20990 | 2.70351 | 1.56436 | 2.33666 |
| 2.74 | 0.68037 | 0.32638 | 0.20850 | 2.72704 | 1.56536 | 2.35111 |
| 2.75 | 0.67926 | 0.32442 | 0.20712 | 2.75080 | 1.56634 | 2.36554 |
| 2.76 | 0.67815 | 0.32248 | 0.20575 | 2.77478 | 1.56732 | 2.37995 |
| 2.77 | 0.67705 | 0.32055 | 0.20439 | 2.79900 | 1.56829 | 2.39432 |
| 2.78 | 0.67595 | 0.31864 | 0.20305 | 2.82346 | 1.56925 | 2.40867 |
| 2.79 | 0.67487 | 0.31674 | 0.20172 | 2.84815 | 1.57020 | 2.42299 |
| 2.80 | 0.67380 | 0.31486 | 0.20040 | 2.87308 | 1.57114 | 2.43728 |
| 2.81 | 0.67273 | 0.31299 | 0.19910 | 2.89825 | 1.57207 | 2.45154 |
| 2.82 | 0.67167 | 0.31114 | 0.19780 | 2.92366 | 1.57300 | 2.46578 |
| 2.83 | 0.67062 | 0.30931 | 0.19652 | 2.94931 | 1.57391 | 2.47999 |
| 2.84 | 0.66958 | 0.30749 | 0.19525 | 2.97521 | 1.57482 | 2.49417 |
| 2.85 | 0.66855 | 0.30568 | 0.19399 | 3.00136 | 1.57572 | 2.50833 |
| 2.86 | 0.66752 | 0.30389 | 0.19275 | 3.02775 | 1.57661 | 2.52245 |
| 2.87 | 0.66651 | 0.30211 | 0.19151 | 3.05440 | 1.57749 | 2.53655 |
| 2.88 | 0.66550 | 0.30035 | 0.19029 | 3.08129 | 1.57836 | 2.55062 |
| 2.89 | 0.66450 | 0.29860 | 0.18908 | 3.10844 | 1.57923 | 2.56467 |
| 2.90 | 0.66350 | 0.29687 | 0.18788 | 3.13585 | 1.58008 | 2.57868 |
| 2.91 | 0.66252 | 0.29515 | 0.18669 | 3.16352 | 1.58093 | 2.59267 |
| 2.92 | 0.66154 | 0.29344 | 0.18551 | 3.19145 | 1.58178 | 2.60663 |
| 2.93 | 0.66057 | 0.29175 | 0.18435 | 3.21963 | 1.58261 | 2.62057 |
| 2.94 | 0.65960 | 0.29007 | 0.18319 | 3.24809 | 1.58343 | 2.63447 |
| 2.95 | 0.65865 | 0.28841 | 0.18205 | 3.27680 | 1.58425 | 2.64835 |
| 2.96 | 0.65770 | 0.28675 | 0.18091 | 3.30579 | 1.58506 | 2.66220 |
| 2.97 | 0.65676 | 0.28512 | 0.17979 | 3.33505 | 1.58587 | 2.67602 |
| 2.98 | 0.65583 | 0.28349 | 0.17867 | 3.36457 | 1.58666 | 2.68981 |
| 2.99 | 0.65490 | 0.28188 | 0.17757 | 3.39437 | 1.58745 | 2.70358 |
| 3.00 | 0.65398 | 0.28028 | 0.17647 | 3.42445 | 1.58824 | 2.71732 |
| 3.01 | 0.65307 | 0.27869 | 0.17539 | 3.45481 | 1.58901 | 2.73103 |
| 3.02 | 0.65216 | 0.27711 | 0.17431 | 3.48544 | 1.58978 | 2.74472 |
| 3.03 | 0.65126 | 0.27555 | 0.17324 | 3.51636 | 1.59054 | 2.75837 |
| 3.04 | 0.65037 | 0.27400 | 0.17219 | 3.54756 | 1.59129 | 2.77200 |
| 3.05 | 0.64949 | 0.27246 | 0.17114 | 3.57905 | 1.59204 | 2.78560 |
| 3.06 | 0.64861 | 0.27094 | 0.17010 | 3.61082 | 1.59278 | 2.79918 |
| 3.07 | 0.64774 | 0.26942 | 0.16908 | 3.64289 | 1.59352 | 2.81272 |
| 3.08 | 0.64687 | 0.26792 | 0.16806 | 3.67524 | 1.59425 | 2.82624 |
| 3.09 | 0.64601 | 0.26643 | 0.16705 | 3.70790 | 1.59497 | 2.83974 |
| 3.10 | 0.64516 | 0.26495 | 0.16604 | 3.74084 | 1.59568 | 2.85320 |
| 3.11 | 0.64432 | 0.26349 | 0.16505 | 3.77409 | 1.59639 | 2.86664 |
| 3.12 | 0.64348 | 0.26203 | 0.16407 | 3.80764 | 1.59709 | 2.88005 |
| 3.13 | 0.64265 | 0.26059 | 0.16309 | 3.84149 | 1.59779 | 2.89343 |
| 3.14 | 0.64182 | 0.25915 | 0.16212 | 3.87565 | 1.59848 | 2.90679 |
| 3.15 | 0.64100 | 0.25773 | 0.16117 | 3.91011 | 1.59917 | 2.92011 |
| 3.16 | 0.64018 | 0.25632 | 0.16022 | 3.94488 | 1.59985 | 2.93342 |

续表

| Ma | $T_t/T_t^*$ | $T/T^*$ | $p/p^*$ | $p_t/p_t^*$ | $V/V^*$ | $S_{max}/R$ |
|------|---------|---------|---------|---------|---------|---------|
| 3.17 | 0.63938 | 0.25492 | 0.15927 | 3.97997 | 1.60052 | 2.94669 |
| 3.18 | 0.63857 | 0.25353 | 0.15834 | 4.01537 | 1.60119 | 2.95994 |
| 3.19 | 0.63778 | 0.25215 | 0.15741 | 4.05108 | 1.60185 | 2.97316 |
| 3.20 | 0.63699 | 0.25078 | 0.15649 | 4.08712 | 1.60250 | 2.98635 |
| 3.21 | 0.63621 | 0.24943 | 0.15558 | 4.12347 | 1.60315 | 2.99952 |
| 3.22 | 0.63543 | 0.24808 | 0.15468 | 4.16015 | 1.60380 | 3.01266 |
| 3.23 | 0.63465 | 0.24674 | 0.15379 | 4.19715 | 1.60444 | 3.02577 |
| 3.24 | 0.63389 | 0.24541 | 0.15290 | 4.23449 | 1.60507 | 3.03885 |
| 3.25 | 0.63313 | 0.24410 | 0.15202 | 4.27215 | 1.60570 | 3.05191 |
| 3.26 | 0.63237 | 0.24279 | 0.15115 | 4.31014 | 1.60632 | 3.06495 |
| 3.27 | 0.63162 | 0.24149 | 0.15028 | 4.34847 | 1.60694 | 3.07795 |
| 3.28 | 0.63088 | 0.24021 | 0.14942 | 4.38714 | 1.60755 | 3.09093 |
| 3.29 | 0.63014 | 0.23893 | 0.14857 | 4.42614 | 1.60816 | 3.10388 |
| 3.30 | 0.62940 | 0.23766 | 0.14773 | 4.46549 | 1.60877 | 3.11681 |
| 3.31 | 0.62868 | 0.23640 | 0.14689 | 4.50518 | 1.60936 | 3.12971 |
| 3.32 | 0.62795 | 0.23515 | 0.14606 | 4.54522 | 1.60996 | 3.14258 |
| 3.33 | 0.62724 | 0.23391 | 0.14524 | 4.58561 | 1.61054 | 3.15543 |
| 3.34 | 0.62652 | 0.23268 | 0.14442 | 4.62635 | 1.61113 | 3.16825 |
| 3.35 | 0.62582 | 0.23146 | 0.14361 | 4.66744 | 1.61170 | 3.18105 |
| 3.36 | 0.62512 | 0.23025 | 0.14281 | 4.70889 | 1.61228 | 3.19382 |
| 3.37 | 0.62442 | 0.22905 | 0.14201 | 4.75070 | 1.61285 | 3.20656 |
| 3.38 | 0.62373 | 0.22785 | 0.14122 | 4.79287 | 1.61341 | 3.21928 |
| 3.39 | 0.62304 | 0.22667 | 0.14044 | 4.83540 | 1.61397 | 3.23197 |
| 3.40 | 0.62236 | 0.22549 | 0.13966 | 4.87830 | 1.61453 | 3.24463 |
| 3.41 | 0.62168 | 0.22432 | 0.13889 | 4.92157 | 1.61508 | 3.25727 |
| 3.42 | 0.62101 | 0.22317 | 0.13813 | 4.96521 | 1.61562 | 3.26988 |
| 3.43 | 0.62034 | 0.22201 | 0.13737 | 5.00923 | 1.61616 | 3.28247 |
| 3.44 | 0.61968 | 0.22087 | 0.13662 | 5.05362 | 1.61670 | 3.29503 |
| 3.45 | 0.61902 | 0.21974 | 0.13587 | 5.09839 | 1.61723 | 3.30757 |
| 3.46 | 0.61837 | 0.21861 | 0.13513 | 5.14355 | 1.61776 | 3.32008 |
| 3.47 | 0.61772 | 0.21750 | 0.13440 | 5.18909 | 1.61829 | 3.33257 |
| 3.48 | 0.61708 | 0.21639 | 0.13367 | 5.23501 | 1.61881 | 3.34503 |
| 3.49 | 0.61644 | 0.21529 | 0.13295 | 5.28133 | 1.61932 | 3.35746 |
| 3.50 | 0.61580 | 0.21419 | 0.13223 | 5.32804 | 1.61983 | 3.36987 |
| 3.51 | 0.61517 | 0.21311 | 0.13152 | 5.37514 | 1.62034 | 3.38225 |
| 3.52 | 0.61455 | 0.21203 | 0.13081 | 5.42264 | 1.62085 | 3.39461 |
| 3.53 | 0.61393 | 0.21096 | 0.13011 | 5.47054 | 1.62135 | 3.40695 |
| 3.54 | 0.61331 | 0.20990 | 0.12942 | 5.51885 | 1.62184 | 3.41926 |
| 3.55 | 0.61270 | 0.20885 | 0.12873 | 5.56756 | 1.62233 | 3.43154 |
| 3.56 | 0.61209 | 0.20780 | 0.12805 | 5.61668 | 1.62282 | 3.44380 |
| 3.57 | 0.61149 | 0.20676 | 0.12737 | 5.66621 | 1.62331 | 3.45603 |
| 3.58 | 0.61089 | 0.20573 | 0.12670 | 5.71615 | 1.62379 | 3.46824 |
| 3.59 | 0.61029 | 0.20470 | 0.12603 | 5.76652 | 1.62427 | 3.48043 |
| 3.60 | 0.60970 | 0.20369 | 0.12537 | 5.81730 | 1.62474 | 3.49259 |
| 3.61 | 0.60911 | 0.20268 | 0.12471 | 5.86850 | 1.62521 | 3.50472 |
| 3.62 | 0.60853 | 0.20167 | 0.12406 | 5.92013 | 1.62567 | 3.51683 |
| 3.63 | 0.60795 | 0.20068 | 0.12341 | 5.97219 | 1.62614 | 3.52892 |
| 3.64 | 0.60738 | 0.19969 | 0.12277 | 6.02468 | 1.62660 | 3.54098 |
| 3.65 | 0.60681 | 0.19871 | 0.12213 | 6.07761 | 1.62705 | 3.55302 |
| 3.66 | 0.60624 | 0.19773 | 0.12150 | 6.13097 | 1.62750 | 3.56503 |
| 3.67 | 0.60568 | 0.19677 | 0.12087 | 6.18477 | 1.62795 | 3.57702 |
| 3.68 | 0.60512 | 0.19581 | 0.12024 | 6.23902 | 1.62840 | 3.58899 |
| 3.69 | 0.60456 | 0.19485 | 0.11963 | 6.29371 | 1.62884 | 3.60093 |
| 3.70 | 0.60401 | 0.19390 | 0.11901 | 6.34884 | 1.62928 | 3.61285 |

| Ma | $T_t/T_t^*$ | $T/T^*$ | $p/p^*$ | $p_t/p_t^*$ | $V/V^*$ | $S_{max}/R$ |
|---|---|---|---|---|---|---|
| 3.71 | 0.60346 | 0.19296 | 0.11840 | 6.40443 | 1.62971 | 3.62474 |
| 3.72 | 0.60292 | 0.19203 | 0.11780 | 6.46048 | 1.63014 | 3.63661 |
| 3.73 | 0.60238 | 0.19110 | 0.11720 | 6.51698 | 1.63057 | 3.64845 |
| 3.74 | 0.60184 | 0.19018 | 0.11660 | 6.57394 | 1.63100 | 3.66028 |
| 3.75 | 0.60131 | 0.18926 | 0.11601 | 6.63137 | 1.63142 | 3.67207 |
| 3.76 | 0.60078 | 0.18836 | 0.11543 | 6.68926 | 1.63184 | 3.68385 |
| 3.77 | 0.60025 | 0.18745 | 0.11484 | 6.74763 | 1.63225 | 3.69560 |
| 3.78 | 0.59973 | 0.18656 | 0.11427 | 6.80646 | 1.63267 | 3.70733 |
| 3.79 | 0.59921 | 0.18567 | 0.11369 | 6.86578 | 1.63308 | 3.71903 |
| 3.80 | 0.59870 | 0.18478 | 0.11312 | 6.92557 | 1.63348 | 3.73071 |
| 3.81 | 0.59819 | 0.18391 | 0.11256 | 6.98584 | 1.63389 | 3.74237 |
| 3.82 | 0.59768 | 0.18303 | 0.11200 | 7.04660 | 1.63429 | 3.75401 |
| 3.83 | 0.59717 | 0.18217 | 0.11144 | 7.10784 | 1.63469 | 3.76562 |
| 3.84 | 0.59667 | 0.18131 | 0.11089 | 7.16958 | 1.63508 | 3.77721 |
| 3.85 | 0.59617 | 0.18045 | 0.11034 | 7.23181 | 1.63547 | 3.78877 |
| 3.86 | 0.59568 | 0.17961 | 0.10979 | 7.29454 | 1.63586 | 3.80031 |
| 3.87 | 0.59519 | 0.17876 | 0.10925 | 7.35777 | 1.63625 | 3.81183 |
| 3.88 | 0.59470 | 0.17793 | 0.10871 | 7.42151 | 1.63663 | 3.82333 |
| 3.89 | 0.59421 | 0.17709 | 0.10818 | 7.48575 | 1.63701 | 3.83481 |
| 3.90 | 0.59373 | 0.17627 | 0.10765 | 7.55050 | 1.63739 | 3.84626 |
| 3.91 | 0.59325 | 0.17545 | 0.10713 | 7.61577 | 1.63777 | 3.85769 |
| 3.92 | 0.59278 | 0.17463 | 0.10661 | 7.68156 | 1.63814 | 3.86909 |
| 3.93 | 0.59231 | 0.17383 | 0.10609 | 7.74786 | 1.63851 | 3.88048 |
| 3.94 | 0.59184 | 0.17302 | 0.10557 | 7.81469 | 1.63888 | 3.89184 |
| 3.95 | 0.59137 | 0.17222 | 0.10506 | 7.88205 | 1.63924 | 3.90318 |
| 3.96 | 0.59091 | 0.17143 | 0.10456 | 7.94993 | 1.63960 | 3.91450 |
| 3.97 | 0.59045 | 0.17064 | 0.10405 | 8.01835 | 1.63996 | 3.92579 |
| 3.98 | 0.58999 | 0.16986 | 0.10355 | 8.08731 | 1.64032 | 3.93706 |
| 3.99 | 0.58954 | 0.16908 | 0.10306 | 8.15681 | 1.64067 | 3.94831 |
| 4.00 | 0.58909 | 0.16831 | 0.10256 | 8.22685 | 1.64103 | 3.95954 |
| 4.10 | 0.58473 | 0.16086 | 0.09782 | 8.95794 | 1.64441 | 4.07064 |
| 4.20 | 0.58065 | 0.15388 | 0.09340 | 9.74729 | 1.64757 | 4.17961 |
| 4.30 | 0.57682 | 0.14734 | 0.08927 | 10.59854 | 1.65052 | 4.28652 |
| 4.40 | 0.57322 | 0.14119 | 0.08540 | 11.51554 | 1.65329 | 4.39143 |
| 4.50 | 0.56982 | 0.13540 | 0.08177 | 12.50226 | 1.65588 | 4.49440 |
| 4.60 | 0.56663 | 0.12996 | 0.07837 | 13.56288 | 1.65831 | 4.59550 |
| 4.70 | 0.56362 | 0.12483 | 0.07517 | 14.70174 | 1.66059 | 4.69477 |
| 4.80 | 0.56078 | 0.12000 | 0.07217 | 15.92337 | 1.66274 | 4.79229 |
| 4.90 | 0.55809 | 0.11543 | 0.06934 | 17.23245 | 1.66476 | 4.88809 |
| 5.00 | 0.55556 | 0.11111 | 0.06667 | 18.63390 | 1.66667 | 4.98224 |
| 5.10 | 0.55315 | 0.10703 | 0.06415 | 20.13279 | 1.66847 | 5.07477 |
| 5.20 | 0.55088 | 0.10316 | 0.06177 | 21.73439 | 1.67017 | 5.16575 |
| 5.30 | 0.54872 | 0.09950 | 0.05951 | 23.44420 | 1.67178 | 5.25522 |
| 5.40 | 0.54667 | 0.09602 | 0.05738 | 25.26788 | 1.67330 | 5.34322 |
| 5.50 | 0.54473 | 0.09272 | 0.05536 | 27.21132 | 1.67474 | 5.42979 |
| 5.60 | 0.54288 | 0.08958 | 0.05345 | 29.28063 | 1.67611 | 5.51498 |
| 5.70 | 0.54112 | 0.08660 | 0.05163 | 31.48210 | 1.67741 | 5.59883 |
| 5.80 | 0.53944 | 0.08376 | 0.04990 | 33.82228 | 1.67864 | 5.68138 |
| 5.90 | 0.53785 | 0.08106 | 0.04826 | 36.30790 | 1.67982 | 5.76265 |
| 6.00 | 0.53633 | 0.07849 | 0.04669 | 38.94594 | 1.68093 | 5.84270 |
| 6.10 | 0.53488 | 0.07603 | 0.04520 | 41.74362 | 1.68200 | 5.92155 |
| 6.20 | 0.53349 | 0.07369 | 0.04378 | 44.70837 | 1.68301 | 5.99924 |
| 6.30 | 0.53217 | 0.07145 | 0.04243 | 47.84787 | 1.68398 | 6.07579 |
| 6.40 | 0.53091 | 0.06931 | 0.04114 | 51.17004 | 1.68490 | 6.15124 |

续表

| $Ma$ | $T_t/T_t^*$ | $T/T^*$ | $p/p^*$ | $p_t/p_t^*$ | $V/V^*$ | $S_{max}/R$ |
|------|-------------|---------|---------|-------------|---------|-------------|
| **6.50** | 0.52970 | 0.06726 | 0.03990 | 54.68303 | 1.68579 | 6.22562 |
| **6.60** | 0.52854 | 0.06531 | 0.03872 | 58.39527 | 1.68663 | 6.29896 |
| **6.70** | 0.52743 | 0.06343 | 0.03759 | 62.31541 | 1.68744 | 6.37128 |
| **6.80** | 0.52637 | 0.06164 | 0.03651 | 66.45238 | 1.68821 | 6.44261 |
| **6.90** | 0.52535 | 0.05991 | 0.03547 | 70.81536 | 1.68895 | 6.51298 |
| **7.00** | 0.52438 | 0.05826 | 0.03448 | 75.41379 | 1.68966 | 6.58240 |
| **7.50** | 0.52004 | 0.05094 | 0.03009 | 102.28748 | 1.69279 | 6.91625 |
| **8.00** | 0.51647 | 0.04491 | 0.02649 | 136.62352 | 1.69536 | 7.22982 |
| **8.50** | 0.51349 | 0.03988 | 0.02349 | 179.92363 | 1.69750 | 7.52538 |
| **9.00** | 0.51098 | 0.03565 | 0.02098 | 233.88395 | 1.69930 | 7.80482 |
| **9.50** | 0.50885 | 0.03205 | 0.01885 | 300.40722 | 1.70082 | |
| **10.00** | 0.50702 | 0.02897 | 0.01702 | 381.61488 | 1.70213 | |
| $\infty$ | 0.48980 | 0.0 | 0.0 | $\infty$ | 1.7143 | |

# 附录 K 低压下的空气特性

　　该附录以英制单位(EE)表示，$T$ 的单位为°R，$\Phi$ 单位为 Btu/(lbm·°R)，$t$ 的单位为℉，$h$ 和 $u$ 的单位为 Btu/lbm。$p_r$ 和 $v_r$ 分别表示相对压力和相对速度。

| T | t | h | $P_r$ | u | $v_r$ | $\Phi$ |
|---|---|---|---|---|---|---|
| 200 | −259.7 | 47.67 | 0.04320 | 33.96 | 1714.9 | 0.36303 |
| 210 | −249.7 | 50.07 | 0.05122 | 35.67 | 1518.6 | 0.37470 |
| 220 | −239.7 | 52.46 | 0.06026 | 37.38 | 1352.5 | 0.38584 |
| 230 | −229.7 | 54.85 | 0.07037 | 39.08 | 1210.7 | 0.39648 |
| 240 | −219.7 | 57.25 | 0.08165 | 40.80 | 1088.8 | 0.40666 |
| 250 | −209.7 | 59.64 | 0.94150 | 42.50 | 983.6 | 0.41643 |
| 260 | −199.7 | 62.03 | 0.10797 | 44.21 | 892.0 | 0.42582 |
| 270 | −189.7 | 64.43 | 0.12318 | 45.92 | 812.0 | 0.43485 |
| 280 | −179.7 | 66.82 | 0.13986 | 47.63 | 741.6 | 0.44356 |
| 290 | −169.7 | 69.21 | 0.15808 | 49.33 | 679.5 | 0.45196 |
| 300 | −159.7 | 71.61 | 0.17795 | 51.04 | 624.5 | 0.46007 |
| 310 | −149.7 | 74.00 | 0.19952 | 52.75 | 575.6 | 0.46791 |
| 320 | −139.7 | 76.40 | 0.22290 | 54.46 | 531.8 | 0.47550 |
| 330 | −129.7 | 78.78 | 0.24819 | 56.16 | 492.6 | 0.48287 |
| 340 | −119.7 | 81.18 | 0.27545 | 57.87 | 457.2 | 0.49002 |
| 350 | −109.7 | 83.57 | 0.3048 | 59.58 | 425.4 | 0.49695 |
| 360 | −99.7 | 85.97 | 0.3363 | 61.29 | 396.6 | 0.50369 |
| 370 | −89.7 | 88.35 | 0.3700 | 62.99 | 370.4 | 0.51024 |
| 380 | −79.7 | 90.75 | 0.4061 | 64.70 | 346.6 | 0.51663 |
| 390 | −69.7 | 93.13 | 0.4447 | 66.40 | 324.9 | 0.52284 |
| 400 | −59.7 | 95.53 | 0.4858 | 68.11 | 305.0 | 0.52890 |
| 410 | −49.7 | 97.93 | 0.5295 | 69.82 | 286.8 | 0.53481 |
| 420 | −39.7 | 100.32 | 0.5760 | 71.52 | 270.1 | 0.54058 |
| 430 | −29.7 | 102.71 | 0.6253 | 73.23 | 254.7 | 0.54621 |
| 440 | −19.7 | 105.11 | 0.6776 | 74.93 | 240.6 | 0.55172 |
| 450 | −9.7 | 107.50 | 0.7329 | 76.65 | 227.45 | 0.55710 |
| 460 | 0.3 | 109.90 | 0.7913 | 78.36 | 215.33 | 0.56235 |
| 470 | 10.3 | 112.30 | 0.8531 | 80.07 | 204.08 | 0.56751 |
| 480 | 20.3 | 114.69 | 0.9182 | 81.77 | 193.65 | 0.57255 |
| 490 | 30.3 | 117.08 | 0.9868 | 83.49 | 183.94 | 0.57749 |
| 500 | 40.3 | 119.48 | 1.0590 | 85.20 | 147.90 | 0.58233 |
| 510 | 50.3 | 121.87 | 1.1349 | 86.92 | 166.46 | 0.58707 |
| 520 | 60.3 | 124.27 | 1.2147 | 88.62 | 158.58 | 0.59173 |
| 530 | 70.3 | 126.66 | 1.2983 | 90.34 | 151.22 | 0.59630 |
| 540 | 80.3 | 129.06 | 1.3860 | 92.04 | 144.32 | 0.60078 |
| 550 | 90.3 | 131.46 | 1.4779 | 93.76 | 137.85 | 0.60518 |

| T | t | h | $P_r$ | u | $v_r$ | $\Phi$ |
|---|---|---|---|---|---|---|
| 600 | 140.3 | 143.47 | 2.005 | 102.34 | 110.88 | 0.62607 |
| 610 | 150.3 | 145.88 | 2.124 | 104.06 | 106.38 | 0.63005 |
| 620 | 160.3 | 148.28 | 2.249 | 105.78 | 102.12 | 0.63395 |
| 630 | 170.3 | 150.68 | 2.379 | 107.50 | 98.11 | 0.63781 |
| 640 | 180.3 | 153.09 | 2.514 | 109.21 | 94.30 | 0.64159 |
| 650 | 190.3 | 155.50 | 2.655 | 110.94 | 90.69 | 0.64533 |
| 660 | 200.3 | 157.92 | 2.801 | 112.67 | 87.27 | 0.64902 |
| 670 | 210.3 | 160.33 | 2.953 | 114.40 | 84.03 | 0.65263 |
| 680 | 220.3 | 162.73 | 3.111 | 116.12 | 80.96 | 0.65621 |
| 690 | 230.3 | 165.15 | 3.276 | 117.85 | 78.03 | 0.65973 |
| 700 | 240.3 | 167.56 | 3.446 | 119.58 | 75.25 | 0.66321 |
| 710 | 250.3 | 169.98 | 3.623 | 121.32 | 72.60 | 0.66664 |
| 720 | 260.3 | 172.39 | 3.806 | 123.04 | 70.07 | 0.67002 |
| 730 | 270.3 | 174.82 | 3.996 | 124.78 | 67.67 | 0.67335 |
| 740 | 280.3 | 177.23 | 4.193 | 126.51 | 65.38 | 0.67665 |
| 750 | 290.3 | 179.66 | 4.396 | 128.25 | 63.20 | 0.67991 |
| 760 | 300.3 | 182.08 | 4.607 | 129.99 | 61.10 | 0.68312 |
| 770 | 310.3 | 184.51 | 4.826 | 131.73 | 59.11 | 0.68629 |
| 780 | 320.3 | 186.94 | 5.051 | 133.47 | 57.20 | 0.68942 |
| 790 | 330.3 | 189.38 | 5.285 | 135.22 | 55.38 | 0.69251 |
| 800 | 340.3 | 191.81 | 5.526 | 136.97 | 53.63 | 0.69558 |
| 810 | 350.3 | 194.25 | 5.775 | 138.72 | 51.96 | 0.69860 |
| 820 | 360.3 | 196.69 | 6.033 | 140.47 | 50.35 | 0.70160 |
| 830 | 370.3 | 199.12 | 6.299 | 142.22 | 48.81 | 0.70455 |
| 840 | 380.3 | 201.56 | 6.573 | 143.98 | 47.34 | 0.70747 |
| 850 | 390.3 | 204.01 | 6.856 | 145.74 | 45.92 | 0.71037 |
| 860 | 400.3 | 206.46 | 7.149 | 147.50 | 44.57 | 0.71323 |
| 870 | 410.3 | 208.90 | 7.450 | 149.27 | 43.26 | 0.71606 |
| 880 | 420.3 | 211.35 | 7.761 | 151.02 | 42.01 | 0.71886 |
| 890 | 430.3 | 213.80 | 8.081 | 152.80 | 40.80 | 0.72163 |
| 900 | 440.3 | 216.26 | 8.411 | 154.57 | 39.64 | 0.72438 |
| 910 | 450.3 | 218.72 | 8.752 | 156.34 | 38.52 | 0.72710 |
| 920 | 460.3 | 221.18 | 9.102 | 158.12 | 37.44 | 0.72979 |
| 930 | 470.3 | 223.64 | 9.463 | 159.89 | 36.41 | 0.73245 |
| 940 | 480.3 | 226.11 | 9.834 | 161.68 | 35.41 | 0.73509 |
| 950 | 490.3 | 228.58 | 10.216 | 163.46 | 34.45 | 0.73771 |

续表

| T | t | h | $p_r$ | u | $v_r$ | $\Phi$ | T | t | h | $p_r$ | u | $v_r$ | $\Phi$ |
|---|---|---|---|---|---|---|---|---|---|---|---|---|---|
| 560 | 100.3 | 133.86 | 1.5742 | 95.47 | 131.78 | 0.60950 | 960 | 500.3 | 231.06 | 11.610 | 165.26 | 33.52 | 0.74030 |
| 570 | 110.3 | 136.26 | 1.6748 | 97.19 | 126.08 | 0.61376 | 970 | 510.3 | 233.53 | 11.014 | 167.05 | 32.63 | 0.74287 |
| 580 | 120.3 | 138.66 | 1.7800 | 98.90 | 120.70 | 0.61793 | 980 | 520.3 | 236.02 | 11.430 | 168.83 | 31.76 | 0.74540 |
| 590 | 130.3 | 141.06 | 1.8899 | 100.62 | 115.65 | 0.62204 | 990 | 530.3 | 238.50 | 11.858 | 170.63 | 30.92 | 0.74792 |
| 1000 | 540.3 | 240.98 | 12.298 | 172.43 | 30.12 | 0.75042 | 1500 | 1040.3 | 369.17 | 55.86 | 266.34 | 9.948 | 0.85416 |
| 1010 | 550.3 | 243.48 | 12.751 | 174.24 | 29.34 | 0.75290 | 1510 | 1050.3 | 371.82 | 57.30 | 268.30 | 9.761 | 0.85592 |
| 1020 | 560.3 | 245.97 | 13.215 | 176.04 | 28.59 | 0.75536 | 1520 | 1060.3 | 374.47 | 58.78 | 270.26 | 9.578 | 0.85767 |
| 1030 | 570.3 | 248.45 | 13.692 | 177.84 | 27.87 | 0.75778 | 1530 | 1070.3 | 377.11 | 60.29 | 272.23 | 9.400 | 0.85940 |
| 1040 | 580.3 | 250.95 | 14.182 | 179.66 | 27.17 | 0.76019 | 1540 | 1080.3 | 379.77 | 61.83 | 274.20 | 9.226 | 0.86113 |
| 1050 | 590.3 | 253.45 | 14.686 | 181.47 | 26.48 | 0.76259 | 1550 | 1090.3 | 382.42 | 63.40 | 276.17 | 9.056 | 0.86285 |
| 1060 | 600.3 | 255.96 | 15.203 | 183.29 | 25.82 | 0.76496 | 1560 | 1100.3 | 385.08 | 65.00 | 278.13 | 8.890 | 0.86456 |
| 1070 | 610.3 | 258.47 | 15.734 | 185.10 | 25.19 | 0.76732 | 1570 | 1110.3 | 387.74 | 66.63 | 280.11 | 8.728 | 0.86626 |
| 1080 | 620.3 | 260.97 | 16.278 | 186.93 | 24.58 | 0.76964 | 1580 | 1120.3 | 390.40 | 68.30 | 282.09 | 8.569 | 0.86794 |
| 1090 | 630.3 | 263.48 | 16.838 | 188.75 | 23.98 | 0.77196 | 1590 | 1130.3 | 393.07 | 70.00 | 284.08 | 8.414 | 0.86962 |
| 1100 | 640.3 | 265.99 | 17.413 | 190.58 | 23.40 | 0.77426 | 1600 | 1140.3 | 395.74 | 71.73 | 286.06 | 8.263 | 0.87130 |
| 1110 | 650.3 | 268.52 | 18.000 | 192.41 | 22.84 | 0.77654 | 1610 | 1150.3 | 398.42 | 73.49 | 288.05 | 8.115 | 0.87297 |
| 1120 | 660.3 | 271.03 | 18.604 | 194.25 | 22.30 | 0.77880 | 1620 | 1160.3 | 401.09 | 75.29 | 290.04 | 7.971 | 0.87462 |
| 1130 | 670.3 | 273.56 | 19.223 | 196.09 | 21.78 | 0.78104 | 1630 | 1170.3 | 403.77 | 77.12 | 292.03 | 7.829 | 0.87627 |
| 1140 | 680.3 | 276.08 | 19.858 | 197.94 | 21.27 | 0.78326 | 1640 | 1180.3 | 406.45 | 78.99 | 294.03 | 7.691 | 0.87791 |
| 1150 | 690.3 | 278.61 | 20.51 | 199.78 | 20.771 | 0.78548 | 1650 | 1190.3 | 409.13 | 80.89 | 296.03 | 7.556 | 0.87954 |
| 1160 | 700.3 | 281.14 | 21.18 | 201.63 | 20.293 | 0.78767 | 1660 | 1200.3 | 411.82 | 82.83 | 298.02 | 7.424 | 0.88116 |
| 1170 | 710.3 | 283.68 | 21.86 | 203.49 | 19.828 | 0.78985 | 1670 | 1210.3 | 414.51 | 84.80 | 300.03 | 7.295 | 0.88278 |
| 1180 | 720.3 | 286.21 | 22.56 | 205.33 | 19.377 | 0.79201 | 1680 | 1220.3 | 417.20 | 86.82 | 302.04 | 7.168 | 0.88439 |
| 1190 | 730.3 | 288.76 | 23.28 | 207.19 | 18.940 | 0.79415 | 1690 | 1230.3 | 419.89 | 88.87 | 304.04 | 7.045 | 0.88599 |
| 1200 | 740.3 | 291.30 | 24.01 | 209.05 | 18.514 | 0.79628 | 1700 | 1240.3 | 422.59 | 90.95 | 306.06 | 6.924 | 0.88758 |
| 1210 | 750.3 | 293.86 | 24.76 | 210.92 | 18.102 | 0.79840 | 1710 | 1250.3 | 425.29 | 93.08 | 308.07 | 6.805 | 0.88916 |
| 1220 | 760.3 | 296.41 | 25.53 | 212.78 | 17.700 | 0.80050 | 1720 | 1260.3 | 428.00 | 95.24 | 310.09 | 6.690 | 0.89074 |
| 1230 | 770.3 | 298.96 | 26.32 | 214.65 | 17.311 | 0.80258 | 1730 | 1270.3 | 430.69 | 97.45 | 312.10 | 6.576 | 0.89230 |
| 1240 | 780.3 | 301.52 | 27.13 | 216.53 | 16.932 | 0.80466 | 1740 | 1280.3 | 433.41 | 99.69 | 314.13 | 6.465 | 0.89387 |
| 1250 | 790.3 | 304.08 | 27.96 | 218.40 | 16.563 | 0.80672 | 1750 | 1290.3 | 436.12 | 101.98 | 316.16 | 6.357 | 0.89542 |
| 1260 | 800.3 | 306.65 | 28.80 | 220.28 | 16.205 | 0.80876 | 1760 | 1300.3 | 438.83 | 104.30 | 318.18 | 6.251 | 0.89697 |
| 1270 | 810.3 | 309.22 | 29.67 | 222.16 | 15.857 | 0.81079 | 1770 | 1310.3 | 441.55 | 106.67 | 320.22 | 6.147 | 0.89850 |
| 1280 | 820.3 | 311.79 | 30.55 | 224.05 | 15.518 | 0.81280 | 1780 | 1320.3 | 444.26 | 109.08 | 322.24 | 6.045 | 0.90003 |
| 1290 | 830.3 | 314.36 | 31.46 | 225.93 | 15.189 | 0.81481 | 1790 | 1330.3 | 446.99 | 111.54 | 324.29 | 5.945 | 0.90155 |
| 1300 | 840.3 | 316.94 | 32.39 | 227.83 | 14.868 | 0.81680 | 1800 | 1340.3 | 449.71 | 114.03 | 326.32 | 5.847 | 0.90308 |
| 1310 | 850.3 | 319.53 | 33.34 | 229.73 | 14.557 | 0.81878 | 1810 | 1350.3 | 452.44 | 116.57 | 328.37 | 5.752 | 0.90458 |
| 1320 | 860.3 | 322.11 | 34.31 | 231.63 | 14.253 | 0.82075 | 1820 | 1360.3 | 455.17 | 119.16 | 330.40 | 5.658 | 0.90609 |

续表

| T | t | h | $p_r$ | u | $v_r$ | Φ | T | t | h | $P_r$ | u | $v_r$ | Φ |
|---|---|---|---|---|---|---|---|---|---|---|---|---|---|
| 1330 | 870.3 | 324.69 | 35.30 | 233.52 | 13.958 | 0.82270 | 1830 | 1370.3 | 457.90 | 121.79 | 332.45 | 5.566 | 0.90759 |
| 1340 | 880.3 | 327.29 | 36.31 | 235.43 | 13.670 | 0.82464 | 1840 | 1380.3 | 460.63 | 124.47 | 334.50 | 5.476 | 0.90908 |
| 1350 | 890.3 | 329.88 | 37.35 | 237.34 | 13.391 | 0.82658 | 1850 | 1390.3 | 463.37 | 127.18 | 336.55 | 5.388 | 0.91056 |
| 1360 | 900.3 | 332.48 | 38.41 | 239.25 | 13.118 | 0.82848 | 1860 | 1400.3 | 466.12 | 129.95 | 338.61 | 5.302 | 0.91203 |
| 1370 | 910.3 | 335.09 | 39.49 | 241.17 | 12.851 | 0.83039 | 1870 | 1410.3 | 468.86 | 132.77 | 340.66 | 5.217 | 0.91350 |
| 1380 | 920.3 | 337.68 | 40.59 | 243.08 | 12.593 | 0.83229 | 1880 | 1420.3 | 471.60 | 135.64 | 342.73 | 5.134 | 0.91497 |
| 1390 | 930.3 | 340.29 | 41.73 | 245.00 | 12.340 | 0.83417 | 1890 | 1430.3 | 474.35 | 138.55 | 344.78 | 5.053 | 0.91643 |
| 1400 | 940.3 | 342.90 | 42.88 | 246.93 | 12.095 | 0.83604 | 1900 | 1440.3 | 477.09 | 141.51 | 346.85 | 4.974 | 0.91788 |
| 1410 | 950.3 | 345.52 | 44.06 | 248.86 | 11.855 | 0.83790 | 1910 | 1450.3 | 479.85 | 144.53 | 348.91 | 4.896 | 0.91932 |
| 1420 | 960.3 | 348.14 | 45.26 | 250.79 | 11.622 | 0.83975 | 1920 | 1460.3 | 482.60 | 147.59 | 350.98 | 4.819 | 0.92076 |
| 1430 | 970.3 | 350.75 | 46.49 | 252.72 | 11.394 | 0.84158 | 1930 | 1470.3 | 485.36 | 150.70 | 353.05 | 4.744 | 0.92220 |
| 1440 | 980.3 | 353.37 | 47.75 | 254.66 | 11.172 | 0.84341 | 1940 | 1480.3 | 488.12 | 153.87 | 355.12 | 4.670 | 0.92362 |
| 1450 | 990.3 | 356.00 | 49.03 | 256.60 | 10.954 | 0.84523 | 1950 | 1490.3 | 490.88 | 157.10 | 357.20 | 4.598 | 0.92504 |
| 1460 | 1000.3 | 358.63 | 50.34 | 258.54 | 10.743 | 0.84704 | 1960 | 1500.3 | 493.64 | 160.37 | 359.28 | 4.527 | 0.92645 |
| 1470 | 1010.3 | 361.27 | 51.68 | 260.49 | 10.537 | 0.84884 | 1970 | 1510.3 | 496.40 | 163.69 | 361.36 | 4.458 | 0.92786 |
| 1480 | 1020.3 | 363.89 | 53.04 | 262.44 | 10.336 | 0.85062 | 1980 | 1520.3 | 499.17 | 167.07 | 363.43 | 4.390 | 0.92926 |
| 1490 | 1030.3 | 366.53 | 54.43 | 264.38 | 10.140 | 0.85239 | 1990 | 1530.3 | 501.94 | 170.50 | 365.53 | 4.323 | 0.93066 |
| 2000 | 1540.3 | 504.71 | 174.00 | 367.61 | 4.258 | 0.93205 | 2500 | 2040.3 | 645.78 | 435.7 | 474.40 | 2.125 | 0.99497 |
| 2010 | 1550.3 | 507.49 | 177.55 | 369.71 | 4.194 | 0.93343 | 2510 | 2050.3 | 648.65 | 443.0 | 476.58 | 2.099 | 0.99611 |
| 2020 | 1560.3 | 510.26 | 181.16 | 371.79 | 4.130 | 0.93481 | 2520 | 2060.3 | 651.51 | 450.5 | 478.77 | 2.072 | 0.99725 |
| 2030 | 1570.3 | 513.04 | 184.81 | 373.88 | 4.069 | 0.93618 | 2530 | 2070.3 | 654.38 | 458.0 | 480.94 | 2.046 | 0.99838 |
| 2040 | 1580.3 | 515.82 | 188.54 | 375.98 | 4.008 | 0.93756 | 2540 | 2080.3 | 657.25 | 465.6 | 483.13 | 2.021 | 0.99952 |
| 2050 | 1590.3 | 518.61 | 192.31 | 378.08 | 3.949 | 0.93891 | 2550 | 2090.3 | 660.12 | 473.3 | 485.31 | 1.9956 | 1.00064 |
| 2060 | 1600.3 | 521.39 | 196.16 | 380.18 | 3.890 | 0.94026 | 2560 | 2100.3 | 662.99 | 481.1 | 487.51 | 1.9709 | 1.00176 |
| 2070 | 1610.3 | 524.18 | 200.06 | 382.28 | 3.833 | 0.94161 | 2570 | 2110.3 | 665.86 | 489.1 | 489.69 | 1.9465 | 1.00288 |
| 2080 | 1620.3 | 526.97 | 204.02 | 384.39 | 3.777 | 0.94296 | 2580 | 2120.3 | 668.74 | 497.1 | 491.88 | 1.9225 | 1.00400 |
| 2090 | 1630.3 | 529.75 | 208.06 | 386.48 | 3.721 | 0.94430 | 2590 | 2130.3 | 671.61 | 505.3 | 494.07 | 1.8989 | 1.00511 |
| 2100 | 1640.3 | 532.55 | 212.1 | 388.60 | 3.667 | 0.94564 | 2600 | 2140.3 | 674.49 | 513.5 | 496.26 | 1.8756 | 1.00623 |
| 2110 | 1650.3 | 535.35 | 216.3 | 390.71 | 3.614 | 0.94696 | 2610 | 2150.3 | 677.37 | 521.8 | 498.46 | 1.8527 | 1.00733 |
| 2120 | 1660.3 | 538.15 | 220.5 | 392.83 | 3.561 | 0.94829 | 2620 | 2160.3 | 680.25 | 530.3 | 500.65 | 1.8302 | 1.00843 |
| 2130 | 1670.3 | 540.94 | 224.8 | 394.93 | 3.510 | 0.94960 | 2630 | 2170.3 | 683.13 | 538.9 | 502.85 | 1.8079 | 1.00953 |
| 2140 | 1680.3 | 543.74 | 229.1 | 397.05 | 3.460 | 0.95092 | 2640 | 2180.3 | 686.01 | 547.5 | 505.05 | 1.7861 | 1.01063 |
| 2150 | 1690.3 | 546.54 | 233.5 | 399.17 | 3.410 | 0.95222 | 2650 | 2190.3 | 688.90 | 556.3 | 507.25 | 1.7646 | 1.01172 |
| 2160 | 1700.3 | 549.35 | 238.0 | 401.29 | 3.362 | 0.95352 | 2660 | 2200.3 | 691.79 | 565.2 | 509.44 | 1.7434 | 1.01281 |
| 2170 | 1710.3 | 552.16 | 242.6 | 403.41 | 3.314 | 0.95482 | 2670 | 2210.3 | 694.68 | 574.2 | 511.65 | 1.7225 | 1.01389 |
| 2180 | 1720.3 | 554.97 | 247.2 | 405.53 | 3.267 | 0.95611 | 2680 | 2220.3 | 697.56 | 583.3 | 513.85 | 1.7019 | 1.01497 |

续表

| $T$ | $t$ | $h$ | $p_r$ | $u$ | $v_r$ | $\Phi$ |
|---|---|---|---|---|---|---|
| 2190 | 1730.3 | 557.78 | 251.9 | 407.66 | 3.221 | 0.95740 |
| 2200 | 1740.3 | 560.59 | 256.6 | 409.78 | 3.176 | 0.95868 |
| 2210 | 1750.3 | 563.41 | 261.4 | 411.92 | 3.131 | 0.95996 |
| 2220 | 1760.3 | 566.23 | 266.3 | 414.05 | 3.088 | 0.96123 |
| 2230 | 1770.3 | 569.04 | 271.3 | 416.18 | 3.045 | 0.96250 |
| 2240 | 1780.3 | 571.86 | 276.3 | 418.31 | 3.003 | 0.96376 |
| 2250 | 1790.3 | 574.69 | 281.4 | 420.46 | 2.961 | 0.96501 |
| 2260 | 1800.3 | 577.51 | 286.6 | 422.59 | 2.921 | 0.96626 |
| 2270 | 1810.3 | 580.34 | 291.9 | 424.74 | 2.881 | 0.96751 |
| 2280 | 1820.3 | 583.16 | 297.2 | 426.87 | 2.841 | 0.96876 |
| 2290 | 1830.3 | 585.99 | 302.7 | 429.01 | 2.803 | 0.96999 |
| 2300 | 1840.3 | 588.82 | 308.1 | 431.16 | 2.765 | 0.97123 |
| 2310 | 1850.3 | 591.66 | 313.7 | 433.31 | 2.728 | 0.97246 |
| 2320 | 1860.3 | 594.49 | 319.4 | 435.46 | 2.691 | 0.97369 |
| 2330 | 1870.3 | 597.32 | 325.1 | 437.60 | 2.655 | 0.97489 |
| 2340 | 1880.3 | 600.16 | 330.9 | 439.76 | 2.619 | 0.97611 |
| 2350 | 1890.3 | 603.00 | 336.8 | 441.91 | 2.585 | 0.97732 |
| 2360 | 1900.3 | 605.84 | 342.8 | 444.07 | 2.550 | 0.97853 |
| 2370 | 1910.3 | 608.68 | 348.9 | 446.22 | 2.517 | 0.97973 |
| 2380 | 1920.3 | 611.53 | 355.0 | 448.38 | 2.483 | 0.98092 |
| 2390 | 1930.3 | 614.37 | 361.3 | 450.54 | 2.451 | 0.98212 |
| 2400 | 1940.3 | 617.22 | 367.6 | 452.70 | 2.419 | 0.98331 |
| 2410 | 1950.3 | 620.07 | 374.0 | 454.87 | 2.387 | 0.98449 |
| 2420 | 1960.3 | 622.92 | 380.5 | 457.02 | 2.356 | 0.98567 |
| 2430 | 1970.3 | 625.77 | 387.0 | 459.20 | 2.326 | 0.98685 |
| 2440 | 1980.3 | 628.62 | 393.7 | 461.36 | 2.296 | 0.98802 |
| 2450 | 1990.3 | 631.48 | 400.5 | 463.54 | 2.266 | 0.98919 |
| 2460 | 2000.3 | 634.34 | 407.3 | 465.70 | 2.237 | 0.99035 |
| 2470 | 2010.3 | 637.20 | 414.3 | 467.88 | 2.209 | 0.99151 |
| 2480 | 2020.3 | 640.05 | 421.3 | 470.05 | 2.180 | 0.99266 |
| 2490 | 2030.3 | 642.91 | 428.5 | 472.22 | 2.153 | 0.99381 |
| 3000 | 2540.3 | 790.68 | 941.4 | 585.04 | 1.1803 | 1.04779 |
| 3010 | | 793.61 | 955.0 | 587.29 | 1.1675 | 1.04877 |
| 3020 | | 796.54 | 968.7 | 589.53 | 1.1549 | 1.04974 |
| 3030 | | 799.47 | 982.5 | 591.78 | 1.1425 | 1.05071 |
| 3040 | | 802.41 | 996.4 | 594.03 | 1.1302 | 1.05168 |
| 3050 | 2590.3 | 805.34 | 1010.5 | 596.28 | 1.1181 | 1.05264 |

| $T$ | $t$ | $h$ | $p_r$ | $u$ | $v_r$ | $\Phi$ |
|---|---|---|---|---|---|---|
| 2690 | 2230.3 | 700.45 | 592.5 | 516.05 | 1.6817 | 1.01605 |
| 2700 | 2240.3 | 703.35 | 601.9 | 518.26 | 1.6617 | 1.01712 |
| 2710 | 2250.3 | 706.24 | 611.3 | 520.47 | 1.6420 | 1.01819 |
| 2720 | 2260.3 | 709.13 | 620.9 | 522.68 | 1.6226 | 1.01926 |
| 2730 | 2270.3 | 712.03 | 630.7 | 524.88 | 1.6035 | 1.02032 |
| 2740 | 2280.3 | 714.93 | 640.5 | 527.10 | 1.5847 | 1.02138 |
| 2750 | 2290.3 | 717.83 | 650.4 | 529.31 | 1.5662 | 1.02244 |
| 2760 | 2300.3 | 720.72 | 660.5 | 531.53 | 1.5480 | 1.02348 |
| 2770 | 2310.3 | 723.62 | 670.7 | 533.74 | 1.5299 | 1.02453 |
| 2780 | 2320.3 | 726.53 | 681.0 | 535.96 | 1.5122 | 1.02558 |
| 2790 | 2330.3 | 729.42 | 691.4 | 538.17 | 1.4948 | 1.02662 |
| 2800 | 2340.3 | 732.33 | 702.0 | 540.40 | 1.4775 | 1.02767 |
| 2810 | 2350.3 | 735.24 | 712.7 | 542.62 | 1.4606 | 1.02870 |
| 2820 | 2360.3 | 738.15 | 723.5 | 544.85 | 1.4439 | 1.02974 |
| 2830 | 2370.3 | 741.05 | 734.4 | 547.06 | 1.4274 | 1.03076 |
| 2840 | 2380.3 | 743.96 | 745.5 | 549.29 | 1.4112 | 1.03179 |
| 2850 | 2390.3 | 746.88 | 756.7 | 551.52 | 1.3951 | 1.03282 |
| 2860 | 2400.3 | 749.79 | 768.1 | 553.74 | 1.3794 | 1.03383 |
| 2870 | 2410.3 | 752.71 | 779.6 | 555.98 | 1.3638 | 1.03484 |
| 2880 | 2420.3 | 755.61 | 791.2 | 558.19 | 1.3485 | 1.03586 |
| 2890 | 2430.3 | 758.53 | 802.9 | 560.43 | 1.3333 | 1.03687 |
| 2900 | 2440.3 | 761.45 | 814.8 | 562.66 | 1.3184 | 1.03788 |
| 2910 | 2450.3 | 764.37 | 826.8 | 564.90 | 1.3037 | 1.03889 |
| 2920 | 2460.3 | 767.29 | 839.0 | 567.13 | 1.2892 | 1.03989 |
| 2930 | 2470.3 | 770.21 | 851.3 | 569.37 | 1.2749 | 1.04089 |
| 2940 | 2480.3 | 773.13 | 863.8 | 571.60 | 1.2608 | 1.04188 |
| 2950 | 2490.3 | 776.05 | 876.4 | 573.84 | 1.2469 | 1.04288 |
| 2960 | 2500.3 | 778.97 | 889.1 | 576.07 | 1.2332 | 1.04386 |
| 2970 | 2510.3 | 781.90 | 902.0 | 578.32 | 1.2197 | 1.04484 |
| 2980 | 2520.3 | 784.83 | 915.0 | 580.56 | 1.2064 | 1.04583 |
| 2990 | 2530.3 | 787.75 | 928.2 | 582.79 | 1.1932 | 1.04681 |
| 3500 | 3040.3 | 938.40 | 1829.3 | 698.48 | 0.7087 | 1.09332 |
| 3510 | | 941.38 | 1852.1 | 700.78 | 0.7020 | 1.09417 |
| 3520 | | 944.36 | 1875.2 | 703.07 | 0.6954 | 1.09502 |
| 3530 | | 947.34 | 1898.6 | 705.36 | 0.6888 | 1.09587 |
| 3540 | | 950.32 | 1922.1 | 707.65 | 0.6823 | 1.09671 |
| 3550 | 3090.3 | 953.30 | 1945.8 | 709.95 | 0.6759 | 1.09755 |

续表

| T | t | h | P_r | u | v_r | Φ | T | t | h | P_r | u | v_r | Φ |
|---|---|---|---|---|---|---|---|---|---|---|---|---|---|
| 3060 | | 808.28 | 1024.8 | 598.52 | 1.1061 | 1.05359 | 3560 | | 956.28 | 1969.8 | 712.24 | 0.6695 | 1.09838 |
| 3070 | | 811.22 | 1039.2 | 600.77 | 1.0943 | 1.05455 | 3570 | | 959.26 | 1993.9 | 714.54 | 0.6632 | 1.09922 |
| 3080 | | 814.15 | 1053.8 | 603.02 | 1.0827 | 1.05551 | 3580 | | 962.25 | 2018.3 | 716.84 | 0.6571 | 1.10005 |
| 3090 | | 817.09 | 1068.5 | 605.27 | 1.0713 | 1.05646 | 3590 | | 965.23 | 2043.0 | 719.14 | 0.6510 | 1.10089 |
| 3100 | 2640.3 | 820.03 | 1083.4 | 607.53 | 1.0600 | 1.05741 | 3600 | 3140.3 | 968.21 | 2067.9 | 721.44 | 0.6449 | 1.10172 |
| 3110 | | 822.97 | 1098.5 | 609.79 | 1.0488 | 1.05836 | 3610 | | 971.20 | 2093.0 | 723.74 | 0.6389 | 1.10255 |
| 3120 | | 825.91 | 1113.7 | 612.05 | 1.0378 | 1.05930 | 3620 | | 974.18 | 2118.4 | 726.04 | 0.6330 | 1.10337 |
| 3130 | | 828.86 | 1129.1 | 614.30 | 1.0269 | 1.06025 | 3630 | | 977.17 | 2144.0 | 728.34 | 0.6272 | 1.10420 |
| 3140 | | 831.80 | 1144.7 | 616.56 | 1.0162 | 1.06119 | 3640 | | 980.16 | 2169.9 | 730.64 | 0.6214 | 1.10502 |
| 3150 | 2690.3 | 834.75 | 1160.5 | 618.82 | 1.0056 | 1.06212 | 3650 | 3190.3 | 983.15 | 2196.0 | 732.95 | 0.6157 | 1.10584 |
| 3160 | | 837.69 | 1176.4 | 621.08 | 0.9951 | 1.06305 | 3660 | | 986.14 | 2222.4 | 735.26 | 0.6101 | 1.10665 |
| 3170 | | 840.64 | 1192.5 | 623.35 | 0.9848 | 1.06398 | 3670 | | 989.13 | 2249.0 | 737.57 | 0.6045 | 1.10747 |
| 3180 | | 843.59 | 1208.7 | 625.60 | 0.9746 | 1.06491 | 3680 | | 992.12 | 2275.8 | 739.87 | 0.5990 | 1.10828 |
| 3190 | | 846.53 | 1225.1 | 627.86 | 0.9646 | 1.06584 | 3690 | | 995.11 | 2302.9 | 742.17 | 0.5936 | 1.10910 |
| 3200 | 2740.3 | 849.48 | 1241.7 | 630.12 | 0.9546 | 1.06676 | 3700 | 3240.3 | 998.11 | 2330.3 | 744.48 | 0.5882 | 1.10991 |
| 3210 | | 852.43 | 1258.5 | 632.39 | 0.9448 | 1.06768 | 3710 | | 1001.11 | 2358.0 | 746.79 | 0.5829 | 1.11071 |
| 3220 | | 855.38 | 1275.5 | 634.65 | 0.9352 | 1.06860 | 3720 | | 1004.10 | 2385.9 | 749.10 | 0.5776 | 1.11152 |
| 3230 | | 858.33 | 1292.7 | 636.92 | 0.9256 | 1.06952 | 3730 | | 1007.10 | 2414.0 | 751.41 | 0.5724 | 1.11233 |
| 3240 | | 861.28 | 1310.0 | 639.19 | 0.9162 | 1.07043 | 3740 | | 1010.09 | 2442.4 | 753.73 | 0.5672 | 1.11313 |
| 3250 | 2790.3 | 864.24 | 1327.5 | 641.46 | 0.9069 | 1.07134 | 3750 | 3290.3 | 1013.09 | 2471.1 | 756.04 | 0.5621 | 1.11393 |
| 3260 | | 867.19 | 1345.2 | 643.73 | 0.8977 | 1.07224 | 3760 | | 1016.09 | 2500.0 | 758.35 | 0.5571 | 1.11473 |
| 3270 | | 870.15 | 1363.1 | 646.00 | 0.8886 | 1.07315 | 3770 | | 1019.09 | 2529.2 | 760.66 | 0.5522 | 1.11553 |
| 3280 | | 873.11 | 1381.2 | 648.27 | 0.8797 | 1.07405 | 3780 | | 1022.09 | 2558.7 | 762.98 | 0.5473 | 1.11633 |
| 3290 | | 876.06 | 1399.5 | 650.54 | 0.8708 | 1.07495 | 3790 | | 1025.09 | 2588.4 | 765.29 | 0.5424 | 1.11712 |
| 3300 | 2840.3 | 879.02 | 1418.0 | 652.81 | 0.8621 | 1.07585 | 3800 | 3340.3 | 1028.09 | 2618.4 | 767.60 | 0.5376 | 1.11791 |
| 3310 | | 881.98 | 1436.6 | 655.09 | 0.8535 | 1.07675 | 3810 | | 1031.09 | 2648.9 | 769.92 | 0.5328 | 1.11870 |
| 3320 | | 884.94 | 1455.4 | 657.37 | 0.8450 | 1.07764 | 3820 | | 1034.09 | 2679.5 | 772.23 | 0.5281 | 1.11948 |
| 3330 | | 887.90 | 1474.5 | 659.64 | 0.8366 | 1.07853 | 3830 | | 1037.10 | 2710.3 | 774.55 | 0.5235 | 1.12027 |
| 3340 | | 890.86 | 1493.7 | 661.92 | 0.8283 | 1.07942 | 3840 | | 1040.10 | 2741.5 | 776.87 | 0.5189 | 1.12105 |
| 3350 | 2890.3 | 893.83 | 1513.0 | 664.20 | 0.8202 | 1.08031 | 3850 | 3390.3 | 1043.11 | 2772.9 | 779.19 | 0.5143 | 1.12183 |
| 3360 | | 896.80 | 1532.6 | 666.48 | 0.8121 | 1.08119 | 3860 | | 1046.11 | 2804.6 | 781.51 | 0.5098 | 1.12261 |
| 3370 | | 899.77 | 1552.5 | 668.76 | 0.8041 | 1.08207 | 3870 | | 1049.12 | 2836.6 | 783.83 | 0.5054 | 1.12339 |
| 3380 | | 902.73 | 1572.6 | 671.04 | 0.7962 | 1.08295 | 3880 | | 1052.13 | 2869.0 | 786.16 | 0.5010 | 1.12416 |
| 3390 | | 905.69 | 1592.8 | 673.32 | 0.7884 | 1.08383 | 3890 | | 1055.13 | 2901.6 | 788.48 | 0.4966 | 1.12494 |
| 3400 | 2940.3 | 908.66 | 1613.2 | 675.60 | 0.7807 | 1.08470 | 3900 | 3440.3 | 1058.14 | 2934.4 | 790.80 | 0.4923 | 1.12571 |
| 3410 | | 911.64 | 1633.9 | 677.89 | 0.7732 | 1.08558 | 3910 | | 1061.15 | 2967.6 | 793.12 | 0.4881 | 1.12648 |

续表

| $T$ | $t$ | $h$ | $P_r$ | $u$ | $v_r$ | $\Phi$ |
|---|---|---|---|---|---|---|
| 3420 |  | 914.61 | 1654.8 | 680.17 | 0.7657 | 1.08645 |
| 3430 |  | 917.58 | 1675.9 | 682.46 | 0.7582 | 1.08732 |
| 3440 |  | 920.55 | 1697.2 | 684.75 | 0.7508 | 1.08818 |
| 3450 | 2990.3 | 923.52 | 1718.7 | 687.04 | 0.7436 | 1.08904 |
| 3460 |  | 926.50 | 1740.4 | 689.32 | 0.7365 | 1.08990 |
| 3470 |  | 929.48 | 1762.3 | 691.61 | 0.7294 | 1.09076 |
| 3480 |  | 932.45 | 1784.5 | 693.90 | 0.7224 | 1.09162 |
| 3490 |  | 935.42 | 1806.8 | 696.19 | 0.7155 | 1.09247 |
| 4000 | 3540.3 | 1088.26 | 3280 | 814.06 | 0.4518 | 1.13334 |
| 4010 |  | 1091.28 | 3316 | 816.39 | 0.4480 | 1.13410 |
| 4020 |  | 1094.30 | 3352 | 818.72 | 0.4442 | 1.13485 |
| 4030 |  | 1097.32 | 3389 | 821.06 | 0.4404 | 1.13560 |
| 4040 |  | 1100.34 | 3427 | 823.39 | 0.4367 | 1.13635 |
| 4050 | 3590.3 | 1103.36 | 3464 | 825.72 | 0.4331 | 1.13709 |
| 4060 |  | 1106.37 | 3502 | 828.05 | 0.4295 | 1.13783 |
| 4070 |  | 1109.39 | 3540 | 830.39 | 0.4259 | 1.13857 |
| 4080 |  | 1112.42 | 3579 | 832.73 | 0.4223 | 1.13932 |
| 4090 |  | 1115.44 | 3617 | 835.06 | 0.4188 | 1.14006 |
| 4100 | 3640.3 | 1118.46 | 3656 | 837.40 | 0.4154 | 1.14079 |
| 4110 |  | 1121.49 | 3696 | 839.74 | 0.4119 | 1.14153 |
| 4120 |  | 1124.51 | 3736 | 842.08 | 0.4085 | 1.14227 |
| 4130 |  | 1127.54 | 3776 | 844.41 | 0.4052 | 1.14300 |
| 4140 |  | 1130.56 | 3817 | 846.75 | 0.4018 | 1.14373 |
| 4150 | 3690.3 | 1133.59 | 3858 | 849.09 | 0.3985 | 1.14446 |
| 4160 |  | 1136.61 | 3899 | 851.44 | 0.3953 | 1.14519 |
| 4170 |  | 1139.64 | 3940 | 853.78 | 0.3920 | 1.14592 |
| 4180 |  | 1142.67 | 3982 | 856.12 | 0.3888 | 1.14665 |
| 4190 |  | 1145.69 | 4024 | 858.46 | 0.3857 | 1.14737 |
| 4200 | 3740.3 | 1148.72 | 4067 | 860.81 | 0.3826 | 1.14809 |
| 4210 |  | 1151.75 | 4110 | 863.15 | 0.3795 | 1.14881 |
| 4220 |  | 1154.78 | 4153 | 865.50 | 0.3764 | 1.14953 |
| 4230 |  | 1157.81 | 4197 | 867.84 | 0.3734 | 1.15025 |
| 4240 |  | 1160.84 | 4241 | 870.18 | 0.3704 | 1.15097 |
| 4250 | 3790.3 | 1163.87 | 4285 | 872.53 | 0.3674 | 1.15168 |
| 4260 |  | 1166.90 | 4330 | 874.88 | 0.3644 | 1.15239 |
| 4270 |  | 1169.94 | 4375 | 877.23 | 0.3615 | 1.15310 |
| 4280 |  | 1172.97 | 4421 | 879.58 | 0.3586 | 1.15381 |

| $T$ | $t$ | $h$ | $P_r$ | $u$ | $v_r$ | $\Phi$ |
|---|---|---|---|---|---|---|
| 3920 |  | 1064.16 | 3001.1 | 795.44 | 0.4839 | 1.12725 |
| 3930 |  | 1067.17 | 3034.9 | 797.77 | 0.4797 | 1.12802 |
| 3940 |  | 1070.18 | 3069.0 | 800.10 | 0.4756 | 1.12879 |
| 3950 | 3490.3 | 1073.19 | 3103.4 | 802.43 | 0.4715 | 1.12955 |
| 3960 |  | 1076.20 | 3138.1 | 804.75 | 0.4675 | 1.13031 |
| 3970 |  | 1079.22 | 3173.0 | 807.08 | 0.4635 | 1.13107 |
| 3980 |  | 1082.23 | 3208.3 | 809.41 | 0.4595 | 1.13183 |
| 3990 |  | 1085.24 | 3243.8 | 811.73 | 0.4556 | 1.13259 |
| 4500 | 4040.3 | 1239.86 | 5521 | 931.39 | 0.3019 | 1.16905 |
| 4510 |  | 1242.91 | 5576 | 933.76 | 0.2996 | 1.16972 |
| 4520 |  | 1245.96 | 5632 | 936.12 | 0.2973 | 1.17040 |
| 4530 |  | 1249.00 | 5687 | 938.48 | 0.2951 | 1.17107 |
| 4540 |  | 1252.05 | 5743 | 940.84 | 0.2928 | 1.17174 |
| 4550 | 4090.3 | 1255.10 | 5800 | 943.21 | 0.2906 | 1.17241 |
| 4560 |  | 1258.16 | 5857 | 945.58 | 0.2884 | 1.17308 |
| 4570 |  | 1261.21 | 5914 | 947.94 | 0.2862 | 1.17375 |
| 4580 |  | 1264.26 | 5972 | 950.30 | 0.2841 | 1.17442 |
| 4590 |  | 1267.31 | 6030 | 952.67 | 0.2820 | 1.17509 |
| 4600 | 4140.3 | 1270.36 | 6089 | 955.04 | 0.2799 | 1.17575 |
| 4610 |  | 1273.42 | 6148 | 957.41 | 0.2778 | 1.17642 |
| 4620 |  | 1276.47 | 6208 | 959.77 | 0.2757 | 1.17708 |
| 4630 |  | 1279.52 | 6268 | 962.14 | 0.2736 | 1.17774 |
| 4640 |  | 1282.58 | 6328 | 964.51 | 0.2716 | 1.17840 |
| 4650 | 4190.3 | 1285.63 | 6389 | 966.88 | 0.2696 | 1.17905 |
| 4660 |  | 1288.69 | 6451 | 969.25 | 0.2676 | 1.17970 |
| 4670 |  | 1291.75 | 6513 | 971.62 | 0.2656 | 1.18036 |
| 4680 |  | 1294.80 | 6575 | 973.99 | 0.2637 | 1.18101 |
| 4690 |  | 1297.86 | 6638 | 976.36 | 0.2617 | 1.18167 |
| 4700 | 4240.3 | 1300.92 | 6701 | 978.73 | 0.2598 | 1.18232 |
| 4710 |  | 1303.98 | 6765 | 981.10 | 0.2579 | 1.18297 |
| 4720 |  | 1307.03 | 6830 | 983.47 | 0.2560 | 1.18362 |
| 4730 |  | 1310.09 | 6895 | 985.85 | 0.2541 | 1.18427 |
| 4740 |  | 1313.15 | 6960 | 988.23 | 0.2523 | 1.18491 |
| 4750 | 4290.3 | 1316.21 | 7026 | 990.60 | 0.2505 | 1.18556 |
| 4760 |  | 1319.27 | 7092 | 992.97 | 0.2486 | 1.18620 |
| 4770 |  | 1322.33 | 7159 | 995.35 | 0.2468 | 1.18684 |
| 4780 |  | 1325.39 | 7226 | 997.73 | 0.2451 | 1.18749 |

续表

| T | t | h | $p_r$ | u | $v_r$ | Φ |
|---|---|---|---|---|---|---|
| 4290 | | 1176.00 | 4467 | 881.93 | 0.3558 | 1.15452 |
| 4300 | 3840.3 | 1179.04 | 4513 | 884.28 | 0.3529 | 1.15522 |
| 4310 | | 1182.08 | 4560 | 886.63 | 0.3501 | 1.15593 |
| 4320 | | 1185.11 | 4607 | 888.98 | 0.3474 | 1.15663 |
| 4330 | | 1188.15 | 4654 | 891.33 | 0.3446 | 1.15734 |
| 4340 | | 1191.19 | 4702 | 893.69 | 0.3419 | 1.15804 |
| 4350 | 3890.3 | 1194.23 | 4750 | 896.04 | 0.3392 | 1.15874 |
| 4360 | | 1197.26 | 4799 | 898.39 | 0.3366 | 1.15943 |
| 4370 | | 1200.30 | 4848 | 900.75 | 0.3339 | 1.16012 |
| 4380 | | 1203.34 | 4897 | 903.10 | 0.3313 | 1.16082 |
| 4390 | | 1206.38 | 4947 | 905.45 | 0.3287 | 1.16151 |
| 4400 | 3940.3 | 1209.42 | 4997 | 907.81 | 0.3262 | 1.16221 |
| 4410 | | 1212.46 | 5048 | 910.17 | 0.3236 | 1.16290 |
| 4420 | | 1215.50 | 5099 | 912.52 | 0.3211 | 1.16359 |
| 4430 | | 1218.55 | 5150 | 914.88 | 0.3186 | 1.16427 |
| 4440 | | 1221.59 | 5202 | 917.24 | 0.3162 | 1.16496 |
| 4450 | 3990.3 | 1224.64 | 5254 | 919.60 | 0.3137 | 1.16565 |
| 4460 | | 1227.68 | 5307 | 921.95 | 0.3113 | 1.16633 |
| 4470 | | 1230.72 | 5360 | 924.31 | 0.3089 | 1.16701 |
| 4480 | | 1233.77 | 5413 | 926.67 | 0.3066 | 1.16769 |
| 4490 | | 1236.81 | 5467 | 929.03 | 0.3042 | 1.16837 |
| 5000 | 4540.3 | 1392.87 | 8837 | 1050.12 | 0.20959 | 1.20129 |
| 5010 | | 1395.94 | 8917 | 1052.51 | 0.20814 | 1.20190 |
| 5020 | | 1399.01 | 8997 | 1054.90 | 0.20670 | 1.20252 |
| 5030 | | 1402.08 | 9078 | 1057.29 | 0.20527 | 1.20313 |
| 5040 | | 1405.16 | 9159 | 1059.68 | 0.20385 | 1.20374 |
| 5050 | 4590.3 | 1408.24 | 9241 | 1062.07 | 0.20245 | 1.20435 |
| 5060 | | 1411.32 | 9323 | 1064.45 | 0.20106 | 1.20496 |
| 5070 | | 1414.39 | 9406 | 1066.84 | 0.19968 | 1.20557 |
| 5080 | | 1417.46 | 9489 | 1069.23 | 0.19831 | 1.20617 |
| 5090 | | 1420.54 | 9573 | 1071.62 | 0.19696 | 1.20678 |
| 5100 | 4640.3 | 1423.62 | 9658 | 1074.02 | 0.19561 | 1.20738 |
| 5110 | | 1426.70 | 9743 | 1076.41 | 0.19428 | 1.20799 |
| 5120 | | 1429.77 | 9829 | 1078.80 | 0.19296 | 1.20859 |
| 5130 | | 1432.85 | 9916 | 1081.19 | 0.19165 | 1.20919 |
| 5140 | | 1435.94 | 10003 | 1083.59 | 0.19035 | 1.20979 |

| T | t | h | $p_r$ | u | $v_r$ | Φ |
|---|---|---|---|---|---|---|
| 4790 | | 1328.45 | 7294 | 1000.10 | 0.2433 | 1.18813 |
| 4800 | 4340.3 | 1331.51 | 7362 | 1002.48 | 0.2415 | 1.18876 |
| 4810 | | 1334.57 | 7431 | 1004.86 | 0.2398 | 1.18940 |
| 4820 | | 1337.64 | 7500 | 1007.24 | 0.2381 | 1.19004 |
| 4830 | | 1340.70 | 7570 | 1009.61 | 0.2364 | 1.19068 |
| 4840 | | 1343.76 | 7640 | 1011.99 | 0.2347 | 1.19131 |
| 4850 | 4390.3 | 1346.83 | 7711 | 1014.37 | 0.2330 | 1.19194 |
| 4860 | | 1349.90 | 7782 | 1016.76 | 0.2313 | 1.19257 |
| 4870 | | 1352.97 | 7854 | 1019.14 | 0.2297 | 1.19320 |
| 4880 | | 1356.03 | 7926 | 1021.52 | 0.2281 | 1.19383 |
| 4890 | | 1359.10 | 7999 | 1023.90 | 0.2264 | 1.19445 |
| 4900 | 4440.3 | 1362.17 | 8073 | 1026.28 | 0.2248 | 1.19508 |
| 4910 | | 1365.24 | 8147 | 1028.66 | 0.2233 | 1.19571 |
| 4920 | | 1368.30 | 8221 | 1031.04 | 0.2217 | 1.19633 |
| 4930 | | 1371.37 | 8296 | 1033.43 | 0.2201 | 1.19696 |
| 4940 | | 1374.44 | 8372 | 1035.81 | 0.2186 | 1.19758 |
| 4950 | 4490.3 | 1377.51 | 8448 | 1038.20 | 0.2170 | 1.19820 |
| 4960 | | 1380.58 | 8525 | 1040.58 | 0.2155 | 1.19882 |
| 4970 | | 1383.65 | 8602 | 1042.97 | 0.2140 | 1.19944 |
| 4980 | | 1386.72 | 8680 | 1045.36 | 0.2125 | 1.20006 |
| 4990 | | 1389.79 | 8758 | 1047.74 | 0.2111 | 1.20067 |
| 5500 | 5040.3 | 1547.07 | 13568 | 1170.04 | 0.15016 | 1.23068 |
| 5510 | | 1550.17 | 13680 | 1172.45 | 0.14921 | 1.23124 |
| 5520 | | 1553.26 | 13793 | 1174.87 | 0.14826 | 1.23180 |
| 5530 | | 1556.36 | 13906 | 1177.28 | 0.14732 | 1.23236 |
| 5540 | | 1559.45 | 14020 | 1179.69 | 0.14638 | 1.23292 |
| 5550 | 5090.3 | 1562.55 | 14135 | 1182.10 | 0.14545 | 1.23348 |
| 5560 | | 1565.65 | 14250 | 1184.52 | 0.14453 | 1.23404 |
| 5570 | | 1568.74 | 14366 | 1186.93 | 0.14362 | 1.23459 |
| 5580 | | 1571.84 | 14483 | 1189.34 | 0.14272 | 1.23515 |
| 5590 | | 1574.93 | 14601 | 1191.75 | 0.14182 | 1.23570 |
| 5600 | 5140.3 | 1578.03 | 14719 | 1194.16 | 0.14093 | 1.23626 |
| 5610 | | 1581.13 | 14838 | 1196.58 | 0.14005 | 1.23681 |
| 5620 | | 1584.23 | 14958 | 1198.99 | 0.13918 | 1.23736 |
| 5630 | | 1587.33 | 15079 | 1201.40 | 0.13831 | 1.23791 |
| 5640 | | 1590.43 | 15201 | 1203.82 | 0.13745 | 1.23847 |

续表

| T | t | h | $P_r$ | u | $v_r$ | $\Phi$ | T | t | h | $P_r$ | u | $v_r$ | $\Phi$ |
|---|---|---|---|---|---|---|---|---|---|---|---|---|---|
| 5150 | 4690.3 | 1439.02 | 10091 | 1085.98 | 0.18906 | 1.21038 | 5650 | 5190.3 | 1593.53 | 15323 | 1206.24 | 0.13659 | 1.23902 |
| 5160 | | 1442.09 | 10179 | 1088.37 | 0.18778 | 1.21097 | 5660 | | 1596.63 | 15446 | 1208.65 | 0.13574 | 1.23956 |
| 5170 | | 1445.17 | 10268 | 1090.77 | 0.18651 | 1.21157 | 5670 | | 1599.74 | 15569 | 1211.07 | 0.13491 | 1.24010 |
| 5180 | | 1448.26 | 10358 | 1093.17 | 0.18525 | 1.21217 | 5680 | | 1602.84 | 15694 | 1213.48 | 0.13407 | 1.24065 |
| 5190 | | 1451.33 | 10448 | 1095.56 | 0.18401 | 1.21276 | 5690 | | 1605.94 | 15820 | 1215.89 | 0.13324 | 1.24120 |
| 5200 | 4740.3 | 1454.41 | 10539 | 1097.96 | 0.18279 | 1.21336 | 5700 | 5240.3 | 1609.04 | 15946 | 1218.31 | 0.13242 | 1.24174 |
| 5210 | | 1457.50 | 10630 | 1100.36 | 0.18156 | 1.21395 | 5710 | | 1612.15 | 16072 | 1220.73 | 0.13161 | 1.24229 |
| 5220 | | 1460.58 | 10722 | 1102.76 | 0.1834 | 1.21454 | 5720 | | 1615.25 | 16200 | 1223.15 | 0.13080 | 1.24283 |
| 5230 | | 1463.66 | 10815 | 1105.15 | 0.17914 | 1.21513 | 5730 | | 1618.35 | 16329 | 1225.57 | 0.12999 | 1.24337 |
| 5240 | | 1466.75 | 10908 | 1107.55 | 0.17795 | 1.21572 | 5740 | | 1621.46 | 16458 | 1227.99 | 0.12919 | 1.24391 |
| 5250 | 4790.3 | 1469.83 | 11002 | 1109.95 | 0.17677 | 1.21631 | 5750 | 5290.3 | 1624.57 | 16588 | 1230.41 | 0.12840 | 1.24445 |
| 5260 | | 1472.92 | 11097 | 1112.35 | 0.17560 | 1.21689 | 5760 | | 1627.67 | 16720 | 1232.82 | 0.12762 | 1.24498 |
| 5270 | | 1476.01 | 11192 | 1114.75 | 0.17443 | 1.21747 | 5770 | | 1630.77 | 16852 | 1235.24 | 0.12684 | 1.24552 |
| 5280 | | 1479.09 | 11288 | 1117.15 | 0.17328 | 1.21806 | 5780 | | 1633.88 | 16984 | 1237.67 | 0.12607 | 1.24606 |
| 5290 | | 1482.17 | 11384 | 1119.55 | 0.17214 | 1.21864 | 5790 | | 1636.98 | 17117 | 1240.08 | 0.12530 | 1.24660 |
| 5300 | 4840.3 | 1485.26 | 11481 | 1121.95 | 0.17101 | 1.21923 | 5800 | 5340.3 | 1640.09 | 17252 | 1242.50 | 0.12454 | 1.24714 |
| 5310 | | 1488.35 | 11579 | 1124.35 | 0.16988 | 1.21981 | 5810 | | 1643.20 | 17388 | 1244.93 | 0.12378 | 1.24767 |
| 5320 | | 1491.43 | 11678 | 1126.75 | 0.16876 | 1.22039 | 5820 | | 1646.30 | 17524 | 1247.35 | 0.12303 | 1.24821 |
| 5330 | | 1494.52 | 11777 | 1129.15 | 0.16765 | 1.22097 | 5830 | | 1649.41 | 17661 | 1249.77 | 0.12229 | 1.24874 |
| 5340 | | 1497.61 | 11877 | 1131.56 | 0.16655 | 1.22155 | 5840 | | 1652.52 | 17799 | 1252.19 | 0.12155 | 1.24927 |
| 5350 | 4890.3 | 1500.70 | 11978 | 1133.96 | 0.16547 | 1.22213 | 5850 | 5390.3 | 1655.63 | 17937 | 1254.62 | 0.12082 | 1.24981 |
| 5360 | | 1503.79 | 12079 | 1136.36 | 0.16439 | 1.22270 | 5860 | | 1658.73 | 18076 | 1257.04 | 0.12009 | 1.25034 |
| 5370 | | 1506.88 | 12181 | 1138.77 | 0.16332 | 1.22327 | 5870 | | 1661.84 | 18216 | 1259.46 | 0.11937 | 1.25087 |
| 5380 | | 1509.97 | 12283 | 1141.17 | 0.16226 | 1.22385 | 5880 | | 1664.95 | 18357 | 1261.88 | 0.11865 | 1.25140 |
| 5390 | | 1513.05 | 12386 | 1143.57 | 0.16120 | 1.22442 | 5890 | | 1668.06 | 18500 | 1264.30 | 0.11794 | 1.25193 |
| 5400 | 4940.3 | 1516.14 | 12490 | 1145.98 | 0.16015 | 1.22500 | 5900 | 5440.3 | 1671.17 | 18643 | 1266.73 | 0.11723 | 1.25246 |
| 5410 | | 1519.24 | 12595 | 1148.38 | 0.15911 | 1.22557 | 5910 | | 1674.28 | 18787 | 1269.15 | 0.11653 | 1.25298 |
| 5420 | | 1522.33 | 12700 | 1150.78 | 0.15809 | 1.22614 | 5920 | | 1677.39 | 18931 | 1271.58 | 0.11584 | 1.25351 |
| 5430 | | 1525.42 | 12806 | 1153.19 | 0.15707 | 1.22671 | 5930 | | 1680.50 | 19078 | 1274.00 | 0.11515 | 1.25403 |
| 5440 | | 1528.51 | 12913 | 1155.60 | 0.15606 | 1.22728 | 5940 | | 1683.61 | 19224 | 1276.43 | 0.11447 | 1.25456 |
| 5450 | 4990.3 | 1531.60 | 13021 | 1158.01 | 0.15506 | 1.22785 | 5950 | 5490.3 | 1686.73 | 19371 | 1278.86 | 0.11379 | 1.25508 |
| 5460 | | 1534.72 | 13129 | 1160.41 | 0.15407 | 1.22841 | 5960 | | 1689.84 | 19519 | 1281.29 | 0.11312 | 1.25560 |
| 5470 | | 1537.79 | 13238 | 1162.82 | 0.15308 | 1.22898 | 5970 | | 1692.96 | 19668 | 1283.72 | 0.11244 | 1.25613 |
| 5480 | | 1540.88 | 13348 | 1165.23 | 0.15209 | 1.22954 | 5980 | | 1696.07 | 19818 | 1286.14 | 0.11178 | 1.25665 |
| 5490 | | 1543.98 | 13458 | 1167.63 | 0.15112 | 1.23011 | 5990 | | 1699.18 | 19968 | 1288.57 | 0.11112 | 1.25717 |
| 6000 | 5540.3 | 1702.29 | 20120 | 1291.00 | 0.11047 | 1.25769 | 6300 | 5840.3 | 1795.88 | 25123 | 1366.02 | 0.09289 | 1.27291 |
| 6010 | | 1705.41 | 20274 | 1293.43 | 0.10981 | 1.25821 | 6310 | | 1799.01 | 25306 | 1368.46 | 0.09237 | 1.27341 |
| 6020 | | 1708.52 | 20427 | 1295.86 | 0.10917 | 1.25872 | 6320 | | 1802.13 | 25489 | 1368.90 | 0.09185 | 1.27390 |
| 6030 | | 1711.64 | 20582 | 1298.29 | 0.10853 | 1.25924 | 6330 | | 1805.26 | 25674 | 1371.35 | 0.09133 | 1.27440 |
| 6040 | | 1714.76 | 20738 | 1300.72 | 0.10789 | 1.25976 | 6340 | | 1808.39 | 25860 | 1373.79 | 0.09082 | 1.27489 |
| 6050 | 5590.3 | 1717.88 | 20894 | 1303.15 | 0.10726 | 1.26028 | 6350 | 5890.3 | 1811.51 | 26046 | 1376.23 | 0.09031 | 1.27538 |

续表

| T | t | h | $p_r$ | u | $v_r$ | $\Phi$ |
|---|---|---|---|---|---|---|
| 6060 | | 1720.99 | 21051 | 1305.58 | 0.10664 | 1.26079 |
| 6070 | | 1724.10 | 21210 | 1308.01 | 0.10602 | 1.26130 |
| 6080 | | 1727.22 | 21369 | 1310.44 | 0.10540 | 1.26182 |
| 6090 | | 1730.33 | 21529 | 1312.87 | 0.10479 | 1.26233 |
| 6100 | 5640.3 | 1733.45 | 21691 | 1315.30 | 0.10418 | 1.26284 |
| 6110 | | 1736.57 | 21853 | 1317.73 | 0.10357 | 1.26335 |
| 6120 | | 1739.69 | 22016 | 1320.16 | 0.10297 | 1.26386 |
| 6130 | | 1742.81 | 22180 | 1322.60 | 0.10238 | 1.26437 |
| 6140 | | 1745.93 | 22345 | 1325.04 | 0.10179 | 1.26488 |
| 6150 | 5690.3 | 1749.05 | 22512 | 1327.47 | 0.10120 | 1.26539 |
| 6160 | | 1752.17 | 22678 | 1329.90 | 0.10062 | 1.26589 |
| 6170 | | 1755.29 | 22846 | 1332.34 | 0.10004 | 1.26639 |
| 6180 | | 1758.41 | 23016 | 1334.77 | 0.09946 | 1.26690 |
| 6190 | | 1761.53 | 23186 | 1337.20 | 0.09889 | 1.26741 |
| 6200 | 5740.3 | 1764.65 | 23357 | 1339.64 | 0.09833 | 1.26791 |
| 6210 | | 1767.77 | 23529 | 1342.08 | 0.09777 | 1.26841 |
| 6220 | | 1770.89 | 23703 | 1344.52 | 0.09721 | 1.26892 |
| 6230 | | 1774.02 | 23877 | 1346.95 | 0.09666 | 1.26942 |
| 6240 | | 1777.14 | 24052 | 1349.39 | 0.09611 | 1.26992 |
| 6250 | 5790.3 | 1780.27 | 24228 | 1351.83 | 0.09556 | 1.27042 |
| 6260 | | 1783.39 | 24405 | 1354.27 | 0.09502 | 1.27092 |
| 6270 | | 1786.51 | 24583 | 1356.71 | 0.09448 | 1.27142 |
| 6280 | | 1789.63 | 24762 | 1359.14 | 0.09395 | 1.27192 |
| 6290 | | 1792.75 | 24942 | 1361.58 | 0.09342 | 1.27241 |

| T | t | h | $p_r$ | u | $v_r$ | $\Phi$ |
|---|---|---|---|---|---|---|
| 6360 | | 1814.63 | 26233 | 1378.66 | 0.08981 | 1.27587 |
| 6370 | | 1817.76 | 26422 | 1381.10 | 0.08931 | 1.27636 |
| 6380 | | 1820.89 | 26611 | 1383.54 | 0.08881 | 1.27685 |
| 6390 | | 1824.01 | 26802 | 1385.98 | 0.08832 | 1.27734 |
| 6400 | 5940.3 | 1827.14 | 26994 | 1388.43 | 0.08783 | 1.27783 |
| 6410 | | 1830.27 | 27187 | 1390.88 | 0.08734 | 1.27832 |
| 6420 | | 1833.40 | 27381 | 1393.32 | 0.08685 | 1.27881 |
| 6430 | | 1836.53 | 27577 | 1395.76 | 0.08637 | 1.27929 |
| 6440 | | 1839.66 | 27773 | 1398.21 | 0.08590 | 1.27978 |
| 6450 | 5990.3 | 1842.79 | 27970 | 1400.65 | 0.08542 | 1.28026 |
| 6460 | | 1845.92 | 28169 | 1403.09 | 0.08495 | 1.28074 |
| 6470 | | 1849.05 | 28369 | 1405.53 | 0.08448 | 1.28123 |
| 6480 | | 1852.18 | 28569 | 1407.98 | 0.08402 | 1.28171 |
| 6490 | | 1855.31 | 28772 | 1410.42 | 0.08356 | 1.28219 |
| 6500 | 6040.3 | 1858.44 | 28974 | 1412.87 | 0.08310 | 1.28268 |

来源：经J.H.Keenan和J.Kage许可得到此表(New York：John Wiley & Sons,1948)。

# 附录 L　低压下的空气比热容

该附录以英制单位(EE)表示,$T$ 的单位为°R,$c_p$ 的单位为 Btu/(lbm · °R),$t$ 的单位为°F,$c_v$ 的单位为 Btu/(lbm · °R),$a$ 的单位为 ft/sec,$\gamma = c_p/c_v$。

| $T$ | $t$ | $c_p$ | $c_v$ | $\gamma$ | $a$ | $T$ | $t$ | $c_p$ | $c_v$ | $\gamma$ | $a$ |
|---|---|---|---|---|---|---|---|---|---|---|---|
| 100 | −359.7 | 0.2392 | 0.1707 | 1.402 | 490.5 | 1900 | 1440.3 | 0.2750 | 0.2064 | 1.332 | 2084 |
| 150 | −309.7 | 0.2392 | 0.1707 | 1.402 | 600.7 | 2000 | 1540.3 | 0.2773 | 0.2088 | 1.328 | 2135 |
| 200 | −259.7 | 0.2392 | 0.1707 | 1.402 | 693.6 | 2100 | 1640.3 | 0.2794 | 0.2109 | 1.325 | 2185 |
| 250 | −209.7 | 0.2392 | 0.1707 | 1.402 | 775.4 | 2200 | 1740.3 | 0.2813 | 0.2128 | 1.322 | 2234 |
| 300 | −159.7 | 0.2392 | 0.1707 | 1.402 | 849.4 | 2300 | 1840.3 | 0.2831 | 0.2146 | 1.319 | 2282 |
| 350 | −109.7 | 0.2393 | 0.1707 | 1.402 | 917.5 | 2400 | 1940.3 | 0.2848 | 0.2162 | 1.317 | 2329 |
| 400 | −59.7 | 0.2393 | 0.1707 | 1.402 | 980.9 | 2600 | 2140.3 | 0.2878 | 0.2192 | 1.313 | 2420 |
| 450 | −9.7 | 0.2394 | 0.1708 | 1.401 | 1040.3 | 2800 | 2340.3 | 0.2905 | 0.2219 | 1.309 | 2508 |
| 500 | 40.3 | 0.2396 | 0.1710 | 1.401 | 1096.4 | 3000 | 2540.3 | 0.2929 | 0.2243 | 1.306 | 2593 |
| 550 | 90.3 | 0.2399 | 0.1713 | 1.400 | 1149.6 | 3200 | 2740.3 | 0.2950 | 0.2264 | 1.303 | 2675 |
| 600 | 140.3 | 0.2403 | 0.1718 | 1.399 | 1200.3 | 3400 | 2940.3 | 0.2969 | 0.2283 | 1.300 | 2755 |
| 650 | 190.3 | 0.2409 | 0.1723 | 1.398 | 1248.7 | 3600 | 3140.3 | 0.2986 | 0.2300 | 1.298 | 2832 |
| 700 | 240.3 | 0.2416 | 0.1730 | 1.396 | 1295.1 | 3800 | 3340.3 | 0.3001 | 0.2316 | 1.296 | 2907 |
| 750 | 290.3 | 0.2424 | 0.1739 | 1.394 | 1339.6 | 4000 | 3540.3 | 0.3015 | 0.2329 | 1.294 | 2981 |
| 800 | 340.3 | 0.2434 | 0.1748 | 1.392 | 1382.5 | 4200 | 3740.3 | 0.3029 | 0.2343 | 1.292 | 3052 |
| 900 | 440.3 | 0.2458 | 0.1772 | 1.387 | 1463.6 | 4400 | 3940.3 | 0.3041 | 0.2355 | 1.291 | 3122 |
| 1000 | 540.3 | 0.2486 | 0.1800 | 1.381 | 1539.4 | 4600 | 4140.3 | 0.3052 | 0.2367 | 1.290 | 3191 |
| 1100 | 640.3 | 0.2516 | 0.1830 | 1.374 | 1610.8 | 4800 | 4340.3 | 0.3063 | 0.2377 | 1.288 | 3258 |
| 1200 | 740.3 | 0.2547 | 0.1862 | 1.368 | 1678.6 | 5000 | 4540.3 | 0.3072 | 0.2387 | 1.287 | 3323 |
| 1300 | 840.3 | 0.2579 | 0.1894 | 1.362 | 1743.2 | 5200 | 4740.3 | 0.3081 | 0.2396 | 1.286 | 3388 |
| 1400 | 940.3 | 0.2611 | 0.1926 | 1.356 | 1805.0 | 5400 | 4940.3 | 0.3090 | 0.2405 | 1.285 | 3451 |
| 1500 | 1040.3 | 0.2642 | 0.1956 | 1.350 | 1864.5 | 5600 | 5140.3 | 0.3098 | 0.2413 | 1.284 | 3513 |
| 1600 | 1140.3 | 0.2671 | 0.1985 | 1.345 | 1922.0 | 5800 | 5340.3 | 0.3106 | 0.2420 | 1.283 | 3574 |
| 1700 | 1240.3 | 0.2698 | 0.2013 | 1.340 | 1977.6 | 6000 | 5540.3 | 0.3114 | 0.2428 | 1.282 | 3634 |
| 1800 | 1340.3 | 0.2725 | 0.2039 | 1.336 | 2032 | 6200 | 5740.3 | 0.3121 | 0.2435 | 1.282 | 3693 |
|  |  |  |  |  |  | 6400 | 5940.3 | 0.3128 | 0.2442 | 1.281 | 3751 |

来源：经J.H.Keenan和J.Kage许可改编所得(New York:John Wiley & Sons,1948)。

# 习题与小测答案

声明：大多数答案都是通过表格的插值计算出来的，并且在最后四舍五入到三位有效数字（以 1 开头的答案除外，其中保留了四位有效数字）。同时，该程序求出的值与标准计算一致。

**第 1 章**

习 题

**1.1** 非常接近。

**1.2** (1) 会有热传递；(2) 垂直线。

**1.3** (1) 2；(2) $-52.0$ Btu/lbm，$-52.0$ Btu/lbm。

**1.4** 0，$0.24 \times 10^6$ N·m，0，$0.24 \times 10^6$ N·m，0。

**1.5** (1) $393\Delta T$ J/kg；(2) 都不是。

**第 2 章**

习 题

**2.2** (1) $U_m/2$；(2) $U_m/3$；(3) $2U_m/3$。

**2.3** 13/2。

**2.4** 层流中为 $2.0 \ V^2/2g_c$。

**2.5** (1) 38.9 ft/sec；(2) $1\ 400/D^2$ ft/sec。

**2.6** 44.4 ft/sec。

**2.7** 19 010 hp。

**2.8** 111.2 hp。

**2.9** (1) 1 906 m/s；(2) 5.07 kg/s。

**2.10** $-0.014\ 7$ Btu/lbm。

**2.11** (1) 78.1 m/s；(2) 4.18。

**2.12** (1) 2 880 ft/sec；(2) 1.15。

**2.13** (1) 661 m/s；(2) 0.062 5 bar abs.。

**2.14** (1) 382 Btu/sec；(2) 0.03%。

**2.15** $4.34 \times 10^5$ J/kg。

小 测

**2.3** $7\rho AB_m U_m/30$。

**2.5** $\dot{m}_2\beta + \dot{m}_3\beta_3 - \dot{m}_1\beta_1$。

**第 3 章**

习 题

**3.4** 246 ft/sec。

**3.5** (1) $-450$ J/kg；(2) 0.11 K。

**3.6** (1) 2 260 ft/sec；(2) 732 ℉；(3) 103.1 psia。

**3.7** 有轴功输入的时候。

**3.9** (1) 7. 51 ft • lbf/lbm；(2) 2. 87 psig。

**3.10** 54. 4 m。

**3.11** (1) 46. 6 ft • lbf/lbm；(2) 位置 2 到位置 1。

**3.12** 14. 82 cm。

**3.13** (2) 35 ft。

**3.14** B。

**3.16** (1) 7 200A lbf；(2) 1. 50 lbf/ft2。

**3.17** (1) 1. 50 bar abs. ；(2) 7 810 N；(3) —56 800 J/kg。

**3.18** (1) 80 ft/sec, 6. 37 psig；(2) 3 600 lbf。

**3.19** (1) 32. 1 ft/sec；(2) 174. 9 lbm/sec；(3) 151 lbf。

**3.20** 5 000 N。

**3.21** 4. 36 ft$^2$。

**3.22** 180 。

**3.23** 层流中$\left(\dfrac{4}{3}\right)V$。

小 测

**3.4** 2。

**3.5** (1) $q=w_s=0$，会有变化；(2)没有损失的条件下。

**3.6** (1) $s$。

**第 4 章**

习 题

**4.1** 16 836 ft/sec（钢铁），5 100 ft/sec（水），1 128. 5（空气温度为 70 ℉时）

**4.2** 278 K，189 K，33. 3 K。

**4.4** (1) 295 ft/sec；(2) 298 ft/sec；(3) 1 291 ft/sec, 1 492 ft/sec；(4) 低马赫数条件下。

**4.5** 0. 564。

**4.6** (1) 286 m/s, 0. 700；(2) 2. 8 kg/m$^3$。

**4.7** 2. 1, 402 psia。

**4.8** 1 266 m/s。

**4.9** 524 ℉R, 1 779 psfa。

**4.10** 1. 28×10$^5$ N/m$^2$, 330 K, 491 m/s。

**4.11** $Ma=\infty$。

**4.12** 朝着 50 psia 那部分流，0. 020 4 Btu/(lbm • ℉R)。

**4.13** (1) 457 K, 448 m/s；(2) 9. 65 bar abs. ；(3) 0. 370。

**4.14** (1) 451 R, 20. 95 psia；(2) 0. 025 4 Btu/(lbm • R)；(3) 1 571 lbf。

**4.15** (1) 156. 8 m/s；(2) 32. 5 J/kg K；(3) 0. 763。

**4.16** (1) 85. 8 lbm/sec；(2) 1. 91, 578 ℉R, 2 140 ft/sec, 0. 075 8 lbm/ft$^3$, 0. 528 ft$^2$；(3)—6 960 lbf。

小 测

**4.2** (1) 向内传递；(2) $Ma_2<Ma_1$。

**4.3** (1) 正确；(2) 错误；(3) 错误；(4) 正确；(5) 正确。

## 第5章

习　题

**5.1** (1) 0.18，94.9 psia；(2) 2.94，320 °R。

**5.2** 2.20，1.64。

**5.3** (1) 0.50，35.6 psia，788 °R；(2) 喷管；(3) 0.67，26.3 psia，723 °R。

**5.4** 239 K。

**5.5** (1) 0.607，685 ft/sec，23.1 psia；(2) 0.342，395 ft/sec，30.4 psia；(3) 0.855。

**5.7** (1) 0.007 97 Btu/(lbm · °R)；(2) 0.150 2。

**5.8** (1) 52.3 J/(kg · K)；(2) 16.43 cm。

**5.10** (1) 26.5 lbm/sec；(2) 没有变化；(3) 53.0 lbm/sec。

**5.11** (1) 320 m/s；(2) 0.808 kg/s；(3) 0.844 kg/s。

**5.12** 671 °R，0.768，975 ft/sec。

**5.13** (1) 77.9 psia；(2) 3.77 psia；(3) 0.040 6 lbm/ft$^3$，2 050 ft/sec。

**5.14** (1) 38.6 cm$^2$；(2) 9.14 kg/s。

**5.15** 430 ft/sec。

**5.16** (1) 140.4 lbm/sec；(2) 0.491 ft$^2$；(3) 0.787 ft$^2$。

**5.17** (2) 3.53 cm$^2$；(3) 4.09 cm$^2$。

**5.18** (1) 1.71；(2) 91.9%；(3) 0.011 52 Btu/(lbm · °R)。

**5.19** (1) 163.9 K,绝对压力1.10 bar,绝对压力8.61 bar；(2) 2.10；(3) 0.127 6 m$^2$；(4) 300 kg/s。

**5.20** (1) 23.7 psia；(2) 97.4%；(3) 4.14。

**5.23** (1) 3.5，436 lbm/(sec · ft$^2$)；(2) $p_{rec} \leqslant 6.63$ psia；(3) 和原来一样。

小　测

**5.3** $T_2^* > T_1^*$。

**5.6** (1) 132.1 psia；(2) 0.514 lbm/ft$^3$，1 001 ft/sec；(3) 0.43。

## 第6章

习　题

**6.1** (2) 0.014 21 Btu/(lbm · °R)；(3) 0.064 6 Btu/(lbm · °R)，0.123 7 Btu/(lbm · °R)。

**6.2** 84.0 psia。

**6.3** (1) $[(\gamma-1)/2\gamma]^{1/2}$；(2) $\rho_2/\rho_1=(\gamma+1)/(\gamma-1)$。

**6.4** 2.47，3.35。

**6.5** (1) 2.88；(2) 1.529。

**6.6** 0.69，2.45。

**6.7** (1) 0.965，0.417，0.058 5；(2) 144.8 psia，62.6 psia，8.78 psia；(3) 15.54 psia，36.0psia，256 psia。

**6.8** (1) 19.30 cm$^2$；(2) 10.52×10$^5$ N/m$^2$；(3) 18.65×10$^5$ N/m$^2$。

**6.9** 1.30 ft$^2$。

**6.10** (1) 0.119，0.623；(2) 0.028 7 Btu/(lbm · °R)。

**6.11** 0.498。

**6.12** (1) 4.6 in²；(2) 5.35 in²；(3) 79 psia；(4) 6.58 in²；(5) 1.79。

**6.13** (1) 3.56；(2) 0.475。

**6.14** 0.67 或者 1.405。

**6.15** (1) 0.973，0.375，0.047 1；(2) 0.43；(3) 2.64，2.50。

**6.16** (1) 0.271；(2) 0.045 5 Btu/(lbm・°R)；(3) 2.48；(4) 0.281。

**6.17** (1) 0.985$p_1$，0.296$p_1$，0.029 8$p_1$；(2) (i)无气流，(ii)亚声速流，(iii)扩张部分有激波，(iv)几乎符合设计要求。

**6.19** (1) 54.6 in²；(2) 18.39 lbm/sec；(3) 109.4 in²；(4) 7.34 psia；(5) 9.24 psia；(6) 742 hp。

小　测

**6.2** (1) 增加；(2) 减少；(3) 减少；(4) 增加。

**6.3** 0.973，0.376，0.047 3。

**6.5** (1) 1.625；(2) 从 2 到 1。

**6.6** (1) 0.380，450 ft/sec；(2) 0.028 2 Btu/(lbm・°R)。

**第 7 章**

习　题

**7.1** (1) 725 R，42.0 psia，922 ft/sec；(2) 0.007 87 Btu/(lbm・°R)。

**7.2** 1.024×10⁶ K，1.756×106 K，20 500 bar，135 000 bar。

**7.3** 531 °R，19.75 psia，348 ft/sec。

**7.4** (1) 957 ft/sec；(2) 658 °R，34.5 psia。

**7.5** (1) 310 K，1.219×10⁴ N/m²，50.3 m/s；(2) 328 K，1.48×10⁴ N/m²，340 m/s。

**7.6** (1) 1 453 ft/sec，2 520 ft/sec，959 ft/sec，2 520 ft/sec；(2) 619 °R，18.05 psia；(3) 9.1°。

**7.7** (1) 1.68，25.6°；(2) 560 K，6.10 bar；(3) 弱激波。

**7.8** (1) 52°，77°；(2) 1 013 °R，32.7 psia，1 198 °R，51.3 psia。

**7.9** (1) 2.06；(2) 所有 $Ma > 2.06$ 都会引起附加激波。

**7.10** (1) 1.8；(2) $Ma > 1.57$。

**7.11** (1) 1 928 ft/sec；(2) 1 045 ft/sec。

**7.13** (1) 821 °R，2 340 psfa，0.022 0 Btu/(lbm・°R)；(3) 826 °R，2 470 psfa，0.020 0 Btu/(lbm・°R)。

**7.14** (1) 2.27，166.3 K，5.6°；(2) 5.6°；(3) 2.01，184.5 K，1.43 bar。

**7.15** (1) 1.453，696 °R，24.8 psia；(2) 斜激波其中 $\delta = 10°$；(3) 1.031，816 °R，42.7 psia；(4) 0.704，906 °R，52.3 psia。

**7.16** (1) 0.783，58°；(2) 6.72，0.837。

**7.17** 1.032，15.92，2.61，40°。

**7.18** (1) 949 m/s；(2) 706 K；(3) 48°。

**7.19** 2 340 psfa，0.025 0 Btu/(lbm・°R)(表面)。

**7.21** (1) 17 740；(2) $V_S = 1 373$ m/s，$V_C = 1 073$ m/s (接触表面)，$V_R = 515$ m/s(反

射激波）。

小 测

**7.1** (1) $p_1=p_1'$；(2) $T_{t1}'<T_{t2}'$；(3) 没有；(4) $u_2'>u_1'$，$u_2'=u_2$。

**7.2** (1) 大于；(2) (i) 减少，(ii) 减小。

**7.6** 1 667 ft/sec。

**7.7** (1) 53.1°，20°；(2) 625 °R，14.1 psia，1.23。

**第 8 章**

习 题

**8.1** 2.60，398°R，936°R，5.78 psia，115 psia。

**8.2** (1) 1.65，3.04；(2) 34.2°，52.3°。

**8.3** (1) 174.5 K，8.76×10³ N/m²。

**8.4** 1.39。

**8.5** 12.1°。

**8.6** (1) 2.36，1.986，11.03；(2) 1.813，2.51，9.33；(4) 不可以。

**8.7** (1) 6.00 psia，16.59 psia；(2) 12 020 lbf，2 120 lbf。

**8.8** (3) 6.851 psia，19.09 psia，3.35 psia，10.483 psia，跨度为 $L=8.15×10^3$ lbf/ft，跨度为 $D=1.996×10^3$ lbf/ft。

**8.10** (1) 2.44，392 °R；(2) $\Delta\nu=14.2°$。

**8.11** (2) 241 K，1.0 bar，609 m/s。

**8.12** (3) 1.86，20°，2.67，与中心线呈40.5°角。

**8.13** (1) 15.05°；(2) 1.691，4.14 $p_{amb}$；(3)膨胀波；(4) 2.61，$p_{amb}$，0.865$T_1$，与初始来流呈39.1°角。

**8.14** (1) 1.0 bar，1.766，6.55°，1.4 bar，1.536，0°，1.0 bar，1.761，6.6°。

**8.15** (2) ∞；(3) 130.5°，104.1°，53.5°，28.1°；(4) 3 600 ft/sec。

**8.16** (1)$L_2/L_1=1/Ma_2\left(\dfrac{\gamma+1}{2}\right)^{(\gamma+1)/[2(1-\gamma)]}\left(1+\dfrac{\gamma-1}{2}Ma_2^2\right)^{(\gamma+1)/2(\gamma-1)}$；(2) 1.343。

**8.17** (1) 8.67°；(2) −10.03°；(3) 不相等。

**8.18** (1) 27.2°；(2) 1.95。

**8.19** $p_b=11.7$ kPa 或者大约 15.24 km (50 000 ft)高度。

小 测

**8.4** 5.74°。

**8.5** 845 lbf/ft²。

**第 9 章**

习 题

**9.1** 2.22×10⁵ N/m²，0.386。

**9.2** 76.1 psia，138.6 lbm/(ft²·sec)。

**9.3** (1) 21.7$D$；(2) 55.6%，87.1%，20.3%；(3) 0.063 0 Btu/(lbm·°R)；(4) −0.59%，−5.9%，−5.4%，0.002 79 Btu/(lbm·°R)。

**9.4** (1) 22.1 ft；(2) 528 °R，24.6 psia，1 072 ft/sec。

**9.5** (1) 0.031 3；(2) 2 730 N/m$^2$。

**9.6** (1) 551 °R，0.60；(2) 从2到1；(3) 0.423。

**9.7** (1) 157.8 K，2.98×10$^4$ N/m$^2$，442 K，10.95×10$^5$ N/m$^2$；(2) 0.015 7。

**9.8** (1) 556 °R，30.4 psia，284 ft/sec；(2) 15.06 psia。

**9.9** (1) 453 °R，8.79 psia；(2) 77.3 ft。

**9.11** (1) 0.690，0.877，1 128 ft/sec，876 °R，38.0 psia；(2) 0.020 5，0.001 2 ft。

**9.12** (1) 324 K，1.792 bar，347 K，2.27 bar；121.8 K，0.214 bar，347 K，8.33 bar；(2) 1 959 hp，4 260 hp。

**9.13** (1) 0.216；(2) 495 °R，10.65 psia；(3) 17.82 ft。

**9.14** 229 K，5.33×10$^4$ N/m$^2$。

**9.15** (2) 0.513，0.699；(3) 0.758。

**9.16** (1) (i) 144.4 psia，(ii) 51.7 psia，(iii) 40.8 psia；(2) 15.2 psia。

**9.17** (2) 0.013 3；(3) 289.4 J/(kg·K)。

**9.18** (2) $Ma=0.50$；(3) 26.87 bar；(4) 0.407，0.825。

**9.19** (1) 26.0 psia；(2) 39.5 psia。

**9.22** 2 in：24 psia；1 in：会堵塞。

小　测

**9.3** 43.5 psia。

**9.4** 94.3～31.4 psia。

## 第10章

习　题

**10.1** (1) 1 217 °R，1 839 °R；(2) 112.6 Btu/lbm 吸热。

**10.2** 1.792×10$^5$ J/kg 放热。

**10.3** 0.848，2.83，0.223。

**10.4** (1) 3.37，2.43×10$^4$ N/m$^2$，126.3 K；(2) −890 J/(kg·K)。

**10.5** (1) 767 °R，114.7 psia，1 112 °R，421 psia；(2) 68.1 Btu/lbm 吸热。

**10.8** (1) 6.39×10$^5$ J/kg；(2) 892 K，0.567 atm。

**10.9** (2) 2.00，600 °R，59.8 psia；(3) 630 °R，21.0 psia，756 °R，39.8 psia；(4) 38.7 Btu/lbm。

**10.10** (1) 2 180 °R，172.5 psia。

**10.11** (1) 1.57×10$^4$ J/kg 吸热；(2) 6.97×10$^4$ J/kg 放热；(3) 不会。

**10.13** 36.5 Btu/lbm 放热。

**10.14** (2) 0.686；(3) 1.628×10$^5$ J/kg。

**10.15** (1) 47.4 psia；(2) 66.4 Btu/lbm 吸热；(3) 小于 1 279 Btu/lbm $Ma_2'=0.3$。

**10.17** (1) (i) 正确，(ii) 错误。

**10.18** (1) $A_3>A_4$；(2) $V_3<V_4$，$A_3>A_4$。

**10.20** (1) $A_3>A_2$。

小　测

**10.4** (1) 746 °R；(2) 53.1 Btu/lbm 吸热。

**第 11 章**

习　题

**11.1** 128.8 Btu, 340 Btu, 469 Btu, 0.511 Btu/°R。

**11.2** 36.3 Btu/lbm, 339 Btu/lbm, 0.352 Btu/(lbm·°R)。

**11.3** 0.278 Btu/(lbm·°R), 0.207 Btu/(lbm·°R), 505 Btu/lbm, 367 Btu/lbm。

**11.4** 1 515 °R, −273 Btu/lbm。

**11.5** 0.119 0 Btu/(lbm·°R), 93.9 Btu/lbm。

**11.6** 1.413。

**11.7** (1) 错误；(2) 正确；(3) 错误；(4) 错误；(5) 错误。

**11.8** 8.63 lbm/ft$^3$。

**11.9** 由完全气体定律 0.011 8 ft$^3$/lbm, 0.034 2 ft$^3$/lbm。

**11.10** 由完全气体定律 0.063 8 ft$^3$/lbm, 0.150 ft$^3$/lbm。

**11.11** 2.90 psia, 区域比=11.53。

**11.12** 3.06 psia, 650 °R。

**11.13** 3.15 psia, 656 °R。

**11.14** 0.02 MPa, 201 K, $Ma_3$=4.39, 区域比=7.03。

**11.15** 7.09×10$^4$ N/m$^2$, 1 970 K。

小　测

**11.3** 681 Btu/lbm, 610 Btu/lbm 完全气体。

**11.4** 错误。

**11.5** 1.018 lbm/ft$^3$, 0.875 lbm/ft$^3$ 完全气体。

**11.6** $Ma$=1.0（空气）240 psia、2 000 °R，（氩气）221 psia、1 800 °R，（二氧化碳）249 psia、2 100 °R。

**第 12 章**

习　题

**12.1** (1) 293 Btu/lbm, 129 Btu/lbm, 163.8 Btu/lbm, 322 Btu/lbm, 50.8%；(2) 21.6 lbm/sec。

**12.2** (1) 269 Btu/lbm, 145 Btu/lbm, 124.4 Btu/lbm, 306 Btu/lbm, 40.6%；(2) 28.4 lbm/sec。

**12.3** 37.4%, 38.5 kg/s。

**12.4** (1) 24.9%；(3) 64.9%。

**12.6** 4 600 lbf。

**12.7** 564 m/s。

**12.8** 1 419 ft/sec。

**12.9** (1) 7 820 lbf；(2) 57.1%；(3) 438 ft·lbf/lbm。

**12.10** (1) 18.34 kg/s；(2) 0.257 m$^2$；(3) 3.12×10$^5$ W；(4) 28.6%；(5) 10.24×10$^5$ J/kg。

**12.11** (1) 2 880 lbf；(2) 20 800 hp。

**12.12** 3 290 lbf, 1.046 lbm/(lbf·hr)。

**12.13** 6.34 ft$^2$, $Ma$=0.382, 1 309 psfa, 3 400 °R；742 psfa, 2 920 °R, 3.96 ft$^2$；

6 550 lbf，1.41 lbm/(lbf • hr)。

**12.14** 4 240 lbf/ft², 2.20 lbm/(lbf • hr)。

**12.15** (1) 83.3 lbm/sec；(2) 7 730 ft/sec。

**12.16** (1) 203 sec；(2) $(p_0 - 872)$ N/m²。

**12.17** (1) 0.040 2 ft²；(2) 6 060 ft/sec, 6 490 ft/sec, 201 sec。

**12.18** (1) 7.46，1 904 m/s；(2) 194.1 sec。

**12.19** 0.924。

**12.20** 需要知道 $p_1$、$p_3$、$A_2$ 和 $\gamma$。

**12.21** (1) 0.725；(2) 0.747。

**12.23** (2) $Ma_0 = 1.83$；(3) 启动不了。

**12.24** 最大 3.5，最小 1.36。

小　测

**12.3** 871 K，1.184 bar。

**12.5** (1) 错误；(2) 错误；(3) 错误；(4) 错误。

**12.6** (1) 311 lbm/sec, 64 500 lbf；(2) 6 670 ft/sec；(3) 207 sec, 5.28×10⁵ hp。

**12.7** $Ma_0 = 2.36$。

# 参考文献

**量纲分析**

[1] Lemons D S. A Student's Guide to Dimensional Analysis[M]. Cambridge:Cambridge University Press，2017.

[2] Anderson J D. Fundamentals of Aerodynamics[M]. 3rd ed. New York:McGraw - Hill，2001.

**热力学**

[3] Moran M J，Shapiro H N. Fundamentals of Engineering Thermodynamics[M]. New York：John Wiley & Sons，1999.

[4] Mooney D A. Mechanical Engineering Thermodynamics[M]. Englewood Cliffs:Prentice Hall，1953.

[5] Reynolds W C，Perkins H C. Engineering Thermodynamics[M]. 2nd ed. New York：McGraw - Hill，1977.

[6] Obert E F. Concepts of Thermodynamics[M]. New York：McGraw-Hill，1960.

[7] Sonntag R E，Borgnakke C，van Wylen C J. Fundamentals of Thermodynamics[M]. 5th ed. New York：John Wiley & Sons，1997.

[8] Dittman R H，Zemansky M W. Heat and Thermodynamics[M]. 7th ed. New York：McGraw - Hill，1996.

**流体力学**

[9] Pao R H F. Fluid Mechanics[M]. New York：John Wiley & Sons，1961.

[10] Shames I H. Mechanics of Fluids[M]. 3rd ed. New York：McGraw - Hill，1992.

[11] Streeter V L，Wylie E B. Fluid Mechanics[M]. 8th ed. New York：McGraw - Hill，1985.

[12] Street R L，Walters G Z，Vennard J K. Elementary Fluid Mechanics[M]. 7th ed. New York：John Wiley & Sons，1995.

**气体动力学**

[13] Cambel A B，Jennings B H. Gas Dynamics[M]. New York：McGraw - Hill，1958.

[14] Anderson J D. Modern Compressible Flow[M]. 3rd ed. New York：McGraw - Hill，2003.

[15] Hall N A. Thermodynamics of Fluid Flow[M]. Englewood Cliffs：Prentice Hall，1951.

[16] John J E A，Keith T G. Gas Dynamics[M]. 3rd ed. Englewood Cliffs：Prentice Hall，2006.

[17] Liepmann H W，Roshko A. Elements of Gasdynamics[M]. New York：John Wiley & Sons，1957.

[18] Saad M A. Compressible Fluid Flow[M]. 2nd ed. Englewood Cliffs：Prentice Hall，1993.

[19] Shapiro A H. The Dynamics and Thermodynamics of Compressible Fluid Flow[M]. Vol. I. New York：John Wiley & Sons，1953.

[20] Zucrow M J，Hoffman J D. Gas Dynamics[M]. Vol. I. New York：John Wiley & Sons，1976.

**推进技术**

[21] Archer R D，Saarlas M. An Introduction to Aerospace Propulsion[M]. Upper Saddle River：Prentice Hall，1996.

[22] (a) Mattingly J D. Elements of Gas Turbine Propulsion[M]. New Delhi：Tata McGraw - Hill Edition，2005；(b) Oates G C. Aerothermodynamics of Gas Turbine and Rocket Propulsion[M]. 3rd ed. Reston：AIAA Education Series，1997.

[23] Hill P G，Peterson C R. Mechanics and Thermodynamics of Propulsion[M]. 2nd ed. Reading：Addison-Wesley，1992.

[24] Sutton G P，Biblarz O. Rocket Propulsion Elements[M]. 8th ed. Hoboken，John Wiley & Sons，2010；and 9th ed. ，2017.

[25] Zucrow M J. Aircraft and Missile Propulsion[M]. Vols. I and II. New York：John Wiley & Sons，1958.

**真实气体**

[26] Pierce F J. Microscopic Thermodynamics[M]. Scranton：International Textbook Co. ，1968.

[27] Incropera F P. Molecular Structure and Thermodynamics[M]. New York：John Wiley & Sons，1974.

[28] Thompson P A. Compressible Fluid Dynamics [M]. New York：McGraw - Hill，1972.

[29] Anderson J D. Hypersonic and High Temperature Gas Dynamics[M]. New York：McGraw - Hill，New York，1989.

[30] Owczarek J A. Fundamentals of Gas Dynamics[M]. Scranton：International Textbook Co. ，1964.

**图　表**

[31] (a) Keenan J H，Kaye J. Gas Tables[M]. New York：John Wiley & Sons，1948. (b) Keenan J H，Chao J，Kaye J. Gas Tables International Version[M]. 2nd ed. New York：John Wiley & Sons，1983.

[32] Ames Research Staff. Equations，Tables，and Charts for Compressible Flow[R]. NACA Report 1135，1953.

[33] Sims J L. Tables for Supersonic Flow around Right Circular Cones at Zero-Angle-of-Attack[R]. NASA Report SP-3004，1964.